U0285421

南京農業大學
NANJING AGRICULTURAL UNIVERSITY

年鉴

南京农业大学档案馆 编

2011

中国农业出版社

图书在版编目（CIP）数据

南京农业大学年鉴. 2011 / 南京农业大学档案馆编
. —北京：中国农业出版社，2016.11
ISBN 978-7-109-22254-0

Ⅰ. ①南… Ⅱ. ①南… Ⅲ. ①南京农业大学-2011-
年鉴 Ⅳ. ①S-40

中国版本图书馆CIP数据核字（2016）第254847号

中国农业出版社出版
（北京市朝阳区麦子店街18号楼）
（邮政编码 100125）
责任编辑 刘 伟 冀 刚

北京通州皇家印刷厂印刷 新华书店北京发行所发行
2016年12月第1版 2016年12月北京第1次印刷

开本：787mm×1092mm 1/16 印张：22.75 插页：6
字数：560 千字
定价：118.00 元
（凡本版图书出现印刷、装订错误，请向出版社发行部调换）

7月6日，学校行政领导班子换届，周光宏同志（左一）担任校长

1月14日，万建民教授（第一排左五）课题组荣获国家科技进步奖一等奖

5月26日，学校举行"千人计划"专家陈增建教授（右）聘任仪式

王源超教授入选"长江学者"

9月8日，生命科学学院强胜教授荣获第六届高等学校教学名师奖

11月4日，时任江苏省委书记罗志军（左二）参观学校产学研成果展

12月21日，南京农业大学科学研究院正式揭牌

5月26日，学校举行中美食品质量安全联合研究中心授牌仪式

6月16日，校长郑小波向学校首位文科博士留学生授予学位

11月11~13日，2011年中国教育经济学年会在学校举行

12月10日，学校举办第二届全国农林高校哲学社会科学发展论坛

11月13日，学校举办第二届全国高等农林院校教育教学改革与创新论坛

5月28日，学校举办南京农业大学学报（社会科学版）创刊十周年暨人文社会科学发展报告会

6月28日，学校举行纪念中国共产党成立90周年座谈会

12月23日，南京农业大学第五届教职工代表大会暨第十届工会会员代表大会开幕

11月1日，南京农业大学110周年校庆工作正式启动

9月4日，学校举行殷恭毅教授（左五）百岁华诞祝寿会

5月25日，学校举行纪念建党90周年系列活动——"唱红歌、跟党走"歌咏大会

3月27日，学校举行"早读 早餐 早锻炼"——践行"三早"达人生活启动仪式

（图片由宣传部提供）

编 辑 说 明

《南京农业大学年鉴 2011》全面系统地反映了 2011 年南京农业大学事业发展及重大活动的基本情况，包括学校教学、科研和社会服务等方面的内容，为南京农业大学的教职员工提供学校的基本文献、基本数据、科研成果和最新工作经验，是兄弟院校和社会各界了解南京农业大学的窗口。《南京农业大学年鉴》每年一期。

一、《南京农业大学年鉴 2011》力求真实、客观、全面地记载南京农业大学年度历史进程和重大事项。

二、年鉴分专题、学校概况、机构与干部、党建与思想政治工作、人才培养、发展规划与学科、师资队伍建设、科学研究与社会服务、对外交流与合作、财务审计与资产管理、大学文化建设、办学支撑体系、后勤服务与管理、学院（部）基本情况、新闻媒体看南农、2011 年大事记和规章制度栏目。年鉴的内容表述有专文、条目、图片和附录等形式，以条目为主。

三、本书内容为 2011 年 1 月 1 日至 2011 年 12 月 31 日间的重大事件、重要活动及各个领域的新进展、新成果、新信息。依实际情况，部分内容时间上可有前后延伸。

四、《南京农业大学年鉴 2011》所刊内容由各单位确定的专人撰稿，经本单位负责人审定，并于文后署名。

《南京农业大学年鉴 2011》编辑部

南京农业大学年鉴2011

目 录

六、发展规划与学科、师资队伍建设 ……………………………………… (235)

九、大学文化建设 ·· (269)

一、专　　题

解放思想　深化改革　团结奋进
求真创新　再创南农改革发展新辉煌

——在南京农业大学行政班子换届会议上的讲话（节选）*

王立英

（2011 年 7 月 6 日）

南京农业大学是一所底蕴深厚、办学特色鲜明的百年学府，经过一个多世纪的发展，已经成为一所以农业和生命科学为优势和特色，农学、理学、经济学、管理学、工学、文学、法学协调发展，国家"211 工程"和"985 优势学科平台"重点建设的多科性大学。特别是近年来，学校在历届领导班子和几代农大人不懈努力的基础上，紧紧抓住国家"三农"建设和高等教育跨越式发展的历史机遇，始终坚持特色办学，深入思考发展战略，丰富办学理念，明确发展举措，全面提升学校核心竞争力，积极推动学校各项事业的发展，学校综合实力和办学水平有了显著提高，为国家和地方经济建设、科技进步和社会服务做出了积极的贡献。这些成绩的取得，既是江苏省委、省政府高度重视和社会各界鼎力支持的结果，是全校上下同心同德、团结拼搏、艰苦奋斗的结果，也凝聚了郑小波同志的大量心血和辛勤汗水。郑小波同志 2001 年 10 月起担任南京农业大学校长，十年来，他积极支持学校党委的工作，认真贯彻执行党委领导下的校长负责制，与党委书记管恒禄同志相互支持、密切配合，党政关系团结协调，学校形成了团结一致干事业的良好氛围。他政治立场坚定，工作思路清晰，顾全大局，组织领导能力和事业心、责任感强，待人谦和，办事稳重，团结同志，关心群众，对自己要求严格。他对学校充满了感情，对事业充满了责任，作为学科带头人，能够把自己的主要时间和精力投入学校的管理工作中，在个人业务领域做出了很大牺牲，为学校的建设和发展做出了不懈的努力，付出了艰辛的劳动。这次行政换届，郑小波同志从学校事业长远发展出发，主动向组织提出，已经任满两届，希望回到自己所钟爱的专业技术岗位上，专心从事教学科研工作，由年富力强的同志接任校长职务，表现出对党的教育事业的高度负

＊　本文根据录音整理节选，标题为编者所加，未经本人审阅。

责精神和可贵的人格魅力。在这里，我代表袁贵仁部长和教育部党组对郑小波同志为南京农业大学改革发展做出的无私奉献表示衷心的感谢和崇高的敬意！我们也祝愿郑小波同志在今后的教学科研工作当中取得更加丰硕的成果，希望他继续关心和支持学校各项事业的发展。

周光宏同志是南京农业大学自己培养起来的优秀干部。周光宏同志 1960 年 6 月生，1994 年 12 月入党，1982 年 8 月大学毕业参加工作，南京农业大学动物生理生化专业博士，曾任南京农业大学动物科学系副主任、主任，动物科技学院院长、食品科技学院院长等职务。1998 年 7 月，担任南京农业大学副校长，主要分管科技、外事等方面的工作。周光宏同志政治素质好，熟悉高等学校办学规律，担任副校长职务 13 年来，积累了较为丰富的管理工作经验。他视野开阔，思路清晰，具有较强的组织领导能力和开拓创新精神，工作投入，作风扎实，团结同志，对自己要求严格，在群众中有一定的威信。周光宏同志长期从事动物生理生化、食品科技领域的教学和学术研究，学术水平高，现为中国畜产品加工研究会会长，有较强的学术影响力。教育部党组认为，周光宏同志担任南京农业大学校长是合适的。这次行政班子换届，徐翔、沈其荣、胡锋三位现任副校长留任，新增补陈利根、戴建君、丁艳锋三位同志为副校长；同时，孙健同志因年龄原因，曲福田同志因工作调动，不再担任副校长职务。在此，我代表袁贵仁部长和教育部党组对孙健、曲福田同志为南京农业大学做出的重要贡献表示衷心的感谢！向徐翔等六位新一届的副校长表示祝贺！

这次学校行政领导班子换届是教育部党组在广泛听取各方面意见的基础之上，结合学校实际，经过通盘考虑，慎重研究，并与江苏省委商得一致后所做出的决定，希望同志们把思想统一到教育部党组和江苏省委的决定上来，统一到推动学校事业科学发展上来。我们希望周光宏同志尽快进入角色，不辜负教育部党组、江苏省委的重托和广大师生员工的信任和期待，与党委书记管恒禄同志一道紧密团结学校领导班子全体同志，紧紧依靠全校师生员工，努力开创学校改革发展新局面。下面我受教育部党组委托，结合近期工作，谈几点意见。

一、认真学习贯彻胡锦涛总书记在建党 90 周年大会上的重要讲话精神，大力推进学校事业的科学发展

7 月 1 日，胡锦涛总书记在庆祝中国共产党成立 90 周年大会上发表重要讲话。他回顾了我们党 90 周年的光辉历程和取得的伟大成就，总结了党和人民创造的宝贵经验，提出了在新的历史条件下，提高党的建设科学化水平的目标任务，阐述了在新的历史起点上的把中国特色社会主义伟大事业全面推向前进的大政方针。总书记的重要讲话，是一篇马克思主义的纲领性文件，对于我们做好党和国家的各项工作，推进中国特色社会主义伟大事业和党的建设新的伟大工程具有重大而深远的指导意义。认真学习，深刻领会，坚决贯彻总书记的重要讲话，是教育战线当前和今后一个时期的首要政治任务，希望南京农业大学按照教育部党组的部署，高度重视，认真抓好讲话精神的学习宣传、贯彻落实工作，切实把思想和行动统一到总书记的讲话精神上来：一是要把学习贯彻讲话精神与落实《国家中长期教育改革和发展规划纲要（2010—2020 年)》结合起来，以讲话精神为强大动力，精心谋划提升人才培养水平，增强科学研究的能力，服务社会经济发展，推进文化传承创新的新思路、新举措，全面落实提高高等教育质量的要求；二是要与推进学校改革发展工作相结合，紧密联系学校工作实际，认真抓好学校"十二五"发展规划和中长期规划的组织实施，妥善处理好改革、发展、稳定的关系，把学习的效果转化为加强和改进工作的实际成效；三是要与开展"创先争

优"活动相结合，认真学习、宣传教育系统优秀共产党员、优秀党务工作者和先进基层党组织的先进事迹，积极营造学先进、争当先进、赶超先进的浓厚氛围，为推进学校的各项事业的改革发展注入强大动力。

二、坚持以提高质量为核心，加快高水平大学建设步伐

提高质量是高等教育发展最核心、最紧迫的任务，是加快建设高水平大学的必由之路。当前，要着重做好以下几个方面的工作：

一是大力提升人才培养水平。要牢固树立人才培养在学校的中心地位，把促进学生成长成才，作为学校一切工作的出发点和落脚点。遵循人才培养规律和人才成长规律，进一步更新观念、拓宽思路，整合教育教学资源，优化人才培养模式，创新教学内容和教学方法，在科学研究中培养人才，在社会实践中培养人才，着力培养高素质的创新性人才。

二是大力增强科学研究的能力。要以国家战略发展目标为导向，结合学校实际，加强适应综合性农业大学的科研体系的建设，以高水平的科研支撑高质量的教育，要鼓励自由探索，强化基础研究，推动学科交叉融合，培育新型学科，加强重大创新平台和创新团队的建设，努力在农业和生命科学等优势学科领域形成一些原创性的成果，要积极推动协同创新，进一步加强与科研院所、企业等方面的合作，联合开展重大科研项目的攻关，努力为建设创新型国家做出积极的贡献。

三是大力服务经济社会发展。要紧紧围绕科学发展这一主题和加快转变经济发展方式这条主线，充分发挥自身学科及人才优势，主动适应国家和区域社会经济发展新形势、新要求，立足江苏，辐射华东，面向全国，积极为社会发展服务，为"三农"服务，进一步拓展服务领域，创新服务形式，完善服务机制，以服务的贡献，开辟自身发展新空间。

四是大力推进文化传承创新。要加强文化素质教育，挖掘校园文化传统，重视人文社会科学研究，强化文化育人的功能，继承和发展优秀传统文化，在推动社会主义先进文化建设和社会主义核心价值体系建设当中，不断鼓励崇尚科学、追求真理的思想观念，要积极开展对外文化交流，增进对国外文化科技发展趋势和最新成果的了解，宣传中国文化，为大力推进社会主义文化大发展、大繁荣做出积极的贡献。

五是坚定与推进改革创新。教育要发展，改革是关键，要以体制机制改革为重点，以创新能力提高为突破点，努力成为知识创新的溯源地，深化教育改革的试验田，扩大开放的桥头堡。要积极探索自我发展、自我管理、自我激励相结合的运行机制，探索完善中国特色现代大学制度。要深化人事制度改革，加强师资队伍建设，努力造就一支高素质、专业化的教师队伍。要坚持走出去、引进来，大力推进国际化进程，以更加开放的姿态，加快建设国际知名、有特色、高水平研究型大学。

三、加强领导班子建设，不断提高领导的科学发展能力

政治路线确定以后，干部就是决定因素。办好南京农业大学，领导班子是关键。在这里，我代表教育部党组再强调几点：

一要切实加强学习，建设政治坚定的领导班子。中央提出要大力推进学习型组织建设，高校有特殊的优势，应该在学习型组织建设中发挥带头示范作用。高校领导干部要把学习视为责任和追求，坚持学以致用、学用结合，自觉加强中国特色社会主义理论体系的学习，坚

持用中国化的马克思主义最新成果武装头脑，切实增强政治敏锐性。不断提高战略思维、创新思维和辩证思维的能力。

二要强化宗旨意识，建设求真务实的领导班子。要始终牢记全心全意为人民服务的宗旨，坚持以人为本，始终以师生利益为重，想师生之所想，急师生之所急，看师生之所看，为师生真心实意办实事、尽心尽力解难事、坚持不懈做好事，要从广大师生的根本利益和学校的长远发展出发，在思想上尊重师生、感情上贴近师生、工作上依靠师生，求真务实，真抓实干，做出经得起历史和师生群众检验的政绩。

三要坚持民主集中制，建设团结协作的领导班子。民主集中制是党的根本制度，党委领导下的校长负责制是民主集中制在高校的具体表现。要准确把握其内在要求，既充分发挥党委的领导核心作用，又保障校长独立负责开展工作，要完善集体领导和个人分工负责相结合的制度，健全议事规则，规范决策程序，形成既有民主又有集中、既有纪律又有自由、生动活泼、团结协调的工作局面。

四要做到廉洁自律，建设清正廉洁的领导班子。胡锦涛总书记在建党 90 周年的大会上强调，要坚决惩治和有效预防腐败，这关系着人心向背和党的生死存亡，是党必须始终抓好的重大政治任务。我们要深刻认识反腐败斗争的长期性、复杂性和艰巨性，严格遵守廉洁从政的准则。直属高校党员领导干部严格遵守廉洁自律的各项制度，自觉地提高拒腐防变和抵御风险的能力，防微杜渐，警钟长鸣，始终做到忠于职守、秉公办事、为政清廉。

长期以来，江苏省委、省政府对南京农业大学改革发展提供了良好的发展环境，给予了极大的关心和支持，省委组织部对南京农业大学给予了极大的关心。在此，我代表教育部党组，向江苏省委、省政府以及各有关部门表示衷心的感谢！也希望学校领导班子和广大师生员工紧紧围绕江苏省委、省政府提出的"两个率先"的战略目标，为江苏的改革发展做出更大的贡献！

各位老师、同志们，我们相信学校新的一届领导班子，一定能够紧紧地团结带领广大师生员工，坚持以邓小平理论和"三个代表"重要思想为指导，深入贯彻落实科学发展观，解放思想，深化改革，团结奋进，求真创新，再创南京农业大学改革发展新辉煌。

在教育部宣布学校行政班子换届
任免决定大会上的讲话

管恒禄

(2011 年 7 月 6 日)

尊敬的王部长和各位领导、老师们、同志们：

首先，我代表学校党委表示，坚决拥护教育部对学校行政领导班子正常换届的任免决定，坚决拥护教育部党组对学校党委常委有关同志的任免决定。同时，衷心感谢教育部、江苏省各级领导长期以来，对南京农业大学给予的关心、支持和帮助！

刚才，王部长做了重要讲话，对南京农业大学当前和今后的建设与发展，对学校党政领导班子加强自身建设，提出了新的要求和殷切希望，具有很强的针对性，对学校建设发展和班子建设一定将产生重大和深远的影响。学校党委和党政领导班子集体将加深领会，认真贯彻落实。

当前，我们将以新一届学校行政领导班子和"十二五"开局之年为契机，团结带领广大师生员工：一要认真组织学习胡锦涛总书记在建党 90 周年纪念大会上的讲话，进一步认清高等教育发展的外部环境和内在要求，牢牢抓住和用好高等教育发展的重要战略机遇期，聚精会神搞建设，一心一意谋发展。在看到成绩和进步的同时，更要看到差距和不足，不断增强责任意识、竞争意识和忧患意识，以更加饱满的热情和更加扎实的工作，紧紧围绕《国家中长期教育改革和发展规划纲要（2010—2020 年）》，认真总结过去，进一步解放思想，勇于改革创新，抓紧研究制订学校"十二五"发展规划各重点项目的实施方案，不断增强工作的前瞻性、创造性和执行力，加强统筹与协调，全面推动学校科学发展。二要全面准确地将胡锦涛总书记前不久在清华大学 100 周年庆祝大会上，对当前高等教育发展和青年学生培养，提出的"四个必须大力"和"三个紧密结合"的要求和希望，结合学校实际，真正贯彻落实到办学全过程。三要进一步贯彻落实好《中国共产党普通高等学校基层组织工作条例》，认真贯彻党的教育方针，牢固树立宗旨意识，贯彻落实好党委领导下的校长负责制，加强各级基层党组织建设和各级领导班子建设，进一步推动"创先争优"活动深入开展，营造团结、和谐、向上、敬业和风清气正的校园文化和发展环境，努力提高学校党的建设科学化水平。

此时此刻，我们曾与郑小波同志在一个班子里合作工作过的同志都十分珍惜这段经历。郑小波同志党性强，政治上坚定，事业心、责任感强，任校长期间全身心投入学校行政领导和管理工作，深入研究和积极探索高等教育理论和实践，始终将提高教育质量和办学水平放在第一位，坚持加强学科建设和人才队伍建设，加快提升学校科学研究能力，坚持走内涵发展、特色发展的办学道路；同时，积极探索产学研结合和服务经济社会发展的新机制、新途径，并大力推进学校教育国际化进程。郑小波同志在办学过程中，大局意识、民主意识强，严于律己，宽以待人，带头加强领导班子思想和作风建设，不断加强和完善学校内部治理结构和管理制度建设，着力加强学术道德和校园文化建设，与班子同志共同积极探索党委领导下的校长负责制，共同努力构建团结、民主、合作、敬业的工作局面。

在这里，我谨代表学校党委，向郑小波同志以及上一届行政领导班子的全体同志，为学校建设和发展辛勤工作并做出的努力与贡献，表示最衷心的感谢！

作为个人，我也十分珍惜与小波同志 10 年在一起愉快合作共事的难忘经历，特别要感谢小波同志在工作中给予我的理解、支持和帮助。

各位老师、同志们，在学校党委、行政和广大师生员工的共同努力下，学校建设正处在办学史上最好的发展时期之一。今后，学校党委和新一届行政领导班子，将在教育部党组和江苏省委、省政府的坚强领导下，团结带领广大师生员工，继承传统，发扬成绩，艰苦奋斗，开拓创新，同心同德同力，再接再厉，更加扎实努力工作，将南京农业大学的明天建设得更加美好！

谢谢大家！

在南京农业大学庆祝建党90周年暨"七一"表彰大会上的讲话

管恒禄

（2011年6月30日）

各位老师、同学们，同志们：

今天，我们在这里隆重集会，共同庆祝中国共产党成立90周年，表彰学校先进基层党组织、优秀共产党员、优秀党务工作者以及在学校"创先争优"活动中涌现出的先进集体和个人。在此，我代表学校党委，向全校广大共产党员致以节日的问候！向受到表彰的集体和个人，表示热烈的祝贺和崇高的敬意！

为了庆祝党的90华诞，今年以来，学校党委和各级党组织在全校范围内，以多种形式开展了一系列纪念活动：组织全校师生员工听党课、举办"唱红歌、跟党走"歌咏大会、开展主题征文和理论研讨、召开党员代表座谈会、重温入党誓词、走访慰问老同志以及进一步深入开展"创先争优"活动。通过这些活动，全校广大共产党员和师生员工更加深刻认识和全面了解了党的90年光辉历史，进一步坚定中国特色社会主义理想信念，进一步激励广大共产党员和师生员工将智慧和力量凝聚到学校事业的发展上来。

1921年，中国共产党在国家灾难、民族危机的历史关头应运而生，历经新民主主义革命、社会主义革命和建设、改革开放和社会主义现代化建设，至今已走过90年的奋斗历程。

90年来，中国共产党历经风雨，由小变大、由弱变强，从最初只有50多名党员，发展成为一个拥有8 026.9万名党员、389.2万个基层党组织的执政大党。90年来，中国共产党把马克思主义普遍真理与中国革命与建设的实际相结合，创立了毛泽东思想、邓小平理论、"三个代表"重要思想和科学发展观，开辟了马克思主义在中国发展的新境界。90年来，中国共产党带领全国各族人民，经过长期浴血奋战和艰苦卓绝的斗争，实现了民族独立和人民解放，建立了社会主义新中国，开辟了中国特色社会主义道路，为中华民族伟大复兴开创了前所未有的光明前景。

中共十一届三中全会以来，中国共产党重新确立了解放思想、实事求是的思想路线，把全党工作重心转移到社会主义现代化建设上来，坚持以经济建设为中心，坚持四项基本原则，坚持改革开放，建立了社会主义市场经济，实现了从高度集中的计划经济体制到充满活力的社会主义市场经济体制的伟大历史转折；紧紧依靠和紧密团结全国各族人民，艰苦奋斗，与时俱进，不断深化政治、经济、文化和社会等方面的体制改革，不断战胜前进道路上的艰难险阻，在经济社会发展等各个方面均取得了举世瞩目的伟大成就，人民生活日益改善，综合国力显著增强，国际地位和国际影响力不断提高。

在中国共产党的领导下，具有五千年文明史的古老中国正以全新的姿态和强大的活力屹立在世界的东方。

90 年的社会发展充分说明，中国共产党是用马克思主义先进理论武装起来的党，是能够肩负民族重任、经受各种困难和风险考验的党，是坚持立党为公、执政为民的党；中国共产党不愧为中国工人阶级和中国人民、中华民族的先锋队，不愧为中国特色社会主义事业的坚强领导核心。

历史经验告诉我们，办好中国的事情，源于人民，关键在党。党的建设是党领导的伟大事业不断取得胜利的重要法宝。高校党的建设，在党的建设工作全局中具有重要的战略地位，是党的建设新的伟大工程的重要组成部分。改革开放以来，伴随高等教育事业快速发展，高校党的建设在继承中创新、在改革中发展，为党的建设、社会稳定和推动高等教育事业跨越式发展做出了重要贡献。

长期以来，学校党委高举中国特色社会主义伟大旗帜，坚持以邓小平理论和"三个代表"重要思想为指导，深入贯彻落实科学发展观，积极主动适应高等教育改革发展的新形势、新目标、新任务，紧紧围绕学校中心工作，不断探索学校党的建设新机制、新途径、新方法。截至 2011 年 6 月 28 日统计，全校共有党的基层组织 459 个、党员 9 030 名。其中，在职教职工党员比例为 57.14%，学生党员比例为 34.92%。

总体上，学校基层党组织设置合理，各级领导班子坚强有力，学习型党组织建设扎实推进，大学生和优秀人才党员发展工作成效显著，各基层党组织和广大共产党员的政治核心、战斗堡垒和先锋模范作用得到了进一步发挥；干部教育管理工作科学化、民主化、制度化稳步推进，建设了一支素质优良、结构合理、精简高效的高素质干部队伍；反腐倡廉建设成效显著，惩治和预防腐败体系框架基本形成。所有这些，为学校改革发展稳定提供了坚强有力的思想保证、政治保证和组织保证。

围绕学校事业发展，学校党委通过历次党代会和党委全委（扩大）会议，全面分析党的建设、人才培养、学科建设、师资队伍建设、科学研究和社会服务等事关学校长远发展的根本性问题，进一步理清了当前与长远、立校与强校、有所为与有所不为以及党的建设与中心工作等诸多关系，明确了不同阶段的工作方向和任务目标；确定了"以农业与生命科学为优势和特色，农、理、经、管、工、文、法多学科协调发展，国际知名、有特色、高水平研究型大学"的发展战略目标；确立了"规模适中、特色鲜明，以提升内涵和综合竞争力为核心"的发展道路；先后制定了提高人才培养质量、增强科技创新能力、加快科技成果转化、加强人才队伍建设、加快推进学校国际化进程、重点突破带动整体以及以改革创新精神加强和改进党的建设等一系列战略举措，全面推进了学校各项事业的科学发展。

在教育部党组和江苏省委的正确领导和亲切关怀下，学校党委紧紧依靠和团结带领全校各级党组织和广大共产党员、师生员工齐心协力、艰苦奋斗、开拓创新、锐意进取。学校学科建设成效显著、师资队伍建设稳步推进、人才培养质量与层次进一步提高、科技创新与社会服务能力明显增强、教育国际化进程不断加快、财政和基础办学条件明显改善；党的建设和思想政治工作得到全面加强、精神文明建设取得丰硕成果；实现了由本科教育为主向本科与研究生教育并重、由教学为主向教学与科研并重的转型，初步建成了研究型大学的架构；形成了以农业与生命科学为优势和特色、多学科协调发展，并与高水平研究型大学建设相适应的多学科专业布局。学校现有 4 个国家一级重点学科、13 个国家二级重点学科、1 个国家重点培育学科，拥有的国家一级重点学科数并列全国高校第 23 位、居全国农林高校第二位；有 9 个学科整体排名全国前五位，排名前五位的学科数量并列全国高校第 10 位；设有 13 个博士后流动站、77 个博士专业、157 个硕士专业和 60 个本科专业；农业科学、植物与动物学、环境生态学 3 个学科排名进入全球前 1%。"十一五"以来，学校获国家级、省部级各类项目 1 489 项，以第一完成单位获省部级以上科技成果 109 项，其中国家科技进步奖一等奖 1 项、二等奖 4 项，并有 1 项入选 2010 年"中国高校十大科技进展"；技术合作与技术转让项目共计 600 余项，累计创造经济效益超过 500 亿元。学校党委连续多年被评为"江苏省高校先进基层党组织"。学校先后被评为"全国精神文明建设工作先进单位"和"全国文明单位"。

在学校事业发展过程中，学校各级党组织紧紧围绕中心工作，立足校情，联系实际，较好地发挥了政治核心和战斗堡垒作用；广大共产党员、师生员工积极投身学校改革与发展，以满腔热情和创造精神，在学校事业发展中做出了不可磨灭的贡献。在此，请允许我代表学校党委，向全校各级党组织和广大共产党员、师生员工、离退休老同志，向所有长期以来关心和支持学校建设与发展的各级领导和朋友们，致以崇高的敬意和衷心的感谢！

回顾过去的工作，我们深切地感受到，要加强和改进学校党的建设，切实发挥党组织在学校事业发展中的政治核心和战斗堡垒作用，实现以党的建设推动学校事业健康、协调、可持续发展，必须坚持以下五个方面：

第一，必须坚持认真贯彻党的教育方针，牢牢把握社会主义办学方向，不断巩固马克思主义在学校意识形态的指导地位，始终把培养社会主义事业的合格建设者和可靠接班人，作为学校党委工作的本质要求和政治责任。

第二，必须坚持党要管党、从严治党，始终把基层党组织建设和党员教育管理工作摆在突出位置，以改革创新精神和求真务实的态度，从思想、组织、作风、制度以及反腐倡廉等方面，全面加强和改进学校党的建设，切实抓紧、抓好各级领导班子建设。

第三，必须坚持围绕中心、服务大局，始终把党的建设放到推进学校改革发展稳定的大局，放到深化教育教学改革、加强科学研究和服务经济社会的大局中去谋划，用中心工作的成效衡量和检验党的建设成效。

第四，必须坚持与时俱进、改革创新，始终以改革的精神研究新情况、解决新问题、总结新经验，不断创新工作机制、拓展工作领域、改进工作方法，使学校各级党组织和党员队伍始终充满生机和活力。

第五，必须坚持团结力量、共同奋斗，始终高度重视和充分发挥共青团、工会、民主党派、无党派人士、学术组织和老龄团体等各方面的主动性、积极性和创造性，努力形成促进学校科学发展的强大合力。

各位老师、同学们，同志们！当今世界正处在大发展、大变革、大调整时期，世界范围内生产力、生产方式、生活方式和经济社会发展格局正在发生着深刻变革；深度开发人力资源、实现创新驱动发展，已经成为国家战略选择，当代中国正在新的历史起点上向前迈进；全国教育工作会议的召开和《国家中长期教育改革和发展规划纲要（2010—2020 年）》（以下简称《教育规划纲要》）、《中国共产党普通高等学校基层组织工作条例》（以下简称《高校基层组织条例》）的颁布，开启了加快推进我国教育事业科学发展和提高高校党的建设科学化水平的新征程。

面对世情、国情、党情的深刻变化和我国高等教育发展的新形势、新目标、新任务，我们一定要倍加珍惜学校党的建设取得的宝贵经验，倍加珍惜学校改革发展面临的难得机遇；

清醒认识国际国内形势的深刻变化对学校党的建设提出的新挑战，清醒认识在新的历史起点加快推进学校事业发展对学校党的建设提出的新任务，清醒认识学校党的建设中存在薄弱环节和突出问题对学校党的建设提出的新课题；全面把握中央对高校党的建设做出的决策部署，切实担负起加强和改进学校党的建设的政治责任和历史使命，把思想和行动统一到中共十七届五中全会和全国教育工作会议精神上来，统一到贯彻落实《教育规划纲要》和《高校基层组织条例》上来，统一到学校事业发展上来，努力推动学校党的建设不断迈出新步伐、取得新成效、做出新贡献。

今年，是学校"十二五"建设的开局之年，也是全面完成学校第十次党代会提出的目标任务的最后一年。我们必须始终秉承"诚朴勤仁"的南农精神，始终保持科学发展的责任意识、机遇意识和忧患意识，以高度的历史责任感和强烈的事业使命感，勇于迎接挑战，抢抓发展机遇，切实推动学校各项事业在高等教育新一轮发展中再上新的台阶。

在此，我代表学校党委，向全校各级党组织和广大共产党员提出三方面的希望和要求：

一、深入贯彻落实《教育规划纲要》，精心组织实施学校"十二五"发展规划，全面推动学校事业在新起点上科学发展

学校"十二五"发展规划，是学校深入贯彻落实中共十七届五中全会、全国教育工作会议精神和《教育规划纲要》决策部署，加快实现学校发展战略目标，全面开创学校科学发展新格局的纲领性文件，充分反映了全校上下对学校未来五年的发展智慧、发展信心和发展愿望。当前，学校有关职能部门要在"十二五"规划实施推进会的要求下，对学校"十二五"规划提出的十大建设目标和 36 个建设重点，进一步细化目标任务，制订具体的实施方案，真正将工作要求、时间进度、领导责任落实到位。各学院、各部门要在完成本单位"十二五"规划编制工作基础上，抓紧组织实施。

各级党组织和广大共产党员在"十二五"规划的实施过程中，要充分发挥政治核心、战斗堡垒和模范带头作用，深入宣传，勤于学习，勇于创新，统筹谋划，使学校的发展思想、发展目标切实转化为广大师生员工的发展意志和发展行动。

各级党组织和广大共产党员要紧紧围绕贯彻落实《教育规划纲要》，进一步统一思想、振奋精神、凝心聚力，立足"十二五"规划的目标任务，牢固树立"内涵发展、特色发展、科学发展、和谐发展"的发展理念，大力提升人才培养水平，坚持把促进学生健康成长作为学校一切工作的出发点和落脚点，更加注重拔尖创新人才培养；大力增强科学研究能力，积极适应经济社会发展重大需求，不断提升原始创新、集成创新和引进消化吸收再创新能力；大力服务经济社会发展，促进产学研紧密融合，加快科技成果转化，以服务和贡献开辟校院两级发展新空间；大力推进文化传承创新，积极发挥文化育人作用，培育崇尚科学、追求真理的思想观念，推动大学文化建设。全校上下、党内党外要以昂扬向上的工作精神、百折不挠的工作意志、尽心尽责的工作态度，合力推动学校事业在新起点上科学发展。

二、深入贯彻落实《高校基层组织条例》，不断加强和改进党的自身建设，切实提高党的建设科学化水平

加强和改进高校党的建设，是促进高等教育科学发展、建设人力资源强国和创新型国家的根本保证，是全面贯彻党的教育方针、培养社会主义事业合格建设者和可靠接班人的必然要求。

各级党组织要牢固树立"围绕中心抓党建，抓好党建促发展"的理念，把提升人才培养、科学研究、社会服务和文化传承水平贯穿党建工作始终，全面加强和改进思想建设、组织建设、作风建设、制度建设和反腐倡廉建设，为学校改革发展提供坚强保障。

加强和改进学校党的基层组织建设，必须深刻领会和准确把握中共中央组织部 2010 年新颁发的《高校基层组织条例》精神实质，切实增强贯彻落实《高校基层组织条例》的坚定性和自觉性。要坚持并不断完善党委领导下的校长负责制和学院党政共同负责制，充分发挥学校党委领导核心和学院党委政治核心的作用，加强领导班子建设，提高办学治校能力。要主动适应高校管理模式、学科设置和办学形式的新变化，进一步优化基层党组织设置，不断创新基层党组织工作内容和活动方式，切实加强党对人才工作的领导，增强党组织服务教学科研、广大党员和师生员工的功能。要努力加强党内民主建设，推进党务公开，创新公开形式，提高公开质量。要坚持育人为本、德育为先，创新思想政治教育的内容和方法，牢牢把握党对学校意识形态工作的主导权。要坚持党要管党、从严治党，认真落实党风廉政建设责任制，以优良的党风正校风、促教风、带学风，把社会主义核心价值体系教育融入大学生思想政治教育和师德师风建设全过程。要坚持以改革为动力，破解发展难题，增强办学活力，积极稳妥地推进体制机制和关键环节上的改革进程。要加强新形势下高校统战和群众工作，尊重师生的主人翁地位，团结一切力量，完善群众工作制度，把广大师生员工凝聚到推动学校科学发展上来。

三、继续深入开展"创先争优"活动，充分发挥各级党组织和广大共产党员的先进性，努力为学校事业发展再立新功、再创佳绩

"创先争优"活动开展以来，全校各级党组织和广大共产党员紧紧围绕"加强内涵建设、提升办学实力、促进科学发展"的活动主题，对照先进基层党组织和优秀共产党员的具体标准，广泛深入地开展"创先争优"活动，取得了显著的阶段性成效。

当前，学校"创先争优"活动已经进入"健全机制，全面争创"阶段。各级党组织要按照学校"创先争优"活动实施方案的要求，结合各单位实际，不断健全工作机制、创新活动载体、突出实践特色，使"创先争优"活动不断取得新进展、新成效。

开展"创先争优"活动，要进一步充分调动党的基层组织和广大党员的积极性和创造性，培育带头学习提高、带头争创佳绩、带头服务群众、带头弘扬正气的积极氛围。开展"创先争优"活动，贵在创先于平时工作、争优于平凡岗位，对"创先争优"活动行之有效的做法，要及时用制度的形式固定下来，形成长效机制，成为工作要求和自觉行动。开展"创先争优"活动，要把党的先进性基本要求与广大党员的岗位职责结合起来，与推动当前工作结合起来，与工作实际成效结合起来，与师生员工满意度结合起来。开展"创先争优"活动，要充分激发和尊重各级党组织和广大党员的首创精神，针对当前学校党的建设中存在的薄弱环节，努力从理论、机制、实践上不断完善和创新，使"创先争优"活动真正成为推动学校科学发展的强大动力。

各位老师、同学们，同志们！缅怀党的历史，我们深感光荣和自豪。今天在这里庆祝党的生日、表彰党的先进基层组织和优秀个人，对我们每一位共产党员来说，都是一次生动的党性、党风和党的宗旨教育。展望未来发展，我们使命艰巨、责任重大。希望受表彰的集体

和个人以今天为新的起点，再接再厉，继续发挥模范和表率作用，再创新的佳绩；希望全校各级党组织和广大共产党员，要以身边的先进典型和先进事迹为榜样，在各自的工作岗位上，始终牢记党的宗旨，始终继承和发扬党的优良传统，紧紧依靠和紧密团结全校广大师生员工，以高度的历史责任感和强烈的事业使命感，同心同德，开拓创新，锐意进取，扎实工作，为把学校早日建成国际知名、有特色、高水平研究型大学而努力奋斗！

谢谢大家！

在南京农业大学 2011 年党风廉政建设工作会议上的讲话

管恒禄

（2011 年 4 月 20 日）

同志们：

今天，我们在这里召开党风廉政建设工作会议，部署 2011 年党风廉政建设和反腐败工作。刚才玄武区人民检察院王少华检察长，给大家做了一场生动的反腐倡廉辅导报告，使我们对反腐倡廉形势、任务特别是对教育系统党风廉政面临的现状有了更清醒的认识；盛邦跃同志传达了中央纪委第六次全会、教育系统党风廉政建设工作会议精神，回顾总结了学校 2010 年纪检监察工作状况，并对 2011 年纪检监察工作进行了部署。

2011 年是中国共产党成立 90 周年，也是"十二五"开局之年，认真抓好 2011 年党风廉政建设和反腐败工作，对于推动学校事业发展，保证"十二五"开好局、起好步，具有十分重要的意义。下面，我代表学校党委和行政提几点要求：

一、认清形势，提高认识，把党风廉政建设摆在更加突出的位置

多年来，学校党委和行政深入贯彻落实科学发展观，坚定不移地把党风廉政建设与改革发展紧密结合，与规范内部管理紧密结合，与培养合格建设者和可靠接班人、营造风清气正的教书育人环境紧密结合，认真落实党风廉政建设责任制，扎实推进具有我校特点的惩治和预防腐败体系建设，有效地防止了消极腐败现象的发生，学校将近十年没有发生职务犯罪案件。这是一个良好的态势，既有利于学校事业快速发展，又有利于干部健康成长，希望能够长期持续保持。但我们千万不要盲目乐观，产生丝毫的松懈麻痹情绪，必须警钟长鸣，时刻保持高度的警惕。要清醒地认识到，由于我国仍处于并将长期处于社会主义初级阶段，处于经济体制深刻变革、社会结构深刻变动、利益格局深刻调整、思想观念深刻变化和各种社会矛盾凸显的历史时期，各方面政策法规、体制机制还不完善，滋生腐败的土壤仍然存在，党风廉政建设仍面临许多新情况、新问题，反腐败斗争具有长期性、艰巨性和复杂性；要清醒地认识到，社会上各种消极腐败现象必然会向学校侵袭渗透，会对各级管理干部产生严重的腐蚀和危害；要清醒地认识到，在实现国际知名、有特色、高水平研究型大学这一宏伟目标的奋斗进程中，随着学校经济总量越来越快速的增长，各级领导所面对的诱惑会越来越多，腐败与反腐败斗争的考验会越来越严峻。因此，我们要进一步提高认识，统一思想，明确责任，把党风廉政建设工作摆到更加突出的地位。

二、加强理想信念教育，筑牢道德和法纪两道防线

腐败现象，腐蚀党的肌体、败坏党的形象，损害人民利益，严重削弱党的创造力、凝聚

力、战斗力，同我们党的性质和宗旨是水火不相容的。胡锦涛总书记多次指出，在和平建设时期，如果说有什么东西能够对党造成致命伤害的话，腐败就是很突出的一个。在中央纪委第六次全会上，胡锦涛总书记着重阐述了把以人为本、执政为民贯彻落实到党风廉政建设和反腐败斗争之中的重要性、紧迫性，指出要把实现好、维护好、发展好最广大人民根本利益作为一切工作的出发点和落脚点，认真解决损害群众利益的突出问题。总书记归纳了当前仍然存在的一些违背党的性质和宗旨、群众反映强烈的问题。主要表现在：一是群众观念淡薄，不尊重群众，想问题、干事情不把群众放在心里；二是决策脱离实际，不顾群众利益，搞劳民伤财的"形象工程"和沽名钓誉的"政绩工程"；三是作风不扎实，庸懒散问题突出，对群众提出的诉求敷衍了事；四是违法违规问题严重，以权谋私现象多发等。解决这些问题需要全党共同努力，坚持权为民所用、情为民所系、利为民所谋，大力加强干部队伍作风建设，保持同人民群众的血肉联系。胡锦涛总书记的讲话是指导我们加强党的执政能力建设、先进性建设和党风廉政建设的纲领性文件，对推进领导班子和干部队伍建设具有重要指导意义，我们要坚决贯彻落实。

根据中央统一安排，2011 年是"创先争优"活动深入推进的关键一年，我们要以此为契机，以加强和改进领导班子作风为重点，加强干部队伍建设，加强理想信念教育，在增强宗旨意识、责任意识和纪律观念等方面取得新成效，促进领导干部秉公用权、廉洁自律。

1. 要增强宗旨意识　反腐败斗争的实践充分证明，官员的腐败堕落，首先是宗旨意识淡薄、思想蜕变，因此必须增强宗旨意识，将建设社会主义核心价值体系贯穿到学校工作的各个方面，牢固树立全心全意为人民服务的宗旨。坚持把人民群众拥护不拥护、赞成不赞成、高兴不高兴、答应不答应作为一切工作的依据，把为师生员工服务的成效作为考核干部的标准。要正确对待个人利益，树立正确的人生观、价值观、利益观，不为私心所困，不为名利所累，不为物欲所惑，淡泊名利，克己奉公。努力实践共产党人高尚的人生价值，始终以饱满的热情投身工作，永葆蓬勃朝气、昂扬锐气和浩然正气。

2. 要廉洁自律　各级领导干部要加强自律，坚持自重、自省、自警、自励，把纪律和法律的外部规范约束转化为自身内在的自觉行动。要慎独，时时处处严格要求自己，做到人前人后一个样、八小时内外一个样、有没有监督一个样；要慎微，认真做好每件小事、管好每个小节，见微知著、防微杜渐，切实做到不该说的话不说、不该拿的东西不拿、不该去的地方不去、不该办的事情不办；要慎情，教育和管好自己的配偶、子女、亲属和身边的工作人员，决不允许他们利用自己的职权或职务影响谋取不正当利益；要慎友，正确处理人际关系，慎重对待社会交往，注意净化自己的社交圈、生活圈和朋友圈，善交益友、乐交净友、不交损友。

3. 要强化责任意识　坚决贯彻党的教育方针，切实维护学校稳定，以理论上的清醒和坚定确保政治上的清醒和坚定，始终保持高度的政治敏锐性和政治鉴别力。坚持对党负责与对人民负责一致，对上级负责与对群众负责统一。要克服官僚主义、形式主义，切实解决少数干部中存在的工作不落实、作风不扎实、庸懒散和效率低下等问题。

4. 增强法纪观念　每一名党员干部，都要模范地遵守党的纪律和国家的法律，严格遵守《廉政准则》《廉政准则实施办法》和教育部《直属高校党员领导干部廉洁自律"十不准"》等各项规定，自觉地用党纪国法规范自己的言行。学校各级领导干部一定要按照集体决策程序研究决定"三重一大"事项，任何人都不得擅自决定"三重一大"事项；严格按照规章制度开展基建工程、物资采购等经济活动，不得违反规定干预和插手学校基建工程、物资采购项目；不得以不正当手段为本人或他人获取荣誉、职称、学历和学位等利益。

三、落实党风廉政建设责任制，提高反腐倡廉建设整体水平

党风廉政建设责任制是推进党风廉政建设和反腐败斗争中的一项带有全局性、关键性和根本性的制度。2010 年 11 月，中共中央、国务院印发了新修订的《关于实行党风廉政建设责任制的规定》，原来的《党风廉政建设责任制的规定》是 1998 年 11 月颁布的，已执行了12 年。新的规定在责任内容、检查考核和责任追究等方面都有新的更加全面的要求。这是深入推进党风廉政建设和反腐败斗争又一项重要的党内基础性法规，全校各单位、各级党员领导干部必须认真贯彻落实。

1. 要进一步完善党风廉政建设责任体系，形成党风廉政建设的整体合力　党风廉政建设是一项系统工程，要突出重点，兼顾一般，整体推进，注重实效。坚持党委统一领导，党政齐抓共管，纪委组织协调，部门各负其责，依靠群众支持和参与的领导体制和工作机制；围绕学校贯彻"落实建立健全惩治和预防腐败体系 2008—2012 年工作规划"的实施办法，扎实推进教育、制度、监督、改革、纠风和惩处六项工作。要加强制度建设，完善监督机制，提高制度的执行力，真正做到用制度管权、管事、管人，规范学校各方面的管理。

2. 切实履行"一岗双职"　党风廉政建设责任制最核心的内容就是"一岗双职"，每一名领导干部既是其具体工作的责任人，同时也是职责范围内的党风廉政建设的责任人。各级党政领导班子，特别是党政一把手，要切实担负起反腐倡廉建设的重大政治责任，把党风廉政建设和反腐败斗争纳入单位发展的总体布局，与单位日常工作一起部署、一起落实、一起检查和一起考核，不能把反腐倡廉建设仅仅看作是纪检监察部门的事。要认真总结经验，解决突出问题，做到管业务与管党风廉政建设高度统一，业务工作职责管到哪里，党风廉政建设的职责就延伸到哪里。要形成一级抓一级、层层抓落实的党风廉政建设责任体系，要对分管范围内的干部职工严格教育、严格要求、严格管理和严格监督，确保反腐倡廉各项措施落实到位。

3. 要切实加强重点部门和关键环节的监管　根据教育部监察局相关数据统计，近年来高校违纪违法案件有 82％发生在基建、采购、财务、招生、后勤服务等部位和环节，因此必须有针对性地开展工作。要突出工作重点，抓住关键环节，以重点工作的成效推动全局工作的开展，以关键环节的突破带动整体工作的推进。

继续深入开展工程建设领域突出问题专项治理工作，进一步规范招标投标行为，严格执行全过程跟踪审计制度，确保工程优质、高效、安全和廉洁。严格按照规范程序组织实施仪器设备、教材图书等大宗物资的采购，做到公开透明，防止暗箱操作。加强学校经费特别是科研经费的管理，既充分保护和调动教师从事科研的积极性，又合理规范地使用科研经费。认真落实国家招生政策，实行"阳光招生"，严格规范特殊类型的招生行为，不断提高招生录取工作的科学化、规范化水平。

各级党组织要加强对党风廉政建设和反腐败工作的领导和指导，支持纪检监察部门和专兼职纪检监察干部履行职责，帮助解决实际困难和问题，推动反腐倡廉各项任务的落实。纪检监察干部要以更高的标准、更严的要求切实履行监督职责，深入开展"创先争优"活动，按照"做党的忠诚卫士、当群众贴心人"的要求，不断增强党性修养，提高政治素质，加强

作风建设，依法办事，秉公执纪，敢于同各种不正之风和违法乱纪行为做坚决的斗争，牢固树立纪检监察干部的良好形象。

最近，按照最高人民检察院、教育部《关于在教育系统开展预防职务犯罪工作中加强联系配合的意见》和江苏省教育厅、江苏省人民检察院《关于在全省高校和检察院开展预防高校职务犯罪共建活动的通知》精神，学校与玄武区人民检察院、学校工学院与浦口区人民检察院签订了"校检合作"共建协议。这是预防工作的"关口前移"，有利于及时发现并消除学校管理工作中的风险隐患。纪检监察部门和专兼职纪检监察干部，要充分利用检察机关的优势，积极探索新形势下反腐倡廉建设的规律，刻苦钻研纪检监察业务和各方面知识，着力提高有效防治腐败的能力和水平。希望全体纪检监察干部，加倍努力，再接再厉，为学校改革发展和稳定做出新的更大的贡献！

同心协力　开拓创新　和谐奋进
在新的起点上加快推进学校发展战略目标的实现

——在中共南京农业大学第十届第十一次全委（扩大）会议上的讲话

管恒禄

（2011 年 2 月 18 日）

同志们：

首先，我代表学校党委、行政对同志们在过去一年中和"十一五"期间，为学校建设发展的辛勤工作和做出的贡献表示衷心的感谢！

今天，我们在这里召开进入"十二五"的第一次党委全委（扩大）会议。这次会议将是一次承上启下、继往开来的十分重要的会议。

会议的主要任务是：深入学习贯彻第十九次全国高校党建工作会议和全国教育工作会议精神，贯彻落实《中国共产党普通高等学校基层组织工作条例》（以下简称《高校基层组织条例》）和《国家中长期教育改革和发展规划纲要（2010—2020 年)》（以下简称《教育规划纲要》），研究部署进一步加强和改进学校党的建设工作，全面推进学校"十二五"发展规划的落实和实施，同心协力，开拓创新，和谐奋进，为学校"十二五"科学发展和加快实现学校发展战略目标开好局、起好步。

2 月 8 日，常委会就本次会议的主要任务和本学期党政工作要点做了认真研究，并对上学期分解的 50 项党政工作任务完成情况做了分析检查。

在这次会议上，我和郑小波校长将围绕大会任务有所侧重分别做报告，并安排了 3 个部门和 5 个学院做大会交流发言。渔业学院领导希望能给大家介绍些情况，大会也做了安排。另外，这次会议按照党建工作的新要求，邀请了部分党代表和民主党派主要负责人参会。

下面，我根据常委会讨论意见，讲三个方面的意见：

一、加强领导、精心组织，分解任务、落实责任，以真抓实干精神全面推进学校"十二五"发展规划的落实和实施

《南京农业大学"十二五"发展规划》（以下简称《学校"十二五"规划》），经过一年的广泛征求意见，集思广益，先后九易其稿，于 1 月 14 日经学校第四届教职工代表大会第三次会议审议通过。《学校"十二五"规划》明确了"十二五"期间学校建设发展的指导思想和总体目标，提出了十大建设目标，并对每一个建设目标分别确定了建设重点和主要举措。规划编制过程中，着重把握和较好处理了四大方面的关系，即当前与长远、局部与全局、需要与可能的关系；尽力而为与量力而行、有所为与有所不为的关系；强化重点与兼顾一般的关系；建设发展与保障和改善民生的关系。

《学校"十二五"规划》是学校深入贯彻落实中共十七届五中全会精神、全国教育工作会议精神和《教育规划纲要》决策部署，加快实现学校发展战略目标，全面开创学校科学发展新局面的纲领性文件；也是全校师生员工全面回顾过去，认真总结经验、发扬民主、广开言路、建言献策、共同努力的结果，充分反映了全校上下对学校未来5年的发展智慧、发展信心和发展愿望。

郑小波校长在学校第四届教职工代表大会第三次会议上所做的《学校工作报告》中，对学校"十一五"所取得的成就和存在的问题做了全面的回顾总结，对学校"十二五"将面临的形势做了深刻的分析，对学校"十二五"建设目标任务和主要举措做了充分阐述和说明。《学校工作报告》已印发给大家，开学后要在面上组织学习和宣传。

当前，学校发展正站在一个新的历史起点上，面对中国高等教育改革发展的新形势、新任务，学校在"十二五"末初步建设成为国际知名、有特色、高水平研究型大学的总目标已经确定，发展的美好蓝图已经展示在我们面前。美好的前景催人奋进，艰巨的任务仍需全校同心同德、加倍努力、扎实工作。

今年是"十二五"开局之年，开好局、起好步，对《学校"十二五"规划》的顺利实施关系重大。

（一）以中共十七届五中全会精神和《教育规划纲要》为指导，把思想统一到学校"十二五"发展规划的指导思想、总体目标和建设重点上来

中共十七届五中全会和《教育规划纲要》，从"十二五"时期党和国家发展全局的高度，对高等教育的发展做出了重要部署。开学后，要继续深入学习、宣传《教育规划纲要》，对其指导思想、工作方针、战略目标、战略主题有进一步的理解和正确把握；对高等教育的发展任务、体制改革和保障措施等方面的内容，结合各单位实际加以深入研究，找准各自的工作切入点和工作重点。各级党组织要深入开展学习型党组织建设，引导广大党员进一步加强党性修养，坚定理想信念，提升精神境界；各职能部门要大力开展研究型职能部门建设，加快适应新的发展形势，积极拓展工作思路，不断创新工作方式，切实提高工作能力和效率，促进所在部门事业健康快速发展。

学习贯彻中共十七届五中全会及全国教育工作会议、第十九次全国高校党建工作会议精神，全面落实《教育规划纲要》和《高校基层组织条例》，是当前和今后很长一段时间的主要任务。从党和国家发展全局的高度要求，学校在"十二五"期间，要在以下五个方面深入研究并努力工作：要进一步增强服务国家和地方经济社会发展的意识，把人才培养、科学研究、社会服务等各项工作与国家和地方发展重大需求紧密结合起来，不断创新人才培养模式，推进科技创新和科技成果转化，着力提高为加快转变经济发展方式服务的能力。要牢固树立科学的质量观，全面推进素质教育，遵循高等教育规律和大学生身心发展规律，坚持德育为先、能力为重，促进学生德智体美全面发展，着力提高学生服务国家和服务人民的社会责任感、勇于探索的创新精神和善于解决问题的实践能力，全面提高教育教学质量。要始终把改革创新精神作为促进学校事业发展的强大动力，不断完善科学发展的内部治理结构；尊重学术自由，营造宽松的学术环境；切实转变工作职能，不断改进工作作风；紧紧依靠广大教职员工，集中精力、心无旁骛，促进学校全面协调可持续发展。要切实把保障和改善民生

放在学校整个发展事业的更加突出位置，充分调动各方面积极性，加强统筹协调，构建政通人和、同心协力、和谐奋进的发展人气和发展环境。要始终保持党的先进性，增强党组织的创造力、凝聚力和战斗力，提高党员的党性修养，不断提高党的建设科学化水平，服务党和国家的工作大局。"十二五"期间，各级党组织和各级领导干部要以昂扬向上的工作精神、百折不挠的工作意志、尽心尽责的工作态度，凝心聚力，锐意进取，开拓创新，科学发展，使学校各项事业在"十二五"期间和高等教育新一轮发展中，再上一个新的台阶。

《学校"十二五"规划》的指导思想、总体目标和十大建设目标，既很好地贯彻落实了《教育规划纲要》的指导思想和战略目标、战略主题，又很好地与学校"211 工程"建设、学科建设、师资队伍建设和校园建设等专项规划的建设目标相衔接。《学校"十二五"规划》中提出的要"继续走'规模适中、特色鲜明，以提升内涵和综合竞争力为核心的发展道路'""把'重点突破，带动整体'作为学校发展策略""把学科建设作为学校发展的战略重点""把师资队伍作为学校发展的根本依托""把人才培养放在学校的中心地位""把提高质量作为学校改革发展的核心任务""把科技创新能力和水平作为学校综合实力的重要标志"等重要指导思想，以及经过"十二五"建设要实现的总体目标和各项建设目标，要通过学习宣传，使发展思想、发展目标成为各学院、部门、单位以及广大教职员工的发展意志和发展行动。

开学后，宣传部门要周密安排，制订切实可行的学习宣传方案，列入中心组和教职员工面上学习内容；要利用校园网、校报和宣传栏等校园媒体，力求简要、生动、易记，着力宣传"十一五"建设的主要成就以及《学校"十二五"规划》的核心内容和重要部署；要协调相关职能部门深入解读、精心编撰学习宣传材料。各学院、部门和单位主要负责同志要带头学习，在教职工会议上，结合所在单位工作实际，明确工作目标、任务和责任，营造全校广大教职员工共同关心、参与学校"十二五"建设的良好舆论氛围和工作环境。

（二）围绕《学校"十二五"规划》提出的十大建设目标和建设重点，加快研究制订科学具体的实施方案，细化发展目标和任务，扎实稳妥地推进《学校"十二五"规划》组织实施工作

1. 切实加强组织领导，统筹推进贯彻落实　从现在起，学校"十二五"发展规划编制工作领导小组转变职能为"十二五"发展规划实施工作领导小组（以下简称实施领导小组），下设各规划组相应转变为实施组，办公室依然设在规划办。实施领导小组要加强各部门之间的协调配合，及时研究解决部门以及建设项目实施过程中遇到的重大问题，尽快形成分工明确、各尽其职和统筹协调的组织实施工作体系。实施领导小组和下设的各实施组要定期研究、检查和评估工作进程，做到统筹制订计划、统筹组织实施和统筹督促检查。会后，将当前和今后一个时期对《学校"十二五"规划》贯彻落实的思路、重点任务和时间进度明确清楚，将十大建设目标、36 个建设重点分解到各职能部门，明确责任部门、责任人。开学后两周内，将工作体系构建、工作要求及目标、任务分解方案以文件形式下发。同时，对《学校"十二五"规划》审议通过稿做进一步修改完善，暑假前报送教育部。

2. 认真制订实施方案，细化目标任务　建设目标、建设重点分解至部门、单位后，所在部门、单位主要领导要加强调查研究，科学论证，精心设计项目实施方案，明确实施路径、工作进度、主要举措和责任人。要从项目实施方案中清晰地看到可操作、可考核的进程、举措和目标，使学校发展规划切实转化为相关部门、单位的建设发展目标和年度工作计划。要避免 2010 年编制规划前期过程中发现的安排一般同志写写应付的现象。这项工作在 5 月底完成。建议实施领导小组办公室以项目书形式统一实施方案格式，加强指导和要求。6 月，组织有关部门对各建设项目实施方案进行论证评估、定稿和汇编。

3. 完善和强化协调督查机制 以监察处为主，构建督查督办机制。可在实施领导小组下设机构中增设督察组。督察组要按照《学校"十二五"规划》任务分解方案各负其责的要求，开展项目实施全程跟踪与定期检查，督查实施进展和实施效果，建立问责制度，帮助项目建设单位增强执行力和公信力。同时，要建立动态反馈机制，及时总结、推广各项目建设单位的有效做法和好的经验；及时发现实施中出现的新情况和新问题，并反馈给领导小组，保证《学校"十二五"规划》实施工作的顺利进行。

4. 学院、部门和直属单位进一步编制完成"十二五"发展规划 年前，全校 15 个学院分别召开了二级教职工代表大会，都较好地回顾总结了"十一五"，提出了"十二五"发展目标，审议通过了本单位"十二五"发展规划。明天，园艺学院、经济管理学院、工学院 3 家单位将就各自"十二五"发展规划做大会交流。会后，各二级单位要对各自"十二五"发展规划做进一步修改，抓紧定稿、报送，并参照学校工作方法，加强组织领导、分解工作目标、制订实施方案、细化工作任务、强化过程督促，扎实推进本单位"十二五"发展规划的实施和落实。

二、进一步加强和改进党的建设，全面推动学校事业在"十二五"新起点上开创科学发展的新局面

2010 年 12 月，中共中央组织部、中共中央宣传部、中共教育部党组在北京召开了第十九次全国高校党建工作会议。会议的主题是贯彻《教育规划纲要》和《高校基层组织条例》，研究部署高校党的建设工作，全面推动高等教育事业科学发展。

2010 年，党和国家有三件关系现代化建设全局的大事，对高等教育改革发展和进一步加强和改进高校党的建设有着直接而深远的影响：一是召开了中共十七届五中全会，对"十二五"期间我国经济社会发展做出了总体部署；二是颁布了《教育规划纲要》，描绘了今后 10 年我国教育事业科学发展的宏伟蓝图；三是颁布了《国家中长期人才发展规划纲要（2010—2020 年）》，提出了今后 10 年我国人才发展的战略目标。这三件大事都对高等教育改革发展和进一步加强和改进高校党的建设提出了新的任务和要求。当前，高等教育的中心任务是，服务党和国家工作大局，建设中国特色现代高等教育体系，以提高质量为核心，走内涵式发展道路，推动高等教育事业的科学发展。

（一）围绕高校中心任务，进一步加强和改进党的建设，为学校事业科学发展提供坚强有力的思想、政治和组织保障

高校党的建设总的要求是，围绕中心抓党建，抓好党建促发展。学校各级党组织要立足高等教育改革发展的新任务、新要求，立足本单位本部门工作内容以及岗位职责，找准工作目标和工作切入点，使党的建设与学校事业科学发展和学校发展战略目标紧密结合，形成合力，协调推进，相得益彰。

在今后学校党的建设工作中，要围绕《教育规划纲要》的贯彻落实，重点做好"六个坚

持"和"六个贯穿始终"。

1. 坚持以社会主义办学方向为根本,把全面落实党的教育方针贯穿学校党建工作始终

把大学生培养成为德智体美全面发展的中国特色社会主义建设者和接班人,是坚持社会主义办学方向的本质要求,是学校党组织必须承担的政治责任。要坚持立德树人,把德育工作放在更加突出的位置。既重视知识传授和能力培养,更重视思想品德提升,引导大学生树立正确的世界观、人生观和价值观,坚定理想信念,培养学生服务国家、服务人民的社会责任感。要强化理论武装,用社会主义核心价值体系引领大学生健康成长,推进"三进"(进教材、进课堂、进头脑)工作,注重理论联系实际,加强社会实践,不断提高大学生思想政治素养。要服务学生健康成长,把教育引导与管理服务结合起来,帮助大学生解决好学习成才、就业择业、心理健康和作风养成等方面的具体问题,在关心帮助学生的过程中提高育人效果。要形成育人合力,统筹教学、科研和后勤等不同职能部门的作用,努力形成教书育人、管理育人、服务育人和全员育人、全方位育人、全过程育人的良好氛围和工作机制。

2. 坚持以提高质量为核心,把提升人才培养、科学研究、社会服务和文化传承水平贯穿学校党建工作始终 提高高等教育质量必须全面提升高校人才培养、科学研究、社会服务和文化传承的水平。高校党的建设要牢固树立科学的教育质量观,以提高质量的实际效果来检验党组织的创造力、凝聚力和战斗力。学校党的建设要围绕人才培养、保障人才培养、把握人才成长规律以及确保人才培养的正确政治方向。要积极探索党建工作与科研工作的有机结合,引导广大党员和教职工主动适应经济发展方式转变,自觉服务国家战略需求,勇于承担国家重大任务,牢固树立社会服务意识,积极参与科技成果转化、科学普及和继续教育等,在服务社会、奉献社会中多做贡献。要以确立社会主义核心价值观为主体,推动继承弘扬优秀传统文化,吸收借鉴世界文明成果,大力发展社会主义先进文化,抵制腐朽落后文化,开展与现代化建设相适应、体现时代要求的文化创新。在这一过程中,既要防止党组织建设仅限于学习教育,游离于教学、科研等业务工作之外,又要防止以研究业务工作替代党组织建设。

3. 坚持以改革创新为动力,把破解发展难题、增强办学活力贯穿学校党建工作始终

高等教育改革正进入难度大、压力大、矛盾多的关键阶段,涉及体制机制、思想观念及广大教职工切身利益等多方面的问题。学校各级党组织要清醒地认识到,深化改革是"十二五"期间的重大任务,也是一项复杂的系统工程,需要加强领导、把握方向、统一思想、凝聚力量和创造环境,积极稳妥地向前推进。要加强顶层设计,在人才培养模式、内部管理体制、人事分配制度及破除制约学校事业科学发展的体制机制障碍等方面,切实加强联系实际,确定改革的目标、步骤和方法,并在关键环节和重大问题上取得突破和顺利推进。要鼓励和支持方向正确的改革探索,保护改革创新的积极性。要引导广大党员增强改革意识,立足本职岗位,积极建言献策,做改革的促进者、参与者。

4. 坚持以维护稳定大局为前提,把和谐校园建设贯穿学校党建工作始终 维护稳定大局是党组织义不容辞的责任。高校并非世外桃源,社会上收入差距拉大、损害群众利益和腐败现象滋生等突出问题必然会反映到校内,如不加强正确领导,将会给师生员工带来负面影响;学校内部的利益调整、学生管理、后勤服务和就业困难等方面的问题,如处理不当可能成为影响稳定的隐患。要增强政治敏锐性和政治鉴别力,在思想认识问题上,要耐心沟通、善于引导,在矛盾凸显、激化的关键时刻要快速反应,妥善处理。要落实维护稳定责任制,党组织要承担起本单位维护稳定工作的第一责任，主要领导对稳定工作负总责。要从源头上化解矛盾，对不稳定因素要及时分析预警，做到抓早、抓小和抓苗头，确保不让问题堆积、矛盾激化和事态蔓延。

5. 坚持以马克思主义为指导，把巩固意识形态领域主阵地贯穿学校党建工作始终 意识形态领域的工作是党的一项极为重要的工作。意识形态领域的形势极为复杂，斗争是长期的，各级党组织必须保持清醒的头脑。意识形态工作只能加强，不能削弱。要加强理想信念、国情社情、形势政策和民族团结等方面的教育，引导师生正确认识国家的前途命运及自己应该承担的社会责任。要坚持教育与宗教相分离的原则，坚持依法管理，严禁在学校传播宗教、发展宗教组织和建立宗教团体。要坚持学术研究无禁区、课堂传授有纪律、公开宣传有要求。要规范社会科学涉外交流与合作项目管理秩序，实行归口管理，落实监管职责。

6. 坚持以优良党风为引领，把培育大学文化贯穿学校党建工作始终 要充分发挥优良党风的引领作用。党风在各种风气中具有引导性和示范性，党风正，则校风正、教风严、学风浓。要进一步加强党风建设，着力提高党员师生的党性意识，以优良党风正校风、促教风、带学风。要切实加强师德师风建设，引导广大教师学为人师、行为世范，营造严谨求实、潜心治学的学术风气，形成鼓励创新、宽容失败、开放包容和真诚合作的氛围。对学术不诚信要采取"零容忍"政策，切实净化学术风气。党员教师要带头坚守学术道德，倡导学术诚信，维护良好学风。要加强校园文化建设，文化是大学赖以生存发展的精神支撑，是培育大学生爱国精神、科学精神和人文精神的深厚土壤。健康向上的校园文化活动、高雅和谐的校园文化环境有助于学生的成长成才。要加强校纪校规建设，对现有校纪校规做进一步调整完善，明确学生的行为规范和纪律要求，对学生的思想行为给予引导和约束；完善教职工的职业道德规范，引导广大教职工全身心投入教学、科研、管理和服务，真正发挥率先垂范、言传身教的作用。

（二）全面贯彻落实《高校基层组织条例》，不断提高学校党的建设科学化水平

全面贯彻落实新颁布的《高校基层组织条例》，不断提高学校党的建设科学化水平，是第十九次全国高校党建工作会议的主题，也是全国高校当前和今后一段时期党建工作的主要任务。

新颁布的《高校基层组织条例》，是在 1996 年颁布的《高校基层组织条例》基础上修订，经胡锦涛总书记专门主持召开中央政治局常委会第 91 次会议原则通过，于 2010 年 8 月中央正式颁布，是更好实施《教育规划纲要》的重要配套文件。

新颁布的《高校基层组织条例》，坚持以马克思列宁主义、毛泽东思想、邓小平理论和"三个代表"重要思想为指导，深入贯彻落实科学发展观，全面落实中共十七大和十七届四中全会精神，强调坚持党对高校领导的原则，明确高校党委发挥领导核心作用的职责，体现了党的理论创新、实践创新和制度创新的最新成果，是高校党的工作必须遵循的基本规章。

1. 深入领会和准确把握《高校基层组织条例》的精神实质，增强贯彻落实《高校基层组织条例》的自觉性和坚定性 中央修订颁布《高校基层组织条例》重要意义在于：引导高校进一步坚持正确的办学方向，全面贯彻党的教育方针；为推动高等教育事业科学发展，强化人才培养、科学研究和社会服务三大功能，发挥强有力的思想、政治和组织保证作用；确保党的建设适应高等教育管理体制、高校教学科研组织方式和内部管理模式的改革调整。新

颁布的《高校基层组织条例》对社会主义办学规律、高等教育事业发展规律和高校党组织自身建设规律的认识达到了一个新的高度。主要体现在以下几个方面：

关于坚持党对高校的领导。强调高校党委统一领导学校工作，明确高校党委发挥领导核心作用；强调党管干部原则，又增加了党管人才的内容；专门新增一章"党的纪律检查工作"，对高校党风廉政建设做出全面规定；要坚持和完善党委领导下的校长负责制，进一步明确党委领导与校长负责的关系；要坚持党管人才的原则，加强党委对人才工作的领导；要坚持党要管党、从严治党，认真落实党风廉政建设责任制。

关于加强高校基层党组织建设。对院级党组织、教职工和学生党支部设置方式做出新规定；新增学生党支部职责；强调应当将党务工作和思想政治工作以及辅导员队伍建设纳入学校人才队伍建设总体规划；进一步理顺院级党组织工作机制，健全和完善党政联席会议制度，在本单位事业发展中发挥政治核心和保证监督作用；要进一步优化基层党组织设置，以适应高校管理模式、学科设置和办学形式的新变化；要创新基层党组织工作内容和活动方式，增强党组织服务教学科研、广大党员和师生员工的功能。

关于加强高校党员队伍建设。新增构建党员经常性学习教育体系；要建立党内激励、关怀和帮助机制，对党员教育管理寓于服务关爱之中，通过服务关爱加强党员教育管理，增强党员归属感和荣誉感；加强在优秀青年教师、优秀学生中发展党员工作。

关于发展高校党内民主。新增党员代表大会代表实行任期制；明确提出尊重党员主体地位、保障党员民主权利；要完善党委会议制度和议事规则，委员会实行民主集中制，健全集体领导和个人分工负责相结合的制度。凡属重大问题都要按照集体领导、民主集中、个别酝酿和会议决定的原则，由委员会集体讨论做出决定。

关于党对高校意识形态工作的主导权。对思想教育的领导体制、主要任务、基本原则、方式方法和保障机制都做出规定；强调把社会主义核心价值体系教育融入大学生思想政治教育工作和师德师风建设全过程；加强中国特色社会主义理论体系进教材、进课堂、进头脑和全员、全过程、全方位育人工作。

2. 认真学习宣传《高校基层组织条例》，全面落实党建工作责任　学校党委相关职能部门要将《高校基层组织条例》列入校院二级党委中心组的学习内容、列入校院二级党校培训内容，明确学习要求、加强督查指导。要切实落实党建工作责任制，落实书记抓党建的责任要求，把党建工作放到学校整体事业中一起谋划、部署和推进，形成党委重视、书记带头，党员领导干部人人有责、一级抓一级、层层抓落实的工作局面。新一轮岗位聘（任）后，有一部分同志新走上书记、副书记岗位。不管这些同志原岗位和专业是什么、是否仍有教学科研工作，一旦走上书记、副书记岗位，必须自觉做到以下几点：一是牢固树立党的意识，在思想和行动上与党中央保持高度一致；以抓好党建工作为己任，把主要精力放在党的建设上；加强党风廉政建设；通过抓班子、带队伍和强组织，推动单位事业科学发展。二是提高统筹党的建设与事业发展的能力。三是培养民主的作风，营造党内民主和谐氛围，模范执行党的民主集中制。四是提高团结共事的素养，团结是班子建设的生命线，是发挥核心作用的重要基础。书记要带头讲团结，善于在沟通交流中谋求团结、在相互尊重中体现团结、在化解矛盾中增进团结。

行政领导班子成员或委员会中党员行政领导要关心、支持党建工作，构建党政分工负责、协调配合的党建工作局面。特别是委员会中的党员行政领导，要明确自己的双重责任，既要做好日常行政工作，也要肩负起做好党建工作的责任。贯彻《高校基层组织条例》，加强和改进党的建设，必要的经费和条件应予以保障。党委各部门要具体负责，各司其职、密切配合，形成合力。

3. 将贯彻《高校基层组织条例》具体工作落到实处 开学后，由组织部牵头、党委多部门参与，着手研究制订贯彻落实《高校基层组织条例》的实施意见（可以由一个主文件和若干个专题文件组成），将《高校基层组织条例》中原则性规定转化为部门分头负责、具体可操作的实施细则。由党委办公室牵头、党委多部门参与，认真梳理多年来学校党建工作的各项制度，按照《高校基层组织条例》的精神和要求，进行修订、新增或废止。

《高校基层组织条例》中明确强调，要"建立健全党内激励、关怀、帮扶机制""将党务工作和思想政治工作及辅导员队伍建设纳入学校人才建设总体规划""完善政策措施和激励机制，切实关心、爱护党务工作者和思想政治工作者，为他们成长成才创造条件""完善保障机制，为学校党的建设和思想政治工作提供经费和物质支持"等。要通过以上这些机制、制度的落实，构建有利于做好党建工作的舆论、政策和条件环境，不断增强党建工作队伍的职业归属感、荣誉感和工作责任心、自信心，不断提高做好党建工作的能力和成效。建议由组织部、人事处牵头，相关部门参与，着手研究制订加强党建工作队伍建设的意见，此文件政策性很强，也很敏感，制订过程中要加强调研、充分论证，确保处理好各方面关系。

围绕深入贯彻落实《高校基层组织条例》，全面提高党建工作科学化水平，由组织部牵头，做好召开学校第三次组织工作会议的筹备工作，会议拟定 10 月召开。

统筹做好下半年二级单位领导班子、领导干部届中考核与基层党组织建设工作考核。将贯彻《高校基层组织条例》中有关内容，列入"基层党组织建设工作考核"之中，在考核形式、时间安排上做到认真、易行和实效。

4. 不断推进党建工作的创新 一是创新决策工作机制，核心是加强民主集中制建设。要健全、完善会议制度和议事规则；界定决策事项范围；严格决策程序；构建团结、合作共事的环境。二是创新党组织活动方式、方法，核心是围绕学校中心工作和所在岗位工作，进一步扩大党员的参与面和参与积极性，切实增强党组织活动的实际效果。三是创新党员教育管理规范，关键是坚持经常性要求和保持良好的联系与沟通，发挥党员领导干部的带头示范作用，提高党组织的吸引力和影响力。四是创新党建工作载体，关键是要充分把握党内重要主题教育活动（如"创先争优"活动）、重要节庆日（如建党 90 周年）和重大事件（如汶川大地震）以及学校事业发展过程中重大的阶段性工作（如学习实践科学发展观活动），对不同党员群体有针对性地提出要求，开展教育活动。

三、当前应着力做好的若干与"十二五"建设发展全局有重大影响的工作

（一）高度重视，继续全面推进学校"创先争优"活动的深入开展

今年至明年 6 月，是"创先争优"活动全面深入开展的阶段。在前一阶段中，各单位之间的重视程度和实际工作差异较大。开学后，组织部要加强指导和督促推进，对个别尚未引起足够重视、实施不力的党组织要给予重点帮助。

《中共南京农业大学委员会关于在全校基层党组织和党员中深入开展"创先争优"活动

的实施方案》（党发〔2010〕60 号）中，要求全校各级党组织围绕 12 个活动载体，扎实推进"创先争优"活动的深入开展。学校层面，各活动载体要落实到具体职能部门，由一个主要责任部门来牵头负责相关工作，如健全机制、规范制度等方面。二级单位层面，各单位党委（党总支、直属党支部）要按照学校总体要求，结合本单位工作内容，使活动载体内容更具针对性、更生动和更具实效，如加强组织建设、党员的教育管理和立足岗位比贡献等方面。

本学期，在教职工中全面开展"立足岗位比贡献"活动。教学科研方面，开展"教书育人做楷模"主题活动，评选优秀教师、师德模范和师德标兵等；党政管理部门，围绕"五型机关"创建，开展"改进作风，提高执行力和工作效率"活动，评选"优秀教育管理工作者"等；后勤保障部门，以"增强服务能力，为学校发展做贡献"为主题，开展"服务质量提升年"等活动；学生方面，以党支部为单位，以"立志成才，报效祖国"为主题，开展"优秀学生共产党员""先进学生党支部"的创建活动，深入学习宣传学生党员中的先进人物和先进事迹，不断增强学生党员的先进性意识，发挥学生党员在学生中的模范带头作用。

开展中国共产党成立 90 周年纪念与表彰活动。结合中央部署，由校党委办公室总体协调，在已协商策划的基础上，按照全校一体设计、部门牵头负责和分层小型为主，纪念表彰大会热烈隆重，大型活动精心设计、务求实效的基本思路，提出总体活动方案。希望通过此次活动，使全体党员接受一次深刻的党内教育，引导广大党员更加珍惜党员称号、维护党员形象，不断提高党性修养；使各级党组织和广大党员在学校各项工作中都能发挥应有的作用，体现党的先进性。

（二）立足长远，持久建设与学校发展战略目标相适应的大学文化

大学文化，是大学在长期办学中传承、创造、积淀的思想和精神成果的总和，是一所大学赖以生存和发展的重要根基，是大学个性特征的重要标志及核心竞争力的重要组成部分。

学校到明年，将走过 110 年的发展历程。在 110 年的历史中，学校形成了以"诚朴勤仁"为核心的南农精神，确立了"育人为本，质量为先，弘扬学术，服务社会"的办学思想。这种具有南农特色的伟大精神、优良传统和办学思想，促进了学校不同时期的建设与发展。在新的起点上，如何更好地完善和建设大学文化，对于强化学校三大职能、提升学校整体形象、扩大学校社会影响和加快推进学校战略目标的实现，具有十分重要的意义和深远的影响。

一所学校的思想、精神和文化是一代代形成和传承下来的，它建设不易、丢失很快。1月 13 日，学校颁布了《南京农业大学中长期文化建设规划纲要（2011—2020）》（党发〔2011〕3 号）（以下简称《文化建设规划纲要》），提出了思想理论建设、文化素质建设、科学精神培育、现代大学制度建设、形象文化塑造和文化精品打造六大建设工程。《文化建设规划纲要》的制订历时 1 年，指导思想和建设目标都较好地结合了学校实际，下一步关键在组织实施。开学后，学校将成立专题工作领导小组，构建推进工作的长效机制，制订具体实施方案，由宣传部牵头组织实施。软实力建设必须要有硬条件做支撑；"发展是硬道理"必须要有软实力做保证。建议学校在每年的预算中增列"大学文化建设专项"，以立足学校文化长远目标建设。

（三）集中力量，加快推进"白马""珠江"的规划与建设

"白马"和"珠江"的规划与建设，在学校"十二五"建设发展中，是教职工关心的最大热点，是实际工作的最大难点，做好了将是最大亮点。在新起点上加快推进学校发展战略实现的各项工作中，与其他工作比较，"白马"和"珠江"两项工作更需增强机遇意识、忧患意识与责任意识。目前，学校面临的发展"瓶颈"问题，有希望随着"白马"和"珠江"建设发展的突破，而出现重大转机和改变。以"江苏南京白马国家农业科技园区"和"南京浦口新城"建设为契机，加强"三校区一基地"统筹协调和资源优化配置的战略思想，在《学校"十二五"规划》和《学校工作报告》中，已放在了凸显的位置上。

"白马"建设方向和目标已基本确定，当前应着手抓紧做好3个方面的工作：一是尽早取得土地使用证；二是进一步完善修建性规划，推进进场前工作；三是多渠道筹集建设资金。"珠江"的规划问题，要从学校层面加强战略思考和顶层设计，放在刻不容缓的时间表上加以推进；要着眼于学校长远发展空间的布局、现有"三校区一基地"办学资源优化配置、教职工住房条件改善3个方面，做专题研究。开学后，由分管校领导牵头、相关职能部门负责，组建专题组开展规划研究工作，拿出若干比较方案。在"珠江"问题上，要积极应对，主动规划，改变守势状态，不打无准备之仗。4月中旬，常委会将听取工作进展汇报。

（四）加强统筹兼顾，将保障和改善民生放在更加突出位置

更加注重保障和改善民生，把保障和改善民生作为根本出发点和落脚点，是中共十七届五中全会对制订"十二五"规划的重要指导思想之一。中共十七届五中全会明确了制订"十二五"规划的指导思想，指出要准确把握科学发展这一主题，更加注重以人为本，更加注重全面协调可持续，更加注重统筹兼顾，更加注重保障和改善民生。同时，要准确把握加快转变经济发展方式这一主线，把经济结构战略性调整作为主攻方向，把科技进步和创新作为重要支撑，把保障和改善民生作为根本出发点和落脚点，把建设资源节约型、环境友好型社会作为重要着力点，把改革开放作为强大动力。

在学校第四届教职工代表大会第三次会议上审议通过的《学校"十二五"规划》和《学校工作报告》中，都把保障和改善民生放在了更加突出的位置，让学校建设发展成果惠及广大师生员工的有关内容已成为学校今后5年要实施的工作目标。例如，《学校"十二五"规划》提出，在珠江校区规划400亩*左右教职工生活区，改善教职工住房条件；大力改善教职工待遇，职工收入水平年均增幅10％以上，确保"十二五"期间教职工收入水平不低于在宁部属高校中等水平；建立和改善既有利于稳定高层次人才队伍，又能够激励全体教职工安居乐业的薪酬体系，切实解决引进高层次人才、紧缺人才、有突出贡献人才以及优秀青年人才的生活条件等问题，努力破解与教职工切身利益相关的重大问题等。保障和改善民生是《学校"十二五"规划》的亮点之一，受到了广大教职工称赞，这是对广大教职工的承诺，更是今后需要着力破解的难题。但做好这项工作难度大、困难大，复杂因素多，工作艰巨，要有充分思想准备，不要等，要早规划、早着手，争取主动。相关职能部门，一开始就要集中精力，周密规划，不畏艰难，扎扎实实地推进这方面工作。珠江校区规划教职工生活区，

---

* 亩为非法定计量单位。1 亩＝1/15 公顷。

一定要与珠江校区整体规划很好结合起来。如单独规划，一定要很好研究，努力使事情向主动方面发展。珠江校区发生根本性变化已是即将发生的事，如果学校没有一揽子规划和发展战略思路，以守势来应对，将渐趋被动。常委会对此问题有一个会议纪要，有关部门要组织力量研究贯彻。

在今后5年，或5年中的每一年，围绕保障和改善民生问题，还有哪些工作思路、哪些能办或经过努力能办的实事，校领导班子要主动考虑，相关职能部门也要主动考虑、积极建议。正在筹划的"大病互助机制"就是一件很好的实事，其他还有没有，需要好好考虑。要将保障和改善民生能办的实事，认真规划好，响亮提出来。这既是对我们工作自加压力、提高统筹能力的要求，也是构建一个政通人和、同心协力、和谐奋进的发展氛围，最大可能调动各方面的积极性，加快学校又好又快发展的迫切要求。我代表党委在第四届教职工代表大会第三次会议上的讲话中，讲到"十二五"规划编制工作需着重把握和处理的几大关系以后，落脚点放在三大方面："确保学校工作重心集中于内涵建设和重点任务的实施和完成""充分调动一切积极因素，努力开拓办学资源，不断满足办学条件和发展的需求""把保障和改善民生放在更加突出的位置，让学校建设成果惠及广大师生员工"。如用分蛋糕理论来比喻，就是：不管怎么分，首先要保内涵建设和重点任务；不管怎么分，关键要努力把蛋糕做大；不管怎么分，千万不要忘记保障和改善民生。

（五）围绕中心，服务大局，把党风廉政建设工作做得更加扎实

年前，教育部和江苏省分别召开教育系统党风廉政建设工作会议。近10年来，学校没有出现职务犯罪案件。这既有利于学校事业发展，又有利于干部队伍建设，应继续加强这方面工作。前一阶段，江苏接连几所高校出现基建、物资采购等领域的腐败案件，或一所高校接连出现多人腐败案件。在他校出现及我校多年没出现腐败案件的情况下，仍须警钟长鸣，保持高度警惕，不能盲目乐观。

"十二五"期间，可预见的学校事业发展的单项和总量资金投入会更大，发展速度更快，对党风廉政建设的要求也更高。2011年是实施《学校惩防体系2008—2012年工作规划》（以下简称《惩防体系规划》）的关键一年。《惩防体系规划》中提出的需要落实的任务和制度，还需加强监督和指导，尽快真正到位。2010年1月初，新一轮干部聘（任）工作刚结束后，学校党政主要领导与各二级单位党政主要领导签订了新一轮《党风廉政建设责任书》，160名中层党政领导签订了《廉政承诺书》。2010年10月，学校开展了落实党风廉政建设责任制情况考核工作，经过对7个机关部门进行实地抽查，整体情况比较好。现就进一步做好党风廉政建设工作强调以下几点：

1. 落实党风廉政建设责任制　各单位党政主要负责同志在任何时候都要强化党风廉政建设"第一责任人"意识，班子各成员要强化"一岗双职"意识。各级领导干部要将党风廉政建设工作与其他重要工作一样，同样部署，同样过问，同样协调，同样督办，做到管业务与管党风廉政建设相结合，做到业务工作范围到哪里，党风廉政建设的职责就延伸到哪里。各级领导干部在自身岗位和管辖范围内，要带头制定和落实防控措施。凡出现违纪违法案件的，晋级、提升、评优和考核等都实行一票否决，不仅要追究当事人的责任，也要追究责任主体的责任。

2. 培育风清气正的发展环境　要以理想信念教育和党纪党风教育为重点，加强领导班子和领导干部的作风建设,用《中国共产党党员领导干部廉洁从政若干准则》和《直属高校党员领导干部廉洁自律"十不准"》规范和促进秉公用权、廉洁自律。每位领导干部要守得住清贫、耐得住寂寞、管得住小节、抗得住诱惑,凡事要重长远、守本分和讲规矩。要通过理想信念方面的教育,把治理庸、懒、散问题作为提升领导干部精神状态的突破口,以治庸提能力、治懒增效益、治散正风气,激发领导干部满腔热情、专心致志和富有成就地开展工作。双肩挑干部要将主要精力和时间用在管理工作上,因为管理工作多投或少投入一点有时看不出来、认真或应付一点有时也看不出来,时间长了,该领导干部及其所分管工作的执行力和公信力会因此而逐渐降低,会直接影响一个部门、一块工作上不去。

开学后,校纪委办公室抓紧与玄武区人民检察院签署"校院共同预防高校职务犯罪共建活动协议",使重点岗位、易发环节的宣传教育和风险监控等预防工作落到实处,做到早教育、早预警和早堵漏。

3. 继续加强领导干部经济审计工作 去年完成 54 名处级领导干部经济责任审计,其中 10 名为任期中,审计部门对被审计单位分别提出了进一步完善和改进的意见。开学后,组织部、审计处要做整体计划,使正处级干部和关键岗位的副处级干部在一个任期内都审计一遍。做好干部任期中的审计工作,加大对领导干部经济责任的动态监督,是对干部真心、善意、负责的关心和爱护,是促进廉政建设的重要举措,也是保证学校安全健康、又好又快发展的一部分。

学校近几年建设发展的经济状况稍有好转,各单位和广大党员干部一定要始终保持和发扬艰苦奋斗、勤俭节约的作风,牢记"两个务必"。领导干部要带头勤俭节约,财务部门要加强相关科目的监督和管理。党风正,则校风正;领导干部风气正,则师生员工风气正。

4. 加强机制制度创新,努力从源头上防治腐败 凡发生违纪违法案件的领域、环节和事件,在事后总结教训时,总会提到"重视不够,监管不到位,制度不完善"。因此,进一步加强运行机制、监管模式和规章制度的改革创新,是从源头预防腐败的根本措施。2010年,学校在这方面着手了两项改革,成立了会计核算中心和招投标办公室,希望这两个部门从一开始就严要求、高效率地开展工作,切实加强自身工作运行机制、制度和队伍等方面的建设;加强"一处一室一中心"三位一体的内部职能、机制、制度的科学界定和构建。

《惩防体系规划》中已提出的制度建设项目,开学后,由纪委办公室组织力量,逐项督办,常委会将适时听取执行情况专题汇报,研究分析,进一步推进这项工作。

同志们,我们与会的每一位同志,都是学校各学院和不同部门、单位的领导干部,受学校党委、行政和广大教职员工的信任和期望,在不同的岗位上尽心尽责工作,发挥作用,不断做出成绩,推动学校建设与发展。随着学校"十二五"蓝图的绘就和"十二五"开局之年的到来,我们肩负的使命更加光荣,责任更加重大。让我们在学校发展战略目标的指引下,携起手来,同心协力,开拓创新,和谐奋进,在学校建设与发展新的历史阶段做出新的更大的贡献!

谢谢大家!

适应新形势　立足先进性　共谋奋进篇
为建设世界一流农业大学提供坚强组织保证

——在南京农业大学第三次组织工作会议上的讲话

管恒禄

（2011 年 12 月 2 日）

同志们：

这次组织工作会议的主题是：深入学习贯彻中共十七届六中全会精神和胡锦涛总书记"七一"重要讲话精神，全面实施《中国共产党普通高等学校基层组织工作条例》（以下简称《高校基层组织条例》），进一步落实学校党委第十届第十三次全委（扩大）会议提出的工作目标和任务，不断提高学校党的建设和组织工作科学化水平，适应新形势，立足先进性，共谋奋进篇，为建设世界一流农业大学提供坚强组织保证。

下面，我代表学校党委，围绕会议主题，结合学校实际，讲几点意见：

一、过去 3 年工作回顾

上一次组织工作会议于 2008 年 6 月 27～28 日召开。3 年多来，全校各级党组织和广大共产党员以改革创新精神不断推进党的建设和组织工作，全面落实科学发展观，加快学校事业发展，在思想政治建设、基层组织建设、干部队伍建设和反腐倡廉建设等方面取得了一批理论和实践成果。

（一）思想政治建设注重实效

积极探索建设学习型党组织的制度保障机制，制订了《校、院两级党委中心组学习制度》和《党务工作例会制度（试行）》，科学制订每学期不同层次的政治学习计划，较好地开展党内外理论学习，切实提高党员领导干部和师生员工的思想政治素质和理论水平。加强形势与政策教育，3 年来，先后举办全校性形势与政策报告会 30 余场，院级报告会 400 余场。紧密结合不同阶段的中央精神、高等教育形势和学校中心工作，充分发挥学校校报专栏、网络窗口、学习论坛、专题报告和主题活动等宣传教育主阵地的作用，把握好正确的舆论导向。

2009 年 3～8 月，在教育部党组驻校工作组的指导下，深入开展了以"破解难题促发展，着力内涵创一流"为载体的学习实践科学发展观活动。通过学习调研、分析检查和整改落实，使党员领导干部和广大共产党员进一步深化了对科学发展观科学内涵、精神实质和根本要求的理解，更加自觉地用科学发展观指导实践、推动工作，切实达到了"提高思想认识、解决突出问题、创新体制机制、促进科学发展"的目标要求。

以贴近、精选和管用为原则，进一步完善了校、院二级党校的组织运行机构和办学模式，课程设置更加科学，组建了一支专兼结合以兼职为主的教员队伍，扎实推进党校工作。3 年来，校党校举办培训班 12 期，培训新任中层干部、中青年骨干教师、党支部书记和组织员等 400 余人次。各学院分党校累计办班 360 多期，培训学生入党积极分子和新党员达13 000 余人次。先后调整组建了思想政治理论课教研部和马克思主义研究中心，依托哲学社会科学学科优势，进一步加强思想理论建设。坚持以党建、思政工作研究会为平台，积极组织理论研究与实践探索。3 年来，学校累计资助立项党建与思政课题 119 项，发表研究论文60 余篇，主持江苏省学校党建研究会研究课题 3 项。

（二）基层组织建设更加规范

根据学校改革发展的需要，思想政治理论课教研部、科学研究院、校区发展与基本建设处和体育部等先后设置党的基层组织。机关党委的思想、政治和组织建设得到明显加强，作用进一步发挥。学院、部门、直属单位的教职工党支部与教学、科研、管理、服务组织对应设置。研究生党支部与专业方向、学科团队对应设置。本科生低年级党支部建在年级、高年级党支部建在班上。目前，学校共有院级党委 16 个、党总支 7 个和直属党支部 5 个。下属党支部 430 个，保证了党的组织和工作全覆盖。

在认真总结党建工作的基础上，研究制订了《关于进一步加强和改进基层党组织建设的意见》，就全面加强和改进学校基层党组织建设，明确了总体要求、主要原则和目标任务，并对夯实党的基层组织、创新基层党组织工作方式等方面提出了具体措施。先后制订了《学院党政共同负责制规定》《学院基层党组织建设工作考核暂行办法》《关于聘请离退休老同志担任特邀党建组织员的实施意见》等一系列文件，有力促进了基层党组织建设的制度化、规范化。

建立了每月召开一次的党务工作例会制度。例会制度试行以来，与会的院级党组织和党委职能部门的主要负责同志，利用例会认真学习、深入研究党建理论，积极讨论、布置落实和检查交流阶段性工作，改变了分头开会、多头布置工作、缺少交流沟通的现象。会议形式的改变，提高了会议效率。创建编印了《组工通讯》，紧扣党的思想、组织、作风、制度、反腐倡廉建设的理论和实践，重点反映学校基层党建工作的经验体会和活动动态，展示了组织工作的新亮点、新特色和新创造，为学校各级党组织和党务工作者提供了交流阵地和工作参考。

2010 年 7 月以来，在全校各级党组织和广大共产党员中深入开展"创先争优"活动，活动以"加强内涵建设、提升办学实力、促进科学发展"为主题，着重完善健全六项工作机制，全面营造"创先争优"的良好氛围。在"推动科学发展、促进校院和谐、服务师生员工、加强基层组织、发挥党员作用"的目标要求下，目前各学院、部门和直属单位正在以"落实教育规划纲要、服务学生健康成长"为载体，以"三亮"（亮标准、亮身份、亮承诺）、"三比"（比技能、比作风、比业绩）、"三评"（群众评议、党员互评、领导点评）为抓手，深入推进"创先争优"活动的开展。

（三）党员队伍建设卓有成效

2008 年 6 月以来，先后共发展党员 5 562 人。截至 2011 年 6 月，全校共有党员 9 542

名，其中在职教职工 1 341 名、研究生 3 394 名、本科生 4 272 名，分别占同类人员的 57.1%、64.1%、26.2%。专任教师中，35 岁以下具有副高以上职称的党员占 78.2%，与 2008 年 6 月相比，提高 6 个百分点。

不断创新党员教育活动内容和活动方式，组织学生党员活动与学习交流、社会实践和志愿服务等相结合；指导教师党员活动与教学研讨、学术交流和社会服务等相结合，师生党员在所在教学科研单位和年级班级较好地发挥了党员先锋模范作用。各级党组织紧紧抓住纪念新中国成立六十周年、建党九十周年、学习实践科学发展观、开展"创先争优"活动等契机，积极组织开展形式多样、内容丰富的党员教育活动。3 年来，受到江苏省委教育工委表彰"最佳党日活动" 4 项，受到学校党委表彰"最佳党日活动" 49 项。受到江苏省委教育工委表彰先进基层党组织 1 个，优秀党务工作者 4 人，优秀共产党员 4 人；受校党委表彰先进基层党组织 66 个，优秀党务工作者 45 人，优秀共产党员 239 人。各院级党组织也积极开展了各类党内表彰活动，涌现出许多先进基层党组织和优秀共产党员。

（四）干部队伍建设不断加强

2009 年下半年，顺利进行了第四轮中层干部任聘工作，共任免中层干部 219 人次，新选拔任用 30 人，岗位交流 25 人。3 年中，累计新提任中层干部 51 人，其中副处 36 人、正处 15 人；岗位交流 56 人。全校现有中层干部 169 人，平均年龄 46 岁，女同志占 12%，具有高级职称的占 84.5%，具有研究生学历的占 76.9%。

进一步深化干部人事制度改革。积极推进公推公选、差额选拔方式，不断完善差额推荐、差额考察和差额酝酿，坚持干部任用常委票决制。制订了《关于进一步加强和完善中层干部出国（境）管理工作的实施意见》，使中层干部出国管理程序、纪律要求等更加规范；制订了《关于进一步做好年轻干部基层和艰苦地区实践锻炼工作的实施意见》，积极开拓年轻干部基层和艰苦地区实践锻炼渠道，形成在实践锻炼中培养、选用和检验干部的机制。

积极拓宽干部教育培训新途径。自 2008 年以来，利用每年暑假先后组织了 4 期中层干部境内外相结合的高等教育研修班，已有 72 名中层干部参加了培训，每位研修人员结合各自工作岗位和所关心的课题撰写了较高质量的调研报告，深入研究了中外高等教育，拓宽了国际视野。结合深入学习《国家中长期教育改革和发展规划纲要（2010—2020 年）》（以下简称《教育规划纲要》）要求，组织了全校中层干部的远程专题培训，圆满完成培训任务。制订并较好实施了《2008—2010 年干部培训工作规划》，各相关职能部门按计划顺利完成了 8 个不同类型近 200 期教育培训任务。

做好在职和后备干部的培养锻炼工作。3 年来，选送 38 人次参加中央党校、国家教育行政学院举办的培训，21 人次参加省委党校、省委组织部举办的培训，7 人参加援外或援疆、援藏，3 人到苏北地区挂职或扶贫，1 人参加中共中央组织部西部博士团，1 人赴团中央挂职锻炼，16 人参加科技乡镇长团。

（五）党风廉政建设深入推进

成立了学校党风廉政建设责任制领导小组，明确了纪委办公室正处建制，单独设置了监察处、审计处，进一步加强对各二级单位领导班子和中层干部的党内监督和行政监察审计工作。

成立了正处级招投标办公室，形成校内招投标统一平台，根本改变了多头、多层、多类招投标的现象，有效堵塞了招投标隐患。成立了会计核算中心，对学校财务活动进行统一结算，加强了财经纪律和财务监控，有效预防"小金库"和乱收乱支等问题的发生。

制订出台了《党风廉政建设责任制实施办法》《贯彻执行"三重一大"决策制度的暂行规定》《处级领导干部经济责任审计实施办法》等制度，完善了学校党风廉政建设制度体系。

与人民检察院开展预防职务犯罪共建活动，学校先后与南京市玄武区人民检察院、浦口区人民检察院签订预防职务犯罪共建协议，共同构建具有学校特点的惩治和预防腐败体系，从源头上预防职务犯罪。2010 年 4 月，学校卫岗校区和浦口校区均被评为所在地区的预防职务犯罪先进单位。

2011 年 9 月，学校接受教育部直属高校贯彻执行《中国共产党党员领导干部廉洁从政若干准则》《关于实行党风廉政建设责任制的规定》专项检查，受到了检查组的高度评价和充分肯定。

（六）党内制度建设进一步完善

以推进党内民主建设为重点，在基层组织建设、干部选拔任用、民主决策机制、党代表常任制、党内询问和质询等方面不断探索和完善制度建设。认真落实党员权利保障条例，尊重党员主体地位，坚持常委会工作报告制度，健全党内情况通报，推进党务公开，努力以党内和谐带动校园和谐。

2008 年以来，校党委、纪委共制订与颁发党内条例、规定、意见、制度等 27 件。其中，基层党组织建设 6 件，干部教育管理 9 件，党校工作 4 件，纪检、监察和审计工作 8 件。通过制度建设，有力保障了学校党的建设和组织工作的有序开展。

回顾过去 3 年的工作，各级党组织和广大共产党员通过参与决策、组织宣传、统筹协调、保证监督和身体力行等工作环节，在学校深化改革、促进发展和维护稳定过程中，较好地发挥了领导核心、政治核心、战斗堡垒和先锋模范作用，推动了学校人才培养、学科建设、师资队伍建设、科技创新、社会服务、国际交流与合作、办学条件建设和学校内部管理等各项工作的开展。

学校党建和组织工作的成绩取得，离不开教育部党组和江苏省委的正确领导，离不开学校各级党组织、广大共产党员和师生员工的团结奋斗。在此，我代表学校党委和常委班子集体，向各级党组织、广大共产党员和全校师生员工表示衷心的感谢！

总结 3 年来的工作，为我们今后进一步加强新时期学校党的建设和组织工作提供了重要而深刻的启示：

1. 加强党的自身建设，必须遵循规律、科学谋划、整体推进 学校党的建设和组织工作必须科学谋划党的思想、组织、作风、制度和反腐倡廉建设各方面任务；充分遵循党建和组织工作的客观规律，使思想和行动更加符合党在新时期的新要求。

2. 围绕中心、服务大局，必须结合实际、凝心聚力、推动发展 学校党的建设和组织工作必须坚持围绕中心、服务大局，把落实党的教育方针，提升人才培养、科学研究、社会服务和文化传承创新水平贯穿始终，全面营造和谐奋进的良好氛围，有力促进学校事业发展。

3. 体现党的先进性，必须适应形势、勇于改革、不断创新 学校党的建设和组织工作必须主动适应高等教育及学校事业发展的新形势、新任务、新要求，始终体现时代性，勇于改革，善于创新，强化功能，不断增强党组织的吸引力、号召力、凝聚力。

4. 提高党建科学化水平，必须完善机制、健全制度、规范行为　学校党的建设和组织工作必须按照现实性和适应性的要求，及时把时间证明行之有效的措施办法固化为切实可行的制度，形成内容完备、结构合理和科学管用的制度体系，推进学校党的建设和组织工作制度化、规范化。

在回顾过去、总结经验的同时，我们必须清醒地看到，面对新形势、新任务，学校党的建设和组织工作还面临着不少新情况、新问题。主要表现在：各级领导班子和党员领导干部学习理论、研究工作、破解难题、开拓创新、推动事业发展的自觉性和能力还需进一步提高和增强；党建工作的思路和方式方法仍然不能很好适应学校当前新一轮发展的需要；发展党内民主，推进党务公开，保障党员主体地位和民主权利，还有许多工作要做；党组织有效开展思想政治教育、加强党员教育管理，单位之间工作不平衡、差异较大；"党管人才"在高校的管理模式、运行机制和实现方式是全新课题，需要加强研究和探索；部分教工党支部在教学、科研和管理等活动中的作用发挥还需进一步激发；个别党员的党性修养、个人得失和工作表现，不受群众欢迎等。这些都需要我们高度重视，在下一阶段的工作中认真研究加以解决。

二、深刻领会当前党的建设新使命、高等教育发展新任务、文化传承创新新课题，不断增强做好学校党的建设和组织工作的政治责任感和历史使命感

（一）推进党的建设伟大工程和社会主义伟大事业，对学校党的建设和组织工作提出新使命

当前，我国正处于全面建设小康社会的关键时期和深化改革开放、加快转变经济发展方式的攻坚时期，世情、国情和党情发生深刻变化，各种新情况、新问题和新挑战层出不穷，党的建设也面临严峻考验。

胡锦涛总书记在"七一"重要讲话中指出，我们党在执政能力建设和先进性建设方面，面临着执政、改革开放、市场经济和外部环境"四大考验"，面临着精神懈怠、能力不足、脱离群众和消极腐败"四大危险"，落实党要管党、从严治党的任务比以往任何时候都更为繁重、更为紧迫。

高校党建是党的建设伟大工程的重要组成部分。开创并维护好学校改革、发展、和谐、稳定的良好局面，是全校各级党组织和广大共产党员重大而光荣的政治责任。随着不久前学校党委常委会的调整充实和新一届行政班子的组成，经深入调研、科学论证，学校发展宏伟目标已定，发展"瓶颈"和工作思路、举措已经理清和明确。学校正处在发展的关键时期，机遇和挑战并存、优势和艰难兼有、勇气和谋略都要。要全面提升学校的核心竞争能力，实现学校的发展目标，关键在于我们各级党组织、党员领导干部和广大共产党员是否能始终保持先进性，是否有带领广大师生员工谋求发展、知难而进、勇于开拓、同甘共苦的凝聚力、创造力和战斗力。

结合党建实际，各级党组织和党员领导干部要深入思考"四大危险"在我们身边和自己身上有没有反映和具体表现。立足党的先进性，我们各级党组织和党员领导干部，就是要顺应学校改革发展和师生员工的需要，把党的先进性要求转化为推动学校新一轮快速发展和体

现师生员工根本利益的行动上来；就是要重实践抓落实，积极进取、求实创新，努力做好岗位工作，充分发挥先锋模范作用；就是要坚定理想信念，增强先进性意识，高标准要求自己，不把自己混同于一般群众，真正做到"平时看得出、关键时刻站得出、危难关头豁得出"。

（二）建设世界一流农业大学宏伟目标，对学校党的建设和组织工作提出新任务

改革开放 30 多年以来，我国高等教育事业已经站在新的历史起点上，正在由高等教育大国向高等教育强国迈进。

《教育规划纲要》对今后 10 年中，实现高等教育结构更为合理、教育教学质量更大提高、办学特色更加鲜明、建成若干所达到或接近世界一流水平的大学，建成一批国际知名、有特色高水平的高等学校的目标做了深刻论述和全面部署。胡锦涛总书记在清华大学百年校庆重要讲话中指出，"高等教育作为科技第一生产力和人才第一资源的重要结合点，在国家发展中具有十分重要的地位和作用"。同时，再次强调，"要以重点学科建设为基础、以体制机制改革为重点、以创新能力提高为突破口，加快建设世界一流大学和高水平大学进程""要鼓励重点建设高校成为知识创新的策源地、深化教育改革的试验田、扩大开放的桥头堡"。以上这些，为高等学校提高教育质量、服务人才强国和创新型国家建设，明确了建设世界一流大学和高水平大学的发展思路。

学校党委在第十次党代会报告中前瞻性提出的"以人才强校为根本、学科建设为主线、教育质量为生命、科技创新为动力、服务社会为己任"的办学指导思想应始终坚持，并不断赋予新的内涵和具体内容。我们只有坚持走内涵、特色、科学、和谐发展道路，全面提升人才培养水平、增强科学研究能力、服务经济社会发展、推进文化传承创新，才能实现学校新一轮历史性跨越，才能不断为社会主义现代化建设提供强有力的人才保证和智力支撑，才能为建设创新型国家、加快转变经济发展方式做出应有的科技创新贡献。前不久，刚召开的第十届第十三次全委（扩大）会，就全面加快推动学校各项事业新一轮跨越式发展，提出了"建设世界一流农业大学"的奋斗目标，明确了"人才队伍建设"和"办学空间拓展"两大任务，凝练了将"世界一流、中国特色、南农品质"有机结合的发展理念，确定了谋划"发展""改革""特色""和谐""奋进"五大篇章的战略举措。这些目标、任务和举措的提出，是充分结合校情、贯彻落实胡锦涛总书记讲话精神和《教育规划纲要》的具体体现，是学校发展战略和建设路径的必然选择。学校党的建设和组织工作，必须适应学校当前发展形势，紧紧围绕已经确定的宏伟目标，全心全力服务学校建设发展大局。

（三）建设社会主义文化强国，对学校党的建设和组织工作提出新课题

中共十七届六中全会，从时代要求与战略全局出发，以高度的文化自觉和文化自信，第一次提出了"坚持中国特色社会主义文化发展道路，努力建设社会主义文化强国"的奋斗目标。胡锦涛总书记在清华大学百年校庆重要讲话中，明确提出文化传承创新是新时期高等教育的新思想和高校职能的新发展，是大学的第四大功能。

高校是社会的文化高地，是传承、传播和创造先进文化的重要场所，在全面建设小康社会的历史进程中，担负着培养高层次青年知识群体、发展先进科学技术和传播社会主义先进文化的历史使命，具有举足轻重的地位和其他行业无法替代的重要作用。在社会发展进程中，高校与社会联系日益紧密，社会思潮容易向高校集散，社会问题容易向高校投射，社会

热点容易向高校传导，保持和发展高校和谐稳定良好局面的任务更加艰巨。如何应对思想文化和意识形态领域的新挑战，构建健康文明和谐的大学文化，是高校党的建设和组织工作面临的新课题；如何在这样复杂的情况下，培养出理想远大、信念坚定、品德高尚、意志顽强、视野开阔、知识丰富、开拓进取和艰苦创业的新一代，是高等教育面对的重大课题，也是高校党组织面临的重大考验。

高等教育的新思想和高校职能的新发展，要求我们各级党组织和党员领导干部，应肩负起新的时代使命，在高校思想政治教育、大学文化建设、人文思想关怀和先进文化传承创新中发挥重要作用；在共同构建社会和谐稳定大环境、培养社会主义合格建设者和可靠接班人、建设创新型国家和社会主义文化强国、全面实现小康社会中，以先进的思想和品格影响社会、引导社会。

三、全面提高学校党的建设和组织工作科学化水平，为建设世界一流农业大学提供坚强组织保证

今后一段时期，学校党的建设和组织工作的总体要求是：深入学习贯彻胡锦涛总书记"七一"重要讲话精神，坚持以邓小平理论和"三个代表"重要思想为指导，深入贯彻落实科学发展观；坚定正确的政治方向，找准党建和组织工作服务学校事业科学发展的结合点和着力点，动员和团结广大共产党员和全体师生员工围绕学校宏伟发展目标，干事业创新绩；坚持党委领导下的校长负责制，建设高素质的领导班子和干部队伍，健全完善党内各项制度和机制，着力提高党的建设和组织工作科学化水平；加强党风廉政建设，发扬党的优良传统，密切党群干群关系，实现好、维护好和发展好师生员工的根本利益；坚持党的建设、组织工作与现代大学制度建设、学校内部管理体制改革的有机结合，形成整体推进学校改革发展稳定的合力。

（一）以推进用马克思主义中国化最新成果指导学校事业发展为重点，在提高党员领导干部理论水平和实践能力上取得新成效

重视学习、勤奋学习、善于学习，是党的优良传统和优势。党员领导干部的学习不仅是个人行为，同时也与学校党的建设和事业发展紧密相连。要按照建设马克思主义学习型政党的要求，立足学校实际、突出学校特色，积极创建学习型党组织。按照科学理论武装、具有世界眼光、善于把握规律、富有创新精神的要求，在更新观念、指导实践、推动工作、促进发展上下功夫、求实效。要增强自觉学习、不断学习的政治责任感，使学习真正内化于心、外化于行，切实解决好立身做人、立公为民、立德为官、立志干事的基本问题，永葆共产党人的政治本色和优良作风。采取多种形式，通过多种渠道，引导党员领导干部和广大共产党员深刻把握中国特色社会主义理论体系的重大意义、科学内涵和根本要求，增强思想认同、政治认同和情感认同，坚定走中国特色社会主义道路的信心。

牢牢把握党在高校意识形态领域的主导权，广泛开展社会主义核心价值体系学习教育，继续抓好"进教材、进课堂、进头脑"工作；加强和改进大学生思想政治教育，实施立德树人工程，提高大学生思想政治教育工作时代性、针对性和实效性；进一步推动校、院领导干部为师生做理想信念、国情社情和形势政策等方面的学习教育报告，并形成制度；进一步推进辅导员队伍专业化、职业化建设，培养一批高水平思想政治教育管理专家。

进一步完善校、院二级党校的运行机制和办学模式，充分发挥校、院二级党校在党的思想建设方面的重要作用，精心组织教学活动，重点放在党性修养增强、价值观念确定、道德品质培养和能力水平提高等方面，不断提高教学质量和培训实效，把学习作为增强本领、推动工作和促进发展的有效途径，真正做到学以致用，知行并进。

依托思想政治理论课教研部和马克思主义研究中心学科师资优势，进一步加强学校党建、思政研究会建设，充分调动党建、思政一线工作同志的积极性，加强面向基层党组织的理论研究工作，注重实践中的热点问题，科学设计选题，突出课题的延续性、系统性和对现实的指导性。

（二）以抓基层打基础、创建长效工作机制为重点，在创新基层党组织工作和发挥广大共产党员先锋模范作用上取得新成效

努力抓好基层党组织建设，是促进学校改革、发展、稳定的重要任务，也是学校党的建设目标和任务的内在要求。

《高校基层组织条例》是高校党的工作必须遵循的基本规章。要本着完善机制、健全制度，不断创新基层组织建设、推进组织工作新发展的实际，认真梳理和查摆存在的问题，抓紧研究制订《院级基层党组织工作细则》《党支部工作细则》和《关于进一步加强发展党员工作的意见》等文件，进一步规范各级党组织的工作职责、工作内容及工作机制。当前，要认真做好院级党组织考核工作，为即将进行的院级党组织换届工作和明年上半年按期召开学校第十一次党代会做好前期基础性准备。

进一步做好发展党员工作。既要重视积极分子入党前的培养和选拔，更要加强新党员入党后的教育和管理。要按照坚持标准、保证质量、改善结构、慎重发展的原则，建立健全发展党员质量保障体系，加大在学科带头人、学术骨干、青年教师和优秀大学生中发展党员力度，加强党建带团建的工作实效，把广大青年学生和知识分子团结凝聚在党组织的周围。

以提高素质、增强党性为重点，构建党员学习教育体系，健全党内生活制度和党内激励、关怀、帮扶机制，不断创新党支部设置形式和活动方式，教育和帮助广大共产党员牢记自己的党员身份，发挥应有的先锋模范作用，带头圆满完成所承担的各项任务。继续深入开展"创先争优"活动，把党支部工作同教学、科研、管理和服务的工作任务有机融合在一起，结合学校中心工作拓展"创先争优"活动载体和内容。通过活动，努力使考核评价激励、学习型党组织建设、高校领导体制、党内民主建设、党支部作用发挥和党员教育管理监督服务六项工作机制，成为各级党组织和广大共产党员推动学校发展、服务师生员工、促进校园和谐的长效工作机制。

进一步加强党务工作队伍建设。研究制订《关于加强党建和思想政治工作队伍建设的意见》，建立健全有效的培养和激励机制，设立党建工作专项经费，为党建工作的不断加强和创新提供必要的队伍保障和物质支持。在总结首批特邀党建组织员工作经验的基础上，在全校范围内全面推进特邀党建组织员制度。

（三）以增强办学治校、推动事业发展能力为重点，在加强领导班子和干部队伍建设上取得新成效

加强领导班子和干部队伍建设，必须始终坚持将思想政治素质建设放在第一位，将办学

治校、推动事业发展能力建设放在突出位置。要坚持"德才兼备、以德为先"的用人标准，坚持民主公开方针，增强干部工作透明度，坚持凭实绩使用干部，让能干事者有机会、干成事者有舞台，不让老实人吃亏、不让投机钻营者得利，提高选人用人公信度，形成正确的干部任用导向。

进一步推进干部任用制度改革，按照民主、公开、竞争和择优的方针，完善公开选拔、竞争上岗等选拔方式，突出岗位特点、注重能力实际，把优秀党员和教师选拔到重点和关键岗位上来。研究修订《中层干部管理规定》，积极推进中层干部的交流任职，加强多岗和基层锻炼；既要建立选贤任能使优秀人才脱颖而出的机制，又要建立优胜劣汰和正常退出机制，动态优化干部队伍结构，持续增强干部队伍活力。

进一步建立健全院级领导班子、中层干部任期目标制和任期考核办法，引导广大干部把主要精力投入管理工作上来。建立后备干部的选拔、培养和使用机制，研究制订《关于加强处级后备干部队伍建设的意见》，加强动态管理，确保后备干部队伍数量充足、结构合理，为学校事业发展储备优秀人才。加强以提高干部促进学校事业发展能力为核心的学习培训，紧扣学校改革发展，紧扣将各级领导班子建设成"勤学习、善研究，讲团结、能战斗，民主集中、科学决策，谋长远、干实事，廉洁自律、风清气正"的班子的目标，科学制订"十二五"期间中层干部学习培训计划。加强干部培训平台建设，稳步增加干部培训经费的投入，拓宽培训渠道，创新培训方式，建立干部在线学习中心，探索干部自主学习和组织集中培训相结合的新机制，激发干部自觉学习的内在动力。

（四）以坚持和健全民主集中制为重点，在执行党内制度、发展党内民主、促进校园民主建设上取得新成效

党内民主是党的生命，加强党内民主建设是新形势下加强高校基层党组织建设的必然要求。

坚持和完善党委领导下的校长负责制，既要发挥党委的领导核心作用，又要切实保证校长依法行使权力。要进一步科学界定党政职责，党委重在把方向、谋全局、议大事和做决策，要全力支持校长按照《高等教育法》规定的职权积极主动、独立负责地开展工作，为校长开展工作和行政组织实施创造宽松和谐的环境和氛围，不揽具体行政事务；校长要服从党委的领导，向党委负责，认真贯彻执行党委的各项决议和决定，实现党委决策的战略意图，充分尊重和发挥教授参与学术事务决策及民主管理学校的重要作用和积极性。凡学校重大事项都要按照集体领导、民主集中、个别酝酿和会议决定的原则，由党委常委会讨论决定。要认真学习贯彻中央即将下发的《关于坚持和完善普通高等学校党委领导下的校长负责制的实施意见》，抓紧研究修订《党委常委会决策规则》和《校长办公会决策规则》，研究制订《贯彻执行"三重一大"决策制度暂行规定的实施意见》。持续推进党内制度建设，坚持民主集中制，进一步完善集体领导与个人负责相结合的制度，从制度上和程序上使决策机制更加科学合理，提高决策的科学化、民主化水平，增进领导班子更加团结，使党政更好合作、更具合力和战斗力。

坚持和完善院级单位党政共同负责制。要按照《学院党政共同负责制规定》进一步完善院级党政领导工作运行形式、议事规则和决策程序，对所在单位党政工作做到同步研究、同步部署和同步考核，促进党政密切配合，切实发挥院级党组织的政治核心作用，促进所在单

位各项任务完成和事业发展。党政主要领导之间要相互理解、支持、配合，要带头树立政治、大局、民主和团结意识，带头贯彻执行民主集中制和维护组织纪律性。

尊重与保障党员主体地位和民主权利。要加快推进党务公开工作，研究制订《党代会代表任期制实施意见》，探索建立党代表常任制，为党代表行使权利、履行职责和发挥作用提供制度保障。要建立健全党内、校内重大事务听证咨询制度，拓宽党员意见表达渠道。对涉及学校改革发展、广大师生切身利益的重大决策，要进一步提高党员对党内、校内事务的参与度，保障广大党员的知情权、参与权、选举权和监督权，激发党员队伍的生机活力。

群众路线是我们党的传家宝。要坚持和完善二级教职工代表大会制度，强化二级教职工代表大会在本单位学科建设、人才培养、制度改革、民主管理等方面的审议、协调和监督功能，使其成为拓宽校务、院务公开的重要载体。注重解决师生员工最关心、最直接、最现实的利益问题，广泛听取师生员工意见，完善群众工作制度，统筹协调好群团组织，维护师生员工合法权益，进一步改善党群、干群关系。

（五）以推进"人才强校""空间拓展"战略为重点，在围绕中心、服务大局，推动学校事业科学发展中取得新成效

当前，影响和制约学校下一阶段发展的是人才队伍建设和办学空间拓展。这两个学校发展现阶段的根本性"瓶颈"，它们相互制约、相互影响，已成为学校发展迫切需要解决的重中之重的两大任务。这两大任务能否顺利推进、圆满完成，事关学校的全局和长远发展，事关建设世界一流农业大学奋斗目标的实现。全校各级党组织务必要紧紧围绕"人才强校"战略和"两校区一园区"建设大格局，在引导广大师生坚定信心、砥砺勇气、凝心聚力方面充分发挥组织优势和作用。

人才是第一资源，人才工作是一项全局性很强的系统工程。各级党组织要贯彻落实"党管人才"原则，牢固树立人才竞争力是核心竞争力的理念，尊重人才成长规律，提高识才、揽才和用才水平，努力建立和健全"党管人才"工作机制，落实人才工作责任。通过政策引导、舆论宣传和制度保障，在全校范围内大力营造尊重劳动、尊重知识、尊重人才、尊重创造的舆论和制度环境，营造鼓励竞争、宽容失败、勇于创新和团结协作的学术环境。学校人才工作和相关职能部门要进一步加强战略性规划、政策性引导、保障性支持和规范性管理等方面研究，依托国家科研平台和建设项目、重点学科和教学科研基地，大力加强高端人才开发、创新团队建设和青年骨干人才培养等工作。要进一步完善人才工作办公室职能和人员配备，研究制订高端人才引进与培养办法、中长期专任教师建设规划、业绩考核机制和人才激励政策等，真正做到量才适用、人岗相适、用当其时和人尽其才，对做出突出贡献的给予宣传表彰，让优秀人才受尊敬、有作为、得重奖。

"两校区一园区"的发展战略，是从根本上解决学校办学空间"瓶颈"，事关长远生存与发展的大事。推进"两校区一园区"建设，目标宏伟、前途光明，但任务艰巨、困难很多，我们要有足够的打攻坚战的思想准备和精神准备。确立的目标，不能给自己留半步退路。各级党组织和党员领导干部的发展观念要紧紧跟上学校新阶段的发展思路，在学校内部管理体制改革、办学资源优化配置、部门单位利益格局调整等方面进一步增强发展意识、大局意识和长远意识，充分发挥党组织的优势和作用，做好舆论引导和过细的群众性工作，多说有利于推进"两校区一园区"建设的话，多做有利于推进"两校区一园区"建设的事。

（六）以加强党风廉政建设为重点，在优良党风促校风带学风上取得新成效

坚决惩治和有效预防腐败，关系人心向背和党的生死存亡，是党必须始终抓好的重大政治任务。学校纪检、组织、宣传等部门和各级党组织要把党员领导干部的党风廉政教育工作作为自己的重要职责，充分发挥各自的特点和优势，形成工作合力，深入开展党性党风党纪教育。各级党政领导班子特别是党政主要负责人，要深化"第一责任人"意识，以身作则、带好班子、管好自己、管好部门、管好下属和亲属。领导班子各成员要切实履行"一岗双责"，做到管业务与管党风廉政建设相结合，业务工作范围到哪里，党风廉政建设的职责就延伸到哪里。

要进一步完善监督制约机制，加强党内监督，建立健全民主生活会、干部谈话和诫勉、个人重大事项报告等制度；坚持和不断完善在一个聘期内对各二级单位处级正职干部和关键岗位处级副职干部轮流审计一遍的经济责任审计制度；建立廉政档案制度，完善对领导的定期廉政考察；坚持和完善干部年度述职述廉报告制度，拓宽群众监督和民主监督的渠道。要进一步加强对科技、推广、资产经营等人员的廉洁教育和专项经费使用的监管，消除校内监管的"死角"和"盲区"。要把党风廉政建设责任追究制度与绩效评估、行政问责紧密结合起来，健全纪律保障机制，发生问题不仅要追究当事人责任，也要按照责任分工追究责任主体的责任，坚决纠正有令不行、有禁不止的现象，确保学校党政有关政策、制度和纪律的执行力和公信力。

进一步推动学术道德和学风建设，强化学术诚信和学术自律意识，引导广大教师特别是党员教师树立坚定的政治信念和崇高的职业理想、爱岗敬业、关爱学生、严谨治学、锐意创新、淡泊名利、志存高远，真正成为博学多才又道德高尚的德术双馨的人民教育工作者。进一步学习宣传学校《学术规范条例》，建立健全师德考评体系，加强正面倡导和要求，坚决杜绝学术造假、抄袭、剽窃等学术不端行为和不正之风，形成风清气正的学术氛围和办学环境。

（七）以加强"诚朴勤仁"大学文化建设为重点，在发挥学校文化传承创新功能、提升师生员工文化素质上取得新成效

要以贯彻中共十七届六中全会精神和全面实施学校《中长期文化建设规划纲要（2010—2020年）》确立的六大工程为契机，大力加强校园文化阵地和文化环境建设。各级党组织要创新形式方法、强化教育引导、健全制度保障，把社会主义核心价值体系融入学校人才培养、科学研究、社会服务和文化传承创新的全过程，用社会主义核心价值体系引领学校思想、精神、学术、制度和形象等文化建设，不断增强学校文化建设软实力，传承和弘扬以"诚朴勤仁"为核心的南农精神。

各级党组织要切实担负起大学文化建设的政治责任，将大学文化建设纳入学校发展总体规划，与人才培养、科学研究、社会服务一同研究部署、一同组织实施、一同督促检查。坚持育人为本、德育为先，注重发挥文化育人功能，不断优化学校育人环境。坚持以主流文化为主导，重视和发挥非主流文化的积极作用。整合校内外资源，构建适应学校发展和人才培养的文化素质教育平台，开展符合学生生理、心理特点的文化素质教育活动，教育引导青年学生正确面对价值冲突，帮助指导学生选择主流价值，使学生在校期间，在民族精神、综合

素质和文化自信等方面，得到良好的培养和提高。加强和改进校园网络文化建设与管理，推进网上学生党建、社会实践和校园文化等专题网站建设，开展网络道德教育，加强校园网络舆情工作，增强舆论引导的针对性和实效性，始终以先进文化占领学校思想文化阵地。

（八）以讲党性、重品行、做表率和"创先争优"精神建设为重点，在加强学校组织工作和组工干部队伍自身建设上取得新成效

做好组织工作必须加强自身建设。提高党的建设和组织工作科学化水平，加快推动学校事业科学发展的新使命，对学校组织工作和组工干部队伍自身建设提出了新的更高要求。

按照德才兼备和专兼结合的原则，进一步树立公道正派良好形象，选拔坚持党性原则、政治坚定、公道正派、廉洁勤奋、思想作风好、热爱党务工作、善于做群众工作、具有较强组织管理能力的党员领导干部和教师从事学校党务工作，并将之纳入学校的人才队伍建设规划范畴。

组织部门及各级党组织从事组织工作的同志们，要不断提高自己适应工作的能力和素质，努力把握新时期党建和组织工作的规律性，紧跟学校改革发展的步伐，以开阔的眼界、思路、胸襟和求实创新的观念谋划和推进组织工作，以高度负责的精神为学校科学发展选干部、配班子，建队伍、聚人才，抓基层、打基础。要不断加强党性修养和道德品行的磨炼，坚定做党建工作的信心，坚守组工工作的职业操守，讲党性、重品行、做表率，以严谨的作风、优质的服务，努力把组织部门建设成为"党员之家""干部之家"和"人才之家"。

同志们，学校"十二五"发展规划的组织实施已经全面展开，明年上半年将迎来学校第十一次党代会的召开，学校正处在新一轮跨越式发展的关键时期，希望各级党组织和广大共产党员，以高度的历史责任感和强烈的事业使命感，适应新形势、立足先进性、共谋奋进篇，努力提高学校党的建设和组织工作科学化水平，为学校建设世界一流农业大学积极努力工作，做出新的贡献！

谢谢大家！

在南京农业大学全校领导干部大会上的讲话

管恒禄

（2011年7月11日）

各位老师、同志们：

大家上午好！

首先，我代表学校党委，对学校行政班子正常换届圆满完成、新一届学校行政班子成功组建，表示祝贺！向周光宏同志任校长，表示祝贺！向胡锋、陈利根、戴建君、丁艳锋四位同志增补进学校党委常委会，表示欢迎和祝贺！同时，向以郑小波同志为班长的上一届学校行政班子，表示衷心的感谢！

今天的会议，是一次十分重要的会议，是学校发展史上又一个新开端。经党委常委会研究，召开全校领导干部大会，新增补后的常委班子和新一届学校行政班子集体与大家见面。

首先，我代表常委班子讲话；然后，周光宏校长代表学校行政班子，做就职后第一次讲话。

教育部宣布学校行政班子任免决定后，7月8日，常委会召开第一次会议，立了唯一一个议题，就是"加强领导班子建设"。常委们紧紧围绕思想、作风、能力、民主和廉政等方面，做了深刻的思考、交流和互相勉励。会上，各位常委都做了充分的准备，分别做了很好的发言。新班子、新起点，带来了新气象。

这次学校行政班子正常换届后，副校长都进了常委。常委会和学校行政班子，在人员结构上完全一体化，这在我任现职以来，是第一次。教育部党组对学校现任的党政班子，提出了新的更高要求，给予信任的同时，也寄予了厚望。我和光宏同志，带领这一个人员结构一体化的党政班子，深感责任重大，必须加倍努力工作，依靠班子集体，团结、带领、依靠在座的各级领导干部和广大师生员工，在新的时间节点上，将学校事业的发展推向一个新的阶段。

在7月9日召开的第二次常委会上，对班子成员的分管工作和工作联系点，做了安排和调整。三位书记，除了联系点有调整，分管工作基本没有变化。校长、副校长的分工及联系学院，均有比较大的变化。班子成员都表示，不管分工多或少、难或易、有显示度还是没有显示度、基础好还是差，都将服从大局、担起责任、投入精力和努力工作，使各项工作在统筹协调和全校一盘棋的框架下，加大工作力度，加快推进学校事业发展。关于校领导分工及联系点的文件通知，今天下午就发。常委会上，还就今天会议的定位、内容和议程进行了专题研究。

会风，可以从一个侧面反映干部队伍的整体精神状态。这次会议召开前，学校接连发了两个通知。第一个是关于中层正职出差要求的通知，要求各单位党政主要负责人，近期确因工作需要出差，须报经两办（校长办公室和党委办公室）并征得学校党政主要负责人同意；第二个是关于今天会议的通知，要求全体中层干部不得请假、不得缺席，除正在国外的同志外，所有出差的中层干部必须提前返校参会。两个通知在措辞上均比较严肃，目的是为了保证今天会议的效果。希望大家聚精会神开好此次会议；会后，认真贯彻会议精神，切实又好又快推进当前工作。

今年暑假，将是一个工作的暑假，希望大家在思想、精神和时间上都要有充分的准备。具体暑假工作的进度、节奏和内容，后面再讲。

7月6日，在教育部宣布任免决定的大会上，教育部党组成员、中央纪委驻教育部纪检组组长王立英同志代表教育部党组，充分肯定了学校事业的建设发展和上一届行政班子和本届党委的努力工作；高度评价了郑小波同志的党性修养和为学校事业发展做出的不懈努力和艰辛劳动。对新班子提出了更高的要求和殷切期望：一是要认真学习胡锦涛总书记在建党90周年纪念大会上的重要讲话；二是要以提高质量为核心，加快学校事业科学发展；三是要加强领导班子建设；四是要为江苏经济社会改革发展做出新的贡献。党委宣传部要在全校范围内，认真组织学习贯彻胡锦涛总书记的重要讲话，提出明确要求；要对王立英同志的讲话，做认真的录音整理，作为下一次全委扩大会的会议学习材料。

在宣布任免决定的大会上，我代表校党委做了表态性讲话，并对郑小波同志在任校长期间所做出的努力与贡献给予了高度评价和衷心感谢。我的表态性讲话主要是："一要认真组织学习胡锦涛总书记在建党90周年纪念大会上的重要讲话，牢固抓住和用好高等教育发展的重要战略机遇期，聚精会神搞建设，一心一意谋发展；在看到成绩和进步的同时，更要看到差距和不足，不断增强责任意识、竞争意识和忧患意识，以更加饱满的热情和更加扎实的工作，紧紧围绕《国家中长期教育改革和发展规划纲要（2010—2020年）》，认真总结过去，进一步解放思想，勇于改革创新，抓紧研究制订学校'十二五'发展规划各个重点项目的实施方案，不断增强工作的前瞻性、创造性和执行力，加强统筹与协调，全面推动学校科学发展；二要全面准确地将胡锦涛总书记前不久在清华大学100周年庆祝大会上，对当前高等教育发展和青年学生培养提出的'四个必须大力'和'三个紧密结合'的要求和希望，结合学校实际，真正贯彻落实到办学的全过程；三要进一步贯彻落实好《中国共产党普通高等学校基层组织工作条例》（以下简称《高校基层组织条例》），认真贯彻党的教育方针，牢固树立宗旨意识，贯彻落实好党委领导下的校长负责制，加强各级基层党组织建设和各级领导班子建设，进一步推动'创先争优'活动的深入开展，营造团结、和谐、向上、敬业和风清气正的校园文化和发展环境，努力提高学校党的建设科学化水平。"最后代表班子表态："团结带领广大师生员工，继承传统，发扬成绩，艰苦奋斗，开拓创新，同心同德同力，再接再厉，扎实工作，努力将南京农业大学的明天建设得更加美好！"

态是表了，下面工作怎么样？学校事业发展怎么样？责任重大，任务艰巨，工作不易。

2006年，学校行政班子换届后，教育部党组成员、副部长李卫红同志找我谈话，作为学校党委书记，我讲将努力做好三件事：带好一个学校党政班子；建好一支中层干部队伍；构建一个和谐、稳定和健康的发展环境。这次，在王立英同志与我个人谈话时，我再次做了同样的表达。

下面，我从加强校院二级领导班子建设切入，讲五个方面的意见：

一、要努力将班子建设成勤学习、善研究的班子

过去，我们校、院二级领导班子学习的总体情况是：学了，但不够深入，泛泛学习的多，结合学校实际的学习少；学了，满足形式的多，指导具体工作的少。

加强领导班子的学习、研究，目的在于不断提升班子战略思考和对长远目标的谋划能力，同时更好地指导当前工作的开展，增强工作的前瞻性、创造性和执行力。

"十二五"及今后，我国高等教育和高校建设发展的两大主题是"竞争"与"发展"。我们只有敢于竞争，才能谋求发展；只有不断发展，才能适应竞争。在这一过程中，学习与研究不是可有可无的环节，而是极其重要的。

中国共产党建党90周年之际，国际社会研究中国之所以能在近30年取得巨大成就，得出的结论之一是，中共中央领导核心层坚持集体学习制度，这为世界各大执政党所没有。本届中央政治局组织的集体学习已有30余次，我国各方面的顶尖战略家、科学家和社会学家被请进中南海讲课。

各级领导班子及班子成员，要进一步加强学习，这是加强党性修养、坚定理想信念和胜任领导工作的必然要求；要真正从思想、工作和生活的需要上重视起来，事务再忙，时间再紧，都应读点书；要勤学习、善研究，使学习成为自觉；要把学习作为一种生活态度、一种工作责任和一种精神追求。学习理论是宽泛的，包括学习思想政治理论、高等教育管理理论、领导科学行政管理理论和人类进步社会发展理论等，不能一提学习、一提理论，就有"左"的阴影。

今年3月23日，学校行政班子换届考察推荐工作启动后的3个月，我没有走访学院及部门，主要是在检查、指导和推动工作讲话时有找不到定位的感觉。这段时间，除了处理、安排日常工作外，我集中时间看了一些材料，对近两年《中国高等教育》《中国教育科研参考》《高教领导参考》《学位与研究生教育》等材料全都浏览了一遍，对重要文章进行了认真研读。通过学习，我们可以进一步分析形势；正确把握党和国家对高等教育的方向和政策；发现与其他兄弟高校在办学理念、改革发展和工作举措等方面的差距；更好地理清自己的工作思路、借鉴别人发展的成功经验。

我们的二级中心组，要坚持学习制度，特别是要改变学习状态，要实现从一般性学习向研究性学习、从泛泛学习向专题性学习、从形式上的学习向应用指导工作的学习转变。学习要有重点，要讲效果。

在一个班子里工作，有分工，但不能分家。认真做好分管工作是责任、关心了解非分管工作也是责任、会讨论研究全局性工作更是责任。只有做到了这三方面，班子成员坐下来才能思考、讨论和研究全局性工作，否则易造成各唱各的调、各干各的事。

总体上说，学校层面对战略性、宏观和长远的研究还不够，在顶层设计、长远发展等方面仍需加强研究。要增强长远发展的危机感、责任感和紧迫感，要知难而上、知难而进。现在的形势是不进则退，慢进也是退。

2009年12月，在学校第五届建设与发展论坛上，我做了总结讲话。在讲话中，涉及了全面加快推动学校科学发展重点思考的若干关系。会后，有同志发短信给我，也含学校班子内的同志，希望能在面上组织讨论。讲话中的若干关系，是当天14位在大会上交流同志的共同成果，是大家的智慧，我只是梳理提炼了一下。重点思考的若干关系指：要处理好共性

与特色的关系、适应与引领的关系、科学研究与人才培养的关系、校内资源与校外资源的关系、硬件建设与文化建设的关系、学校与学院的关系、经验与创新的关系、现有空间与发展空间的关系。假期中，进入调研、专题讨论时，各学院、各单位可围绕这些、但又不限于这些展开讨论。

现有中层干部队伍中，个别同志没有学习习惯，忙于事务，忙于完成上级交代的工作任务，缺少思考和研究，理论水平、工作能力进步都不快，满足于现状，甘居一般，缺乏进取心。极个别中层干部，当领导找来谈工作时，一问三不知，或泛泛而谈，缺少思考，缺少工作内生动力。

在座的同志们，不乏专业知识，学习能力都很强。但如何围绕学校及所在单位的工作实际，将解决认识问题与解决实际问题结合起来，将提高理论水平和思想素养与提高开拓创新、领导管理能力结合起来，值得大家认真思考和努力。

学校下一阶段，"十二五"或本届行政任期，学校发展面临的任务十分繁重而艰巨。通过学习研究，不断创新学校发展理念和发展模式、破解发展难题和发展"瓶颈"、增强发展活力和核心竞争力等，都需要做深入、实际的思考与研究。各级班子及每一位同志，都要勤于学习、善于研究，积极开展研究型学习和问题式学习。努力在学习中，找到解决问题的办法，提高解决问题的能力。

二、要努力将班子建设成讲团结、能战斗的班子

团结是班子工作的基础，是愉快合作的前提，更是领导干部的应有品质。团结出智慧，出战斗力，出干部，出身心愉快，出同志情谊。

就团结问题，我在 7 月 8 日的常委会上，讲了"八多八少"，在这里讲"六多六少"。一要多学习，少自负。学而知之，古人云："以铜为镜，可以正衣冠；以古为镜，可以知兴替；以人为镜，可以明得失。"要自信，不能自负，不能总认为自己意见对，别人提不同意见就是与自己过意不去。二要多理解，少猜疑。"理解"都是从正面看别人的长处、优点和所做的工作，"猜疑"往往是从反面对别人无端地猜测、揣摩。多理解，具体在换位思考，只要多为别人、多为合作者想想，许多事情多能想开，就不会积矛盾，不会留宿怨。三要多谅解，少挑剔。"理解"多指从正面去了解、考量别人，"谅解"主要指对别人的缺点、不足给予宽容。"理解"了，就容易"谅解"。只要不是重大原则问题，应当有容人之量，不要把非原则问题原则化。要有容难容之事、容难容之时、容难容之人的胸襟和度量。四要多听正道，少信谗言。主动送上门的谗言，情况很复杂，听时很舒服；但进谗言者往往不排除另有居心，一般都是将别人推至听信谗言领导的对立面去，而达到自己的目的。五要多公正，少执偏。"公正"源于"公心"，只要把心放正，处事待人就易做到公道正派；"执偏"的实质是"执私"。列宁说："偏见比无知离真理更远。""无知"是因为不了解或认识不深入，一旦了解、认识了，就容易接近真理；"偏见"往往是既了解又认识，而自己心中有不可言明的东西，偏见越重，执偏越甚。对人、对事，一旦执偏，成员之间就易分歧，易不团结。六要多琢磨事，少琢磨人。如果班子中出现不琢磨事、专琢磨人的现象，团结是很难搞好的。同志之间最忌讳的是当面不说，背后说；当时不说，秋后说；会上不说，会后说。班子中，有"琢磨人"的存在，是"琢磨事"的人一大烦恼，这使得琢磨事的人不得不拿出精力、时间来防被人琢磨。久而久之，原来多琢磨事、少琢磨人的人，会趋向边琢磨事、边琢磨人，无

奈之下也就可能少琢磨事、多琢磨人了。

各级领导班子及班子成员，要以事业和大局为重，坚持分工合作，敢抓敢管，大胆工作；又要关心全局，做到分工不分家，补台不拆台。班子成员在一起工作，一定要有容人容事的胸襟、互谅互让的气度，在合作共事中加深理解，在相互支持中增进团结。2008年下半年，在主要党政干部专题研讨班上，我在讲到班子团结问题时，对"海纳百川""宽柔以教""闻过则喜"和"以直报怨"谈了自己的理解和体会。

能战斗，主要体现在"执行力"上。常言："三分战略，七分执行""战略决定命运，执行决定成败""没有执行力，就没有竞争力"。有效执行是一个单位实现战略、决策、部署、目标和任务的关键。

执行力不强，执行力差；或易执行的就执行，有困难的就不执行；或应在部门能执行的，因为怕得罪人，就左推右推、上推下推。这些现象，在个别单位、个别干部身上还表现得比较明显。在过去的工作中，常常有的单位在学校任务布置后，迟迟不见动静，或稍微应付一下；对同样的要求，多数单位完成很好，个别单位常常拖在后面；接受任务后，人刚离现场，就信心不足，产生畏难情绪，甚至怪话牢骚。如此这样，在奋力开创学校科学发展新局面的要求下，是决不能允许再存在的，必须坚决消除。要把治理庸、懒、散作为提升领导干部精神状态和工作效率的突破口，以治庸提能力、治懒增效益、治散正风气，以满腔热情投入工作。

领导干部的执行力，就是把正确的、要办的事在最短时间内干成功的力度和能力。换言之，每个领导干部都要提高在最短时间内圆满完成工作任务的能力。就全校而言，我们这支队伍的执行力怎样，关系到学校下一步建设与发展得怎么样。希望在座的每一位干部，任期内都要将主要精力和时间用在管理工作上。对执行力差，经帮助，表现和能力转变不大，不能适应工作的中层干部，要加大交流力度或建立完善干部任职退出机制。

提高领导干部的执行力：一要加强学习研究，形成氛围和自觉行为；二要树立强烈的责任意识，确保政令畅通；三要维护团结，集成合力；四要加强制度建设，发挥政策导向作用，通过绩效评估体现奖勤罚懒；五要加强党性修养和作风建设。

每个单位的党政主要领导，一定要抓好执行力文化的建设，培育自觉执行、正确执行、高效执行、创新执行的思维惯性和行为惯性，讲究执行的速度、质量和纪律，提升事业心、责任感和集体荣誉感。如果一个单位的党政主要领导，在执行力上就随意、应付、推诿和打折扣，在工作上习惯于软磨硬推，那么这个单位就不可能形成良好的执行力文化，他的下属一定也会以同样的态度和方式对待所在单位的工作，对待领导所布置的工作任务。加强执行力文化建设，要从学校党政领导班子带头做起，带动影响二级单位；从校院党政主要领导带头做起，带动影响两级班子的每个成员；从全体领导干部带头做起，带动影响广大教职员工。

三、要努力将班子建设成民主集中、科学决策的班子

事实证明，凡是班子出现不团结、工作出现不协调、事业发展不理想的，往往与这个单位民主集中制贯彻太随意、有制度不执行有联系。

加强班子制度建设，关键要贯彻好民主集中制原则。民主集中制原则执行好坏，关键是班子成员都要自觉按照"集体领导、民主集中、个别酝酿、会议决定"的过程，进行议事决

策。班子成员在一起工作，要讲政治、顾大局、守纪律，反对各种自由主义现象；要增强全局观念、团队意识，自觉服从集体决定；要互相信任、支持、谅解和补台；要遇事多商量、有难多帮忙，学人之长、容人之短和谅人之过。党政主要领导，要充分尊重班子成员意见，让别人把话讲完；要积极调动和发挥每个成员积极性，并带头维护和增强班子团结。

要加强科学决策，努力提升班子的决策能力和水平。班子进行重大决策，都应当本着实事求是的指导思想，审时度势、深入调研和广泛听取意见；同时，不断提高班子把握形势、驾驭全局的能力，不断提高班子的科学领导管理的素养，创新思路，关心群众利益诉求，努力使决策能够经得起历史的检验。在决策过程中，要认真贯彻落实"三重一大"的有关制度。今年 4 月，教育部下发了《关于进一步推进直属高校贯彻落实"三重一大"决策制度的意见》。学校已有《贯彻执行"三重一大"决策制度的暂行规定》修改稿，假期中要抓紧修改定稿，在校领导和相关职能部门主要负责同志范围内进一步征求意见，下学期初上会研究后尽快下发；各二级单位要参照制订实施方案。

校、院两个层面，要分别认真贯彻落实好党委领导下的校长负责制和学院党政共同负责制；含有独立党组织建制的部门和直属单位，要参照执行学院党政共同负责制。

高校实行党委领导下的校长负责制，是《高等教育法》和《高校基层组织条例》所确定的，其本质要求是强调集体领导。教育部党组原则要求，只要职数允许，高校党员校长、副校长都进常委。党委是学校的领导核心，统一领导学校工作，集体研究决定重大事项，支持校长依法独立负责地开展工作；校长是学校的法定代表人和行政领导人，在上级主管部门和学校党委领导下，组织执行和实施党委的决议，保证学校教学、科研、管理和服务等各项任务的完成。党委领导，重在决策；校长负责，重在组织执行。

学校《学院党政共同负责制规定》（以下简称《规定》），是在原有《学院党政共同负责制暂行规定》试行多年后修订的，针对性、指导性和可操作性都很强。《规定》对学院党政联席会议制度、党政职责及有关纪律，都做了明确界定和要求。现在个别单位执行得不够好，关键是党政主要领导之间缺少相互理解、支持和配合。在这个制度的落实上，关键是党政主要领导要带头树立政治意识、大局意识和民主意识，要带头贯彻执行民主集中制原则和维护组织纪律性。

在建设民主集中、科学决策的班子过程中，党政主要领导的协调，直接影响带动党政班子之间的协调；党政主要领导的团结，直接影响带动党政班子之间的团结。

四、要努力将班子建设成为谋长远、干实事的班子

在纪念建党 90 周年座谈会和 7 月 8 日常委会上，我讲了学校建设发展的"共谋五个篇章"：一要抓好学校建设发展的顶层设计，立足后 30 年，共谋发展篇；二要抓好体制机制制度创新，立足新活力，共谋改革篇；三要抓好高端人才队伍建设，立足高水平，共谋特色篇；四要抓好教职工期待办的事，立足满意度，共谋和谐篇；五要抓好党建和干部队伍建设，立足先进性，共谋奋进篇。

"共谋五个篇章"内容丰富、涉及长远，又非常实际和紧迫。会后，各职能部门和各学院要在分管领导或联系领导的具体指导要求下，围绕"共谋五个篇章"，同时结合我代表学校党委，在教育部宣布学校行政班子大会上表态讲话中提出的"认真总结过去，进一步解放思想，勇于改革创新""要看到差距和不足，不断增强责任意识、竞争意识和忧患意识""要

不断增强工作的前瞻性、创造性和执行力",认真思考三组题:第一组,在学校当前事业发展过程中,应该继承与坚持什么?加强与完善什么?改革与创新什么?第二组,今年是完成第十次党代会目标任务的最后一年,对照学校第十次党代会提出的目标任务,这个暑假的工作与下学期工作如何展开?如何确定和安排好本单位的近期工作与"十二五"开局工作?下一阶段哪些是重中之重工作?第三组,"十二五"学校事业发展的活力在哪里、创新在哪里、资源在哪里、空间在哪里、难点在哪里?关于第三组题,我个人体会:学校发展的活力在二级单位,学校的工作重心应适度下移,要通过政策导向、资源配置和激励机制等,调动二级单位的主动性和创造性;关于创新,应着力加强体制和机制的制度创新与突破;关于资源,要大力推进服务经济社会发展,扩大对外交流,借助外力和外部资源,进一步开拓办学、科学研究和产学研合作的新机制、新模式;关于空间,要立足长远,充分利用卫岗、浦口、珠江、白马四块办学资源,科学规划、优化配置、利益联动、统筹协调,形成发展大格局;关于难点,积极妥善处理好学校发展与教职工期待办的事是最大的难点。

周校长在常委会上表示,立足全局,当前将重点抓好3件事:高端人才队伍建设、校区建设、学校服务经济社会发展。在校领导的分工中,大家将注意到,学校的发展规划和产学研合作,周校长将亲自抓。校领导分工时还考虑,将"211工程"和"985优势学科创新平台"的建设职责和日常管理,划入发展规划办公室,并建议将发展规划办公室改为发展规划处,使规划工作更具有行政职能。在一次宽松的环境中,我提及将人事处改为人力资源处,使其更突出人力资源开发与建设的职能,可以论证一下。

五、要努力将班子建设成廉洁自律、风清气正的班子

各级领导班子,要将党风廉政建设工作与业务工作一样部署、一样落实和一样检查。党政主要领导要强化"第一责任人"意识,班子成员要强化"一岗双职"意识,在自身岗位和管理范围内,带头执行有关规定和制度。

党员领导干部,要对照中央《廉洁从政若干准则》(中发〔2010〕3号)和教育部《廉洁自律"十不准"》,严格要求自己,自觉弘扬新风正气、抵制歪风邪气,自觉接受广大师生的监督。在八小时内和八小时外,都要树立清正廉洁的良好形象;要秉公用权,在工作中守得住清贫、耐得住寂寞、管得住小节和抗得住诱惑;凡事都要重长远、守本分和讲规矩。

要继续加强领导干部任期经济责任审计工作,使正处干部和有关岗位的副处干部,在任内都接受一次审计。加强对领导干部经济责任的任内审计,是对干部真心、负责、善意的关心和爱护,是促进廉政建设的重要举措,是保证学校安全健康、又好又快发展的重要组成部分。

需要强调的是,随着学校近几年经济状态稍有好转,铺张浪费、大手大脚和挥霍公款的现象有抬头的势头,这绝不允许。领导干部要带头勤俭节约、艰苦奋斗。领导干部风气正,则师生员工风气正;党风正,则校风正。财务部门要加强相关科目的监督和管理。监察、审计部门要加大对铺张浪费、公款消费的监察审计。相关部门要抓紧会商,拿出措施,坚决扼住苗头性问题。开学后,常委会将安排专题,听取纪、检、审部门关于《建立健全惩治和预防腐败体系2008—2012年工作规划》执行、经济责任审计、领导干部遵循"两个务必"以及会计核算中心、招投标办公室工作运行等情况的汇报。

有关加强党的基层组织建设、干部队伍建设、发挥党员作用等方面的工作,开学后,将

筹备召开学校第三次组织工作会议，专题研究和部署。

下面，就2011年暑假期间的工作作安排和要求：

第一阶段（7月7～10日）：思想、组织准备。主要是加强学习、提高认识、明确分工和调整状态。在这期间，召开了2次常委会和1次校长办公会，就加强领导班子建设、班子成员分工以及近期工作安排做了讨论研究；分管领导新老之间进行了工作交接。

第二阶段（7月11～24日）：全面动员部署，深入调查研究。校领导深入到分管部门、联系学院，通过调查研究，认真总结过去，围绕三组思考题，提出调研报告。在提出问题的同时，提出解决问题的思路或建议方案。希望：各位校领导能召集分管部门和联系学院的领导班子做一次集体谈话；各二级单位召开一次加强领导班子建设的专题会；有条件召开全体教职工会议的单位，组织传达好今天的会议精神。在这期间，两办（校长办公室和党委办公室）要抓紧对本学期党政工作要点和第十一次全委（扩大）会布置的工作任务完成情况，做全面检查和分析。

第三阶段（7月25～31日）：调研成果汇报交流。以每个校领导为一组，进行汇报交流，要认真准备，形成文字材料和PPT。

第四阶段（8月1～15日）：学习考察、专题研究。进一步解放思想，勇于改革创新；加强重大专题研究，并提出目标、任务。

第五阶段（8月16～26日）：筹备召开第十届第十三次全委（扩大）会议。16日召开常委会，25～26日召开全委（扩大）会议。

最后谈点自己的情况：

我今年3月到了退休年龄，而这次又未被调整下来。以教育部的说法：一是本届党委还未到届，二是帮助学校行政班子平稳过渡一下。我个人感到工作压力很大，因为越熟悉，越知道学校的矛盾、困难和问题在哪里；同时，又要经历一次党政磨合和适应，对自己又是一次新的学习和新的开始。

2012年6月党委任期到届，在今后有限的工作时间里，我一定与行政新班子密切配合，齐心协力推动学校事业又好又快发展；一定与光宏同志互相信任、互相理解和互相支持，共同带好党政领导班子，履行岗位职责。

我虽有随时退下来的心理准备，但绝不有即将退下来的工作状态。在岗一天，努力工作一天；在岗一天，接受党内外监督一天。

讲话完了，谢谢大家！不当之处，请批评指正！

在南京农业大学 110 周年校庆工作
启动仪式上的讲话

管恒禄

(2011 年 11 月 2 日)

尊敬的各位校友、同志们：

大家下午好！

今天，在母校——南京农业大学 110 周年校庆工作启动仪式上，校友们回母校一起相聚，非常高兴。首先，我代表学校党委和行政，代表全校师生员工，对大家的到来，表示诚挚的欢迎！同时，对各位校友长期以来关心支持学校各项事业的发展，表示最衷心的感谢！

南京农业大学前身溯源于 1902 年三江师范学堂农学博物科和 1914 年金陵大学农学本科。至今，即将走过 110 年的历程。在 100 多年的办学过程中，学校始终坚持"诚朴勤仁"的办学精神和传统，严谨治学，探索真理，繁荣学术，在人才培养、科学研究、社会服务和文化传承创新等方面，取得了令人瞩目的成就，为国家经济社会发展，特别是"三农"事业和农业现代化做出了重要贡献。

进入 21 世纪以来，学校以建设研究型大学为目标，确立了"育人为本，质量为先，弘扬学术，服务社会"的办学理念，坚持走"规模适中、特色鲜明、以提升内涵和综合竞争力为核心"的发展道路，坚持内涵发展、特色发展、科学发展、和谐发展。经过多年的不懈努力，学校各项事业取得了长足进步，整体办学水平和综合竞争力明显提升。目前，学校已实现由单科性向多科性、中小规模向中大型、本科教育为主向本科与研究生教育并重、教学为主向教学与科研并重的转型，初步建成了研究型大学的架构。

抚今追昔，饮水思源。我们深知，学校今天的事业，是一代代南农人艰辛努力的结果，是不同发展阶段的创业积淀，这其中无不包含着广大校友的辛勤付出。我们不应忘记，在学校发展的每个关键时期，校友们都满怀赤子之心，以满腔的热情和深厚的情感，充分发挥各自的智慧和优势，为母校的建设和发展给予了各个方面的支持和帮助。学校能够取得今天的成就，是和广大校友的共同努力分不开的。为此，我再次代表学校党政和全校师生员工，向广大校友致以最崇高的敬意！

当前，学校事业发展正处在一个新的历史起点。2011 年 7 月 6 日，教育部党组宣布了由周光宏同志任校长的新一届学校行政领导班子，同时对学校党委常委会进行了调整充实。面对《国家中长期教育改革和发展规划纲要（2010—2020 年）》对高等教育发展提出的新任务，学校党政领导班子紧紧围绕既定发展战略，深入研究和把握国际高等教育和现代农业的发展形势以及学校的办学优势和特色，确立了建设世界一流农业大学的奋斗目标，进一步明确了"两校区一园区"的校区建设规划。我们相信，在"诚朴勤仁"南农精神的引领下，在全校师生员工的共同努力和广大校友的大力支持下，学校的各项建设与发展目标一定能够实现。

为更好地总结过去、继往开来，学校决定在明年的金秋十月举办 110 周年校庆活动。希望以此，进一步回顾学校发展历史、总结办学经验、展示发展成就和扩大国际国内影响；希望以此，进一步明确办学定位和发展目标，振奋师生精神、增强发展信心和加快学校事业发展；希望以此，进一步加强与海内外广大校友的联络、促进学校与社会各界的广泛合作，为世界一流农业大学的建设营造良好氛围、凝聚各方面发展力量。

今天，诚挚地邀请大家欢聚一堂，主要是向各位校友汇报学校的发展情况，以期各位校友为母校未来的发展出谋划策，贡献智慧与力量。同时，也希望各位能为明年母校的 110 周年校庆活动，集思广益，畅所欲言，提出宝贵意见和建议。

各位校友、同志们，110 周年校庆是学校发展史上的一件大事和喜事，我们将紧紧依靠全校师生员工和广大校友，以"传承、开拓、凝心、聚力"为主题，本着"隆重、热烈、简朴、欢庆"的原则，组织和筹办好校庆活动。相信在全校师生员工和广大校友的热情关心和大力支持下，南京农业大学 110 周年校庆活动一定能取得圆满成功，南京农业大学的明天一定会更加辉煌灿烂！

最后，诚挚地邀请海内外的校友们，在明年金秋十月校庆之时一定回母校欢聚并指导工作，分享母校发展成就，共商母校发展大计。

预祝 110 周年校庆工作启动仪式圆满成功！

谢谢大家！

在南京农业大学第四届教职工代表大会
第三次会议上的讲话

管恒禄

（2011 年 1 月 14 日）

各位代表、同志们：

今天，南京农业大学第四届教职工代表大会第三次会议在这里隆重召开。这是学校在全面回顾总结"十一五"、科学谋划"十二五"的关键时刻召开的一次重要会议，是全校师生员工民主政治生活中的一件大事。

首先，我代表学校党委和行政，向大会的隆重召开表示热烈的祝贺，向出席大会的各位代表致以亲切的问候，向为学校建设与发展做出贡献的广大教职员工表示衷心的感谢！

这次会议的主题是，高举中国特色社会主义伟大旗帜，以邓小平理论和"三个代表"重要思想为指导，深入贯彻落实科学发展观，认真学习领会中共十七届五中全会、全国教育工作会议精神，切实贯彻《国家中长期教育改革和发展规划纲要（2010—2020 年）》（以下简称《教育规划纲要》）；紧紧围绕把我校早日建成国际知名、有特色、高水平研究型大学的发展战略目标，全面回顾总结学校"十一五"建设发展经验，充分认识当前我国高等教育改革发展形势，深刻分析学校发展面临的机遇和挑战，讨论、审议郑小波校长代表学校所做的工作报告和《南京农业大学"十二五"发展规划（讨论稿）》，集思广益、增进共识、凝心聚力，共同谋划南京农业大学未来 5 年科学发展的美好蓝图。

下面，我代表学校党委，就开好会议讲三点意见：

一、充分认识当前我国高等教育改革发展的新形势和新任务，进一步增强科学发展的责任意识、机遇意识和忧患意识

经过改革开放 30 多年的快速发展，我国高等教育已迈入大众化教育阶段，取得了令世人瞩目的成就。随着科技进步日新月异，经济发展方式加快转变，培养创新人才日趋紧迫，我国高等教育还不完全适应国家经济社会发展和加快提高全民族素质的要求。去年 7 月，中共中央、国务院召开了新世纪首次全国教育工作会议，颁布了《教育规划纲要》，在全面提高高等教育质量、提高人才培养质量、提升科学研究水平、增强社会服务能力和优化结构办出特色等方面分别提出了明确的目标要求。我国高等教育正在进入一轮以内涵发展、特色发展为主题的新的发展阶段。

面对新的发展形势和任务，我们必须以高度的历史责任感和强烈的事业使命感，勇于迎接挑战，抢抓发展机遇，切实推动学校各项事业在未来发展中不断实现新的跨越、再创新的辉煌。

我们要进一步增强科学发展的责任意识。发展是一所大学提升自身综合竞争力和社会影

响力的根本途径。高等教育承担着培养高级专门人才、发展科学技术文化、促进社会主义现代化建设的重大任务。南京农业大学作为"211工程"重点建设的高校之一，国家寄予厚望。在高等教育新一轮发展中，我们必须牢固树立科学发展观，把提高质量作为发展的核心任务，牢固确立人才培养在学校工作中的中心地位，大力提升科学研究水平，加快推进产学研用结合和科技成果转化，始终坚持内涵发展、特色发展、科学发展、和谐发展，全面提升人才培养、科学研究和社会服务的整体水平，努力为国家经济社会发展、建设人力资源强国和创新型国家做出新的更大贡献。

我们要进一步增强科学发展的机遇意识。《教育规划纲要》提出，要建立高校分类体系，引导高校合理定位、克服同质化倾向，形成各自的办学理念和办学风格，在不同层次、不同领域办出特色，争创一流；到2020年，建成一批国际知名、有特色、高水平的高等学校，若干大学达到或接近世界一流大学水平。未来5~10年，是我国加快从教育大国向教育强国、从人力资源大国向人力资源强国迈进的关键时期。我们必须牢牢把握这一战略机遇期，进一步解放思想、抢抓机遇、深化改革，继续坚定不移地走"规模适中、特色鲜明、以提升内涵和综合竞争力为核心"的发展道路，切实加快学校各项事业建设步伐。

我们要进一步增强科学发展的忧患意识。过去的5年，在全校师生员工团结拼搏和共同努力下，学校各项事业取得了长足的进步和发展，学术声誉、办学水平、综合实力和社会影响显著提升。面对进步和发展，我们必须清醒地认识到，学校在学科与师资队伍整体水平、人才培养模式及质量保障体系、科技创新和社会服务能力、深化内部管理体制改革、办学基础条件建设、积极推进教育国际化进程、加强和改进党的建设和思想政治工作等方面还存在许多差距和不适应，学校发展与资源条件约束的矛盾依然存在并将更加凸显，保障和改善民生在加快学校发展的同时应放在更加突出的位置。成绩来之不易，经验弥足珍贵。我们必须始终坚持和发扬齐心协力、艰苦奋斗的精神，立足新的发展起点，团结一致、不畏困难、勇于开拓、奋发有为，努力使学校各项事业在高等教育新一轮发展中再上新的台阶。

二、围绕学校发展战略目标，全面总结"十一五"，切实做好"十二五"发展规划的编制、讨论和审议工作

讨论、审议学校"十二五"发展规划是这次会议的主要内容之一。

2007年，学校第十次党代会提出了"经过两个五年的努力，将学校初步建成研究型大学""到本世纪中叶，将学校建成国内一流、国际知名的高水平研究型大学"的发展思路，这与《教育规划纲要》提出到2020年"建成一批国际知名、有特色、高水平的高等学校"的目标基本一致。

经过"十一五"的发展，学校已实现了由以本科教育为主向本科与研究生教育并重、由教学为主向教学与科研并重的转型，初步建成了研究型大学的架构。未来5年，是学校发展适应形势、迎接挑战、承上启下和继往开来的十分关键的5年。科学制订未来5年发展规划，对于贯彻落实全国教育工作会议精神和《教育规划纲要》决策部署、加快实现学校发展战略目标以及全面开创学校科学发展新局面具有十分重要的意义。

为了做好"十二五"发展规划的编制工作，学校党委和行政高度重视，较早成立了规划编制工作领导小组和工作机构。第十届第九次全委（扩大）会议，提出了编制规划的指导思想、基本原则和工作程序；第十届第十次全委（扩大）会议，结合学校贯彻落实《教育规划纲要》的实际，对加快实现学校发展战略目标，科学谋划学校"十二五"，提出了明确要求和具体意见。在全面回顾总结"十一五"、认真分析当前我国高等教育改革发展形势的基础上，紧紧围绕学校发展战略目标和编制规划的指导思想与总体要求，对未来 5 年学校在学科建设、师资队伍建设、人才培养、科学研究、平台与基地建设、产学研合作、国际交流与合作、基础设施建设与改善民生、财政与后勤保障、党的建设与思想政治工作十大方面的建设目标、建设重点和主要举措，进行了广泛深入的调研和充分的论证。

在规划编制工作中，着重把握和处理好当前与长远、局部与全局、需要与可能之间的关系，认真贯彻落实《教育规划纲要》精神及基本要求、重大部署，努力使学校"十二五"规划与"十一五"规划、中长期发展战略目标相衔接，与"211 工程"建设规划和学科建设、师资队伍建设、校园建设等专项规划形成合理配套、密切联系的有机整体。在主要发展目标和任务的确定上，坚持尽力而为、量力而行，坚持有所为、有所不为，确保学校工作重心集中于内涵建设和重点任务的实施和完成；充分调动一切积极因素，努力开拓办学资源，不断满足办学条件和事业发展的需要；把保障和改善民生放在更加突出的位置，让学校建设发展成果惠及广大师生员工。

这次规划编制工作，充分发扬民主、广开言路、集思广益，充分尊重师生员工的首创精神，努力提高编制规划的公开性和透明性。"十二五"规划初稿形成后，通过多种形式，在广泛征求并吸纳各方面代表意见的基础上，九经修改，经校党委常委会研究同意，形成现在的讨论稿。

提交这次大会的《南京农业大学"十二五"发展规划（讨论稿）》是全校师生员工近一年来共同努力的结果和智慧的结晶，充分反映了全校上下对学校未来 5 年的发展愿望和发展智慧。

三、以饱满的政治热情、求真务实的科学态度，积极履行代表职责，努力把会议开成团结、民主、奋进的大会

教职工代表大会作为学校教职工行使民主权利、参与学校民主管理和监督的基本组织形式，在团结凝聚全校教职工智慧与力量、促进学校改革发展、推进学校民主办学和依法治校的进程中发挥着积极作用。

当前，正值学校深入贯彻落实中共十七届五中全会、全国教育工作会议精神及《教育规划纲要》，全面总结学校"十一五"，科学谋划"十二五"的关键时刻，成功召开教职工代表大会，对于全校上下进一步统一思想，坚持全心全意依靠教职工办学，充分尊重、切实发挥广大教职员工的积极性、主动性和创造性，不断提升学校民主管理的水平，迎接新的挑战，战胜各种困难，加快学校事业发展，具有十分重大和深远的意义。

希望各位代表以饱满的政治热情和求真务实的科学态度，把思想统一到贯彻落实全国教育工作会议精神和《教育规划纲要》上来，统一到促进学校整体办学水平、综合竞争力不断提升和全面、协调、可持续发展上来，统一到学校"十二五"总的发展思路和学校发展战略目标上来，认真讨论、审议好校长工作报告和学校"十二五"发展规划；充分发扬主人翁精神，牢固树立大局意识，紧紧围绕学校发展战略目标和未来 5 年的发展任务，建言献策、贡献智慧，确保圆满完成这次会议的各项任务。

各位代表、同志们，当前学校发展正站在一个新的历史起点上，面对中国高等教育新的

发展形势和目标任务，学校"十二五"发展蓝图展示在我们面前，美好的前景催人奋进。我们肩负的使命光荣、责任重大。让我们携起手来，紧紧围绕把学校早日建成国际知名、有特色、高水平研究型大学的战略目标，同心同德，改革创新，锐意进取，扎实工作，共同谱写学校"十二五"事业发展的新篇章！

预祝大会圆满成功！

谢谢大家！

凝心聚力 锐意进取 开拓创新 科学发展
为实现国际知名、有特色、高水平
研究型大学目标而奋斗

——在南京农业大学第四届教职工代表大会第三次会议上的报告

郑小波

（2011 年 1 月 14 日）

各位代表、同志们：

现在，我代表学校向大会做工作报告，请予审议。

一、学校"十一五"建设回顾

"十一五"期间，学校高举中国特色社会主义伟大旗帜，以邓小平理论和"三个代表"重要思想为指导，深入贯彻落实科学发展观，紧紧围绕建设高水平研究型大学的宏伟目标，团结拼搏，开拓创新，各项事业取得了长足发展。

1. 学科建设取得新成效 "十一五"期间，通过"211 工程"三期建设、重点学科建设等工作，进一步提升了学科的整体实力。在第三轮国家重点学科考核评估和新增工作中，学校作物学、植物保护、农业资源利用和兽医学 4 个一级学科被认定为国家重点学科，蔬菜学、农业经济管理和土地资源管理 3 个二级学科被遴选为国家重点学科，二级国家重点学科数达到 13 个；同时，食品科学被遴选为国家重点培育学科。在"十一五"江苏省重点学科遴选中，学校有 5 个一级学科被评为江苏省一级重点学科，14 个学科被评为二级重点学科，省重点学科数较"十五"翻了一番，在江苏省部属高校中列第三位。目前，学校博士学位一级学科授权点达到 14 个、硕士学位一级学科授权点达到 29 个，分布在农、理、经、管、工、文、法、哲、史、医 10 个学科门类，形成了以农业与生命科学为优势和特色、多学科协调发展并与高水平研究型大学建设相适应的多科性学科专业布局。学校拥有的一级国家重点学科数并列全国高校第 23 位、居全国农林高校第二位；在第二轮全国一级学科评估中，学校有 9 个学科整体排名全国前五位，排名前五位的学科数量并列全国高校第 10 位；另据ESI 最新统计数据，学校的农业科学、植物与动物学、环境生态学 3 个学科排名进入全球前 1%。

2. 师资队伍建设稳步推进 "十一五"期间，学校大力实施人才强校战略，师资队伍结构进一步优化。"十一五"末，学校专任教师队伍总量为 1 235 人，其中博士生导师 238 人、硕士生导师 531 人；具有高级专业技术职务的教师 654 人，占专任教师总数的 53%；具有博士学位的教师 579 人，占专任教师总数的 46.88％；45 岁以下教师 866 人，占专任教师总数的 70.12％。引进具有海外工作和学习背景的高层次人才 22 名，有效地提升了师资队伍水平；学校新增国家级教学名师、国家杰出青年科学基金获得者、全国优秀教师、全国模范教师和"新世纪百千万人才工程"等国家级人选 10 人，享受国务院政府特殊津贴专家 8 人，江苏省教学名师 5 人，江苏省"333 工程"培养对象 31 人，入选江苏省"青蓝工程"科技创新团队 3 个、学术带头人和骨干教师 48 人，获江苏省"六大人才高峰"项目资助 7 人等，初步形成了建设高水平大学的人才优势。

3. 人才培养质量与层次进一步提高 "十一五"期间，学校始终将人才培养作为中心工作，全面实施了"高等学校本科教学质量与教学改革工程"，获得国家级特色专业 11 个、国家精品课程 27 门、国家级实验教学示范中心 1 个、国家级人才培养模式创新实验区 1 个、国家级教学团队 4 个、国家级双语教学示范课程 3 门、国家级大学生创新性实验计划项目 170 项、国家级教学成果奖二等奖 2 项、省级教学成果奖 15 项，为提高人才培养质量奠定了坚实的基础，教育教学质量得到进一步提高。2007 年，学校再次以优秀的成绩通过教育部本科教学工作水平评估。学校在重视本科教育的同时，以质量为核心，以创新为灵魂，积极发展研究生教育，大力推进全过程研究生教育质量保障体系建设和研究生培养机制改革，全面提高研究生的培养质量和创新能力。"十一五"末，学校在校生总数 38 047 人，其中研究生 8 690 人、本专科生 16 642 人，研究生与本科生之比达到 1：1.9。"十一五"期间，获"全国优秀博士学位论文"2 篇、提名 7 篇。

4. 科技创新与社会服务能力明显增强 "十一五"期间，通过开展科技创新大讨论，从理念转变、制度引导和学术规范等多方面努力提升学校自主创新能力。科研立项总数 1 489 项，到位竞争性科研经费年增长率 38.1％。2010 年，到位科研经费 5.09 亿元，是"十五"末的 5 倍，是学校"十一五"规划目标的 2.5 倍。国家转基因重大专项、"973"计划、"863"计划、公益性农业行业专项等国家重大计划的立项获得新突破，承担国家重大科技任务的能力显著增强。"十一五"期间，学校作为第一完成单位共获得省部级以上成果奖励 109 项。其中，国家科技进步奖一等奖 1 项、二等奖 4 项，并有 1 项入选 2010 年"中国高等学校十大科技进展"。学校作为第一作者单位在三大检索发表论文由 2006 年的 286 篇增至 2010 年的 688 篇，SCI 收录论文数在全国高等院校排名第 45 位。学校组织申报的"国家肉品质量安全控制工程技术研究中心"和"国家信息农业工程技术中心"分获科学技术部与工业和信息化部批准立项建设，新增部省级重点实验室、工程技术中心和人文社会科学基地等科研平台 21 个。至"十一五"末，学校部省级以上科研平台总数已达 50 个。学校充分发挥自身优势，积极主动服务国家与地方经济建设，为"三农"发展做出了重大贡献。据不完全统计，"十一五"期间，学校的科研成果所产生的经济效益超过 500 亿元。学校组织开展的科技大篷车、双百工程、专家工作站等工作多次获得国家级、省部级表彰。

5. 教育国际化进程不断加快 "十一五"期间，通过引进、派出双向交流模式，学校引进国外智力工作不断深化。2006 年以来，公派出国（境）交流人员 1 150 人次，聘请国外专家 1 270 人次，聘请外国专家经费 1 890 万元，争取国际合作经费 1 556 万元，获国家及江苏省友谊奖各 1 项。教育援非工作不断拓展，2008 年学校被教育部列为全国首批 10 个"教育援外基地"之一，2010 年经教育部批准加入"中非高校 20＋20 合作计划"。"十一五"期间，招收长短期留学生 1 268 人；2006 年学校首次授予留学生博士学位，2007 年被教育部批准为"中国政府奖学金"项目招生院校，2008 年获得"中国政府奖学金——高校研究生项目"自主招生资格。

6. 财政保障能力明显增强　"十一五"期间，学校本着"以收定支、收支平衡"原则，积极拓展办学财源，科学统筹经费使用，学校总收入 39.80 亿元，总支出 39.17 亿元，收支基本平衡，财务运行总体良好，为学校事业快速发展提供了强有力的保障。

全校年度经费收入总额从 2006 年的 4.70 亿元增长到 2010 年的 12.64 亿元，年均增长 28.15％。其中，科研经费从 0.90 亿元增长到 5.09 亿元；学校修购专项及农林基地建设专项资金达 2.25 亿元，有力地改善了基础教学科研条件。"十一五"期间，学校总资产从 2006 年的 14.77 亿元增长到 2010 年的 25.77 亿元。

"十一五"期间，全校教育事业支出总额 25.46 亿元。其中，公用经费支出 7.72 亿元，人员经费支出 12.94 亿元，专项拨款支出 4.80 亿元。全校科研事业支出 9.60 亿元，基建支出 4.11 亿元。

"十一五"期间，学校对财务管理模式进行了改革，成立了会计核算中心，变分散管理为集中管理，财务管理体制更加健全，预算管理更加科学合理，会计核算更加规范，财务工作效率得到显著提高，学校财务工作呈现良好态势。

7. 基础办学条件明显改善　"十一五"期间，学校基础办学条件明显改善，校园信息化建设得到快速推进，文献服务和保障能力显著增强。完成基建投资 4.11 亿元，新增建筑面积 11.31 万平方米，另有 5.15 万平方米在建工程即将竣工。学校仪器设备总值达 5.20 亿元，校园网络信息点 1.5 万个，图书资料收藏量 200 余万册，中文电子图书期刊 100 余万种。成立了实验室与基地管理处，加强仪器设备和基地的管理和运行，促进了平台的高效运转。

8. 精神文明建设取得丰硕成果　"十一五"期间，学校深入开展学习实践科学发展观活动，全校上下进一步解放思想、更新观念，认真查找了影响和制约学校科学发展的突出问题，制定了切实可行的整改措施并逐项落实。编制了《学校中长期文化建设规划纲要》，精神文明建设和校园文化建设不断推进。学校先后获得"全国文明单位""江苏高校和谐校园创建先进单位""江苏省高校先进基层党组织""江苏省先进基层党校""江苏省高校思想政治教育工作先进集体"和"南京市道德模范群体"等称号。

5 年来，在全校师生的共同努力下，学校的学术地位与声誉有了较大提高。据研究生教育质量评价研究课题组 2010 年公布的最新研究结果，学校居中国高水平大学 50 强；据中国大学评价课题组公布的 2010 年中国大学排行榜，学校总体实力居全国高校第 40 位、研究型大学第 36 位；据 2010 年世界大学网络计量排名，学校列世界大学第 1 908 位、内地高校第 35 位；据 2010 年 QS 亚洲大学排行榜，学校列亚洲高校第 161 位、内地高校第 28 位；据 2009 年中央教育科学研究所高教研究中心公布的 72 所教育部直属高校绩效评价结果与排序，学校整体绩效得分列第 17 位。

各位代表，5 年来，全校师生员工开拓进取、勇于创新，付出的努力极为艰辛，取得的成绩极为不易。回顾"十一五"发展，有以下主要经验：一是始终以有特色、高水平研究型大学的目标引领学校发展，坚持走"规模适中、特色鲜明、以提升内涵和综合竞争力为核心"的发展道路；二是坚持以人才培养为中心，重视本科教育基础地位、积极发展研究生教育，努力探索本科生、研究生贯通培养模式；三是重视科技创新能力建设，大力推进教育国际化进程；四是积极探索内部管理运行机制改革，不断完善内部治理结构；五是坚持依靠广大教职工办学，推进学校民主管理进程；六是加强党建和思想政治工作，在办学过程中，充分发挥党组织的政治核心、战斗堡垒作用和党员的先锋模范作用。

经过 5 年的艰苦努力，我们较好地实现了"十一五"规划提出的发展目标。学校由以本科教育为主转变为本科与研究生教育并重、由教学为主转变为教学与科研并重，初步构建了研究型大学的架构，正在跨越研究型大学的门槛。这些成绩的取得是建立在前人打下的基础上，是全体师生员工开拓进取、辛勤工作和默默耕耘的结果。在此，我代表学校党委和行政向在座的全体代表，并通过你们向全校师生员工、向在不同阶段为学校建设发展做出贡献的前辈们表示衷心的感谢！

在充分肯定成绩的同时，我们也要清醒地认识到我们工作中的差距和不足，概括起来主要有：一是学科与师资队伍整体水平还有待于进一步提高，迫切需要构筑起更多的学科高峰、造就更多的大师级领军人才，发展滞后学院和学科还需要给予更多的关注和支持；二是人才培养质量保障体系需要进一步完善，拔尖创新人才培养模式与机制有待创新；三是科技创新、产学研合作与社会服务能力有待进一步增强，培育"大项目、大成果、大平台、大团队"的机制与措施有待进一步完善；四是教育国际化进程尚须进一步加快；五是教职工住房与待遇急待改善，基础条件建设任务繁重，后勤保障体系需要更加完善；六是办学经费还不能满足学校发展的需要，拓展办学经费筹集渠道和增加学校财力任务艰巨；七是内部治理结构有待进一步完善，内部管理体制改革需要进一步深化；党的建设、思想政治工作和学校精神文明建设，需要适应新形势，不断提升科学化水平。

二、学校"十二五"面临的形势

"十二五"时期，是我国高等教育全面推进改革创新、提高质量的关键时期，也是学校加快推进高水平研究型大学建设的重要时期。我们应认真分析和正视学校发展面临的机遇和挑战，不断开拓创新，实现跨越发展。

1. 建设高等教育强国对学校发展提出了新的要求　学校作为一所教育部直属的国家"211 工程"重点建设的特色型大学，代表着我国高等农业教育的先进水平，在创建高水平大学中承担着重要的历史使命。这就决定了学校应坚持"国际知名、有特色、高水平研究型大学"的发展目标定位，继续走"规模适中、特色鲜明、以提升内涵和综合竞争力为核心"的发展道路，全面提升人才培养质量、科学研究水平和社会服务能力，努力办出自己的特色和水平。

2. 国家相关重大项目的实施为学校发展提供了良好机遇　《国家中长期教育改革和发展规划纲要（2010—2020 年)》（以下简称《教育规划纲要》）明确提出，国家将继续实施"985 工程"和优势学科创新平台建设，继续实施"211 工程"和启动特色重点学科项目；继续实施"高等学校本科教学质量与教学改革工程"等，这些重要举措将为高校提供难得的战略发展机遇。学校应审时度势，抢抓机遇，争取在国家重点推进的优势学科创新平台、建设特色重点学科等重大举措中有所作为。

3. 高等教育国际化趋势要求学校加大对外开放力度　对外开放是世界高等教育发展的一大趋势，学校应认真分析当前面临的办学国际化新形势、新问题，进一步坚定国际化办学方针，明确今后一个时期学校国际化建设的指导思想、工作目标和任务，不断改革创新，把对外开放作为学校发展的有效途径，更加注重国际交流合作的内涵发展、质量提升和品牌建设，努力开创学校国际合作与交流工作新局面。

4. 发展现代农业要求学校发挥更大作用 解决好"三农"问题是全党工作的重中之重。学校作为一所重点农业大学，应把服务"三农"作为学校的重要职责、发展之源和生存之本，探索和建立更加有效的体制机制，促进农科教、产学研的紧密结合，拓展科教兴农的实现途径，投身服务"三农"的伟大实践，在发展现代农业中做出更大的贡献。

5. 部部共建为学校发展提供了新的契机 教育部和农业部继 2009 年共同签署《关于合作共建中国农业大学等八所高校及开展相关工作的协议》后，又于 2010 年共同推出了六大举措，以建立农业系统与教育系统联合协作的新机制，共建一批农业院校、涉农学科专业、区域性的现代农业教育科技创新示范基地和农科教合作基地等。这既为学校提供了难得的发展机遇，也对学校提出了新的要求。

6. 构建中国特色现代大学制度要求学校不断完善内部治理结构 完善大学内部治理结构、深化校内管理体制改革是完善中国特色现代大学制度的重要任务。这就要求学校创新管理体制，建立起自我发展、自我管理、自我激励、自我约束相结合的管理和运行机制，尤其要探索教授治学的有效途径，形成新型内部治理关系；进一步完善人才考核、评价机制和相关配套措施，激励、调动广大教职工的工作积极性。

总之，"十二五"时期，学校既面临着诸多发展机遇，也面临着严峻的挑战。我们应以科学发展观为指导，增强机遇意识和忧患意识，把提高质量作为学校发展的核心任务，把改革创新作为学校发展的根本动力，全面推进学校各项事业科学发展。

三、学校"十二五"建设的目标任务

"十二五"是学校加速推进研究型大学建设的重要时期，我们必须通过 5 年的努力，在人才培养质量、科学研究水平、社会服务能力和管理体制创新等方面实现新跨越，农业与生命科学的优势和特色进一步巩固和加强，非农学科和交叉学科的水平进一步提升，多学科更加协调发展，综合实力明显提升，参与国际竞争的能力明显增强，学术声誉与社会影响力进一步提高。学校"十二五"发展的总目标是把南京农业大学初步建成国际知名、有特色、高水平研究型大学。

各分项建设目标如下：

1. 学科建设 以国家和行业发展急需的重点领域和重大需求为导向，紧密围绕国家科技发展战略和学科前沿，着力加强若干优势学科创新平台建设，力争使其进入国家"985 工程优势学科创新平台"建设计划；继续巩固和扩大重点学科的群体优势，力争使一级国家重点学科达到 5～6 个、二级国家重点学科达到 15 个以上、博士学位授权一级学科点基本建有国家级和省级重点学科；在部分交叉学科领域产生具有较大影响的创新性成果，形成新的学科增长点；积极扶持工科、文科和理科的成长发展，力争所有硕士学位授权一级学科点建有校级重点学科，提升基础学科的实力及对主干学科的支撑作用。

2. 师资队伍建设 全面提升师资队伍建设水平，努力建成一支规模适度、结构合理和富有效率的高水平教师队伍。到"十二五"末，专任教师队伍规模达到 1 600 人左右，占学校教职工总数的 65％以上。其中，专任教师中教授 350 人左右、副教授 550 人左右，具有高级专业技术职务的教师比例在 60％以上；具有博士学位的教师占教师总数的 60％以上，外缘教师占 80%左右；具有一年以上留学经历的教师占教师总数的 25%以上。着力加强高层次人才队伍建设，新增 1～2 名两院院士，培养和引进"千人计划"学者、"长江学者"特聘（讲座）教授、国家杰出青年科学基金获得者 5～10 人，培养"新世纪优秀人才支持计划"等人才 30 人左右；入选国家级或省部级创新团队 4～5 个，在国家重大或重点研究领域和前沿学科打造富有竞争力的学科梯队，培养一大批青年学术骨干和优秀后备人才。

3. 人才培养 着力构建优势突出、特色鲜明和具有竞争力的高层次拔尖创新型人才培养体系。到"十二五"末，全校全日制普通高等教育本科专业保持在 60 个左右，硕士专业 110 个左右，博士专业 70 个左右，博士后流动站 15 个左右，各类继续教育专业 50 个左右。全日制在校本科生规模稳定在 17 000 人左右。各类研究生规模达到 9 500 人，其中博士生 1 900 人、全日制学术型硕士生 4 000 人、专业学位硕士生 2 000 人、在职专业学位硕士生 1 600 人。各类继续教育在校生规模保持在 12 000 人左右。在校留学生人数达到 400 人。力争使国家级、省级优秀教学团队总数达到 10 个，40%的本科专业成为国家级或省级品牌、特色专业，争创 3～5 个留学生教育的品牌和特色专业，本科生升学率达到 30%，入选国家"百篇优秀博士论文"3～5 篇，拓宽学生出国深造和交换留学渠道，每年派出人数 300 人以上。

4. 科学研究 科研立项经费保持稳步增长，"十二五"末年度科技总经费超过 7 亿元。持续提升科技创新成果产出的质量与数量，获 3～5 项国家级和一批省部级科技成果奖励，高水平学术论文数和专利、品种权、软件等知识产权的申报与授权数稳步增长，学校科研综合实力明显提升。

5. 平台与基地建设 争取新建 1～2 个国家级科技创新平台和 3～5 个省部级行业性、专业性、区域性科技创新平台，重点加强与培育若干校级科研、实验共享平台与分析测试开放服务平台。加强教学科研实验实习基地建设，重点做好白马教学科研基地建设工作，新增校内外综合实验实习基地 20 个。投入教学科研仪器设备费 3 亿元。着力提高实验技术队伍整体素质，"十二五"末实验技术人员队伍中，具有高级职称人员比例提高到 20%以上，具有研究生学历人员比例提高到 25%。

6. 产学研合作 努力建成具有较强技术研发与推广能力的专家工作站 10 个以上，建成南京农业大学技术转移中心分中心 2～3 个，与地方政府部门、企业新建产学研合作办公室 3 个以上；推动校企联盟建设和校地、校企互动工作，力争在政府农业科技推广和产学研合作资助经费的获取方面有重大突破；5 年内，技术服务与成果转化收入达到 1 亿元，学校资源经营性收入达到 5 000 万元以上。

7. 国际交流与合作 着力建设 3～5 个具有国际先进水平的双边或多边国际合作平台，新增各类国际合作项目 15～20 项。拓展校际交流与合作院校，选择 10～15 所海外高水平大学建立校际交流与合作关系，探索在校际交流合作框架下有效开展师生交流、教学科研合作和学生联合培养的机制。积极申报教育部各类聘请外籍教师项目，力争聘专经费每年以 10%左右的速度递增，"十二五"末争取达到 700 万元。积极提升教育援外工作的质量，发挥援外工作在推进学校国际化进程中的作用。

8. 基础设施建设与民生改善 优化校区资源配置，规划并建设好白马教学科研基地及珠江校区。拟投资 6.8 亿元，完成 20 万平方米新校舍及基础条件建设，努力改善教学、科研及学生生活用房；在珠江校区规划 400 亩左右教职工生活区，改善教职工住房条件。提升教职工待遇，使职工收入水平年均增幅 10％以上，确保"十二五"期间教职工收入居在宁部属高校中等以上水平。构建安全可靠、技术先进和高效快捷的校园计算机网络，校园网主干基本达到万兆；不断丰富数字信息资源和提升数字图书馆功能，数字化文献总量达到 300 万种；建好校园公共服务平台，基本实现学校教学、科研、管理和生活服务的网络化与信息化，初步实现"数字南农"建设目标。

9. 财政与后勤保障　拓宽筹资渠道，提高资金使用效率，强化办学成本核算，保障学校财政安全，确保事业发展的资金供给。合理配置和使用学校各项资源，进一步完善资产管理体系，提高学校投资收益率和资产使用效益，维护国有资产的安全和完整。"十二五"期间，学校各类对外服务、投资经营、成果转化和基金捐赠等收入超过 2 亿元；学校供电容量总值达到每日 3 万～4 万度，供水吨位总值达到每日 1.6 万吨左右，资产总值增加 10 亿元以上。进一步深化后勤管理体制和运行机制改革，加强制度化、规范化建设，提高后勤保障能力，构建与学校发展相适应的新型校园安全与后勤保障管理体系。

10. 党建与思想政治工作　逐步完善领导体制、工作机制和保障机制，形成党委统一领导、党政分工合作和协调配合的工作局面，增强办学治校能力；进一步明晰党委会、校长办公会、教职工代表大会以及各类与学术管理相关委员会的职能定位、职权范围、决策与监督检查程序等，完善相关制度建设。进一步健全党政领导民主生活会制度、干部选拔任免决定制度、校务公开制度、校院两级管理制度、聘任制度和岗位管理制度、学生管理制度、科学的考核评价和激励机制、监督检查和责任追究制度等，推进学校内部治理结构的制度化和规范化。不断提高学校党的建设、思想政治工作和精神文明建设成效，为学校事业发展提供坚实的组织、思想和政治保障。

四、学校"十二五"建设的主要举措

1. 把学科建设作为学校发展的战略重点，按照"重点突破、带动整体"的发展策略，重点实施高峰学科攀登、高原学科拓展、交叉学科培育和非农学科提升四大计划，强化学科团队建设，优化资源配置，完善管理体制，加快提升学科建设整体水平　以具有国内外影响的学术带头人为核心，以高素质的中青年教师为骨干，加强高水平学科团队建设。充分发挥学校统一规划管理职能，有效整合"211 工程""江苏省优势学科建设工程"、国家重点实验室和工程技术研究中心建设、人文社会科学基地的建设与培育项目、教育部修购计划项目、农林院校试点实践基地等资源，使各专项建设内容与学科建设计划紧密结合，努力增强学科资源配置效益。完善"民主管理下的学科带头人负责制和学科建设院长负责制"的管理模式，进一步明确学校、学院和学科在学科建设中的责、权、利，实现行政权力与学术权力在学科建设上的有效协调，发挥好学位委员会在学科建设中的指导和咨询作用；改进学科评估制度，根据学科特性，建立分类评价体系和定期评估制度，加强学科建设的目标管理和过程管理；理顺一级学科和二级学科建设的关系，探索一级学科建设与管理的新模式。加强校企、校地联合，探索产学研相结合的学科发展新机制。

2. 把师资队伍作为学校发展的基本依托，实施高端人才造就、创新团队支持、青年教师培育和后备人才储备四大计划，建立健全人才工作机制，创新人才管理体制，不断深化人事管理和分配制度改革，加强师德教育，提升师资队伍整体水平　把加强师资队伍建设作为学校工作的重中之重，加强领导，统筹规划，建立健全人才工作的组织领导与工作机构。继续加强对校内"133重点人才工程"培养对象的过程管理，不断完善各类人才管理办法；积极从国内外一流大学和科研机构引进优秀人才；建立并完善师资博士后制度，继续推进教师在职攻读学位及出国研修等制度，全面提升教师队伍的整体水平。瞄准国家重点发展领域和科技发展前沿，加强高水平学术创新团队和优秀人才群体建设，创建一批创新平台和研究基地，吸引、培养一批高水平学科带头人，汇聚一批高素质学术骨干，形成结构合理的学术梯队。树立"以人为本"的管理理念，积极探索建立科学规范、符合现代大学制度的用人机制，建立高效、灵活的人才工作和师资管理体系。加强教师职业理想和职业道德教育，增强广大教师教书育人的责任感和使命感，引导广大教师关爱学生、严谨笃学、淡泊名利、自尊自律，以人格和学识魅力教育感染学生，做学生健康成长的指导者和引路人；完善师德评价体系，建立健全学术道德监督机制，促进良好学术道德和学术风气的形成。

3. 把人才培养作为学校的中心任务，重点实施大学生素质拓展、本科生培养体系完善、硕士生培养模式创新、博士生培养创新引领和留学生规模扩张五大计划，完善培养模式与机制，深化教育教学改革，建立教育质量保障体系，抓好思想政治教育，不断提升人才培养质量 积极探索适应学生个性化、多元化发展需要的本科人才分类培养体系；以实施学分制收费制度为契机，推进本科教学管理改革；着力构建实验创新训练体系；以国家人才培养基地、强化班和创业示范校为依托，探索本科创新人才培养以及创业教育新模式；优化课程体系，更新教学内容，以精品课程建设为抓手积极推进研究性教学。继续加大本科教育教学投入，不断改善本科教育教学工作的基础条件；按照专业评估与专业认证要求，重点加强国家级与省级品牌特色专业建设和评估工作，促使全校本科专业迈入规范、有特色的一流建设行列；加强对教育教学质量的研究、监督与评估工作，引导和激励教师全面提升本科教育教学的整体水平；积极争取国家"十二五"本科教学质量与教学改革新项目，探索创新人才培养规律，探索本科生与研究生教育的有机衔接。

科学制定学术型和应用型研究生培养目标，进一步规范博士研究生培养的过程管理，细化提前攻博以及5年制直博生模式的培养方案，确保各个培养环节之间的有效衔接。加强研究生教育教学改革研究与实践，探索拔尖人才培养规律，继续强化导师责任制和项目资助制，推行产学研联合培养研究生的"双导师制"，积极探索建立多学科团队合作培养机制，充分发挥导师群体在学科内乃至学科间的指导作用。促进研究生培养与科学研究和创新实践的紧密结合，加快"企业研究生工作站""产学研研究生联合培养基地"等多种形式的实践教育基地建设。实施研究生国际合作培养计划，充分利用海外教育资源培养人才。逐步完成硕士层次学术型和应用型研究生教育结构的战略性调整，积极推进全过程研究生教育质量保障体系建设，提高学位授予质量。

充分利用学校优势学科和特色专业，接收发达国家中短期交换学生及联合培养的研究生，拓展留学生国别；设立留学生研究生核心课程建设专项，加快课程体系建设。

更新继续教育观念，创新办学模式，规范管理，提升质量，不断调整办学层次和专业结构，大力发展非学历继续教育，稳步发展学历继续教育。

实施学生工作"三大战略"，加强思想政治理论课师资和日常思想政治教育工作队伍建设，不断提高教育教学质量和效果；进一步拓展大学生素质教育的内涵和质量，培养大学生健全的人格，增强大学生主体发展意识，激发大学生成长成才的内驱力。着力创新方式方法，健全长效机制、优化育人环境，坚持贴近实际、贴近生活和贴近学生的原则，增强思想政治教育的针对性、实效性，不断提高学生的思想道德素质，培养德智体美全面发展的中国特色社会主义事业合格建设者和可靠接班人。

4. 把科技创新作为学校竞争力的重要标志，着力培育创新团队，构筑国家级大平台，促进学科交叉融合，走品牌化发展路线，通过整合优化资源，健全管理制度，创新运行模式，加强学术交流，提升科技创新能力　围绕国家中长期科技与教育规划纲要，以国家和社会需求为导向，对科技平台的建设规划、科研团队的组织架构、大项目的集成申报、大成果的培育孵化进行顶层设计和前期策划，鼓励并支持跨学院、跨学科间的联合与协作，促进标志性成果的产出和创新效率的提高。进一步完善科技管理制度，提高科技管理水平，逐步建立起符合国家科技管理要求，适应研究型大学建设的科技管理体系。充分发挥科技督导作用，强化科研项目的实施过程及经费预决算管理。完善科研工作量、科研编制及科研津贴管理办法，建立不同学科、不同项目分类指导和考核评价机制，调动科技创新主体的积极性。广泛开展国内外学术交流，营造创新氛围。

5. 把平台与基地建设作为学校发展的重要载体，着力加强高水平实验室与大型仪器设备共享平台、重点开放实验室和工程技术研究中心、教学科研基地建设以及实验技术人员业务培训，整合优化现有资源，强化内部管理，提高人员素质，促进平台充分共享与高效运行　以国家重点实验室、省部级重点开放实验室为基础，整合优化现有资源。有选择地合并重组校内实验室与实验基地，构建多学科交叉的共用实验平台。依托大型仪器设备网络平台，探索促进大型仪器设备资源开放共享的长效机制。设立实验技术研究专项经费，资助实验技术人员和实验教师从事实验教学改革，鼓励开设综合性、设计性、创新性实验，不断提高实验室建设和教学水平。加大实验系列技术人员的引进与培训力度，形成与共享平台建设相适应的高素质实验技术队伍。

6. 把社会服务作为学校的重要职责，重点探索校地合作新机制、校企合作新思路、服务"三农"新模式，促使社会服务迈上新台阶　制定和完善对外科技服务政策，充分调动部门、科研人员对外科技服务的积极性。加强科技成果转化队伍、技术转移中心、网络专家工作站建设以及校企合作，完善相关制度，规范技术合同和经费管理，提高对外科技服务工作水平。转化高新科技成果，发展新型产业。对已改制的企业和学校技术参股的企业，完善利益分配制度，促使学校技术参股企业做大、做强。实施好教育部、农业部和江苏省有关服务"三农"方面的项目，进一步探索"双百工程"、干部挂职、专家工作站和产学研合作办公室等紧密合作的科教兴农新模式。

7. 把对外开放作为学校发展的有效途径，积极实施有效联动的考核与激励机制、高水平国际合作平台搭建工程，通过与国外知名高校的深度合作、搭建国际合作平台、推进教育援外工作等举措，提升国际竞争力与影响力，推进学校国际化进程　进一步拓展校际合作关系，与国外知名高校进行多方位合作。利用国家和单位公派项目及校际间交流与合作计划，加大青年教师出国访学和合作研究力度。设立专项基金，鼓励年轻教师积极组织和参加各类国际学术活动。继续执行管理干部的海外轮训计划，提升其国际视野和管理水平。建设双边或多边的国际合作平台，促进双方人员之间教学、科研和学术交流的常态化。通过国际合作平台，鼓励和推荐学校教师到国际性合作组织、国际性机构中任职。跟踪研究主要国际合作项目资助机构的资助重点，注重培育跨学科的重大国际合作项目。加强教育部"教育援外基地"建设，不断提升援外培训质量。申请建设商务部"援外培训基地"。启动南京农业大学海外校友会的筹建工作，发挥海外校友在推进学校国际化进程中的作用。

8. 把改善民生作为学校工作的重要任务，加快推进办学基础条件建设，着力提高教职工待遇，改善师生工作、学习与生活条件　以江苏省南京市白马农业高新技术产业园建设和江北新城建设为契机，按照"整体规划，分步实施"的战略思路，加强统筹协调，努力使三校区资源配置更加优化，将白马教学科研基地建成国内一流的教学科研基地。在珠江校区，通过自主建设或联合建设等方式，加快推进教职工住房建设，切实改善教职工住房条件。根据国家绩效工资改革的基本精神，启动学校绩效工资分配制度改革，提高教职工收入水平。探索和完善校园信息化建设组织机制、管理体制与运行机制，提高师生信息应用和共享水平。

9. 把财政与后勤保障作为学校发展的重要支撑，多渠道筹集办学资金，强化学校资产管理，突出基础设施建设重点，提高后勤服务水平，加强校园安全管理，保障各项事业可持续发展　争取更多的社会支持，扩大学校财政资源；加强预算管理，建立健全财务管理制度和风险防范机制，确保资金安全使用。加强基础设施建设，力争使学校新增校舍面积、供电容量、供水吨位等满足学校发展的需要。积极推进绿色校园、低碳校园建设，抓好节能减排工作；加强学校食堂卫生规范、学生公寓安全管理、学生宿舍消防安全等相关制度建设，强化安全检查与整改，减少事故隐患。完善校园公共危机应急处理预案，提升公共危机处置能力。加强校园和周边环境治安综合治理，为师生创造安定有序、和谐融洽的工作、学习和生活环境。

10. 把党建、思想政治工作、内部管理体制与运行机制完善作为学校发展的坚强保障，着力加强和改进党的建设、干部队伍建设、学术组织建设、教职工代表大会建设与校园文化建设，确保学校各项工作高效运行　充分发挥学校党委的领导核心作用、基层党组织的政治核心作用、战斗堡垒作用和党员的先锋模范作用，保证学校正确的办学方向，推进学校的快速发展。加强学校领导班子和领导干部队伍建设，不断提高领导干部的思想政治素质、理论政策水平和办学治校能力。加强学术组织建设，探索教授治学的有效途径。进一步完善教职工代表大会制度，继续推进校务公开和民主监督，切实保障教职工依法行使民主参与、民主管理、民主监督和民主决策的权力。科学设置管理部门，明确职能配置和工作职责，充分调动职能部门工作的积极性和创造性，提高工作效率；进一步理顺学校、学院和部门之间关系，坚持和完善学院党政共同负责制，保障学院享有学校授权范围内的办学权、人事权和资源配置权，激发学院办学活力。大力弘扬以"诚朴勤仁"为核心的南农精神，积极培育具有历史底蕴和时代气息、充满高雅情趣和内生活力的环境和氛围。充分发挥师生员工在校园文化建设中的积极性和创造性，持续推出主题鲜明、内涵丰富、形式生动、富有影响力和感染力的文化精品，始终引领校园文化正确方向，不断提升校园文化品位。

各位代表、同志们，在新的历史起点上，让我们携起手来，抢抓机遇，开拓奋进，为把学校早日建成国际知名、有特色、高水平研究型大学而努力奋斗！

谢谢！顺祝大家新春愉快，阖家幸福！

以世界一流农业大学为目标
全面加快学校建设发展步伐

——在中共南京农业大学第十届第十三次
全委(扩大)会议上的讲话

周光宏

(2011年8月25日)

同志们:

刚才管恒禄书记做了非常全面的报告,对学校今后一段时期的工作乃至长远发展都具有重要指导意义。下面,围绕如何加快世界一流农业大学建设,讲三点意见:

一、现状分析

(一)学科与科研

1. 进入 ESI 的学科 ESI 将所有学科划分为 22 个学科群,进入世界前 1% 的称为"ESI 学科"。学校有 3 个 ESI 学科,中国农业大学 4 个,华中农业大学和西北农林科技大学各 2 个。我校 3 个 ESI 学科分别为农业科学、植物与动物学、环境生态学,包含了分布在农学院、植物保护学院、园艺学院、资源与环境科学学院、动物医学院、动物科技学院、食品科技学院、生命科学学院等学院的大部分学科,也就是说,这些学科已进入世界前 1%。

2. 社会科学引文分析(SSCI) 1996 年以来,学校共 43 篇社会科学论文被 SSCI 收录,位于中国农业大学之后,领先西北农林科技大学和华中农业大学。实际上,1996—2006 年,学校和中国农业大学数量基本相当。但 2006 年后,中国农业大学产出量开始快速增长,现已遥遥领先。

3. H 指数分析 H 指数即 High Citation,是 2005 年提出的一个新的文献计量学指标。该指数将数量指标(发表的论文数量)和质量指标(被引频次)结合在一起,已得到广泛关注和应用。通过对 2001—2003 年发表的论文在 2001 年 1 月至 2006 年 12 月间被引频次来计算该校在 2006 年(统计年)的 H 指数排序,中国农业大学第 21 名,南京农业大学第 26 名,华中农业大学第 36 名。

4. 科研经费和国家级奖励 "十一五"期间,中国农业大学科研经费总额超过 30 亿元,我校和华中农业大学基本相当,约 13 亿元。"十一五"期间,南京农业大学获得国家奖 5 项,其中一等奖 1 项;中国农业大学获得国家二等奖 10 项,华中农业大学和西北农林科技大学各获得二等奖 3 项。

(二)"大师"与"大楼"

建设世界一流农业大学必须要有一批大师，也要有平台，即大楼。学校形势不容乐观。

1. 专任教师规模相对偏小　学校各类在校生数 24 735 人，在校生折算后的当量数为 312 94 人，专任教师规模缺口近 500 人。教师授课任务重，影响教学质量，也影响科研质量。

2. 高端人才相对匮乏　从表1可看出，学校高端人才与中国农业大学和华中农业大学有较大差距。

表 1　4 所重点农业院校高端人才比较

学　校	院士（人）	"长江学者"（人）	"千人计划"（人）	国家杰出青年科学基金获得者（人）
中国农业大学	11	22	2	33
华中农业大学	5	10	2	11
南京农业大学	2	2	1	9
西北农林科技大学	2	3	3	3

3. 青年教师队伍建设滞后　近几年，华中农业大学和西北农林科技大学新进青年教师数量和质量均高于我们，特别是西北农林科技大学，由于提供住房等优厚待遇，每年引进百名以上青年人才，其中有 20 多名具有海外背景，已经显示出后发优势。从近几年申报国家自然科学基金数量尤其是自然科学青年基金看，华中农业大学、西北农林科技大学和一些同类学校，已经超过我们。

4. 教师福利待遇相对偏低　当前，教职工总体收入水平不高，教学科研用房紧张，教师住房条件，尤其是青年教师住房无法保障。

5. 学校发展受到空间限制　空间问题严重制约了学校的发展已成为不争的事实，我们错过了"几十年一遇"的新校区建设，但是我们拥有 1.3 万亩土地。

总之，学校总体实力较强，各类排名居于同类院校前列，基本在农口院校第二位，学科和科研不论是国际比较还是国内比较有一定优势。但是，学校师资队伍和空间资源处于劣势，成为制约学校发展的两大因素。

二、发展定位

20 世纪中期开始，建设研究型大学成为全世界高等教育的主流。在这个过程中，一批研究型大学脱颖而出，成为世界一流大学。从国内高校发展趋势看，以北京大学、清华大学、浙江大学为代表的第一方阵高校正在加快建设世界一流大学进程。作为位居前列的具有明显行业特色的大学，应该如何定位？我们选择世界一流农业大学。

建设世界一流农业大学的目标与高水平研究型大学目标实质相同，但定位更明确，目标更卓越，特色更鲜明。我们要坚持世界一流，提升办学水平，以世界一流引领全校师生的奋斗方向，作为衡量学校各项工作的主要标准。与此同时，要坚持中国特色，服务国家目标，坚持南农品质，提高核心竞争力。脱离对世界一流的追求，就会失去目标；脱离中国特色，就会盲从；放弃南农本质，就会失去生命力。

三、本学期重点工作

（一）顶层设计

围绕世界一流农业大学发展定位，完成学校"十二五"规划相关指标修订，进一步明确落实举措。各学院明确指标任务，制订实施方案，"取法乎上，得乎其中"，目标要高一些，所订指标是需要努力奋斗方能实现的。研究世界一流农业大学和世界一流大学涉农学院的办学指标与特色，用国际视野和世界标准研究学校建设世界一流农业大学的指标和路径。

（二）校区发展

按照"两校区一园区"的总体规划，加快制订校区协调发展规划，启动新校区建设的前期工作，基本完成白马教学科研基地征用和总体规划，尽快启动部分功能，以承接牌楼实习和实验任务。

（三）师资队伍建设

修订高层次人才引进办法，加大高端人才的引进力度，做好在校高端人才培育工作，加快青年教师队伍建设。

（四）改善民生

在牌楼和卫岗本部建设青年教师公寓，提高教职员工收入，做好绩效工资改革前期工作。

（五）管理体制改革

建立健全与研究型大学相适应的管理模式与运行机制。

1. 机构设置　设立发展规划与学科建设处、成立科学研究院和人才工作领导小组。

2. 学术委员会职能　加强校学术委员会对学术人员招聘、职称评选、重大项目申报和推荐等学术权力，组建学位、本科教学等分会，要充分体现教授治学。

3. 管理机制　进行校院两级管理体系改革试点，对部分单位实施绩效管理。

（六）工学院工作

以内涵建设为重点全面提升工学院教学科研、师资队伍、学科建设等办学水平，加大与卫岗本部学科交叉融合。

其他工作见本学期行政工作要点。

同志们，我们要把世界一流、中国特色、南农品质有机地结合在一起，大力推进校区和基地建设，抓好高水平师资队伍建设，更有效地服务社会，全面提升学校办学水平，为建设世界一流农业大学而奋斗。

谢谢大家。

在南京农业大学 2011 级新生
入学典礼上的讲话

周光宏

（2011 年 9 月 19 日）

同学们、老师们：

今天，我们在这里隆重举行 2011 级新生开学典礼，欢迎来自全国各地的新同学。首先，请允许我代表学校全体师生员工，对同学们以优异的成绩考上南京农业大学，表示衷心的祝贺！向为你们成长而付出辛勤努力的家长和亲友们，表示诚挚的敬意！

同学们，一所大学一年有两个仪式最重要，那就是入学典礼和毕业典礼，我希望今天参加新生入学典礼的同学们 4 年以后都能参加毕业典礼！但是，这只是良好的祝愿，实现起来并不容易。可以说能考上南农，你们的智商都很高，和进入清华、北大、南大的学生在智商上没有实质性区别，在你们中间也没有。但是，4 年以后，你们中间会有一批同学直接攻读博士研究生，有一些同学会享受国家奖学金出国留学，同时，或许也有个别同学甚至毕不了业，这不是危言耸听，学校每年都会出现因学分累积不合格而被劝退的同学。

所以从今天开始，同学们应该从近几个月的赞美声中或自责中冷静下来，认真思考如何度过人生最重要的大学时光，你们智商都很高，但关键是要努力，要志存高远、坚定信念、勤奋学习、全面发展。学校为你们提供了各种平台和条件，老师们也会为同学们传道、授业、解惑，但大学和中学不一样，在大学主要靠自己、靠自觉。后面，管恒禄书记要对大家提出要求。

同学们，参加入学典礼代表着独立人生的开始，从今天起，南京农业大学这所百年名校将成为你们独立成长的家园，你们了解这个家园吗？你们知道这是一个什么样的大学吗？同学们也许有所了解，我也不想重复一些数据，但还要说几句，不然校长致辞就太短了。

我们说南京农业大学是百年名校，就是指这是一所具有深厚底蕴的大学、一所人才辈出的大学、一所享誉世界的大学。

先讲两个小故事。大家都知道一种药物叫青霉素，在抗日战争和解放战争中，它挽救了无数生命，现在仍在广泛使用。但是，是谁把它带回中国的呢？是我们学校的著名微生物学家樊庆笙教授，是他在 1943 年从美国获得博士学位后带回高效价的盘尼西林，并在 1944 年参与研制出我国第一批制剂，将其命名为"青霉素"。樊庆笙教授曾任我校前身暨南京农学院的院长。

另一个故事。大家知道，中国还没有诺贝尔科学奖和文学奖获得者。但是，这所学校的家属获得过，我们现在的经济管理学院前身叫农经系，20 世纪 30 年代该系的系主任是美国经济学家布克教授，任职数十年，他的夫人叫赛珍珠。那时，布克教授时常到江苏、安徽一带农村调研，赛珍珠时常陪伴，她目睹了当时中国农村的状况，写作了反映中国农村农民的小说《大地》，英文名*The Good Earth*。凭此小说，赛珍珠于 1938 年获得诺贝尔文学奖。

有点遥远了，故事就是遥远的过去的事，说说现在。

你们知道江苏有多少大学吗？100 多个，在过去的 5 年，只有两个大学获得过国家一等奖，一个是南京大学，另一个就是我们南农！你们知道中国有多少大学吗？2 000 多所！在这 2 000 多所大学中，只有 100 多所大学进入国家重点建设大学行列暨"211 工程"大学，我们是其中之一；只有 70 多所直属教育部，也就是中央高校，我们是其中之一；只有 30 多所为研究型大学，我们也是其中之一。在全世界所有 22 个学科群中，南京农业大学有 3 个进入世界前 1%，能有此成绩的大学全国也只有 30 来所。

说得更近一点，上个月世界大学生运动会在广东省深圳市隆重开幕，胡锦涛总书记出席，全世界大学生都在关注，也许有的同学看了电视直播，不知对开幕式上深圳市委书记精彩演讲有无印象，他叫王荣，是你们的校友，帅哥师兄，在南农读的本科、硕士和博士，并留校工作，在此校园学习工作了近 20 年。百年来，南京农业大学培养和造就出 48 位两院院士，数十位省部级以上杰出领导和一大批著名企业家，江苏省级领导曾同时有 6 位毕业于本校，目前仍有 3 位。其中，曹卫星副省长只要在南京，晚上和周末他就会在此校园中的实验室工作。

我现在说，南京农业大学是一所具有深厚底蕴的大学、一所人才辈出的大学、一所享誉世界的大学，大家可能更信服。所以，你们应以来到这所百年名校而感到自豪和骄傲！

同学们，南京农业大学已确立了建设世界一流农业大学的宏伟目标，希望你们以饱满的热情投入新的学习生活中去，谱写青春最美丽的篇章，"天高任鸟飞，海阔凭鱼跃"，祝同学们和南农一起飞跃！

谢谢！

（党委办公室、校长办公室提供）

二、学校概况

[南京农业大学简介]

南京农业大学是一所直属教育部领导的，以农业和生命科学为优势和特色，农学、理学、经济学、管理学、工学、文学、法学多学科协调发展的全国重点大学，是国家"211工程"重点建设的大学之一。

南京农业大学最早溯源至1902年三江师范学堂农业博物科。1952年院系调整时，私立金陵大学农学院和国立中央大学农学院以及浙江大学农学院部分系科合并，成立南京农学院。1963年被确定为全国两所重点农业高校之一。1972年学校搬迁至扬州，与当时的苏北农学院合并成立江苏农学院。1979年搬回南京，恢复为南京农学院。1984年经教育部批准更名为南京农业大学。1999年4月首批通过全国高校本科教学工作优秀评价。2000年6月建立研究生院。2007年4月再次以优秀成绩通过教育部本科教学工作水平评估。学校设有"国家大学生文化素质教育基地""国家理科基础科学研究与教学人才培养基地"和"国家生命科学与技术人才培养基地"。

1. 人才培养 现有各类在校生32 000余人，其中全日制本科生17 000人，研究生8 000余人。学校先后培养了10余万名毕业生，有48位两院院士曾在这里学习或工作过。近年来，有6篇博士学位论文被评为全国百篇优秀博士学位论文。

2. 教学机构 现有农学院、植物保护学院、资源与环境科学学院、园艺学院、动物科技学院（含无锡渔业学院）、动物医学院、经济管理学院、公共管理学院（含土地管理学院）、理学院、人文社会科学学院、食品科技学院、工学院（含乡镇企业学院）、生命科学学院、信息科技学院、外国语学院、国际教育学院16个学院和研究生院以及体育部。另设有金陵研究院、继续教育学院、中国新农村建设研究院、中华农业文明研究院、中央农业干部教育培训中心南京农业大学分院等机构。

3. 学科专业设置 现有4个一级学科国家重点学科，3个二级学科国家重点学科，1个国家重点培育学科，5个江苏省一级学科重点学科，14个江苏省二级学科重点学科，9个农业部重点学科。有13个博士后流动站、12个博士学位一级学科授权点、17个硕士学位一级学科授权点、65个博士学科专业、106个硕士学科专业、60个本科专业（其中国家级和省级品牌特色专业17个），以及兽医博士、兽医硕士、农业推广硕士、工程硕士、公共管理硕士（MPA）、工商管理硕士（MBA）、风景园林硕士、会计硕士、金融硕士、翻译硕士、国际商务硕士和社会工作硕士12种专业学位授予权，形成了博士、硕士、学士以及包括继续教育与干部培训在内的完整的人才培养体系。

4. 师资队伍　现有在职教职工 2 712 人，其中：中国工程院院士 2 名，博士生导师 294 人、硕士生导师 660 人，国家级、部级有突出贡献中青年专家 37 人，"长江学者奖励计划"特聘教授 2 人，国家杰出青年科学基金获得者 9 人、国家教学名师 1 人，入选国家各类人才工程和人才计划 73 人。

5. 科学研究　建有作物遗传与种质创新国家重点实验室、国家肉品质量安全控制工程技术研究中心、国家大豆改良中心和国家信息农业工程技术中心 4 个国家级科研机构，50 个部省级重点开放实验室、工程技术中心等机构。"十一五"以来，各级各类项目立项 1 489 余项，获资助经费近 13 亿元。获国家级、部省级科技成果奖 80 余项，其中国家科技进步奖一等奖 1 项、二等奖 4 项。近年来，SCI 收录论文快速增长，2009 年 SCI 收录论文数在全国高校排名列第 45 位，被引用 984 篇次，在全国高校排名列第 39 位，CSTPCD（学术榜）收录论文 1 585 篇。学校充分发挥自身学科及人才优势，主动为社会发展服务、为"三农"服务，创造了巨大的经济效益和社会效益，多次被评为国家科教兴农、科技扶贫工作先进单位。

6. 国际交流与合作　校国际交流与合作十分活跃，先后与 30 多个国家和地区的 100 多所高校、研究机构建立了学术交流和科研合作关系。近年来，学校不断探索多形式、多层次的国际合作模式，先后与美国农业部 Clay 研究中心建立"中美食品安全与质量联合研究中心"、与荷兰格罗宁根大学建立"中荷地籍发展和规划中心"、与日本东京大学建立"中日植物分子生态学联合实验室"等联合研究机构。开展中美本科"1＋2＋1"项目、澳大利亚西澳大学本科"2＋2"双学位项目、法国里尔硕士双学位项目、英国雷丁大学硕士双学位项目等中外合作办学项目。坚持"多渠道招生、多元化投入、多层次培养"的留学生教育发展模式，留学生规模不断扩大，目前各类在校长短期留学生 400 余人。长期受教育部、商务部委托举办教育援外培训项目，2007 年被教育部确定为"接受中国政府奖学金来华留学生院校"，2008 年被教育部列为全国首批"教育援外基地"，2009 年被教育部确定为"中国政府奖学金——高校研究生项目学校"，2010 年加入教育部"中非高校 20＋20 合作计划"。

7. 办学条件　校区面积近 900 公顷，建筑面积 71 万平方米，资产总值达 23 亿元，其中教学科研仪器设备总值 5 亿余元。现有校内外教学科研基地 200 余个，实验教学中心 23 个（其中国家级和省级教学示范中心 10 个）。图书资料收藏量 200 余万册（部），拥有外文全文期刊 1 万余种、中文电子图书 100 余万种、中文电子期刊近 1 万种，以及大量的数字资源和先进的网络检索查询系统。学校教学科研和生活设施配套齐全，校园环境优美。

8. 精神文明建设　在百余年办学历程中，学校不断传承和弘扬优良文化传统和崇高精神品质，形成了以"诚朴勤仁"为核心，具有鲜明的科学性、思想性和时代性的校园文化。学校是"全国精神文明建设工作先进单位""全国文明单位"。

9. 学校发展愿景　以农业与生命科学为优势和特色，农学、理学、经济学、管理学、工学、文学、法学多学科协调发展，国际知名、有特色、高水平研究型大学。

注：数据截至 2011 年 3 月。

（撰稿：吴　玥　审稿：刘　勇　审核：周　复）

[南京农业大学 2011 年工作要点]

中共南京农业大学委员会
2010—2011 学年第二学期工作要点

本学期党委工作的指导思想和总体要求：高举中国特色社会主义伟大旗帜，以邓小平理论和"三个代表"重要思想为指导，深入贯彻落实科学发展观，学习贯彻《中国共产党普通高等学校基层组织工作条例》（以下简称《高校基层组织条例》）和第十九次全国高校党建工作会议精神，进一步加强和改进学校党的建设，充分调动各方面的积极性，全面推进学校"十二五"发展规划的落实和实施，切实加快国际知名、有特色、高水平研究型大学建设步伐，以优异成绩迎接建党 90 周年。

一、围绕学校发展战略目标，进一步提升学校事业发展的科学化水平

1. 精心组织实施学校"十二五"发展规划 全面启动"十二五"建设发展工作，围绕"十二五"发展规划提出的十大建设目标和建设重点，加快研究制订科学具体的建设方案，进一步细化发展目标和任务，扎实稳妥地推进规划顺利实施，指导各学院、各部门尽快完成本单位"十二五"规划的编制工作，确保学校"十二五"各项事业开好局、起好步。

2. 完善促进学校科学发展的内部治理结构 坚持并不断完善党委领导下的校长负责制和学院党政共同负责制。健全学术委员会制度，充分发挥学术委员会在学科建设、学术评价和学术发展中的重要作用。积极探索教授治学的有效途径，充分发挥教授在教学、学术研究和学校管理中的作用。加强校、院二级教职工代表大会制度建设。继续做好学院规范化管理试点工作。

3. 全力推动学校科学发展和可持续发展 围绕学校发展战略目标，继续深入实施"以改革创新精神加强和改进党的建设""推进部部共建、部省共建""人才强校""重点突破，带动整体""加快推进学校国际化进程"以及"以人为本，关注民生"等发展战略。积极探索校外资源利用的形式和有效途径，努力创造更加有利于学校科学发展的内外部环境条件。

二、学习贯彻《高校基层组织条例》，进一步加强和改进基层党组织建设，继续深入开展"创先争优"活动，努力为学校"十二五"建设发展提供坚强的思想、政治与组织保证

4. 隆重举行庆祝建党 90 周年活动 围绕纪念建党 90 周年，广泛深入开展各类宣传教育活动，进一步唱响共产党好、社会主义好、改革开放好、伟大祖国好和各族人民好的时代主旋律。通过举行纪念大会、理论研讨会、形势报告会、座谈会以及开展系列主题教育活动

等，不断增强广大党员的党员意识和党性修养，充分发挥党员的先锋模范作用和基层党组织的战斗堡垒作用，引导广大师生员工深刻认识和全面了解中国共产党成立90年来的辉煌成就和伟大历程。

5. 切实加强思想政治建设　进一步加强校、院二级党委中心组和党校建设，引导全校党员干部和师生员工围绕社会主义核心价值体系和中共十七届五中全会、全国教育工作会议、第十九次全国高校党建工作会议、《高校基层组织条例》《国家中长期教育改革和发展规划纲要（2010—2020年）》以及学校"十二五"发展规划等重要会议和文件精神深入开展学习。开展"形势与政策"课教育教学调查研究，切实增强形势与政策教育教学的吸引力和实效性。结合庆祝建党90周年，继续深入开展"创先争优"活动。

6. 进一步加强和改进基层党组织建设　深入学习《高校基层组织条例》，结合《高校基层组织条例》认真总结学校党建工作经验，制订贯彻《高校基层组织条例》办法。继续抓好《中共南京农业大学委员会关于进一步加强和改进基层党组织建设的意见》（党发〔2010〕17号）和《关于落实党发〔2010〕17号文件的实施意见》（党发〔2010〕40号）的贯彻落实，重点加强党支部工作体制和运行机制建设，研究制订《党支部工作细则》。做好召开第三次组织工作会议筹备工作。

7. 积极推进干部队伍建设　高度重视干部选拔任用工作，继续配齐配强各基层领导班子。加强对中层干部的教育管理和日常考查，切实提高干部队伍的思想政治水平、执行力和软实力。做好干部培训工作，举办第四期中层干部高等教育研修班，不断探索干部培训的新途径、新方法。逐步完善中层干部考核机制，进一步激发干部队伍干事创业活力。做好外派干部工作。

三、加强精神文明和校园文化建设，不断打造学校科学发展的良好软环境

8. 着力加强精神文明和校园文化建设　坚持用社会主义核心价值体系引领精神文明和校园文化建设，切实巩固"全国文明单位"及江苏省高校和谐校园创建成果。深入宣传《南京农业大学中长期文化建设规划纲要（2010—2020年）》，做好各建设项目年度工作方案的编写和组织实施工作。加强对大型文化活动的管理和指导。制订《南京农业大学环境宣传实施细则》。继续做好《南京农业大学发展史》研究和编撰工作。

9. 全力做好舆论引导和新闻宣传工作　继续开展学校"十一五"建设发展成就宣传。围绕学校"十二五"建设发展目标和任务，深入开展宣传鼓动，引导广大师生员工进一步统一思想、振奋精神，努力营造实施"十二五"发展规划的良好氛围。以"大宣传"格局建设为抓手，扎实推进对外宣传工作，不断提升学校的社会美誉度和影响力。

四、加强纪检监察和审计监督，积极推进反腐倡廉建设

10. 切实加强党风廉政教育　深入学习贯彻中央纪委第五次、第六次全会和教育系统党风廉政建设工作会议精神。扎实推进《中国共产党党员领导干部廉洁从政若干准则》的宣传、学习活动。落实最高人民检察院、教育部《关于在教育系统开展预防职务犯罪工作中加强联系配合的意见》和江苏省教育厅、江苏省人民检察院《关于在全省高校和检察院开展高校职务犯罪共建活动的通知》精神，与地方人民检察院合作开展预防职务犯罪共建工作。深入开展校园廉洁文化活动，营造风清气正的校园环境。

11. 不断完善反腐倡廉制度建设 认真落实中共中央、国务院新近颁布的《关于实行党风廉政建设责任制的规定》，修订学校实施细则，健全检查考核与监督机制。继续贯彻落实《建立健全惩治和预防腐败体系 2008—2012 年工作规划》和《关于加强高等学校反腐倡廉建设的意见》，不断推进重要领域和关键环节制度创新。建立完善对学科带头人、科研项目负责人、工程建设领域负责人、评审专家等人员的教育、管理和监督制度。开展廉政风险防控机制建设，提高反腐倡廉建设科学化水平。认真做好信访监督工作。

12. 进一步加大监察和审计力度 认真落实中共中央办公厅、国务院办公厅印发的《党政主要领导干部和国有企业领导人员经济责任审计规定》，修订学校实施办法。继续推进领导干部任期中经济责任审计，强化对领导干部经济活动的动态监督。加强审计工作制度建设，建立健全预算执行与决算审计实施办法、科研经费审计实施办法、内部控制审计实施办法以及委托社会审计机构审计工作管理办法等制度。完善招投标组织机构与工作机制，推进招投标事务统一规范管理。继续开展重点工程全过程跟踪审计。

五、坚持内涵发展、特色发展、科学发展、和谐发展，不断增创学校科学发展新优势

13. 全面提高人才培养质量 大力推进创新型和复合型人才分类培养模式改革。落实以创新创业为目标的实践教学改革。继续组织实施"本科教学质量与教学改革工程"项目。全面总结专业建设和评估工作，为迎接教育部专业评估和认证做好准备。进一步做好教材、课程及教务管理信息系统建设。修订各类研究生培养方案，完善研究生课程教学质量保障体系建设。以国家公派留学项目实施为依托，积极推进研究生教育国际化进程。

14. 强化学科建设和"211 工程"建设 全面推进"重点突破，带动整体"学科发展战略的实施。加强优势学科创新平台和创新团队建设。完成第二轮校级重点学科总结验收和第三轮校级重点学科遴选工作。继续推进"211 工程"三期建设，确保建设项目顺利完成。完善实施方案，高标准、高起点启动"江苏高校优势学科建设工程"一期项目建设。

15. 加强师资队伍建设和人事管理 大力实施"人才强校"战略，加快推进高层次人才队伍建设步伐，进一步做好青年骨干教师队伍的建设培训工作。开展岗位设置管理及职员制聘期考核，不断完善职员制度。推进薪酬制度改革，做好绩效工资改革的相关准备工作。加强人事管理制度改革，完成教职工奖惩办法的制订工作。

16. 进一步提升科技创新能力 以国家重大需求和科技发展为导向，以提高学校科技创新综合竞争力为核心，主动适应国家科技计划体制调整与变革，积极整合校内科技资源，做好重大项目的调研、培育和申报工作。加强平台建设的组织和政策引导，争取在国家级科研条件建设方面实现新的突破。大力促进学科交叉融合，优化科技创新环境，活跃学术创新氛围。

17. 做好产学研合作及社会服务工作 继续加强产学研合作平台和技术转移平台建设。积极推进校企合作共建重点实验室和工程中心。不断创新和完善科技推广体系，探索鼓励支持教师服务社会的新机制。在规范的前提下，发展校办产业，以科技为支撑，力争实现经济效益和社会效益双丰收。

18. 加强实验室和教学科研基地建设 积极推进大型仪器设备共享平台建设，建立长效管理体制和运行机制。进一步完善管理机制，不断提升各类实验室、工程中心和实验教学中心建设与管理水平。继续做好校内外教学科研基地建设与管理工作。积极争取和整合多方资

源，加快白马教学科研基地的建设进度。

19. 加快推进国际交流与合作 进一步加强与国际知名高校的校际合作与交流。积极做好聘请外国专家、公派出国（境）及有关学生培养的中外合作项目。完成中外联合科研中心（实验室）管理规定的制订，规范国际科研平台建设。加强留学生教育教学管理。继续做好教育援外工作。

20. 扎实做好各项服务保障工作 围绕"十二五"建设发展任务，加强资金和资产管理，开源节流，提高经费使用效率。大力推进校园信息化建设。以技术升级改造为重点，深入开展节约型校园建设。坚持以工程质量为核心，切实加强基建工程管理。做好疾病预防、医疗保健和食品安全卫生与监督等工作。进一步加强后勤精细化、节约化和目标管理，不断提高服务质量和保障能力。

六、深入实施学生工作"三大战略"，不断提升学生教育、管理与服务水平

21. 着力加强大学生思想政治教育 坚持立德树人，把社会主义核心价值体系融入学生教育管理全过程。以迎接建党 90 周年为契机，结合"创先争优"在学生中广泛开展爱国主义、民主团结和诚实守信等教育。强化学生主体发展意识，以思想引导为核心，不断激发学生成长、成才的主动性和内驱力。出台《关于进一步加强和改进研究生思想政治教育工作的实施意见》，进一步增强研究生思想政治教育的实效性。

22. 全面推进大学生素质教育 积极开展各类主题教育活动，不断提高学生的法治意识、责任意识和感恩意识。加强"第一课堂"和"第二课堂"的有机衔接，引导学生广泛参与专业实践、社会实践和志愿服务等活动，全面提升学生综合素质。精心组织好大学生文化素质"百题讲座"和研究生"名家讲坛"，进一步提高活动的层次和效果。

23. 积极做好解困助学和心理健康教育 进一步完善解困助学保障体系，强化解困助学资金使用监督机制，确保解困助学工作正常有序开展。加强勤工助学岗位开拓，统筹安排研究生"三助"岗位。加强心理健康教育课内外一体化建设，扩大心理健康教育宣传的有效覆盖面，不断增强心理健康教育的实效性。

24. 重视和做好招生就业工作 整合资源，进一步加大招生宣传力度。重视做好招生网络平台建设和网上招生宣传工作，加强与招生权威媒体的沟通联系，努力提高招生宣传效果。全力做好毕业生就业工作。精心组织春季校园招聘会和各类专场招聘会，积极拓展毕业生就业渠道。积极做好毕业生到基层就业的宣传动员和就业困难学生的帮扶工作。

25. 进一步做好学生工作队伍建设 围绕研究型大学建设需要，不断优化学生工作队伍结构。继续做好本科生辅导员和研究生秘书的岗位培训工作，建立分层次、多形式的培训体系，努力建设一支研究型的学生工作队伍。加强学生工作网上办公平台建设，不断提高工作效率。

七、充分调动和发挥各方面积极性，努力形成促进学校科学发展的强大合力

26. 扎实做好统战工作 深入贯彻落实党的统一战线工作方针，紧密团结各民主党派和无党派人士围绕学校中心工作，同心同德，同舟共济，携手奋进。积极配合各民主党派做好自身建设、参政议政和社会服务工作。着力加强党外代表人物培养和举荐。重视做好无党派人士、留学回国人员等其他统战成员工作。加强统战工作制度建设，促进统战工作规范化、

制度化。

27. 充分发挥工会作用 发挥各级工会组织的桥梁纽带作用，引导广大教职工认真学习宣传学校"十二五"发展规划，不断激发大家参与学校建设发展的积极性和创造性。加强对二级工会干部的培训，不断提升工会干部队伍整体素质。积极开展丰富多彩的教职工主题教育和文体活动。做好"送温暖、五必访"工作，关心困难教职工生活。

28. 深入开展共青团工作 坚持用马克思主义中国化最新成果武装青年学生。以"青马工程"为载体，扎实推进学生骨干培养工作。加强和改进团的组织建设，努力构建本科生、研究生团建一体化体系。加强对学生会、研究生会和学生社团的指导，不断提高广大学生和学生组织自我教育、自我管理和自我服务的能力。

29. 关心重视老龄工作 贯彻落实党和国家有关老龄工作的方针、政策，加强对老龄工作的领导。按照"老有所养、老有所医、老有所教、老有所学、老有所为、老有所乐"的原则，不断丰富老同志的精神文化生活。充分尊重并发挥好老同志在学校建设、关心下一代及构建和谐校园等工作中的积极作用。

八、努力维护学校安全稳定，为学校各项事业又好又快发展提供有力保证

30. 切实做好安全稳定工作 以高度的政治责任感，及时化解师生反映的突出问题，努力维护学校稳定大局。强化安全稳定信息的收集、分析和报送，积极抵御敌对势力渗透破坏活动。切实做好重大节庆日、敏感时期的安全稳定工作。做好保密工作。

31. 大力推进平安校园建设 以创建"江苏省平安校园"为契机，进一步加强校园技防系统建设。启动教育部修购项目校园安全防范系统一期工程建设，做好二期工程项目申报。加强校园综合治安治理，防止各类安全事故和治安案件发生。做好安全知识宣传和防范技能培训，努力提高师生安全防范意识和能力。

（党委办公室提供）

中共南京农业大学委员会
2011—2012 学年第一学期工作要点

本学期党委工作的指导思想和总体要求：深入学习贯彻胡锦涛总书记在庆祝建党 90 周年大会和庆祝清华大学建校 100 周年大会上的重要讲话精神，贯彻落实《中国共产党普通高等学校基层组织工作条例》（以下简称《高校基层组织条例》），围绕世界一流农业大学建设目标，进一步加强和改进学校基层党组织建设，精心组织实施学校"十二五"发展规划，全面推进学校各项事业新一轮跨越发展。

一、立足新起点、新思路、新举措，科学谋划学校事业发展

1. 领导班子建设 以学校行政领导班子换届和党委常委会调整为契机，进一步加强校、院二级领导班子的思想、作风、能力、民主和廉政建设，将校、院二级领导班子建设成为勤学习、善研究，讲团结、能战斗，谋长远、干实事，民主集中、科学决策，廉洁自律、风清气正的班子。

2. 内部管理体制机制 按照精简高效的原则，优化内部管理机构的设置和工作职能。创新校、院二级管理体制，科学划分校、院职责和权限，推进管理重心适度下移。建设与学校发展目标相适应，结构合理、职责明确、运行有序、精简高效的内部管理体制和运行机制。

3. 科学谋划学校事业发展 认真总结过去、进一步解放思想、勇于改革创新，围绕学校建设发展，加强顶层设计。立足长远，充分利用卫岗、浦口、珠江和白马四块办学资源，科学规划、统筹协调，形成新一轮跨越式发展大格局。启动珠江校区建设规划论证前期工作。

二、贯彻落实《高校基层组织条例》，以改革创新精神进一步加强和改进学校党的思想政治、组织和干部队伍建设

4. 思想政治建设 继续深入开展"创先争优"活动。加强对中心组的学习督察，切实提高中心组学习效果。加强思想政治理论课教研部建设，提升思想政治理论课的教育教学效果。

5. 基层党组织建设 深入学习《高校基层组织条例》，认真总结学校党建工作经验，制订贯彻落实《高校基层组织条例》的具体实施办法。组织开展院级基层党组织考核。加强校、院二级党校建设。全面推进特邀党建组织员聘任工作。召开第三次全校组织工作会议。

6. 干部队伍建设 组织院级领导班子和中层干部届中考核。完善中层干部选拔任用办法，做好干部补充调整工作，优化中层干部队伍。修订《南京农业大学中层干部管理条例》。加强对中层干部的教育管理和考核，做好考核结果的反馈和运用。做好外派干部服务工作。

三、加强精神文明和校园文化建设，努力打造学校科学发展的良好软环境

7. 精神文明和校园文化建设　深入开展和谐校园创建。加强"诚朴勤仁"校训宣传，推动文化传承创新。开展"师德标兵""师德先进个人"评选表彰活动。制作反映学校办学实力、体现南农特色和具有较强视觉效果的学校形象片。

8. 新闻宣传和舆论引导工作　围绕学校中心工作和各项重点工作，做好宣传报道，营造学校科学发展的良好舆论氛围。加强对学校重要会议、重要活动、重大成果和先进人物事迹进行深度报道，提高校报的可读性与影响面。做好对外宣传，提升学校的社会美誉度和影响力。

四、加强纪检、监察、审计和招投标工作，深入推进反腐倡廉建设

9. 党风廉政建设　认真落实中共中央、国务院新近颁布的《关于实行党风廉政建设责任制的规定》，修订学校实施细则。开展 2011 年度党风廉政建设责任制考核。开展校园廉洁文化周活动，将党风廉政建设与校园文化、师德、学术道德以及学风建设相结合，以优良的党风正校风、促教风和带学风。

10. 反腐倡廉工作　继续贯彻落实《建立健全惩治和预防腐败体系 2008—2012 年工作规划》，对学校惩防体系建设进行自查和总结，迎接省教育工委专项检查。开展廉政风险源点排查。探索开展电子监察工作，提升反腐倡廉建设科学化水平。

11. 监察、审计和招投标工作　加强行政监察，强化廉政监察，积极开展效能监察。开展工程建设领域突出问题和"小金库"专项治理。对部分校内企业开展清算审计工作。加强招投标计划管理，完善招投标办事流程及招投标监督工作机制，推进招投标工作规范、健康发展。

五、坚持内涵发展、特色发展、科学发展、和谐发展，全面推进学校"十二五"发展规划的实施

12. 人才培养　深化本科人才培养模式改革，完善创新型人才分类培养体系。组织实施"本科教学质量与教学改革工作"。加强专业建设和教材建设。优化实践教学体系和教学内容。推进本科教学信息化工作进程。

13. 学科建设　推进"重点突破，带动整体"学科发展战略的实施。启动"985 优势学科创新平台"建设，加快江苏高校优势学科建设工程项目实施。总结"211 工程"三期建设成效，为"211 工程"三期验收和新一轮国家重点学科建设打下良好基础。推进"部省共建"。

14. 师资队伍建设　推进高端人才培育和引进工作，加强青年骨干教师培养和后备人才储备。加强管理队伍建设，探索建立职员制和专业技术职务的衔接制度。加强用人制度改革与创新，构建有利于学校事业发展的用人模式。

15. 科技创新　主动适应国家科技计划体制调整与变革，组织重大项目的调研、培育和申报。做好 2011 年各级各类科技奖的组织申报。强化科研项目过程管理，全面实施科研项目经费管理预算制，提升项目按期结题率和项目完成质量。

16. 产学研合作及社会服务工作　完善促进科技成果转化的体制机制，推进校企深度合

作。召开科技与产学研大会。制定出台相关激励政策，调动教师、课题组和学院参加科技推广、服务社会的积极性。加强校办经营性资产管理，建立完善资产经营公司"防火墙"。

17. 实验室和教学科研基地建设 推进大型仪器设备共享平台建设。加强国家重点实验室、综合实验室和国家工程中心建设，力争国家人文社会科学基地的培育建设取得新进展。加快推进白马教学科研基地建设。

18. 国际交流与合作 围绕世界一流农业大学建设，组织好国际合作重大项目和外国专家项目申报。完善国际科研合作平台建设。做好公派出国及中外合作办学工作。加强留学生教育教学管理。开展援外工作理论研究，提升援外培训质量。

19. 服务保障工作 深入推进校园信息化建设。完善预算管理体制和运行机制。做好科研、教学用房调配工作。启动科研用房使用及家属区管理改革调研。深入开展节约型校园建设。做好疾病预防、医疗保健和食品安全卫生与监督工作。加强基建工程管理。

六、深入实施学生工作"三大战略"，不断提升学生教育、管理与服务水平

20. 大学生思想政治教育 实施主体发展战略，构建促进学生主体发展长效机制。以各类主题教育活动为载体，全面加强大学生思想政治教育。贯彻落实《关于进一步加强和改进研究生思想政治教育工作的实施意见》，完善研究生思想政治教育工作的体制机制。做好新生入学教育工作。

21. 大学生素质教育 实施素质拓展战略，不断增强学生综合素质和核心竞争力。加强本科生"第二课堂"建设，以实践活动为载体，以创业创新教育为核心，不断提高学生创业创新的意识和能力。实施研究生创新计划，着力构建校、院二级研究生科技文化活动平台。

22. 招生、就业工作 认真总结 2011 年本科生、研究生招生工作经验，探索构建吸引优秀生源长效机制。加强就业指导课建设和对就业指导教师的培训，提高就业指导水平。组织好 2012 届毕业生双选会和专场招聘会。

23. 解困助学和心理健康教育 完善受资助学生的信息库建设，做好各类资助金的申请、审核及发放工作。统筹安排研究生"三助"岗位。做好助学贷款工作。开展新生心理健康普查。做好心理咨询和心理健康知识宣传工作。

24. 学生工作队伍建设 实施学生工作队伍发展战略。做好本科生辅导员和研究生秘书的岗位培训工作。加大对兼职辅导员的培训和中期考核，完善对兼职辅导员的培训督促机制。加强对学生工作目标管理考核研究，提升考核对工作的促进和指导作用。

七、充分调动和发挥各方面积极性，努力形成促进学校又好又快发展的强大合力

25. 统一战线工作 深入贯彻落实中央统战工作精神。支持民主党派加强自身建设，加强党外代表人物和后备队伍培养。发挥党外人士智力优势，积极为党外人士服务经济社会发展搭建平台。加强统战工作制度建设。

26. 工会工作 加强二级教工之家建设。筹备召开学校第五届教职工代表大会和第十届工会会员代表大会。完成首批大病职工补助工作。开展丰富多彩的群众性文体活动和新教职工岗前学习交流活动。关心困难教职工生活。

27. 共青团工作 以社会主义核心价值体系教育为引导，开展"青春导航行动"。完善

有利于青年成长成才实践育人体系。加强团组织建设,增强各级团组织的吸引力和凝聚力。加强对学生会、研究生会和学生社团的指导。

28. 老龄工作 贯彻落实党和国家有关老龄工作的方针、政策。帮助离退休同志解决生活中的实际困难。发挥好离退休同志在学校建设、关心下一代及和谐校园建设中的积极作用。

八、切实维护学校安全稳定,为学校各项事业又好又快发展提供有力保障

29. 安全稳定工作 妥善处理改革、发展、稳定的关系,全力维护学校稳定大局。强化安全信息收集、研判与报送,及时化解矛盾纠纷和安全隐患,对重大节庆日、重大政治活动和重要敏感日期间实行专项排查。做好保密工作。

30. 平安校园建设 加强安全宣传教育,强化安全防范与安全隐患整改力度,完善安全管理制度。开展治安综合治理,清理违章经营。制订出台校园机动车辆管理办法。做好江苏省平安校园和江苏省消防示范学校的组织申报和考核迎评工作。

(党委办公室提供)

南京农业大学
2010—2011 学年第二学期行政工作要点

本学期行政工作的指导思想和总体要求：高举中国特色社会主义伟大旗帜，以邓小平理论和"三个代表"重要思想为指导，深入贯彻落实科学发展观，认真学习全国教育工作会议精神和《国家中长期教育改革和发展规划纲要（2010—2020 年）》，团结带领全校师生员工，全面推进学校"十二五"发展规划的落实和实施，切实加快国际知名、有特色、高水平研究型大学建设步伐，以优异成绩迎接建党 90 周年。

一、立足新的历史起点，精心组织实施学校"十二五"发展规划

2011 年是"十二五"开局之年，各学院、各单位要在学校"十二五"规划框架引领下，结合实际，紧紧围绕"十二五"规划提出的建设目标和建设重点，研究制订具体的建设方案，进一步细化发展目标和任务，扎实稳妥地推进规划顺利实施，尽快完成本单位"十二五"规划编制工作，为全面推进"十二五"建设开好局、起好步和打好基础。

二、紧抓发展机遇，积极争取更加有利的发展新环境

紧抓发展机遇，认真贯彻"部部共建"协议，启动进入"985 工程优势学科创新平台"建设计划。大力推进"部省共建"工作，积极参与"江苏白马现代农业高新技术产业园"建设；力争早日取得白马基地土地使用证，进一步完善修建性规划方案，加快临时道路、边界围栏、供水供电和场地平整等基础设施建设；积极向教育部和各级地方政府申报项目，多渠道筹集建设资金。同时，扎实推进在珠江校区建设职工住房的前期准备工作，最大效益地规划、开发和利用好珠江校区土地资源，确保珠江校区教学科研基地的正常运转和平稳过渡。

三、着力加强内涵和特色建设，不断增创学校科学发展新优势

（一）全面推进教育教学改革，不断提升人才培养质量

1. 深入实施本科教育教学改革　完善创新型人才分类培养模式改革总体方案并推进实施进程，重点开展以基地班和强化班为龙头的创新型人才培养模式改革实践，细化本科人才差异化培养方案。

以学校精品课程建设和校级网络示范课程建设为抓手，加强课程体系建设与改革，探索构建本科生、研究生一体化的课程体系，完善学分制收费制度的具体环节。加强精品教材、实践教材建设，积极申报国家"十二五"教材建设规划。

全面总结专业建设和评估工作，重点推进国家特色专业、省级品牌与特色专业建设，为迎接教育部新一轮专业评估和认证做好准备。

跟踪新一轮实践教学改革专项试点项目进展，继续推进以创新创业教育为目标的实践教学改革，落实实践教学改革具体措施，建设校级创业人才培养模式创新实验区，探索创业人

才培养的基本途径。

精心组织实施"本科教学质量与教学改革工程"项目,重点推进特色专业、优秀教学团队和人才培养模式创新实验区等重大项目建设进程。

2. 不断完善研究生教育质量保障体系 紧贴研究型大学建设需要,整合资源,优化配置,加强研究生基础教学条件、实践基地、创新平台和质量保障体系建设,深入实施研究生创新工程。

继续推进研究生培养机制改革,完成学术型硕士研究生培养方案修订,不断完善学硕连读、直博、提前攻博及全日制专业学位研究生培养方案,充分发挥学院和学科的核心作用,构建适合不同类型研究生的培养体系与模式。

加强研究生课程建设与管理,完善课程教学质量评价体系,强化对课程教师资质认定,规范新增课程开设;启动新一轮研究生课程建设,重点建设一批有特色、高水平的研究生精品课程。

强化学位论文质量管理,扩大网上随机抽检范围,进一步完善学位论文质量保障体系。继续实施"博士论文创优工程""博士资格考试"制度,完善博士生毕业论文答辩办法,进一步规范学位管理,不断提高学位授予质量。

加强研究生实践教育,完善实践教育考核和评价机制,重点做好全日制专业学位研究生实践教育的实施,提高专业学位研究生培养质量。

充分利用各种国际化教育资源,积极探索与国外知名高校合作长效机制,大力实施英语教学,鼓励聘请国际知名教授主讲专业课程,不断推进研究生教育国际化进程。

3. 加快发展留学生教育 通过攻读学位、合作培养、交换留学、专业实习和修学旅行等方式,选派学生赴国外知名高校留学;通过政府奖学金项目、校际合作与交流等渠道,进一步扩大留学生招生范围和规模。重点做好学校与法国 FESIA 集团的"食品市场管理"硕士生联合培养项目及与英国雷丁大学的"信息技术"硕士生联合培养项目的招生工作。进一步探索以趋同管理为主、兼顾其群体特性的留学生管理新模式。进一步优化留学生课程体系,建设一批具有学科优势的留学生英语课程群,提高留学生教育质量。

4. 积极拓展继续教育 全面实施继续教育教学质量提升工程,不断提升办学声誉。进一步规范招生工作,积极拓展生源渠道,稳定办学规模。推进远程教学与培训,实现校站资源共享;规范教学管理,严格教学计划,完善学籍管理,努力提高办学质量。加强对校外函授站管理和教学质量监控,对管理松懈、发展潜力较小的站点停止招生。加强干部培训项目研发和培育,进一步密切与行业、部门和地方政府的联系,寻求新的增长点。

5. 大力推进招生就业工作 建立健全加强招生宣传长效机制,做好 2011 年招生宣传,编制好 2011 年招生计划,认真完成好自主选拔录取、保送生、高水平运动员、艺术特长生、艺术类表演专业及我国港澳台地区招生工作,进一步完善推荐免试硕士生、硕博连读生和直博生等招生办法,完善研究生招生二级管理系统,加强专业学位研究生生源组织,探索吸引优秀生源办法和途径。

进一步开拓就业市场、拓宽就业渠道、加强就业指导、完善就业服务、鼓励到基层和西部就业、推进创业教育等。鼓励支持研究生自主创业,充分发挥导师在研究生就业指导中的重要作用,建立健全就业工作长效机制,不断提高毕业生就业率。

6. 深入开展大学生思想政治教育 深入实施学生工作的"队伍发展、素质拓展、主体发展"三大战略,固化实施成果。加强思想政治教育体系建设,以建党 90 周年为契机,以课堂教育和学生社区教育为主渠道,不断完善思想政治理论课和哲学社会科学课程建设,进一步加强学生党建工作,全力推进大学生思想政治教育工作。通过开展报告讲座、专题讨论、名家讲坛、社会实践、主题征文和典型宣传等活动,全面提升学生的综合素质和实践创新能力。

着力贯彻国家资助政策,努力拓宽解困助学渠道,完善解困、助学、健心"三位一体"健康教育体系,积极帮助家庭困难和少数民族学生解决实际困难。加强心理健康工作队伍建设,广泛开展心理健康宣传教育,不断完善心理咨询约访机制,不断加强条件建设,进一步完善工作方式,着力推进心理教育的日常化、全程化和立体化建设。

深入开展研究生的思想政治教育、学术行为规范教育、心理健康教育,继续加强研究生党建与团学组织建设,大力推进博士生党支部与农村基层党支部共建活动,发挥党支部在研究生教育管理中的作用。凝练"百名博士老区行"和"研究生江苏行"活动经验,组织好"名家讲坛"等品牌活动。以活跃研究生学术氛围、培养研究生创新能力为主线,推进校园创新文化建设,促进研究生健康成长成才。

7. 强化学生工作队伍建设　深入实施学生工作队伍发展战略,通过系统规划、理顺机制、严格准入、培训进修和专兼结合等,积极为辅导员成长搭建平台,逐步建立一支专业化、职业化和研究型的学生工作队伍。继续完善学生工作网上办公平台,不断提高学生工作效率。按照专业化要求,通过多种培训渠道,进一步加强研究生教育管理队伍建设,配强专兼职研究生秘书,继续探索研究生教育校院二级管理改革。

8. 进一步推进体育工作　积极开展全民健身健康科普宣传,加强各类体育专项协会建设,大力促进群众性体育活动。加强体育运动场地管理和条件建设,继续推进实施"阳光体育工程"。积极筹备好民族传统体育大会,组织好 2011 年中国大学生排球超级联赛参赛工作。

(二)不断加强重点学科体系建设,进一步提升学科建设水平

继续加强国家、省、校三级重点学科体系建设,进一步推进"重点突破,带动整体"学科战略计划实施,细化学科建设的"攀登""拓展""培育"和"提升"四大计划,合理配置资源,择优重点支持,构筑学科高峰,提升学科建设整体水平。继续推进"211 工程"三期建设项目的实施,确保建设项目顺利完成。推进江苏省重点学科建设项目实施,高标准、高起点启动"江苏高校优势学科建设工程"一期项目建设。完成第二轮校级重点学科总结验收和第三轮校级重点学科遴选工作。

(三)坚持实施人才强校战略,进一步优化队伍结构

紧紧围绕高水平师资队伍建设目标,以重点学科为依托,以提高科技创新能力和学科建设水平为核心,以高层次人才培养和引进为重点,重点实施和细化师资队伍建设的"造就""支持""培育"和"储备"四大计划,加快高层次人才队伍建设步伐。召开全校人才工作会议,加大人才引进投入,做好院士和各类人才计划的推荐申报,关心优秀人才成长,建立综合性的人才管理和服务体系。

加强政策引导,完成教职工奖惩条例制定工作,完成专业技术职务评聘办法修订,完善

专业学位研究生指导教师聘任及管理办法，采取有效措施提高青年骨干教师的教学和科研水平。做好岗位设置聘任后首个聘期的考核准备，健全岗位分级分类管理体制，逐步设置结构合理、分类科学和职责明晰的各类岗位。开展职员制度调研和相关制度再设计，进一步加强管理队伍建设。

做好退休和在岗职工绩效工资改革的准备工作，努力建立适合学校发展需要、符合教职工切身利益、与学校地位和水平相适应的薪酬体系。

（四）持续增强科研实力，保持科技工作良好态势

以国家重大需求和科技发展为导向，以提高学校科技创新能力为核心，以制度和机制创新为保障，进一步增强科技创新对建设研究型大学的支撑和推动作用。

积极参与各级项目指南与建议的撰写，及时组织重大项目的调研、培育和申报，重点抓好科技部"十二五"现代农业领域第二批科技项目、"973"计划、国家农业公益性行业专项、国家自然科学基金与社会科学基金等重大项目申报。加强科技成果奖前期培育、推荐和申报，力争获得高水平、有影响的标志性成果。加强专利等知识产权管理，继续实施科技产出奖励补助政策，促进科技成果产出，确保三大检索论文高质量增长。

密切关注各级科技条件平台建设动态，整合资源，重点投入，力争在国家重点实验室、国家工程技术研究中心及国家人文社会科学基地的培育建设方面取得新进展。

进一步推动科技管理创新，强化科研项目过程管理，规范科技管理运行机制，全面实施科研经费预算制管理，做好在研项目执行检查，提升项目按期结题率和完成质量。

（五）深入开展国际交流与合作，快速推进教育国际化进程

瞄准国外、境外知名高校，通过互访和合作办学，加快推动教育国际化进程。与英国雷丁大学、美国伊利诺伊大学签署校际协议；与法国巴黎高科、日本香川大学续签合作协议；与美国康奈尔大学、丹麦奥胡斯大学等有合作基础的学校，进一步深化合作交流。与我国台湾中兴大学、嘉义大学签署学生交流协议，启动两岸长期生交换项目。举办好"关于开发和评估优良不育害虫品种的项目协调会"等3个国际性学术会议，积极开展学术交流。

紧跟国际前沿学科，拓宽合作渠道，规范国际科研平台建设，积极组织申报国际合作项目。加强"111计划"项目执行，按计划完成各类聘专项目的执行与效益评估。做好教育部对"农业生物灾害科学创新引智基地"的评估准备。

提升援外培训质量，在"中非高校20+20合作计划"框架下，巩固与肯尼亚埃格顿大学的教师交换、博士生联合培养、合作举办培训班和合作科研等项目，联合申报农业孔子学院。继续做好干部境外培训等相关工作，进一步推进师资国际化水平。

（六）不断深化产学研合作，进一步增强服务经济社会能力

积极探索提升产学研合作水平新途径，快速、有效地宣传与转化学校科技成果。继续加强产学研合作平台、技术转移平台建设，发展1～2个产学研合作办公室，建设好学校技术转移中心苏南、苏北分中心，宿迁设施园艺研究院，推进校企合作共建重点实验室和工程中心，不断完善各类产学研合作平台的运行机制和管理机制。创新科技服务模式，全面参与国家、省市的科教兴农、科技下乡、科技入户和科技扶贫等活动，深入探索激励教师服务社会

的新机制，争取科教兴农与科技推广项目经费取得突破。

筹备召开南京农业大学产学研深度合作现场交流会，进一步更新理念，理清思路，加大科研与示范推广紧密结合力度，营造课题来自生产、成果用于实践的氛围，为培育大成果、出大人才做好更深层次的产学研合作工作。

做好技术合同签订及合同经费的催缴工作，做好有关企业资产划转、资产注销、产权登记变更、股权退出转让和改制更名等，抓好校办企业 2011 年上交利润指标，不断提高校办企业绩效。

四、加强条件建设，完善内部管理，为加快研究型大学建设提供有力保障

（一）加快推进学院规范化管理，完善促进学校科学发展的内部治理结构

继续做好学院规范化管理试点工作，加快推进学院规范化管理进程。坚持并不断完善党委领导下的校长负责制和学院党政负责制。健全学术委员会制度，充分发挥学术委员会在学科建设、学术评价和学术发展中的重要作用。积极探索教授治学的有效途径，充分发挥教授在教学、科研和学校管理中的作用。

（二）不断完善财务管理，持续增强学校财力

不断创新财务管理运行机制，推进财务信息化、电子化改革，逐步建立以项目管理为手段、绩效管理为目标的新型财务管理体系。进一步做好会计核算中心的制度建设与账务合并工作，有效整合各类账务系统。做好资金管理，科学筹资融资，提高资金效益。提高财务工作信息化水平，完善商务卡运行 POS 终端系统，减少现金占用，提高支付效率。规范日常财务核算，做好 2010 年度财务决算，加强财务预算执行，定期编报执行情况报告，完善预算信息预警制度。加强专项经费监督管理，确保预算严格执行。建立科研经费预算执行信息网络系统，确保科研经费使用合理、合法和有效。

继续拓展教育发展基金会工作，广泛争取各种捐赠，积极组织申报教育部捐赠配比资金，争取国家、地方和社会力量更大的办学支持。

（三）进一步加强基本建设，不断改善办学条件

加快理科实验楼、风雨操场、19 号学生宿舍、浦口校区 15 号学生宿舍与综合科技楼建设进程。理科实验楼 7 月竣工使用，19 号学生宿舍 4 月初竣工使用，浦口校区 15 号学生宿舍 3 月底竣工使用，综合科技楼 8 月底竣工使用；多功能风雨操场 7 月底完成施工单位招标。继续做好游泳池、学生宿舍集中供电系统、珠江校区温室大棚、道路等维修改造工程。在确保各项工程进度的同时，切实加强工程安全管理。根据"十二五"校园建设规划，做好新项目的立项申报工作。

（四）着力共享平台、工程中心、内外基地建设，提升整体服务能力

组建互动式大型仪器设备共享平台，建立长效管理体制和运行机制，做好 8 个校院两级大型仪器设备共享平台的验收工作。整合优化实验室、工程中心和实验教学中心资源，加大国家级实验教学示范中心，3 个新增省级实验教学示范中心建设点的建设力度；做好国家重

点实验室新一轮评估准备和科技部、农业部 2 个工程中心以及 3 个新增省级实验教学示范中心的评估验收工作。做好牌楼片区教育部修购项目后续工程，完成新建防虫网室、简易实验用房的租赁使用。积极推进产学研相结合的校外实验实习基地建设；做好教学科研大型仪器设备采购，提高仪器设备信息化管理水平。启动实验室系列教辅人员培训，进一步加强实验技术队伍建设。做好实验室安全检查和危险废弃物处理。

（五）分步实施信息化校园整体规划，积极推进校园信息化建设

整合全校网络平台及数字资源，分步实施信息化校园整体规划，进一步优化学校门户网站，深入推进人事系统、办公自动化系统建设，做好教务、科技、研究生与学工等信息系统新项目的启动工作，努力建设便捷、高效、实用和有特色的校园信息化体系。做好教育部农林院校试点实践基地项目、IPV6 项目建设的验收工作。做好理科实验楼新数据中心等规划建设工作等。

（六）规范资产管理，不断提高保障能力与服务水平

继续推进资产管理信息系统平台建设和资产信息统计工作，全面实施全校资产账与财务账的实时对接工作，做好学校固定资产清理检查。针对青年教职工公寓租住管理中存在的问题，开展专项调研。完成最后一批在职人员住房货币化补贴发放，做好新进教师的住房补贴发放。完善地下水网监测和水电数字化管理系统，深入开展节约型校园建设。做好校园环境整治、绿化及维护。进一步加强食品卫生、疾病预防和医疗保健等，继续推进家属区社会化管理。制订控烟工作实施意见，启动"无烟学校"创建工作。

（七）继续深化后勤改革，进一步提升师生满意度

进一步深化后勤改革，努力减排降耗，做好后勤服务保障。加强成本核算，努力降低成本，继续按照"稳定大伙，开办特色服务"的思路，做好学生伙食服务，办好教工餐厅，确保学校伙食供应稳定和安全。进一步加强学生宿舍及办公楼宇的物业管理，做好公共服务设施的维护保养，确保安全使用。做好幼儿园保育教育、通信维修和物资供应等工作。

（八）抓好审计和招投标工作，从源头上预防腐败发生

不断加强对重点单位和重点岗位的审计监督，继续推进领导干部任期中经济责任审计。加大在重大经济决策及效果、内控制度健全及执行情况等方面的审计力度，对重点工程实施全程审计。开展对校级财务预算执行与决算审计、科研经费专项审计等，提高经费使用效益。继续做好工程建设领域和"小金库"问题专项治理工作。建立健全预算执行与决算审计、科研经费审计、内部控制审计和委托社会审计等制度。完善招投标组织机构与工作机制，推进招投标统一规范管理，学校新建项目及维修工程、大宗物资采购等严格执行招投标制度。

（九）立足平安校园建设，全力维护校园安全稳定

以维护校园稳定为主线，加强校园安全文化建设，狠抓安全防范宣传教育，及时排查梳理校园不安全、不稳定因素，不断完善信息报送机制和突发事件处置预案，不断加强门卫、

交通、楼宇管理和值班巡逻，全面启动江苏省平安校园迎评创建活动；落实校园安全防范系统一期工程，签订各单位防火安全责任书和校园治安综合治理责任书，定期开展消防安全检查；继续推进校园技防系统、火情报警系统、学生宿舍门禁系统、电子监控系统和综合控制室建设改造，为校园安全稳定提供良好的保障；整治校园交通秩序，加快校园停车场所建设规划，创建更加安全、文明、有序的校园环境。

（校长办公室提供）

南京农业大学
2011—2012 学年第一学期行政工作要点

本学期行政工作的指导思想和总体要求：围绕《国家中长期教育改革和发展规划纲要（2010—2020 年）》及学校"十二五"发展规划，全面加快有特色、高水平研究型大学建设，向世界一流农业大学迈进。

一、重点工作

1. "十二五"发展规划 围绕世界一流农业大学发展定位，9 月中旬完成学校"十二五"规划相关指标修订，进一步明确落实举措。各学院明确指标任务，制订实施方案。

2. 校区发展 按照"两校区一园区"的总体规划，加快制订校区协调发展规划，启动新校区建设的前期工作，基本完成白马教学科研基地征用和概念设计。

3. 师资队伍建设 修订高层次人才引进办法，加大高端人才引进力度，做好在校高端人才培育工作，加快青年教师队伍建设。

4. 学科建设 启动"985 优势学科创新平台"建设，推进江苏高校优势学科建设工程项目实施，加快"部省共建"工作，做好新一轮国家重点学科评估及增列准备工作。

5. 改善民生 在牌楼和卫岗本部建设青年教师公寓，提高教职员工收入，做好绩效工资改革前期工作。

6. 管理体制改革 建立健全与研究型大学相适应的管理模式与运行机制，优化学校机构设置、进行校院两级管理体系改革试点。

7. 110 周年校庆筹备 启动学校 110 周年校庆的筹备工作，组建工作班子，确定筹备方案。

8. 工学院工作 以内涵建设为重点全面提升工学院教学科研、师资队伍和学科建设等办学水平，加大与卫岗本部学科交叉融合。

二、常规工作

（一）教学工作

1. 本科生教育 启动新一轮"本科教学质量与教学改革工程"，深化人才培养模式改革，优化拔尖创新人才分类培养体系，开展专业建设综合改革试点，推进本科教学信息化及网络开放课程建设与资源共享。

进一步整合实践教学资源，加强实验教学示范中心和农科教合作人才培养基地建设，完善创新创业训练体系，促进本科生创新创业意识和能力的提升。

改进教师教学工作量分类核定办法及教学质量综合评价制度，加强青年教师教学发展能力培养，健全教授为本科生授课制度，探索教学基层组织及教学团队建设机制。

2. 研究生教育 试点新的博士研究生和免试攻读硕士研究生招生选拔办法，开展研究生导师招生资格审核工作。

全面梳理研究生课程体系，探索本科生和研究生课程体系的贯通和分级设置模式，制订全日制专业学位实践教学大纲。

做好全国优秀博士学位论文申报和培育，积极争取推荐申报名额，努力扩大评选学科范围和论文数量。

开展修订"南京农业大学研究生培养机制改革方案"的调研工作，提出初步方案。

基本完成研究生院信息化管理体系建设，提高研究生教育管理服务水平。

3. 留学生教育　通过制度建设，不断规范留学生教育。继续探索以趋同管理为主、兼顾其群体特征的留学生管理模式。

通过攻读学位、合作培养、交换留学和专业实习等方式，选派学生赴国外知名高校留学。通过中外政府奖学金项目、校际合作与交流等渠道，进一步扩大留学生招生范围和规模。

通过优化留学生课程体系，建设一批具有学科优势的留学生课程群，提高留学生教育质量。

4. 继续教育　加强招生宣传，开辟生源渠道，规范教学管理和函授站点建设，完善激励与约束机制，推进远程教学平台及数字化教学资源建设，拓展各类培训工作，努力扩大办学效益。

5. 招生就业工作　对招生工作进行全面总结，重点研究如何进一步提升生源质量。完善研究生招生推免、硕博连读以及直博生等管理办法，积极探索构建优秀生源奖励体系。

进一步开拓就业市场，加强就业指导，完善就业服务，推进创业教育等，提升学生的创新创业精神和创业能力。

6. 学生素质教育　推进实施大学生"素质拓展战略"和"主体发展战略"，深入开展"创先争优"、各类主题教育和心理健康宣传活动，加强体育精神教育，充分发挥学生社区育人功能，切实加强大学生思想政治教育。设立新生入学绿色通道，做好新生入学教育。

抓好研究生思想政治、学术行为规范、心理健康和安全教育，实施研究生创新计划，着力打造校院两级以研究生为主体的科技文化活动平台，活跃研究生学术氛围，培养研究生创新能力。

推进实施"阳光体育工程"，加强体育运动场地管理和建设，筹备好校第三十九届运动会。

（二）科研与服务社会

1. 重大项目申报　及时跟踪和参与国家各部委及江苏省各类科技项目计划，积极组织重大项目申报。

2. 项目执行管理　强化科研项目的过程管理，进一步规范科技管理运行机制，全面实施项目科研经费预算制管理，提升项目按期结题率和项目完成质量。做好农业部公益性行业科研专项和"948"项目等验收工作。

3. 科技成果产出　加强科技成果奖前期培育组织、推荐和申报，加强专利等知识产权管理，继续实施科技产出奖励补助政策，确保三大检索论文高质量增长。

4. 产学研合作　加强服务社会能力建设，形成学校"政产学研用"的科技成果转化的体制与机制，大力推进校地、校企全方位合作。

5. 平台建设　重点做好国家重点实验室、农业部综合实验室和国家信息农业工程中心建设工作，力争国家人文社会科学基地的培育建设方面取得新进展。完成大型仪器设备中央集成网络共享平台建设，加强大型仪器共享平台8个试点项目的建设与管理。

6. 横向课题　完善横向课题管理制度，调动教师服务产业的积极性，争取各类横向科研经费取得突破。

7. 科技与产学研大会　筹备召开全校科技与产学研大会，全面总结学校科技工作和服务社会经验，进一步提升学校科技创新能力和服务经济社会能力。

（三）师资队伍与学科建设

1. 岗位设置　完成岗位分级聘任首个聘期考核，开展第二轮专业技术岗位分级聘任，完成职员聘任管理办法修订，开展第二轮职员职级聘任工作。

2. 团队建设　建立三级创新团队体系，不断促进高端、杰出人才成长。

3. 学科体系建设　进一步推进"重点突破，带动整体"学科战略计划实施，重点构筑学科高峰，健全国家、省、校三级重点学科体系。

（四）国际合作与交流

1. 世界一流农业大学比较研究　研究世界一流农业大学和世界一流大学涉农学院的办学指标与特色，用国际视野和世界标准研究学校建设世界一流农业大学的指标和路径。

2. 孔子学院申报　完成与肯尼亚埃格顿大学联合申报农业孔子学院工作。

3. 国际项目申报　加大申报国际合作重大项目力度，按计划完成各类聘专项目和"111计划"项目的执行和评估。

4. 国际学术大师聘任　吸引国际知名学术大师来校任职、短期讲学和合作科研，充分发挥引进智力对学校教学、科研和学科发展的支撑作用。

（五）后勤服务与保障

1. 搬迁工作　整合优化全校公房资源，制订详细周密的搬迁方案，确保相关学院和实验室、工程中心和教学中心顺利搬迁。

2. 体育馆建设　年底完成新体育馆施工单位、监理单位招标，2012年初开工建设。

3. 后勤服务　改善学生就餐和生活环境，切实做好后勤服务保障工作，完善后勤服务热线，加强学生宿舍及办公楼宇的物业管理。

4. 财务工作　根据学校发展定位编制好年度预算，加强财务预算执行，强化专项经费管理，推行专项经费预算执行绩效奖励办法。理顺横向经费核算与分配事宜，完善创收分配条例。广泛争取各种捐赠，持续增强学校财力。

5. 审计与招投标工作　加强对重点单位、重点岗位和大型重点工程的审计监督，加大在重大经济决策及效果、内控制度健全及执行情况等方面的审计力度，开展对校级财务预算执行与决算审计。推进招投标统一规范管理，提高招投标工作效率。

（六）精品校园建设

1. 教学区　开展校园环境综合治理，整治校园交通秩序，完成新建理科实验楼周边绿化、校友山修建和牧场原址清理等工作。

2. 家属区　进一步探索家属区社会化物业管理模式，加大社区环境综合治理力度，改善社区居住环境，完成2号门、3号门维修和周边治理工作。

3. 信息化校园　实施信息化校园整体规划，完善办公自动化系统，启动教务、科技、研究生与学工等信息系统项目。做好理科实验楼新数据中心的规划、建设与施工。

4. 平安校园　加强校园安全文化建设，强化安全防范措施，及时排查梳理校园不安全、不稳定因素，启动江苏省平安校园和江苏省消防示范学校的迎评活动。认真组织开展好2011级本科生军训。

（校长办公室提供）

[南京农业大学 2011 年工作总结]

2011 年，在教育部党组和江苏省委、省政府的正确领导下，学校党委和行政坚持党的教育方针，坚持社会主义办学方向，深入贯彻中共十七届五中、六中全会、《国家中长期教育改革和发展规划纲要（2010—2020 年)》（以下简称《教育规划纲要》）以及胡锦涛总书记在庆祝清华大学建校 100 周年大会上的重要讲话精神，围绕世界一流农业大学建设目标，团结带领全校师生员工，坚定信心、解放思想、深化改革、锐意进取，圆满完成各项工作任务，有力地推进了学校事业又好又快发展。

一、加强领导班子建设，不断提高领导学校科学发展的能力

（一）扎实推进思想政治建设，不断提升班子的整体素质和能力水平

重视领导班子整体建设。7 月 6 日，教育部党组对学校行政领导班子进行了正常换届，同时对学校党委常委会进行了调整充实。7 月 8 日，党委常委会就召开专题会议，就"加强领导班子建设"进行深入思考和研究，提出了努力将班子建设成为勤学习、善研究，讲团结、能战斗，谋长远、干实事，民主集中、科学决策，廉洁自律、风清气正的班子。7 月 11 日，召开全校领导干部大会，围绕党委常委会研究意见，对加强学院（部处）领导班子建设做了全面的部署和要求。

坚持党委中心组理论学习制度。结合学校工作实际，制订并落实党委中心组学习计划，重点围绕中共十七届五中、六中全会、《中国共产党普通高等学校基层组织工作条例》（以下简称《高校基层组织条例》）、《教育规划纲要》以及胡锦涛总书记在庆祝清华大学建校 100 周年大会上的重要讲话精神等，分 6 个专题开展了深入学习，通过学习不断提高思想理论水平和运用理论解决实际问题的能力，为推动学校科学发展奠定坚实的思想和理论基础。

（二）认真执行民主集中制，不断提高班子决策科学化、民主化水平

坚持和完善党委领导下的校长负责制。制订并严格执行《南京农业大学贯彻执行"三重一大"决策制度的暂行规定》，坚持凡学校重大事项均按照集体领导、民主集中、个别酝酿和会议决定的原则，由党委常委会讨论决定，充分发挥了党委领导核心作用。完善集体领导与个人负责相结合的相关制度，使决策的科学化、民主化水平不断提高。班子成员执行民主集中意识进一步增强，大事讲原则，小事讲风格，主要领导以身作则，正确对待和处理矛盾与问题，主动加强沟通与协调，班子成员之间不断增进团结与理解，班子的整体合力和工作活力在有力推进学校各项事业健康发展中得到很好体现。

坚持加强与师生员工的密切联系。班子成员认真执行联系学院制度，经常深入学院和师生，了解工作学习情况，听取师生意见建议。学校重大政策，领导班子通过召开教职工代表大会审议、邀请民主党派负责人和教师代表列席相关会议、召开相关人员座谈会等多种形式广泛征求各方意见，充分酝酿论证，确保了重大决策的科学化、民主化。同时，通过"校务

信箱""纪检信箱"、校务公开、党务公开等多种形式以及"校领导接待日"等平台，直接面对师生，努力解决师生反映的意见和问题。

（三）立足新的历史起点，科学谋划学校发展的新思路、新举措

2011 年是"十二五"开局之年，2 月中旬，召开校党委十届十一次全委（扩大）会议，会议紧紧把握《教育规划纲要》对我国新时期高等教育提出的新任务、新要求，就贯彻全国教育工作会议精神和《教育规划纲要》《高校基层组织条例》，全面推进学校党的建设和"十二五"发展规划的落实和实施进行了全面部署，提出了明确要求。

新一届行政领导班子 7 月 6 日确立后，7 月 11 日，学校就召开全校领导干部大会，会上党政主要负责人对加快推进学校事业发展提出明确要求。之后，学校党政领导班子，利用整整一个暑假，通过思想组织准备、深入调查研究、调研成果交流以及专题研究 4 个工作阶段，多次召开常委会和校长办公会，先后对学校发展目标、校区建设发展和人才队伍建设等重大问题做了进一步论证和决策。

在深入调研、科学论证的基础上，8 月下旬，召开校党委十届十三次全委（扩大）会议，就全面加快推进学校各项事业新一轮跨越式发展，提出了"建设世界一流农业大学"的奋斗目标和将"世界一流、中国特色、南农品质"有机结合的发展理念；明确了当前和今后一段时期学校"人才队伍建设""办学空间拓展"的两大战略重点和"两校区一园区"的校区建设规划；确定了谋划"发展""改革""特色""和谐""奋进"五大篇章的战略举措。

依据"世界一流农业大学"的目标定位，及时对学校"十二五"发展规划做了进一步的修订，9 月如期报送教育部。

（四）深化内部机构改革，努力建设与世界一流农业大学发展目标相适应的内部管理体系和运行机制

根据学校科技事业发展需要，优化科技工作管理机制，整合原有科技处、产学研合作处、实验室与基地处等部门，成立科学研究院，充分发挥整体科研优势，切实提高学校科技创新和竞争能力。加强学科建设管理，将学科发展纳入学校发展的总体规划，在原有发展规划办公室的基础上，加入学科建设职能，成立发展规划与学科建设处。为了统筹校区发展和基本建设，更好地推进珠江校区筹建工作，撤销基本建设处和珠江校区建设与发展办公室，成立校区发展与基本建设处。此外，根据学校工作需要，成立了人才工作领导小组办公室和资产经营公司，独立设置了思想政治理论课教研部等。

为了进一步加强对国家级实验平台的建设与管理，在作物遗传育种与种质创新国家重点实验室、国家大豆改良中心、国家信息农业工程技术中心、国家肉食品质量安全控制工程技术中心 4 个国家级科研平台分别设置了常务副主任岗位，并纳入中层干部队伍管理。

（五）积极推进依法治校，全力维护学校安全稳定

健全完善学术委员会组织架构，成立南京农业大学第六届学术委员会，下设学位委员会、学术规范委员会、本科教学指导委员会、职称评定和学术人员招聘委员会 4 个分委员会，进一步发挥学术委员会在学科建设、学术评价和学术发展中的重要作用。

坚持完善教职工代表大会制度，积极推动二级教职工代表大会制度建设。成功召开学校

第五次教职工代表大会暨第十次工会会员代表大会，大会认真审议了"十一五"以来的《学校工作报告》和《工会工作报告》，听取了学校"十二五"发展规划修改情况的报告，审议通过了《南京农业大学校区建设规划方案》，选举产生了新一届教职工代表大会执行委员会及各专门委员会和新一届工会委员会及其各专门委员会。

全力做好学校安全稳定工作。加强工作调研，强化安全信息收集、研判与报送，及时排查、梳理校园不安全、不稳定因素，不断增强应急处突能力。

以江苏省平安校园创建为契机，进一步加强校园安全监控技防体系建设和各楼宇消防设施及监控设备的维修更新，与二级单位重新签订了《治安防范责任书》《消防安全责任书》；开展"校园安全宣传月"活动，着力提高师生安全防范意识和自我保护能力；整治校园交通秩序，建设校园机动车智能停车管理系统，构建了更加安全、文明和有序的校园环境。学校顺利通过"江苏省平安校园"创建市级考核验收，即将申报省级考核验收。

二、深入贯彻落实教育、科技、人才发展规划纲要，精心组织实施"十二五"发展规划，不断增创学校科学发展新优势

（一）深化教育教学改革，人才培养成效显著

1. 本科教学改革工作进一步加强 制订了"十二五"本科教学质量与教学改革工程实施方案，推进以基地班和金善宝实验班为龙头的拔尖创新人才与复合应用型人才培养模式改革，结合 2011 版本科专业人才培养方案修订工作完善了人才分类培养模块。加强课程和教材建设，获国家级精品教材 5 部、江苏省精品教材 10 部、农业部中华农业科教基金优秀教材 9 部以及江苏省多媒体课件竞赛一等奖 1 个、二等奖 2 个。精品教材获奖数列全国农林高校第一位、江苏省高校第三位。精心组织江苏省教育教学成果奖申报工作，获省级教学成果奖一等奖、二等奖各 2 项。成功承办"第二届全国高等农林院校教育教学改革与创新论坛"。

深化实践教学改革，实施校级创新性实验实践教学改革计划，加强实验教学中心与基地建设，2 个中心获批"2011 年省级实验教学示范中心建设点"，新建 4 个校外教学科研实习基地。大学生课外科研训练与创业实践工作取得新成效，全年共立项"国家级大学生创新创业训练计划"项目 65 项、"江苏省大学生实践创新训练计划"项目 38 项，全校本科生发表学术论文 173 篇。

开展本科教学管理模式与管理制度改革调研工作，形成了《本科教育教学一体化管理模式改革调研报告》，拟定了《关于教授、副教授为本科生授课的规定》《教师教学质量综合评价实施办法修订意见》等文件，并对原有 19 项教学管理规章进行了完善。

加强本科教学信息化和软硬件建设。实现教务系统、课程中心、毕业论文管理系统和创新训练管理系统之间的数据对接，启用教师上课多媒体自助系统。学校被增设为全国计算机等级考试新考点。

圆满完成 4 100 余名学生军训任务和江苏省在宁高校大学生军训成果展示，顺利通过省教育厅和省军区组织的军事课程建设检查评估，初步构建了系统化、科学化的国防教育体系。

2. 研究生教育质量保障体系不断完善 推进研究生培养模式改革，完善研究生分类培养方案和直博生教育改革试点方案。依托农业与生命科学研究生创新中心，组织开展博士生

前沿技术集训。探索按一级学科设置研究生课程体系，选择部分学院开展研究生课程体系改革试点，重点建设 20 门研究生网络精品课程。改进专业学位研究生实践教学，选择部分领域开展实践教学大纲编制试点，立项建设专业学位主干课程 83 门。

完善教学督导，实行教学质量网上评价和优秀课程评选，多途径对研究生课程教学质量进行监控和管理。加强学位管理，不断完善学位论文质量保障体系。获全国优秀博士学位学位论文奖 2 篇，江苏省优秀博士学位论文 6 篇、优秀硕士学位论文 12 篇。全年授予博士学位 387 人，硕士学位 1 583 人；增列 20 位博士生导师、59 位学术型硕士生导师和 56 位全日制专业学位研究生导师；举办了第四次研究生指导教师培训会议；执行研究生导师资格审核制度。开展研究生教育创新工程，获江苏省研究生创新工程立项 119 项。推进研究生教育国际，2011 年 31 人入选"国家建设高水平公派研究生项目"，同时公选 30 名博士生与国家高水平大学联合培养。

3. 招生就业工作稳步推进 加强招生宣传队伍建设，创新招生宣传手段和方式，提高招生宣传的成效，本科生源质量得到稳步提高。2011 年，本科招生 4 200 人，一志愿率达 96.3%，26 个省份理科一志愿率实现 100%；不断完善研究生招生录取政策，加强招生宣传和推荐免试工作，吸引优秀生源，取得良好效果。2011 年，研究生招生 2 947 人。其中，硕士生 1 848 人、博士生 440 人、在职专业学位研究生 659 人。

加强就业指导，完善就业服务，毕业生就业质量不断提高。全年走访用人单位 300 余家，建立就业基地总数达 175 个，邀请 787 家用人单位到校招聘，提供就业岗位 6 000 多个。截至目前，2011 届本科毕业生和研究生毕业生就业率分别为 98.2% 和 90.81%。

4. 继续教育工作取得新突破 进一步完善以学历继续教育为基础，职业教育、岗位培训和干部培训等非学历教育并重的继续教育办学体系，干部培训办学形式及项目取得突破。2011 年，录取各类新生 4 326 人，举办各类专题培训班 36 期，培训学员 1 916 人。3 个特色专业和 3 门精品课程获得江苏省教育厅批准建设。与江苏省委组织部签署了援疆合作协议，远程教学与培训校外学习中心建成并投入使用，参加"2011 年全国继续教育数字化学习资源共享与服务成果展览会"并获得好评。

5. 体育工作取得新成绩 在做好日常体育教学、科研的同时，积极开展群众性体育活动，成功举办学校第 39 届运动会和第六届体育大会。大力推进阳光体育运动工程，学生健康水平不断提高。体育赛事成绩显著，获全国大学生排球锦标赛第四名、超级联赛第六名，全国大学生武术锦标赛 1 金 3 铜等奖项，1 名同学获第十九届亚洲田径锦标赛女子 100 米栏第一名。

（二）坚持人才强校战略，人才队伍建设取得新进展

成立学校人才工作领导小组，实施"钟山学者"计划，着力推进高层次人才队伍、学术梯队和创新团队建设。制订《南京农业大学青年教师学术能力培训暂行办法》，大力开展青年骨干教师出国研修项目，努力扩大后备人才储备。完善学术人员招聘办法，严格控制进人质量。完成 42 名师资招聘，高层次引进人才到岗 8 人，确定引进意向 11 人，新增"千人计划"专家 2 人。获选国家级、省级教学名师各 1 人，进入江苏省"双创计划"、江苏省特聘教授计划、江苏省六大人才高峰计划各 1 人，新入选江苏省第四期"333 工程"24 人、入选首席科学家培养人选 2 人。启动农学院和生命科学学院院长全球招聘工作，并初步确定意向

性人选。

加强人事和岗位制度管理，完善租赁和科研助理及其他编制外用工管理相关制度，研究制定了第二轮专业技术职务岗位分级和职员制度聘任的有关办法。推动收入分配制度改革，预发在职教职工绩效津贴和退休人员生活补贴，调高教职工住房公积金缴存额度，为全校在职教职工申报、缴纳工伤保险，改善了江浦农场职工待遇。

（三）实施"重点突破、带动整体"发展策略，学科建设成效显著

以重点学科建设为主线，合理配置资源，不断完善国家、省、校三级重点学科体系建设。全面完成"211 工程"三期建设项目。学校成功进入国家"985 优势学科创新平台"建设计划。3 个学科入选"十二五"江苏省重点学科，8 个学科入选江苏高校优势学科建设工程。组织开展对第二轮校级重点学科总结、验收，确立了"十二五"校级重点学科建设目标。

新增生态学、草学两个博士学位授权一级学科和生态学、草学、风景园林学硕士学位授权一级学科。目前，学校博士学位授权一级学科达到 16 个，硕士学位授权一级学科达到 33 个。做好了生物信息学、设施农业和海洋科学等新兴交叉学科建设的顶层设计和推进工作。

（四）优化资源配置，科技工作保持良好态势

科研经费充足。年度立项科研经费 4.61 亿元，其中纵向立项经费 4.14 亿元、横向合同金额 4 648 万元；年度到位科研经费 3.3 亿元，其中纵向科研到位经费 3.02 亿元、横向到位经费 2 800 万元。各类纵向项目立项 337 项。签订各类技术开发、技术转让、技术咨询和技术服务合同 283 项。

科技成果丰硕。获得国家级及省部级科技成果奖 14 项，其中以学校为第一完成单位获得国家科技进步奖二等奖 1 项、技术发明奖二等奖 1 项。2011 年发表 SCI 论文 560 篇，SSCI 论文 3 篇。2010 年 SCI "表现不俗论文" 118 篇，列全国高校第 47 位；在 SCI 学科影响因子前 1/10 期刊上发表论文 74 篇，列全国高校第 30 位；国内"学术榜"收录论文 1541 篇，论文被引用 10 367 次，列全国高校第 22 位。专利申请量大幅度攀升，申请 306 项，获批 120 项。申请植物新品种权 7 件，登记软件著作权 17 件。

人文社会科学研究取得突破。各有 1 项研究成果分别受到中央领导和省领导的批示。4 项课题被确立为国家社会科学基金重大招标项目，10 项课题获得教育部、教育厅哲学社会科学重大项目立项。"江苏农业现代化研究基地"成为江苏省决策咨询研究基地；完成教育部人文社会科学基地"南京农业大学中国粮食安全保障研究中心"申报准备工作。成功承办"第二届农林高校哲学社会科学发展论坛"和"中国教育经济学年会"。

科研平台建设得到加强。积极做好"作物遗传与种质创新国家重点实验室"的搬迁和整改工作。12 个农业部重点实验室包括"农业部大豆生物学与遗传育种重点实验室"综合性重点实验室获批建设。"农作物生物灾害综合治理教育部重点实验室"通过专家论证。完成学校大型仪器共享平台一期工程建设，实现了全校各单位对大型仪器设备账、卡、物的实时管理以及网络预约使用及管理。

产学研工作再上新台阶。召开了学校科技创新与产学研深度合作大会，与 4 个地方政府签订了产学研深度合作协议，正式启动了教育部新农村发展研究院及其相关基地建设工作。

新建常州、宿迁 2 个技术转移分中心和宜兴产学研合作办公室，与 5 个地方政府、行业企业共建产业研究院或科技开发中心。继续实施"百名教授兴百村"三期工程，重点建设了 4 个专家工作站。多种形式开展技术推广和科技兴农工作。学校被江苏省评为"挂县强农"先进集体和被南京市评为"双百工程"先进集体。

学报影响不断提升。学报（自然科学版）各项学术指标综合排名，在 1 998 种统计源期刊中列第 81 位，编辑部获"中国高校科技期刊优秀团队"称号。学报（社会科学版）影响因子逐年提升。

制订出台了《南京农业大学科研项目经费预算制管理试行办法》《南京农业大学科研项目使用校内大型仪器设备共享平台内部转账管理暂行规定》《南京农业大学科研项目经费管理办法补充规定》《南京农业大学对外科技服务管理实施细则》等，进一步完善了学科科技管理制度和政策体系。

（五）推进教育国际化进程，国际交流与合作更加活跃

全年接待国外专家 476 人次，公派出国（境）留学人员 396 人次，举办各类国际会议 7 次，参加国际学术交流 294 人次，与 8 所国外名校签署或续签了合作协议，与我国台湾 3 所高校签署了校际合作协议和学生交流协议。植物营养学、食品质量与安全、植物学、农业昆虫与害虫防治 4 个国际科技合作平台建设得到进一步加强。学校获"江苏省教育国际合作交流先进单位"称号。

引智工作成效显著。全年组织引智项目 95 个，获得聘专经费 532 万元，聘请外国专家 343 人次做 420 多场学术报告，聘请 2 名海外学术大师和 28 名海外学术骨干来校合作科研和讲学。

教育援外和留学生工作进一步加强。举办 3 期援外培训班，培训 20 多个国家 84 名学员；实施"中非高校 20＋20 合作计划"，向肯尼亚埃格顿大学派遣教师 2 名。在 60 多个国家和地区招收长短期留学生 478 名，比 2010 年增长 19%。

（六）加强条件建设，服务保障能力得到有力提升

1. 完善财务管理，学校财力持续增强　进一步完善财务运行机制，加大资金管理内部控制，加强预算执行分析，做好财务决算，规范专项经费管理。进一步提升会计电子化水平，探索报销新方法，启动 POS 机刷卡支付模式，提高了工作效率。

全年学校事业收入 11.4 亿元。其中，教育拨款 6.26 亿元、科研经费拨款 2.79 亿元。多渠道筹集办学资金，获修购专项资金 4 000 万元，中央高校基本科研业务费 1 781 万元，社会公益研究经费 1 780 万元，奖励等其他收入 6 925 万元。

2. 加强基本建设，办学条件不断改善　成立了校区建设领导小组，启动珠江校区建设概念性规划。完成白马园区土地征用前期手续。理科实验楼北楼、工学院科技综合楼、卫岗校区 19 号学生宿舍和工学院 15 号学生宿舍竣工交付。理科实验楼南楼和地下室改造工程即将完工。完成多功能风雨操场扩初设计和施工图设计，预计 2012 年上半年开工。完成二号门青年教师公寓规划要点审批、设计单位招投标和施工方案设计。完成工程建设领域突出问题专项治理整改、总结和上报工作。

投入 3 850 万元用于校园、牌楼基地、江宁水稻基地和珠江校区基础设施维修及改造。

投入6 600万元购置教学、科研仪器设备,新增仪器设备6 626台件;完成进口仪器采购500多台件,通过免税为学校节约410万元。

校园信息化得到快速推进。完成研究生、学工、教务、外事和公共数据平台数据流整合及学工平台系统开发、办公自动化系统升级、人事管理系统优化、国有资产管理信息化规划设计等工作。完成移动图书馆平台测试,建成自助借阅平台。投入200万元购买1985年后SCI数据库。学校获"中国教育技术协会先进组织奖"、教育部科技发展中心"2011高等教育信息化应用创新奖"和"江苏高校信息化建设先进单位"。

3. 规范资产与后勤管理,保障水平与服务能力明显增强 推进资产管理制度建设和信息化建设,初步建成资产管理信息系统平台,实现全校资产信息共享、实时对账和网络化管理。

加强与南京理工大学及地方政府联络沟通,成功取消牌楼地块既定规划道路。积极推进牌楼土地置换、光华路南地块开发和土桥基地土地划拨等工作。

加强学校公房管理改革,制订公房管理改革方案。顺利完成理科实验楼搬迁。启动实验楼、金陵研究院和植保楼维修改建工作。完成校友山维修及周边绿化、清理和主干道周围绿化工程。建成南苑学生临时浴室,初步解决了学生洗澡难问题。推进文明、和谐、平安社区建设,实施配套绿化工程,修建家属区停车场,畅通家属区消防和救护应急通道,维修翻建二号门,全面清淤145个化粪池,家属区环境卫生有了较大改观。

开展数字化能耗监管系统建设,节约型校园建设取得实效。全校非节能灯全部换成高效节能灯,学校每年将为此节省电费500万元。2011年卫岗校区耗电总量2 100万度、耗水总量250万吨,用电总量平稳,节水效果明显。学校获"全国节能管理先进院校"和"江苏省节能管理先进高校"称号。

推行后勤服务精细化和目标管理,开通后勤服务热线,健全各项安全制度,完善应急预案,努力降低运行成本。学校获"全国高校后勤社会化改革先进院校"称号。

规范公费医疗管理,启动大学生参加城镇居民基本医疗保险工作。加强疾病预防和医疗保健工作,学校医院医疗保健水平得到进一步提升。

三、以改革创新精神进一步加强和改进学校党的建设,为学校事业发展提供坚强的思想、政治和组织保证

(一)深入开展"创先争优"活动,不断激发各级党组织和广大党员的生机活力

以纪念建党90周年为契机,进一步推进"创先争优"活动深入开展。通过组织全校师生员工听党史课、举办"唱红歌、跟党走"歌咏大会、开展主题征文和理论研讨、召开党员代表座谈会、重温入党誓词以及走访慰问老同志等活动,引导广大党员和师生员工更加深刻认识和全面了解了党的90年光辉历史,激励大家将智慧和力量凝聚到学校事业发展上来。

以"落实教育规划纲要、服务学生健康成长"为主题,以解决师生反映强烈的突出问题为重点,以提升满意度为标准,以"三亮"(亮标准、亮身份、亮承诺)、"三比"(比技能、比作风、比业绩)、"三评"(群众评议、党员评议、领导点评)为抓手,深入开展"为民服务创先争优"活动,使全校基层党组织和广大党员进一步增强了服务意识、改进了服务作风、提升了服务效能。

发挥典型引路作用。通过开展"先进基层党组织""优秀党务工作者""优秀共产党员""三最"（最喜爱的教师、最喜爱的辅导员、最喜爱的管理服务人员）、"三星"（大学生学习之星、服务之星、创新之星）和第三届"师德标兵""师德先进个人"等评选表彰活动，树立了先进典型，全面营造了"创先争优"的良好氛围。

（二）加强思想建设，着力做好理论武装和思想政治教育工作

充分发挥校院二级党委中心组和校院二级党校作用，引导广大党员和师生员工，紧紧围绕中国特色社会主义理论、社会主义核心价值体系以及新时期党和国家有关高等教育改革发展的精神和决策部署深入开展学习。全年共举办校级大型形势报告会 30 余场，各类讲座报告 300 余场。校党校先后举办入党积极分子、新党员培训班、组织员培训班和第四期中层干部高等教育研修班，通过专题报告、大会交流和实践调研等多种形式，使培训更加贴近形势、贴近思想和贴近工作。

充分发挥思想政治理论课在大学生思想政治教育工作中的主阵地作用。以思想政治理论课课程教学改革为重点，积极推进研究性专题课教学、案例式教学以及理论与实践相结合的教学模式，努力提升教育教学的实效性。

重视做好思想政治理论研究，全年共有 45 项党建和思想政治教育研究课题获得校级评审立项。

（三）加强基层组织和干部队伍建设，进一步增强各级党组织和广大党员干部服务学校中心工作的能力和水平

成功召开第三次组织工作会议，会议认真总结了 2008 年学校第二次组织工作会议以来，在党的建设和组织工作方面取得的成绩和经验，对学校当前及今后一个时期党的建设和组织工作进行了全面部署。制订出台《南京农业大学院级基层党组织工作细则》《南京农业大学党支部工作细则》，进一步规范了基层党组织的工作内容、工作职责和工作机制。组织开展院级基层党组织建设工作考核和中层领导班子、中层干部届中考核工作，为即将进行的院级党组织换届和 2012 年上半年学校第十一次党代会的召开做好了基础性准备。

完善基层组织设置。配合学校内部管理机构调整，撤销产学研合作处党总支，成立科学研究院党总支、思想政治理论课教研部党总支以及校区发展与基本建设处直属党支部。目前，全校共有院级党委 16 个、党总支 7 个、直属党支部 5 个、下属党支部 430 个，保证了党的组织和工作全覆盖。

做好发展党员工作。全年共发展各类学生党员 2 064 人、教职工党员 12 人。目前，全校共有党员 9 995 人，教职工中党员比例为 57.94%，本专科生中党员比例 35.20%，研究生中党员比例为 69.67%。

加强干部队伍建设。修订出台了《南京农业大学中层干部管理规定》《南京农业大学关于加强处级后备干部队伍建设的意见》。积极推行公推公选、差额选拔，不断加大竞争性选拔干部力度。全年经民主推荐、公开竞聘共新选拔中层干部 16 人。目前，全校共有中层干部 174 人，平均年龄 45 岁，其中女同志占 12%，具有高级职称的占 79.9%，具有研究生学历的占 70.1%。

积极开拓年轻干部基层和艰苦地区实践锻炼渠道。全年共选派 2 人到新疆农业大学挂

职、4 人到苏北地区挂职、9 人参加江苏省第四批科技镇长团。3 人荣获"对口支援西部高校工作十周年突出贡献个人"称号。

（四）加强文化建设和宣传工作，努力为学校事业发展创造良好软环境

实施《南京农业大学中长期文化建设规划纲要（2010—2020 年）》，编制文化建设年度实施方案，成立学校宣传思想文化工作领导小组，全面推进以"诚朴勤仁"为核心的学校文化建设。完成南大门校训石碑、图书馆塔楼文化钟等设施建设，启动学校视觉识别系统、形象宣传片和校园信息发布系统等文化建设项目。认真开展"五五"普法宣传教育，学校被评为"2006—2010 年江苏省法制宣传教育先进单位"。

启动 110 周年校庆筹备工作，举行了 110 周年校庆启动仪式和首次校庆筹备工作会议，校庆相关筹备工作全面有序推开。精心组织《南京农业大学发展史》研究和编撰工作，发展史计划 190 万字的初步文稿已大部分完成。加强校友联络，有计划地走访省内各地市校友会，积极推进省级地方校友会建设，多途径争取校友资源为学校建设发展服务。

发挥校报、南农新闻网和橱窗等校内媒体的宣传引导功能，广泛宣传学校改革发展的新成就、新举措，努力为建设世界一流农业大学营造良好的舆论氛围。积极做好对外宣传工作，全年对外宣传报道 1 400 余次（不含转载）。其中，在中央电视台《人民日报》《中国教育报》《科技日报》《农民日报》和《中国青年报》等国家级媒体报道 320 余次，有力提升了学校的社会美誉度和影响力。

（五）实施学生工作"三大战略"，不断提升学生教育、管理、服务水平

实施大学生"主体发展战略"。以建党 90 周年、辛亥革命 100 周年等重要历史节点为契机，深入开展大学生理想信念教育。举办大学生成长故事报告会、优秀人物访谈等活动，不断激发大学生自我成长成才意识。重视新生入学教育，引导新生尽快适应大学生活、主动规划大学生涯。注重运用新媒体引导学生，开通"南农青年"微博、手机报等立体网络教育平台。2011 年，学校 2 名同学入选"中国大学生自强之星"提名、2 名同学被评为"江苏省好青年"。

实施大学生"素质拓展战略"。组织开展"百题讲座""大学生科技节"、研究生"神农科技文化节""暑期社会实践"和大学生志愿者"四进社区"等活动，引导学生积极参加素质拓展和能力锻炼。全年共举办各类素质教育讲座 100 余场、研究生学术文化活动 300 余场，开展各类志愿服务近 10 700 人次。学校获第十二届"挑战杯"全国大学生课外学术科技作品竞赛高校优秀组织奖。由南京农业大学与中国农业大学共同申报的"农林高等院校'百名博士老区行'科技服务活动"获教育部全国高校校园文化建设特等奖。

实施学生工作"队伍发展战略"。搭建业务学习平台，举办 8 期辅导员学习专题报告，选送 13 名辅导员参加部省级专题培训。搭建工作交流平台，举办辅导员工作论坛，建立研究生专兼职辅导员定期工作例会制度。规范工作考评机制，进一步激发学工队伍的整体工作积极性。成功承办第十一届全国农业高校学生工作研讨会。

扎实做好心理健康教育和解困助学工作。完成对全体本科生和研究生新生的心理健康普查；增设心理健康游戏室；启动专兼职心理健康教师督导计划；初步构建大学生心理健康教育课程体系。完善家庭经济困难学生资助体系，认定经济困难学生 6 249 人，发放各类资助

3 700 万元；坚持党的民族政策，重视做好少数民族学生的教育管理和资助工作。

（六）调动和发挥各方面积极性，努力形成促进学校又好又快发展的强大合力

深入贯彻落实党的统一战线工作方针，积极创造条件、搭建平台，支持各民主党派做好自身建设、参政议政和服务社会经济发展。2011 年，学校各民主党派成员承担省级调研课题 2 项、向民主党派中央和省委提出建议 5 项，发展民主党派成员 9 人。校民盟与民盟金坛市委合作，成功组织"第三届金坛农业发展高层论坛"。校民盟获民盟中央"先进集体"称号。

充分发挥工会桥梁纽带作用，维护教职工合法权益，丰富教职工精神文化生活。积极开展"党建带工建，工建促党建""教师回报社会"、创建"工人先锋号"和"模范教工之间"建设等工作。做好首批教职工大病医疗互助基金补助申请受理工作。

共青团坚持用社会主义核心价值体系教育引领青年学生，在加强第二课堂建设、促进学生主体发展、丰富学生文化生活、加强团组织自身建设、引导学生会和各类学生社团组织健康有序发展等方面，做了大量卓有成效的工作。

坚持"老有所为、老有所养、老有所教、老友所乐"的指导思想，及时做好对离退休老同志的服务工作，不断丰富老同志精神文化生活。根据因地制宜、量力而行的原则，支持老同志在学校建设发展、关心下一代和构建和谐校园等工作中，发挥积极作用。

四、围绕学校改革发展稳定大局，扎实推进反腐倡廉建设

（一）加强党风廉政教育，筑牢思想道德和法纪防线

召开学校年度党风廉政建设工作会议，及时传达中央纪委第六次全会和全国教育系统党风廉政建设会议精神，研究部署学校党风廉政建设和反腐败工作，进一步明确领导干部党风廉政建设责任，提出廉洁自律要求。

对各类人员有针对性地开展反腐倡廉教育。开展廉政谈话活动，对 16 名新任中层干部进行廉政谈话教育。举办预防职务犯罪报告会，邀请驻地检察院检察长做报告，对全校科级以上干部（300 余人）进行廉洁从政教育。举办财会人员专题讲座、招投标业务培训会等，对重点岗位的管理人员进行岗位廉洁教育。举办研究生指导教师专题培训、学风建设报告会等，对教师和科研人员进行科学道德与学术诚信教育。

大力开展廉洁文化创建活动。举办"校园廉洁文化活动周"等活动，将党风廉政建设与校园文化建设、师德师风建设、学风建设相结合，通过廉政书籍阅读、廉洁诗词创作和廉政题材的书画摄影作品创作评比等活动，营造"以廉为荣、以贪为耻"的廉洁文化氛围，师生员工共创作廉洁文化作品近 200 件。

（二）加强对重要部门、关键岗位的管理，强化审计监督

加强对招投标活动的统一管理，形成了校内招投标统一平台。基建工程、物资采购招投标活动统一扎口在招投标办公室，大型建设项目和大额资金采购项目，由学校招投标领导小组集体研究决定，有利于防止发生违规干预招投标、规避招标等问题，确保了公开、公平和公正。

完善招生监察机制，加强对特殊类型招生的管理和监督。与测试命题人员、评委专家签订责任书，对特殊类型专业测试现场进行全程录像，防止徇私舞弊行为发生。

强化审计监督。完成干部经济责任审计 41 项（离任审计 33 项、任期中审计 8 项），审计金额 13.49 亿元。发现违规出借资金 220 万元（已纠正），发现并调整账务处理不当 1 194.3 万元，清理暂付款 5 035.34 万元。通过经济责任审计建立预警防范机制，及时消除各类廉政风险隐患。对理科实验楼工程项目和 8 个"江苏省高校优势学科建设工程"项目进行全过程跟踪审计，强化财务监督，对大额度资金的流动进行动态监控。全年共完成工程结算审计 126 项，送审金额 3 685.84 万元，核减金额 360.21 万元，核减率 9.77％。

（三）完善党风廉政制度建设，构筑完备的惩防体系

成立学校党风廉政建设责任制领导小组，制订学校《党风廉政建设责任制实施办法》，开展二级单位党风廉政建设责任制检查，并对 10 个二级学院进行重点抽查，促进各级领导班子和领导干部全面落实"一岗双责"。校领导班子成员带头与校党委签订《廉政承诺书》，各二级单位内部签订相应的责任书与承诺书，学校内部初步形成了"权责明晰、逐级负责、层层落实"的反腐倡廉责任体系。

以迎接教育部"党风廉政建设责任制"和"廉政准则"执行情况专项检查为契机，深入查找存在的问题，提出整改意见，学校党风廉政建设得到了教育部专项检查小组的充分肯定。

落实信息公开制度，深入推进党务、校务公开和基层单位事务公开工作，将涉及师生员工合法权益或切身利益的信息通过各种形式进行公开。

建立校检合作机制，与检察机关签订协议，共同构建具有学校特点的惩治和预防腐败体系。开展信访监督，防止苗头性、倾向性问题演变成腐败行为，严肃查处党员干部违纪违法行为，全年受理纪检监察信访 11 件，立案查处 1 件，有 1 名党员干部受到了党纪、政纪处分。

2011 年是"十二五"的开局之年，也是学校确立世界一流农业大学奋斗目标、加快推进各项事业实现新一轮跨越式发展的关键之年。一年来，学校各方面工作取得了可喜的成绩，这些成绩是全校教职工团结一致、勤奋工作的结果。

2012 年，学校将迎来 110 周年华诞，第十一次党代会也将如期召开。让我们携起手来，紧密团结在一起，全面贯彻新时期党和国家有关高等教育改革发展的精神和决策部署，紧紧围绕学校发展战略目标，进一步凝聚各方面力量，坚定发展信心和奋进毅力，勇于改革创新，不畏艰辛和困难，用我们的智慧、勇气、汗水和毅力，共同谱写南京农业大学更加美好的新篇章！

（校长办公室提供）

[教职工和学生情况]

教 职 工 情 况

在职总计	专任教师			行政人员	教辅人员	工勤人员	科研机构人员	校办企业职工	其他附设机构人员	离退休人员
	小计	博士生导师	硕士生导师							
2 726	1 508	300	752	512	222	174	22	4	284	1 492

专 任 教 师

职称	小计	博士	硕士	本科	本科以下	≤30岁	31～40岁	41～50岁	51～60岁	≥61岁
教授	310	260	30	20		0	38	172	80	20
副教授	425	185	158	82		3	155	225	42	
讲师	532	153	255	124		85	339	99	9	
助教	123	2	65	56		80	42	1		
无职称	118	78	28	12		78	40	0		
合计	1 508	678	536	294		246	614	497	131	20

学 生 规 模

类型	毕业生	招生数	人数	一年级 (2011)	二年级 (2010)	三年级 (2009)	四、五年级 (2008、2007)
博士生 (＋专业学位)	386（＋14）	440（＋16）	2 152（＋91）	440	437	1 275	
硕士生 (＋专业学位)	1 377 （＋317）	1 848 （＋538）	5 615 （＋2 153）	1 848	1 674	2 093	
普通本科	3 855	4 204	16 688	4 204	4 182	4 165	4 137
普通专科	86	0	0	0	0	0	
成教本科	1 291	2 115	5 739	2 115	1 838	1 351	435
成教专科	2 940	2 805	7 505	2 805	2 819	1 881	
留学生	12人授予学位	216	441	337	33	37	34
总 计	9 947 （＋331）	11 628 （＋554）	38 140 （＋2 244）	11 749	10 983	10 802	4 606

（续）

学 科 建 设

学院	22个	博士后流动站	13个	国家重点学科（一级）	4个	省、部重点学科（一级）	5个
		中国工程院士	2人	国家重点学科（二级）	3个	省、部重点学科（二级）	23个
		"千人计划"入选者	2人	国家重点（培育）学科	1个		
本科专业	61个	博士学位授权点	一级学科 16个	国家重点实验室	1个	省、部级研究（所、中心）、实验室	62个
			二级学科 0				
专科专业	0个	硕士学位授权点	一级学科 33	国家工程技术研究中心	3个		
			二级学科 7				

资 产 情 况

占地面积	559.4万平方米	学校建筑面积	57.10万平方米	固定资产总值	14.28亿元
绿化面积	94.95万平方米	教学及辅助用	28.35万平方米	教学、科研仪器设备资产	4.80亿元
运动场地面积	6.6万平方米	办公用房	3.00万平方米	语音实验室座位数	1481个
教学用计算机	7 665台	生活用房	25.75万平方米	一般图书	206.2万册
多媒体教室座位	19 341个	教工住宅	无	数字资源量	40 000 GB

注：截止时间为 2011 年 11 月 8 日。

（撰稿：蔡小兰　审稿：刘　勇　审核：周　复）

三、机构与干部

[机构设置]

机 构 设 置

（截至 2011 年 12 月 31 日）

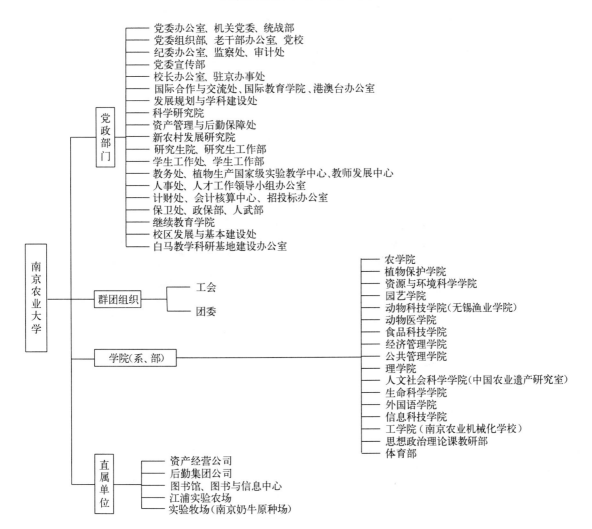

南京农业大学

党政部门
- 党委办公室、机关党委、统战部
- 党委组织部、老干部办公室、党校
- 纪委办公室、监察处、审计处
- 党委宣传部
- 校长办公室、驻京办事处
- 国际合作与交流处、国际教育学院、港澳台办公室
- 发展规划与学科建设处
- 科学研究院
- 资产管理与后勤保障处
- 新农村发展研究院
- 研究生院、研究生工作部
- 学生工作处、学生工作部
- 教务处、植物生产国家级实验教学中心、教师发展中心
- 人事处、人才工作领导小组办公室
- 计财处、会计核算中心、招投标办公室
- 保卫处、政保部、人武部
- 继续教育学院
- 校区发展与基本建设处
- 白马教学科研基地建设办公室

群团组织
- 工会
- 团委

学院（系、部）
- 农学院
- 植物保护学院
- 资源与环境科学学院
- 园艺学院
- 动物科技学院（无锡渔业学院）
- 动物医学院
- 食品科技学院
- 经济管理学院
- 公共管理学院
- 理学院
- 人文社会科学学院（中国农业遗产研究室）
- 生命科学学院
- 外国语学院
- 信息科技学院
- 工学院（南京农业机械化学校）
- 思想政治理论课教研部
- 体育部

直属单位
- 资产经营公司
- 后勤集团公司
- 图书馆、图书与信息中心
- 江浦实验农场
- 实验牧场（南京奶牛原种场）

机构变动如下：

增设机构

（一）行政

招投标办公室（正处级建制，2011 年 1 月）
思想政治理论课教研部（正处级建制，2011 年 5 月）
人才工作领导小组办公室（正处级建制，2011 年 8 月）
发展规划与学科建设处（正处级建制，2011 年 8 月）
校区发展与基本建设处（正处级建制，2011 年 8 月）
科学研究院（正处级建制，2011 年 10 月）
资产经营公司（正处级建制，2011 年 11 月）

（二）党委

中共南京农业大学思想政治理论课教研部总支部委员会（正处级建制，2011 年 5 月）
中共南京农业大学校区发展与基本建设处直属党支部（正处级建制，2011 年 9 月）
中共南京农业大学科学研究院总支部委员会（正处级建制，2011 年 10 月）

［校级党政领导］

党委书记：管恒禄

党委常委、校长：郑小波（任至 2011 年 6 月）

　　　　　　　周光宏（2011 年 6 月起任现职）

党委副书记：花亚纯

党委副书记、纪委书记：盛邦跃

党委常委、副校长：徐　翔

　　　　　　　　　沈其荣

　　　　　　　　　孙　健（任至 2011 年 6 月）

　　　　　　　　　曲福田（任至 2011 年 6 月）

　　　　　　　　　胡　锋（2011 年 6 月起任常委）

　　　　　　　　　陈利根（2011 年 6 月起任现职）

　　　　　　　　　戴建君（2011 年 6 月起任现职）

　　　　　　　　　丁艳锋（2011 年 6 月起任现职）

[处级单位干部任职情况]

处级单位干部任职情况一览表
(2011.01.01—2011.12.31)

序号	工作部门	职 务	姓名	备 注
一、党政部门				
1	党委办公室、机关党委、统战部	主任、书记、部长	刘营军	2011 年 10 月任职
		副主任、副部长	全思懋	
2	组织部、老干部办公室、党校	部长、主任、党校常务副校长、机关党委副书记	王春春	
		副部长	刘 亮	2011 年 11 月任职
		副主任、离休直属党支部副书记	张 鲲	
3	纪委办公室、监察处、审计处	纪委办公室主任、监察处处长、审计处处长	尤树林	
		审计处副处长	顾兴平	
4	宣传部	部长	万 健	
		副部长	丁晓蕾	
5	校长办公室、驻京办事处	主任	闫祥林	2011 年 10 月任职
		副主任	李 勇	2011 年 12 月任职
		副主任、驻京办主任	陈如东	
6	人事处、人才工作领导小组办公室	处长	李友生	2011 年 10 月任职
		副处长	毛卫华	
		副处长	杨 坚	
		副主任	郭忠兴	2011 年 11 月任职
7	发展规划与学科建设处	处长	董维春	2011 年 8 月任职
		副处长	宋华明	2011 年 8 月任职
8	学生工作处、学生工作部	处长、部长	方 鹏	2011 年 11 月任职
		副处长	王录玲	
		副处长、副部长	姚志友	2011 年 3 月任职
9	研究生院、研究生工作部	常务副院长、副部长、学位办主任	罗英姿	2011 年 3 月任职
		部长、副院长	刘兆磊	2011 年 3 月任职
		副部长、院长办公室主任	李献斌	
		招生办公室主任	周留根	
		培养处处长	陈 杰	

（续）

序号	工作部门	职　务	姓名	备　注
10	教务处	处长	王　恬	
		副处长	李俊龙	
		副处长	高务龙	
11	计财处、招投标办公室、会计核算中心	处长	张　兵	
		副处长、会计核算中心主任	陈庆春	
		副处长	郑　岚	
		招投标办公室副主任	肖俊荣	2011 年 1 月任职
12	保卫处、政保部、人武部	处长、部长、部长	刘玉宝	
		副处长、副部长、副部长	何东方	2011 年 12 月任职
13	资产管理与后勤保障处	处长	钱德洲	2011 年 1 月任职
		党总支书记、副处长	顾义军	
		副处长	石晓蓉	
14	科学研究院	常务副院长	刘凤权	2011 年 10 月任职
		党总支书记、副院长、科研计划处处长	张海彬	2011 年 10 月任职
		副院长（正处级）	陈　巍	2011 年 10 月任职
		副院长（正处级）、人文社科处处长	刘志民	2011 年 10 月任职
		成果与知识产权处处长	朱世桂	2011 年 10 月任职
		重大项目处处长	俞建飞	2011 年 10 月任职
		实验室与平台处处长	张晓东	2011 年 10 月任职
		产学研合作处（技术转移中心）处长（主任）	杨德吉	2011 年 10 月任职
15	国际合作与交流处、国际教育学院、港澳台办公室	直属党支部书记、处长、院长、主任	张红生	
		副书记、副处长、副院长、副主任	韩纪琴	
		副处长、副院长、副主任	游衣明	
		副院长	石　松	2011 年 3 月任职
16	继续教育学院	党总支书记	钱贻隽	
		院长	单正丰	
17	校区发展与基本建设处	处长	王勇明	2011 年 8 月任职
		副处长	孙仁帅	
		副处长	倪　浩	2011 年 12 月任职
18	白马教学科研基地建设办公室	副主任、副书记	桑玉昆	2011 年 12 月任职

（续）

序号	工作部门	职　务	姓名	备　注
二、群团组织				
1	工会	主席	丁林志	
		副主席	陈明远	
2	团委	书记	夏镇波	
		副书记	王　超	
三、学院（系、部）				
1	农学院	党委书记	李昌新	
		副院长（主持工作）	戴廷波	2011 年 9 月任职
		党委副书记	庄　森	2011 年 12 月任职
		副院长	邢　邯	2011 年 11 月任职
		副院长	王秀娥	2011 年 11 月任职
		副院长	朱　艳	2011 年 11 月任职
2	植物保护学院	党委书记	董立尧	2011 年 8 月任职
		院长	吴益东	
		党委副书记	许再银	
		副院长	高学文	
		副院长	王源超	2011 年 10 月任职
3	资源与环境科学学院	党委书记	李辉信	
		院长	徐国华	
		党委副书记	崔春红	
		副院长	高彦征	
		副院长	邹建文	
4	园艺学院	党委书记、院长	侯喜林	
		党委副书记	韩　键	
		副院长	陈劲枫	
		副院长	陈发棣	
5	动物科技学院	党委书记	景桂英	
		院长	刘红林	
		党委副书记	於朝梅	
		副院长	杜文兴	
		副院长	毛胜勇	2011 年 3 月任职
6	动物医学院	党委书记	胡正平	
		院长	范红结	
		党委副书记	周振雷	
		副院长	雷治海	
		副院长	马海田	2011 年 5 月任职

（续）

序号	工作部门	职　务	姓名	备　注
7	食品科技学院	党委书记	董明盛	
		院长	陆兆新	
		党委副书记	孙　健	
		副院长	徐幸莲	
		副院长	屠　康	2011 年 3 月任职
		副院长	李春保	2011 年 11 月任职
8	经济管理学院	党委书记	陈东平	
		院长	周应恒	
		党委副书记	孙雪峰	
		副院长	应瑞瑶	
		副院长	朱　晶	
9	公共管理学院	党委书记	吴　群	
		院长	欧名豪	
		党委副书记	胡会奎	
		副院长	石晓平	
		副院长	于　水	
10	理学院	党委书记	程正芳	
		院长	杨春龙	
		党委副书记	刘照云	
		副院长	张良云	
11	人文社会科学学院	党委书记、副院长	杨旺生	2011 年 10 月任职
		院长	王思明	
		党委副书记	屈　勇	
		副院长	付坚强	
12	生命科学学院	党委书记	夏　凯	
		院长	沈振国	
		党委副书记	吴彦宁	
		副院长	张　炜	
		副院长	赵明文	
13	外国语学院	院长	秦礼君	
		党委副书记	姚科艳	2011 年 3 月任职
		副院长	王宏林	
14	信息科技学院	党委书记	梁敬东	
		院长	黄水清	
		党委副书记	白振田	2011 年 3 月任职
		副院长	徐焕良	

（续）

序号	工作部门	职　务	姓名	备　注
15	思想政治理论课教研部	主任、书记	余林媛	2011 年 5 月任职
		副主任、副书记	王建光	2011 年 10 月任职
16	体育部	直属党支部书记	段志萍	
		部长	张 禾	
17	工学院	党委书记	蹇兴东	
		院长、农业机械化学校校长	丁为民	
		党委副书记、纪委书记	张维强	
		副院长、农业机械化学校副校长	缪培仁	
		副院长、农业机械化学校副校长	孙小伍	
		党办主任	张 斌	
		纪委办主任、监察室主任、机关党总支书记	王健国	
		院长办公室主任	李 骅	
		学工处处长、院团委书记	夏拥军	
		人事处处长	何瑞银	
		计财处处长	张和生	
		科技与研究生处处长	汪小旵	
		总务处处长	李中华	
		培训部主任	杨 明	
		农业机械化系、交通与车辆工程系党总支书记	薛金林	2011 年 3 月任职
		农业机械化系、交通与车辆工程系系主任	姬长英	
		机械工程系党总支书记	康 敏	
		机械工程系系主任	朱思洪	
		电气工程系党总支书记	沈明霞	
		电气工程系系主任	尹文庆	
		管理工程系党总支书记	周应堂	
		管理工程系主任	张兆同	
		基础课部党总支书记	刘智元	
		基础课部主任	施晓琳	
		图书馆馆长	姜玉明	

（续）

序号	工作部门	职 务	姓名	备 注
四、直属单位				
1	图书馆、图书与信息中心	党总支书记	倪 峰	
		馆长、主任	包 平	
		副馆长、副主任、副书记	查贵庭	
		副馆长、副主任	龚义勤	
2	后勤集团公司	党总支书记	陈礼柱	2011年8月任职
		总经理	陈兴华	
		党总支副书记、副总经理	姜 岩	
		副总经理	乔玉山	
3	江浦实验农场	党总支书记	洪德林	
		场长	刘长林	
		副场长	赵 宝	
		副场长	高 峰	
4	实验牧场	直属党支部书记、场长	蔡虎生	
5	资产经营公司	直属党支部书记、总经理	许 泉	2011年12月任职

序号	职别	姓名
五、调研员		
1	正处级调研员	严志明
2	正处级调研员	高荣华
3	正处级调研员	高 翔
4	副处级调研员	江华山
5	副处级调研员	宫京生
6	副处级调研员	吴耀清
7	副处级调研员	顾 平

[常设委员会（领导小组）]

南京农业大学党建工作领导小组

组　长：管恒禄

副组长：周光宏　盛邦跃

成　员（以姓名笔画为序）：

万　健　王春春　尤树林　刘营军　花亚纯

周光宏　徐　翔　盛邦跃　管恒禄

南京农业大学宣传思想文化工作领导小组

组　长：盛邦跃

副组长：花亚纯　胡　锋

成　员（以姓名笔画为序）：

丁林志　万　健　王　恬　王春春　尤树林

方　鹏　包　平　刘凤权　刘玉宝　刘兆磊

刘营军　闫祥林　李友生　杨旺生　余林媛

罗英姿　夏镇波

南京农业大学"十二五"发展规划实施工作领导小组

组　长：管恒禄　郑小波

副组长：花亚纯

成　员（以姓名笔画为序）：

万　健　王　恬　王春春　尤树林　曲福田

刘凤权　刘志民　刘营军　许　泉　孙　健

李友生　沈其荣　张　兵　张红生　张海彬

陈　巍　陈礼柱　陈兴华　陈利根　周光宏

胡　锋　顾义军　钱德洲　徐　翔　盛邦跃

董维春　戴建君

党风廉政建设责任制领导小组

组　长：管恒禄　周光宏

副组长：盛邦跃

成　员：花亚纯　沈其荣　陈利根　戴建君　王春春

尤树林

中共南京农业大学委员会保密委员会

主　任：花亚纯

副主任：刘营军　闫祥林　张维强　张海彬　刘玉宝
　　　　张红生

委　员（以姓名笔画为序）：

万　健　王　恬　王春春　尤树林　刘玉宝
刘兆磊　刘营军　闫祥林　许　泉　李　骅
李友生　李昌新　李辉信　杨旺生　吴　群
余林媛　张　兵　张　斌　张　鲲　张红生
张海彬　张维强　陈东平　陈礼柱　胡正平
段志萍　侯喜林　洪德林　夏　凯　顾义军
钱贻隽　倪　峰　梁敬东　董立尧　董明盛
董维春　景桂英　程正芳

南京农业大学人才工作领导小组

组长：管恒禄　周光宏

成员：沈其荣　胡　锋　王春春　李友生　董维春

南京农业大学学科建设领导小组成员

组　长：周光宏

副组长：管恒禄　沈其荣

成　员：徐　翔　胡　锋　丁艳锋　董维春　李友生
　　　　张红生　刘凤权　罗英姿

全日制本科招生领导小组成员

组　长：花亚纯

副组长：胡　锋　戴建君

成　员：尤树林　方　鹏　王　恬　张　兵　王录玲

南京农业大学第六届学术委员会名单

主　席：周光宏

副主席：管恒禄　沈其荣

委　员（以姓名笔画为序）：

丁艳锋　万建民　王　荣　曲福田　沈其荣
易中懿　周光宏　郑小波　胡　锋　钟甫宁
徐　翔　曹卫星　盖钧镒　管恒禄　翟虎渠

南京农业大学职称评定和学术人员招聘委员会

主　任：周光宏

副主任：沈其荣　胡　锋

常务委员（以姓名笔画为序）：

丁艳锋　李友生　沈其荣　周光宏

郑小波　胡　锋　钟甫宁　盛邦跃

盖钧镒　董维春

南京农业大学第十届学位委员会

主　任：周光宏

副主任：徐　翔

委　员（以姓名笔画为序）：

丁为民　丁艳锋　万建民　王　恬

王思明　曲福田　朱伟云　刘祖云

沈振国　陆兆新　陆承平　陈利根

罗英姿　周光宏　周应恒　郑小波

赵如茜　钟甫宁　侯喜林　秦礼君

徐　翔　徐国华　黄水清　曹卫星

盛邦跃　盖钧镒　董维春　韩召军

潘根兴

南京农业大学本科教学指导委员会

主　任：胡锋

副主任：王　恬

委　员（以姓名笔画为序）：

王　恬　王宏林　方　鹏　兰叶青

朱思洪　刘凤权　刘兆磊　刘红林

花亚纯　李辉信　杨旺生　杨春龙

余林媛　应瑞瑶　张　禾　张　兵

张红生　陈东平　陈发棣　范红结

欧名豪　胡　锋　洪晓月　夏　凯

徐幸莲　梁敬东　强　胜　缪培仁

戴廷波

本科生教学与管理改革工作领导小组

组　长：花亚纯　胡　锋

副组长：王　恬　刘营军

南京农业大学学术规范委员会

主　任：丁艳锋

副主任：董维春

委　员（以姓名笔画为序）：

丁为民　丁艳锋　马正强　王春春　王思明
王根林　万树林　石晓平　包　平　朱　晶
刘志民　严火其　李友生　李祥瑞　杨　红
吴益东　沈其荣　张绍林　张海彬　陈劲枫
罗英姿　钟甫宁　秦礼君　徐焕良　章文华
董明盛　董维春　熊正琴　戴建君

南京农业大学信息安全领导小组

组　长：花亚纯

副组长：沈其荣　盛邦跃

成　员（以姓名笔画为序）：

丁为民　万　健　王　恬　王春春　尤树林
方　鹏　包　平　刘凤权　刘玉宝　刘营军
闫祥林　李友生　张　兵　罗英姿　夏镇波
钱贻隽　钱德洲　倪　峰　董维春

南京农业大学资产管理信息化建设工作领导小组

组　长：戴建君

副组长：钱德洲　包　平

成　员（以姓名笔画为序）：

王勇明　刘凤权　李中华　张　兵　赵　宝　查贵庭　顾义军

南京农业大学食品卫生安全领导小组

组　长：戴建君

副组长：钱德洲　陈兴华　孙小伍

成　员：顾义军　陈礼柱　尤树林　张　兵　李中华　牛有生　徐秀兰

校园信息化建设领导小组

组　长：周光宏

副组长：沈其荣　戴建君

成　员（以姓名笔画为序）：

丁为民　万　健　王　恬　王春春　王勇明　尤树林
方　鹏　包　平　刘凤权　刘营军　闫祥林　李友生
张　兵　罗英姿　单正丰　夏镇波　钱德洲　董维春

招投标领导小组

组　长：戴建君

副组长：盛邦跃　陈利根　丁艳锋

成　员（以姓名笔画为序）：

　　　　王勇明　尤树林　张　兵　张海彬　钱德洲

南京农业大学哲学社会科学科技工作领导小组

组　长：盛邦跃　丁艳锋

成　员（以姓名笔画为序）：

　　　　王思明　刘凤权　刘志民　余林媛　欧名豪

　　　　周应恒　董维春

（撰稿：吴　玥　审稿：刘　勇　审核：周　复）

[民主党派成员]

南京农业大学民主党派成员统计一览
（截至 2011 年 12 月）

党派	民盟	九三	民进	农工	民革	致公党
负责人	马正强	陆兆新	王思明	邹建文		
人数（人）	151	147	11	6	7	2
总人数（人）	324					

注：1. 2011 年，民主党派共发展 9 人。其中，九三新增 4 人，民盟新增 3 人，农工新增 2 人。2. 致公党未成立组织。

（撰稿：朱　珠　审稿：庄　森　审核：周　复）

[各级人大代表、政协委员]

江苏省第十一届人民代表大会代表：管恒禄
江苏省第十一届人民代表大会常委：郭旺珍
南京市第十四届人民代表大会代表：朱　晶
玄武区第十六届人民代表大会代表：潘剑君　朱伟云
浦口区第二届人民代表大会代表：陈彩蓉
江苏省政协第十届委员会委员：郑小波（界别：教育界）
江苏省政协第十届委员会委员：马正强（界别：中国民主同盟江苏省委员会）
江苏省政协第十届委员会委员：陆兆新（界别：农业和农村界）
江苏省政协第十届委员会委员：王思明（界别：中国民主促进会江苏省委员会）
江苏省政协第十届委员会委员：张天真（界别：农业和农村界）
江苏省政协第十届委员会委员：赵茹茜（界别：农业和农村界）
南京市政协第十二届委员会委员：姜卫兵（界别：农业和农村界）
玄武区政协第十届委员会常委：严火其（医卫组）
玄武区政协第十届委员会委员：沈益新（科技组）
浦口区政协第二届委员会委员：何春霞

（撰稿：文习成　审稿：庄　森　审核：周　复）

四、党建与思想政治工作

宣传思想工作

【概况】丰富内容，创新形式，着力加强思想政治理论建设。党委宣传部每学期初制订下发《校院两级党委中心组学习计划》和《政治理论学习安排意见》，重点围绕《国家中长期教育改革和发展规划纲要（2010—2020年）》（以下简称《教育规划纲要》）、第十九次全国高校党建工作会议精神、社会主义核心价值体系建设、胡锦涛总书记在庆祝清华大学建校100周年大会上的重要讲话、胡锦涛总书记在纪念中国共产党建党90周年大会上的讲话精神以及学校"十二五"发展规划等内容进行学习。加强对院级党委中心组学习督促和检查，将院级党委中心组学习情况作为院级党组织考核的主要指标，切实提高中心组学习效果。做好学习内容的组织和学习资料库建设工作，加强对各院级党委中心组和各单位政治理论学习的指导和服务。做好"三个结合"，深入开展形势政策教育。为增强中国特色社会主义理论和社会主义核心价值体系教育的吸引力和感染力，推动思想政治理论教育入耳、入脑和入心，全校各级党组织，坚持将高等教育特别是高等农业教育的发展形势、农业农村经济改革发展形势、南京农业大学的改革发展形势及为经济社会发展所做的贡献作为宣传教育的主要内容，举办各类报告、讲座300余场。如"建设世界一流农业大学需要一流的师资""建设世界一流农业大学需要一流的管理""经济危机与中国粮食安全""物联网与现代农业""'三农'问题与中国土地制度改革"等。加强思想理论建设研究，探索适应学校思想政治理论建设的新途径、新方法和新举措。通过整合资源、重点资助等方式，大幅度提升学校思想政治理论研究水平，一批研究成果达到省级先进水平。举办建党90周年理论征文活动，征文活动既让全体师生全面回顾了中国共产党成立90年来的光辉历程，认真研究总结了党的建设经验，也提高了师生员工的理论研究水平。

2011年，学校被评为"江苏省高校思想政治工作先进集体""江苏省五五普法先进集体"和"江苏省高校和谐校园"。

注重导向，深度挖掘，着力加强舆论引导能力建设。坚持"导向、深度、高度"的办报宗旨，充分发挥校报的喉舌作用。全年出版校报19期82版，共计98万字。建设新版"南农新闻网"，开设"南农要闻""教学科研""服务社会""国际交流""媒体南农""校史春秋"和"光影南农"等15个栏目。

学校2011年度在各类校外媒体上宣传报道1 347余次（不含转载）。其中，国家级媒体350余次。中央电视台12次，《新闻联播》3次；《人民日报》《中国教育报》《科技日报》《农民日报》和《中国青年报》70余篇，其中头版9次；《新华日报》60篇，头版7次；《南京日报》68 篇，头版 8 次。《现代快报》《扬子晚报》等省市级都市报 300 余次，其中头版 20 余次。

【举办建党 90 周年论文暨理论研讨活动】3 月，学校开展纪念建党 90 周年论文暨理论研讨活动。

【举办部分农林院校宣传部长论坛】4 月，举办全国部分农林高校宣传部长论坛。

【通过全国文明单位复审】7 月，通过了全国文明单位复审。

【启动师德先进评选】10 月，开展南京农业大学第三届"师德标兵""师德先进个人"评选表彰活动。

（撰稿：陈　洁　审稿：全思懋　审核：高　俊）

组 织 建 设

【概况】截至 2011 年底，全校共有院级党组织 28 个。其中，党委 16 个，党总支 8 个，直属党支部 4 个。学校共有党支部 418 个。其中，学生党支部 276 个，教职工党支部 136 个，混合型党支部 6 个。共有党员 10 406 人。其中，学生党员 7 819 人，占学生总数的 34.36％；在职教职工党员 1 335 人，占教职工总人数的 57.42％；离退休党员和流动党员分别为 547 人和 705 人。

【基层党组织建设】组织召开第三次组织工作会议，总结学校第二次组织工作会议以来，在党的建设和组织工作方面取得的成绩和经验，对学校 2011 年及以后党的建设和组织工作进行了全面部署。

开展基层党组织考核工作。考核分为自查总结、考核小组考核、学校党委审定、考核结果反馈与结果使用、民主生活会 5 个阶段，分别从院级党组织建设、党支部建设、发展党员和党员教育服务管理 3 个方面对全校 23 个基层党组织进行考核。

制订出台《南京农业大学院级基层党组织工作细则》《南京农业大学党支部工作细则》等，进一步规范各级基层党组织的工作职责、工作内容及工作机制。

【开展"创先争优"活动】制订《关于进一步推进"创先争优"活动深入开展的意见》，要求各级基层党组织结合本单位工作重点，找准开展"创先争优"活动的切入点和着力点。在全校基层党组织和全体师生党员中开展公开承诺和领导点评活动，同时在教工党支部中开展"立足岗位比贡献"活动、在学生党支部中开展"争当优秀学生共产党员"活动。通过明确争创的任务、内容和载体，鼓励各基层党组织和广大党员围绕中心创先进、立足本职争优秀，有效提高"创先争优"活动的实效。

为进一步巩固学习效果，在学校范围内组织师生党员和入党积极分子参加党史知识在线答题活动，全校 75.1％的教工党员、96％的学生党员和入党积极分子参加答题。结合建党 90 周年暨"七一"表彰大会，开展"三最""三星"评选活动，表彰"大学生最喜爱的教师"10 人、"大学生最喜爱的辅导员"11 人、"大学生最喜爱的管理服务人员"16 人、"大学生学习之星"11 人、"大学生服务之星"11 人和"大学生创新之星"10 人。

围绕为师生员工服务"创先争优",促进和谐校园建设,开展"践行师德创先争优、办人民满意教育"主题实践活动,通过动员部署、集中推进和评议表彰3个阶段,动员广大教师自觉践行师德规范、模范开展教书育人。以"落实教育规划纲要,服务学生健康成长"为主题,在各学院、部门和直属单位开展"为民服务创先争优"活动,通过"三亮""三比"和"三评",有效提高了各单位的服务意识、服务效能和服务作风,师生员工满意度不断提升。

【干部队伍建设】加大竞争性选拔干部力度,逐步扩大公开竞聘选拔方式的覆盖面。2011年对学生工作处处长、资产经营公司总经理2个正处级岗位和校长办公室副主任、农学院党委副书记等6个副处级岗位进行公开竞聘,竞聘采用笔试测验、公开答辩和考察推荐相结合的方式,全面、客观地评价干部的能力与素质,将"德才兼备、能力突出"的干部选拔到相应岗位上。2011年,学校共有中层干部174人,平均年龄45岁。其中,女同志占12%,具有高级职称的占79.9%,具有研究生学历的占70.1%。

重视后备干部的选拔、培养和使用。制订出台《南京农业大学关于加强处级后备干部队伍建设的意见》,建立后备干部的选拔、培养和使用机制,加强动态管理,确保后备干部队伍数量充足、结构合理。同时,积极开拓年轻干部基层和艰苦地区实践锻炼渠道,全年共选派2人到新疆农业大学挂职、1人到西藏挂职、4人到苏北地区挂职、9人参加江苏省第四批科技镇长团。

【党校工作】进一步完善校、院二级党校的运行机制和办学模式,充分发挥校、院二级党校在党员教育管理服务方面的重要作用,精心组织教学活动,不断提高教学质量和培训实效。紧扣当前高等教育的形势以及学校改革发展的需要,举办第四期中层干部高等教育研修班。研修班分为校内培训、境外培训和培训总结3个阶段,校内培训期间由校领导开设专题讲座,境外培训期间赴加拿大多伦多大学等5所学校进行高校内部管理体制、学科平台建设、人才管理模式、教学质量评估、实践教学改革、高校后勤管理机制、继续教育办学模式的开拓与创新等方面的考察。来自3个学院11个部门的16位同志参加培训,形成了一批具有较高学术性、实践性和启示性的调研成果。

先后举办教工入党积极分子、新发展党员专题培训班和组织员、党务秘书培训班,共有105名学员参加培训。注重加强对16个分党校的指导工作,印发《南京农业大学党校、分党校2011年培训计划》,各分党校按照拟定的计划举办培训班并认真开展各项培训工作。一年中,校、院二级党校共举办各类培训班60余次,培训新党员、入党积极分子3 000余人次。

【老干部工作】进一步落实老干部政治与生活待遇,全面推进党支部建设和活动中心建设,创新工作思路,改进工作方法,提高为老干部服务和管理水平,扎实推进学校老干部工作全面开展。以老干部身心健康为宗旨,积极组织老干部集中学习、观看形势政策录像、外出参观学习活动和学唱爱国主义歌曲等,丰富、充实老干部的晚年生活。通过形式多样的活动,使老干部提高了思想认识,更新了观念,较好地发挥了老干部们在学校建设和发展、关心教育下一代和构建和谐校园工作中的积极作用。

(撰稿:丁广龙　审稿:吴　群　审核:高　俊)

[附录]

附录1 学校各基层党组织党员分类情况统计表

（截至2011年12月31日）

序号	单位	党员人数（人）							在岗职工数（人）	学生总数（人）	研究生数（人）	本科生数（人）	党员比例（%）			
		合计	在岗职工	离退休	学生党员			流动党员					在岗职工党员比例	学生党员比例	研究生党员占研究生总数比例	本科生党员占本科生总数比例
					总数	研究生	本科生									
	合计	10 406	1 335	547	7 819	4 090	3 729	705	2 325	22 759	6 299	16 460	57.42	34.36	64.93	22.65
1	农学院党委	855	68	16	613	430	183	158	118	1 550	682	868	57.63	39.55	63.05	21.08
2	植保学院党委	676	59	23	509	372	137	85	82	1 175	597	578	71.95	43.32	62.31	23.70
3	资环学院党委	718	45	15	658	522	136		83	1 222	648	574	54.22	53.85	80.56	23.69
4	园艺学院党委	714	52	16	560	356	204	86	98	1 639	591	1 048	53.06	34.17	60.24	19.47
5	动科学院党委	570	42	19	422	280	142	87	67	893	362	531	62.69	47.26	77.35	26.74
6	动医学院党委	670	53	24	593	404	189		87	1 435	562	873	60.92	41.32	71.89	21.65
7	食品学院党委	510	38	8	464	266	198		55	1 113	371	742	69.09	41.69	71.70	26.68
8	经管学院党委	773	54	11	708	273	435		81	2 305	469	1 836	66.67	30.72	58.21	23.69
9	公管学院党委	591	56	4	458	215	243	73	66	1 092	276	816	84.85	41.94	77.90	29.78
10	理学院党委	202	31	23	148	57	91		73	521	78	443	42.47	28.41	73.08	20.54
11	人文学院党委	383	38	8	337	94	243		56	1 038	134	904	67.86	32.47	70.15	26.88
12	生科学院党委	865	50	13	658	466	192	144	97	1 344	563	781	51.55	48.96	82.77	24.58

（续）

序号	单位	党员人数（人）							在岗职工数（人）	学生总数（人）	研究生数（人）	本科生数（人）	党员比例（%）			
		合计	在岗职工	离退休	学生党员			流动党员					在岗职工党员比例	学生党员比例	研究生党员占研究生总数比例	本科生党员占本科生总数比例
					总数	研究生	本科生									
13	外语学院党委	304	51	6	220	61	159	27	86	739	89	650	59.30	29.77	68.54	24.46
14	信息学院党委	226	27	4	195	61	134		45	873	82	791	60.00	22.34	74.39	16.94
15	工学院党委	1 640	243	99	1 253	210	1 043	45	409	5 788	763	5 025	59.41	21.65	27.52	20.76
16	机关党委	232	159	73					213				74.65			
17	产学研合作处党总支	43	30	13					45				66.67			
18	资产处党总支	51	41	10					82				50.00			
19	后勤集团党总支	91	58	33					127				45.67			
20	江浦实验农场党总支	67	26	41					140				18.57			
21	继教院党总支	15	12	3					17				70.59			
22	图书馆党总支	51	37	14					82				45.12			
23	思政部党总支	46	17	6	23	23			25	32	32		68.00	71.88		
24	体育部党总支	23	21	2					35				60.00			
25	基建处直属党支部	11	8	3					14				57.14			
26	离林直属党支部	48	3	45					3				100.00			
27	牧场直属党支部	15	2	13					24				8.33			
28	国教院直属党支部	16	14	2					15				93.33			

注：1. 以上各项数字来源于2011年党内统计。2. 流动党员主要是已毕业组织关系尚未转出、出国学习交流等人员。

附录 2 学校各基层党组织党支部基本情况统计表

（截至 2011 年 12 月 31 日）

序号	基层党组织	党支部总数（个）	学生党支部数（个）			教职工党支部数（个）		混合型党支部数（个）
			学生党支部总数	研究生党支部	本科生党支部	在岗职工党支部数	离退休党支部数	
	合计	418	276	130	139	117	19	6
1	农学院党委	31	26	14	12	4	1	
2	植保学院党委	25	19	12	7	4	1	1
3	资环学院党委	36	30	25	5	5	1	
4	园艺学院党委	36	31	21	10	2	1	2
5	动科学院党委	20	14	7	7	4	1	1
6	动医学院党委	16	12	10	2	3	1	
7	食品学院党委	17	12	3	9	4	1	
8	经管学院党委	21	15	7	8	5	1	
9	公管学院党委	16	11	5	6	5		
10	理学院党委	9	3	3		4	1	1
11	人文学院党委	22	14	3	11	7	1	
12	生科学院党委	20	14	6	8	4	1	1
13	外语学院党委	15	8	2	6	6	1	
14	信息学院党委	17	14	4	3	3		
15	工学院党委	75	52	7	45	23		
16	机关党委	14				13	1	
17	产学研合作处党总支	2				2		
18	资后处党总支	5				4	1	
19	后勤集团党总支	7				6	1	
20	江浦实验农场党总支	3						
21	继教院党总支	2				1		
22	图书馆党总支	4				3	1	
23	思政部党总支	5	1	1		3	1	
24	体育部党总支							
25	基建处直属党支部							
26	离休直属党支部							
27	牧场直属党支部							
28	国教院直属党支部							

注：以上各项数字来源于 2011 年党内统计。

附录3　学校各基层党组织年度发展党员情况统计表

（截至 2011 年 12 月 31 日）

序号	基层党组织	总计（人）	学生（人）			在岗教职工（人）	其他
			合计	研究生	本科生		
	合计	2 595	2 583	409	2 166	12	
1	农学院党委	118	118	23	95		
2	植保学院党委	99	99	27	72		
3	资环学院党委	190	190	104	86		
4	园艺学院党委	158	158	53	105		
5	动科学院党委	114	114	33	81		
6	动医学院党委	87	87	28	59		
7	食品学院党委	123	123	25	98		
8	经管学院党委	236	235	6	229	1	
9	公管学院党委	119	119	7	112		
10	理学院党委	70	70	20	50		
11	人文学院党委	170	170	22	148		
12	生科学院党委	117	117	35	82		
13	外语学院党委	106	105	9	96	1	
14	信息学院党委	66	66	4	62		
15	工学院党委	818	812	13	791	6	
16	机关党委	1				1	
17	产学研合作处党总支						
18	资后处党总支	2				2	
19	后勤集团党总支						
20	江浦实验农场党总支						
21	继教院党总支						
22	图书馆党总支						
23	思政部党总支						
24	体育部党总支	1				1	
25	基建处直属党支部						
26	离休直属党支部						
27	牧场直属党支部						
28	国教院直属党支部						

注：以上各项数字来源于 2011 年党内统计。

党 风 廉 政 建 设

【概况】2011 年，学校强化党内监督和行政监督，扎实推进党风廉政建设，为学校持续、健康发展提供了坚强保证。

学习贯彻上级会议精神，谋划部署年度工作。召开学校年度党风廉政建设工作会议，及时传达中央纪委第六次全会和教育系统党风廉政建设会议精神，研究部署学校党风廉政建设和反腐败工作，进一步明确领导干部党风廉政建设责任，提出廉洁自律要求。

积极开展宣传教育，推进廉政文化建设。紧紧抓住反腐倡廉教育这个基础，加强党员领导干部党的性质和宗旨教育，加强权力运行职能部门工作人员廉洁从业教育，加强教师职业理想和职业道德教育，加强学生廉洁修身教育，切实筑牢全校师生拒腐防变的思想道德防线。对新上任的 16 名中层干部进行了廉政谈话，勉励和要求他们认真履行"一岗双责"、勤政廉政。举办了招投标业务培训会，邀请招投标管理专家解读招投标法律制度，介绍招投标业务知识，阐述岗位廉洁各项规定；56 名管理干部参加了培训。按照省教育厅部署，举办了"校园廉洁文化活动周"等活动，将党风廉政建设与校园文化建设、师德师风建设和学风建设相结合，通过开展系列活动，营造"以廉为荣、以贪为耻"的廉洁文化氛围。

落实党风廉政责任，强化制度有效执行。成立学校党风廉政建设责任制领导小组，制订学校《党风廉政建设责任制实施办法》，开展二级单位党风廉政建设责任制检查，并对 10 个二级学院进行重点抽查，促进各级领导班子和领导干部全面落实"一岗双责"。校领导班子成员带头与校党委签订《廉政承诺书》，各二级单位内部签订相应的责任书与承诺书，学校内部初步形成"权责明晰、逐级负责、层层落实"的反腐倡廉责任体系。以迎接教育部"党风廉政建设责任制"和"廉政准则"执行情况专项检查为契机，深入查找存在的问题，提出整改意见，学校党风廉政建设得到了教育部专项检查组的充分肯定。检查组对学校执行《关于实行党风廉政建设责任制的规定》情况专项检查考核结果为 99 分，对学校贯彻落实《廉政准则》和《直属高校党员领导干部廉洁自律"十不准"》情况专项检查考核结果为 97.5 分；对学校领导班子执行党风廉政建设责任制民主测评结果"好"和"较好"的为 98.66%；校级领导干部执行党风廉政建设责任制的满意度均在 97% 以上。制订《贯彻执行"三重一大"决策制度的暂行规定》《处级领导干部经济责任审计实施办法》等党风廉政制度规定，健全领导班子科学民主决策机制，完善民主管理制度，进一步规范权力运行，保证制度有效执行。落实民主生活会制度，组织协调纪委委员列席二级单位党员领导干部专题民主生活会，督导各单位领导班子按照规定程序和要求召开民主生活会，保证民主生活会质量。

加强行政监督，促进工作规范管理。紧紧抓住监督管理这个关键，切实加强对招生录取、基建项目、物资采购、财务管理、科研经费、校办企业、学术诚信等重点领域和关键环节的监管。继续创新工作机制，拓展工作领域，强化反腐倡廉监督。经过深入调研，制订了学校廉政风险防控试点工作方案。加强对重点领域和关键环节管理行为的监督，防止违纪违法案件发生。全年共参与基建修缮工程招标 70 项，招标金额 3 561.36 万元；参与物品采购招标 328 项，采购金额 9 100 万元；参与招聘面试 210 人次。

加强信访举报工作，严肃查处违纪案件。认真接待和处理群众来信来电来访，对信访问题逐一登记，依纪依法审慎处理，做到件件有落实、署名有反馈。对信访反映的违纪违法线索，本着对人民利益高度负责的精神，认真排查，及时处理。严肃查处违纪违法案件，全年受理纪检监察信访 11 件，处理其他信访 17 件，立案 1 件，给予党纪、政纪处分 1 人。

建立校检合作机制，共同预防职务犯罪。与驻地检察院签订了预防职务犯罪共建协议，共同构建具有学校特点的惩防体系，从源头上预防职务犯罪。邀请驻地检察院检察长做预防职务犯罪专题报告，对学校干部进行廉洁从政教育。"校检合作"有利于及时发现并消除学校管理工作中的风险隐患，增强了预防工作的针对性和实效性。学校的工作经验被玄武区预防职务犯罪协会年会推荐交流。

加强纪检监察队伍建设，提高干部素质能力。组织纪检监察干部开展学习培训和理论研讨活动，不断提高队伍的政治业务素质。积极开展党员干部"创先争优"活动，纪检监察干部做到恪尽职守、清正廉洁，要求监督对象做到的，自己首先做到；要求监督对象不做的，自己首先不做，充分展示了纪检监察干部的良好形象。纪检监察干部尤树林被南京市预防职务犯罪工作指导委员会评为"南京市 2009—2011 年度预防职务犯罪工作先进个人"。纪检监察干部积极撰写文章，探讨业务理论问题，交流实际工作经验，促进业务水平不断提高。

【党风廉政建设工作会议】2011 年 4 月 20 日，学校 2011 年党风廉政建设工作会议在金陵研究院国际报告厅举行，全体校领导、全体中层干部、校院两级机关科级干部和特邀党风廉政监督员共 300 余人出席会议。会议分两个阶段进行，第一阶段为反腐倡廉专题辅导报告会，由校党委副书记、纪委书记盛邦跃主持，南京市玄武区人民检察院检察长王少华应邀做辅导报告；第二阶段为党风廉政建设工作会议，由校长郑小波主持，盛邦跃做工作报告，校党委书记管恒禄讲话。王少华在辅导报告中结合典型案例，阐述了高校反腐败形势，提出了预防职务犯罪的对策和建议。盛邦跃在工作报告中传达了上级有关会议精神和教育部党风廉政建设工作要点，分析了教育系统违纪违法案件特点和案件发生的主客观原因，回顾了学校 2010 年党风廉政建设和反腐败工作成绩和存在问题，布置了 2011 年工作。管恒禄在讲话中希望各单位要具体、细致地消化学校党风廉政建设和反腐败工作部署，并提出三点要求：第一，要认清形势，提高认识，把党风廉政建设摆在更加突出的位置；第二，要加强理想信念教育，筑牢道德和法纪两道防线；第三，要落实党风廉政建设责任制，提高反腐倡廉建设整体水平。

【校园廉洁文化活动周】根据江苏省教育厅统一部署，学校组织开展了 2011 年"校园廉洁文化活动周"活动。活动周由校党委领导，校纪委牵头，采取学校统一部署与各单位自主组织相结合，组织师生员工开展多种形式的廉洁文化活动。活动时间为 10 月 15 日至 11 月 15 日。活动内容有：反腐倡廉教育活动（上廉政党课、组织观看廉政主题教育片、阅读廉政书籍和参观廉政教育基地等）；廉政文化图片展；廉洁诗词创作活动；廉洁漫画作品比赛；廉政摄影、书法和绘画作品征集评比活动；廉洁文化创新项目评选活动。活动周期间，学校师生员工共创作廉洁文化作品近 200 件。活动周结束后，学校对报送作品进行了评选、表彰。人文社会科学学院、工学院获得组织奖；生命科学学院方遒《讥贪歌》获得廉洁诗词创作奖一等奖；人文社会科学学院史鑫《居高声自远，非是藉秋风》获得廉政书籍读后感写作奖一等奖；工学院崔莹莹《跳水》获得廉政漫画创作奖一等奖；人文社会科学学院高成《廉政之歌》获得廉政摄影创作奖一等奖；校美术协会柯昌流《清能律贪夫，淡可交君子》获得廉政书画创作奖一等奖。

【"校检共建"预防职务犯罪】 为贯彻落实最高人民检察院、教育部《关于在教育系统开展预防职务犯罪工作中加强联系配合的意见》和江苏省教育厅、江苏省人民检察院《关于在全省高校和检察院开展预防高校职务犯罪共建活动的通知》，学校与南京市玄武区人民检察院于 2011 年 2 月 25 日签订"校检合作"共建协议，正式启动了双方预防职务犯罪共建活动。"校检合作"共建协议签字仪式在学校行政楼举行，学校党委副书记、纪委书记盛邦跃主持签字仪式，校长郑小波、玄武区人民检察院检察长王少华代表双方签字。在签字仪式上，校检双方领导分别发表了讲话，双方表示将按照"校检合作"协议内容，加强联系配合，共同致力于从源头上预防职务犯罪工作，为学校各项事业的健康发展提供有力保障。4 月 20 日，学校邀请王少华到校做辅导报告，对全校 300 余名科级以上干部进行预防职务犯罪及廉洁从政教育。

（撰稿：章法洪　审稿：尤树林　审核：高　俊）

统 战 工 作

【概况】 2011 年，学校党委牢固树立团结意识，结合学校建设世界一流农业大学的目标，通过指导民主党派加强班子建设、制度建设等，不断加强各民主党派的自身建设与发展，全力支持各民主党派开展各种活动，充分发挥党外人士在学校建设发展和社会服务中的参政议政积极性。全年，民主党派成员有 20 多人次获得上级表彰，民盟南京农业大学委员会被民盟中央评为"先进基层组织"。

2011 年，共发展民主党派成员 9 人。其中，九三学社 4 人，民盟 3 人，农工党 2 人。民盟南京农业大学委员会完成换届工作。

充分发挥民主党派组织和党外人士参政议政的作用。召开统战座谈会，积极开展学校大政方针的宣传，及时通报学校建设发展情况和收集各民主党派对学校工作的意见和建议；邀请各民主党派和无党派人士代表列席学校每学期初召开的党委全委（扩大）会议等。

统筹政治资源，加强沟通协调，协助各民主党派做好自身建设工作。加强民主党派代表人士的教育和培养工作，推荐省党外知识分子联谊会成员 1 人，推荐统战成员参加省级、市级培训 4 人次，新提任无党派人士中层干部 2 人。

通过下拨支持经费、指导活动和参加会议等多种形式，为民主党派和无党派人士参政议政、服务社会提供条件和保证。民盟举办"南京农业大学师资队伍建设论坛"，并与金坛市民盟合作，成功举办第三届"金坛农业发展论坛"；九三学社邀请中国象棋国际特级大师徐天红来校传播象棋文化。配合致公党江苏省委和致公党中央留学人员委员会，举办 2011 年海外留学人员江苏行南京农业大学考察联谊活动。

全年，学校各民主党派成员承担省级调研课题 2 项、向民主党派中央和省委提出建议

5项。其中，九三学社"农民失地后的财政金融支持长效机制"提案被九三学社中央采纳。

（撰稿：文习成　审稿：庄　森　审核：高　俊）

安　全　稳　定

【概况】2011年，保卫处（人武部）在江苏省公安厅、南京市公安局的支持下，在学校党委、行政的正确领导下，以全面推进"江苏省平安校园"创建为核心，开拓进取，勇于担当，全面创造和维护安全稳定、和谐文明、管理有序的校园环境。

加强校园维稳、强化信息情报工作。坚持以民族学生管理、留学生管理、宗教渗透、社会热点问题和网络舆情动态监控为重点，结合胡锦涛主席访美、两会、"3·14"、建党90周年、"7·5"等敏感节点，以及"十二五"开年、省市县乡换届、金融危机及美国重返亚太等国内外大事，全面深化信息收集研判工作，抓牢维稳生命线，形成《信息快报》31期。

坚持安全宣传教育与训练、演练相结合。以"校园安全宣传月"为主要平台，以知识手册、图文展板和广播网站为载体，以知识学习、广泛宣传和集体创建为形式，以参与活动、锻炼能力和提高技能为目的，通过高密度、系列化的安全宣传教育活动，着力提高师生安全防范意识和自我保护能力；狠抓新生入学安全教育，在新生入学录取通知书中加寄《安全教育第一课》宣传手册，上好安全防范第一课。

坚持打防结合，对校内各种不法行为保持高压态势。保卫处利用对监控录像研究分析结合蹲点守候方式，先后抓获犯罪嫌疑人9人。其中，在学生食堂、校园内直接抓获犯罪嫌疑人各2人，协助公安机关抓获犯罪嫌疑人2人；侦破学生作案3起，有力打击犯罪分子的嚣张气焰，有效压降各类案件发案率，维护了学校的治安安全。

突出检查与整改。定期进行安全大检查，形成检查报告5篇，发放整改通知书12份。投入资金80万元，维修消防应急照明和疏散指示标识，新增灭火器256个，换药2229个，更新灭火器箱38个，更新消防水带54盘，张贴消防指示标贴5000张。

建设完善校园技防系统。全年共投入资金250万元，全面建设校园技防系统：升级改造监控系统主控中心，增加食堂后场等重点部位和公共区域盲点的摄像头点位布设，共改造原报警值班室1间，新换46寸监控显示屏12台，新增食堂后场监控摄像机45只，公共区域监控摄像机60余只，建设中央空调系统1套，新建无线发射中转台1套；全面维修火灾自动报警控制系统，并进行集成化联网改造，建成统一、集成化的综合控制平台；建成南苑12栋学生宿舍楼门禁系统并正式投入使用。

认真整治校园交通管理秩序。制订《南京农业大学卫岗校区机动车辆出入停放管理办法》，并投入资金50万元，建设校园机动车智能停车管理系统，委托有资质的公司进行交通物业化管理，实行智能卡出入。进一步加强与辖区交警部门联系，积极采取措施减少各大门口交通安全隐患。改善校区交通硬件设施，改造家属区二号门及附属道路，维修教学区南大门设施及路面，彻底改变路面坑洼、车辆难行的状况。

【顺利通过"江苏省平安校园"初次考核】2011 年以迎接"江苏省平安校园"创建考核验收为核心，加大资金投入，全面建设和完善校园技防系统，整治校园交通、整改安全隐患、整理管理制度和文件资料。11 月 4 日，顺利通过南京市教育局、公安局和市综合治理办公室"江苏省平安校园"创建初次考核验收。

【开展校园安全宣传活动】2011 年宣传月活动期间，共开展 9 场安全知识讲座、5 场技能能训和 2 次疏散逃生演练，展出宣传展板 24 块，发放《大学生安全防范》宣传手册 300 余册以及《烈火男儿》《惊天动地》等电影光盘 14 套。活动期间，还邀请南京市公安局公交治安分局的警官，为广大师生现场展演"反扒窃"知识，使学生深受教育，反应热烈。

（撰稿：洪海涛　审稿：刘玉宝　审核：高　俊）

人 武 工 作

【概况】2011 年，人武部以邓小平理论和"三个代表"重要思想为指导，深入贯彻落实科学发展观，认真执行中共中央、国务院和中央军委下发《关于加强新形势下国防教育工作意见》精神，紧紧围绕做好军事斗争准备和学校实际开展人武工作。精心组织实施大学生军事训练，全面推进国防教育工作。做好基层武装建设，深入推进大学生应征入伍工作。加强军校共建，全面做好双拥工作等。

【组织学生军事技能训练】9 月 5～19 日，人武部组织开展了 2011 级学生军训工作。9 月 5日下午，军训工作领导小组组长、校党委副书记花亚纯参加军训动员大会，对全体参训学生提出殷切的希望。9 月 13 日下午，开展新生消防安全教育暨应急疏散演练。活动邀请南京市公安消防局的专家进行安全教育和现场指导。9 月 13 日下午，在江苏省教育厅体卫艺教处副处级调研员时文山的陪同下，南京军区学生军训办公室常务副主任崔本乐、江苏省军区学生军训办公室副主任刘春军等一行来学校调研检查军训工作。副校长戴建君出席汇报会。9 月 16 日，2011 级全体受训学生奔赴临汾旅灵山靶场进行实弹射击训练。临汾旅副政委张志政、副参谋长钱学进，校党委副书记花亚纯到打靶现场视察指导工作。此次军训，全校共4 200 余名本科新生参加，卫岗校区和浦口工学院同时进行，南京军区临汾旅 93 名官兵担任教官，各院系 19 名辅导员担任政治指导员。通过严密的组织，顺利完成了大纲规定的军训内容，达成了军事训练的目标。

【组织学校国防教育活动】3 月 14 日，江苏省教育厅本科院校军事课课程建设评价检查专家组一行 6 人，在江南大学党委副书记符惠明的带领下，到南京农业大学检查军事课课程建设情况。检查期间，专家组听取了校党委副书记花亚纯关于学校军事课课程建设情况的汇报，召开了军事课教师及相关部门工作人员座谈会，组织了部分学生参加理论、队列考试和座谈，实地察看了人武部、军事教研室办公场所、枪械库和军训场地，审阅了 19 项原始申报材料（12 月 19 日苏教体艺〔2011〕37 号文件公布南京农业大学军事课课程建设情况合格，通过江苏省教育厅、江苏省军区司令部对本科高校军事课课程检查）。6 月 13 日，印发南京农业大学文件《关于设立军事理论教研室的通知》（校人发〔2011〕155 号），决定撤销保卫处军事理论教研室，在体育部下设军事理论教研室，并设主任岗位 1 个、副主任岗位 1 个和专职教师岗位 2 个，组织开展军事理论教学。9 月 24 日上午，400 名 2011 级本科新生男生在南京理工大学参加以"向建党 90 周年献礼，为祖国繁荣昌盛喝彩"为主题的江苏省在宁高校大学生军训成果汇报大会，进行军体拳表演，并获得优胜奖。12 月 27 日，江苏省教育厅、江苏省军区司令部、江苏省国防教育委员会办公室联合发布《关于公布全省普通高校学生军训成果汇报大会光盘评比结果和"国防在我心中"征文评比结果的通知》（苏教体艺〔2011〕38 号）文件中，南京农业大学在军训光盘评比中获二等奖；在征文评比中，法学112 班林韵同学的《绿动——军训札记》获二等奖。同时，生物基地 91 班黎广祺同学获得2011 年国家国防法规网络知识竞赛三等奖。

【组织学生应征入伍】根据上级兵役机关工作安排，4 月 27 日与 10 月 10 日，学校人武部分别发布《关于 2011 年普通高等学校应届毕业生入伍预征工作的通知》和《关于 2011 年冬季征兵工作的通知》，并通过悬挂横幅，在校内各公告点和学生宿舍广泛张贴南京市人民政府征兵办公室公告，专门制作展出大学生应征入伍优抚政策宣传画，开展现场咨询，走访学院、学生宿舍等活动，广泛进行征兵宣传鼓动，指定专人从事征兵工作。10 月 27 日，中共南京市玄武区委常委、人武部部长宗在卿及孝陵卫街道办事处人武部部长汤永锦等一行 4 人来学校检查指导冬季征兵工作。2011 年冬季征兵，学校共有 4 名应届毕业生、5 名在校生光荣入伍。

【组织开展双拥共建工作】公共管理学院师生与南京市朝天宫街道办事处俞家巷社区社工经常在一起组织"小巷兵站"活动，多次共同到南京武警支队 6 中队开展"春节团圆饭""中秋送月饼"和"千册图书送官兵"活动。2011 年 4 月 19 日，南京武警支队 6 中队的战士们应邀参加南京农业大学公共管理学院第八届舞台剧大赛联欢活动。11 月 9 日，学校农学院与南京市消防支队共同开展"11·9 消防演习进校园系列活动"，现场情景模拟演练发生火灾处理方法，手把手教授学生如何使用灭火器，同时结合展板讲解消防知识，并发放消防知识宣传单千余份，使大学生们了解消防常识，提高安全防范意识，增强自我保护能力和对消防突发事件的应急处理能力，同时也丰富双拥共建活动。12 月 9 日，人武部为 4 名在南京市玄武区光荣入伍的在校男大学生举行欢送仪式。

（撰稿：洪海涛　审稿：刘玉宝　审核：高　俊）

工 会 与 教 代 会

【概况】校工会以构建和谐校园为主线，团结和动员全校教职工，自觉服务于学校改革、发展、稳定的大局，积极履行"参与、维护、教育、建设"的四项基本职能，充分发挥工会组织桥梁和纽带的作用。成功召开南京农业大学第四届教职工代表大会第三次会议、南京农业大学第五届教职工代表大会暨第十届工会会员代表大会第一次会议。开展"党建带工建，党工共建"活动、工会系统"创先争优"活动，积极创建"工人先锋号"和"模范教工之家"。大力弘扬劳模精神和宣传先进模范人物，充分发挥先进的示范引领作用。2011 年，农学院荣获江苏省"模范教工小家"称号，图书馆、后勤集团获得江苏省教科系统"模范教工小家"称号，后勤集团饮食服务中心等获得江苏省教科系统"工人先锋号"称号。组织园艺学院和动物科技学院的教师赴江苏省泰州市兴化市安丰镇"教师回报社会"活动。

校工会切实关注教职工权益与文化生活，积极开展形式多样的活动。教师节前举办了新教师座谈会，积极引导青年教师爱岗敬业、爱校荣校的风尚。在江苏省教育科技工会主办的纪念建党90周年演讲比赛中，学校选手童菲荣获高校组第六名。"三八节"为女会员发放节日礼品；举办女工踏青游艺文体活动；"护士节"慰问校医院的医护人员；举办"女性健康教育"的专题讲座，增强女教职工的自我保健意识，提高健康水平。

组织开展了教职工乒乓球赛、教职工趣味运动会、"神州杯"扑克牌比赛和金秋师生书画展等体育和文艺活动。同时，积极组队参加校外教职工足球协会、羽毛球协会等校际之间的友谊赛，还有首届上海海洋大学—南京农业大学教职工足球（快灵杯）友谊赛、在宁高校教职工跳长绳比赛，代表队在在宁高校乒乓球、钓鱼、扑克牌以及江苏省高校教职工书画展等比赛中均表现非凡。

坚持开展"送温暖"活动，全年共慰问重大疾病住院的教职工及有其他特殊困难的教职工40多人次。会同学校有关部门做好教职工重大节日慰问品的组织和发放工作。关爱劳模，弘扬劳模精神，做好劳模的慰问工作。建立教职工互助机制。为防止教职工因大病致困，校工会积极开展教职工大病医疗互助方案调研，制订了《南京农业大学教职工大病医疗互助基金管理办法》，教职工的互助会入会率达到98％以上，进一步完善了教职工的帮扶机制。2011年，大病医疗互助会首次补助40名因病住院的会员共10.65万余元。

加强工会组织建设和自身队伍建设，对本年度部门工会工作进行评比和表彰。严格执行全国总工会、江苏省总工会及学校的各项文件规定，规范工会经费管理，提高会计核算与工会财务管理质量。

【第四届教职工代表大会第三次会议】2011年1月14日上午，开幕式在金陵研究院国际报告厅举行。校长郑小波做题为《凝心聚力、锐意进取、开拓创新、科学发展为实现国际知名、有特色、高水平研究型大学目标而奋斗》的工作报告。学校党委副书记花亚纯就学校"十二五"发展规划编制情况向大会做了说明。下午2:00—4:00，与会代表们围绕学校工作报告和《南京农业大学"十二五"发展规划（讨论稿）》进行了分团讨论；下午4:10，学校党委书记管恒禄主持召开主席团会议，听取了各个代表团的交流发言。下午4:50，大会举行第二次全体会议。大会审议并通过了校长工作报告决议（草案）和学校"十二五"规划决议（草案）。

会议期间，共征集到代表提案和建议68件，涉及学校建设发展、教学科研、教职工队伍建设和教职工福利、学科建设和研究生培养、学生教育管理、后勤服务与管理以及校园综合治理等方面，立案43件。提案经各分管校领导批阅后及时交与相关部门承办，做好组织协调、督办和对答复提案的及时反馈工作，使教职工的知情权、参与权和监督权得到更充分有效的保障。

【第五届教职工代表大会暨第十届工会会员代表大会】开幕式于2011年12月24日上午在金陵研究院国际报告厅举行。江苏省委教育工委副书记、教育厅党组成员丛懋林，教育科技工会主席胡雪春应邀出席。学校党委书记管恒禄致辞，丛懋林、胡雪春分别做了讲话。教师代表林乐芬教授和学生代表胡萌同学在大会开幕式上发言。

第一次全体会议于 12 月 24 日上午在金陵研究院国际报告厅举行。大会听取了校长周光宏做的题为《立足新起点 共谋新篇章 为建设世界一流农业大学而奋斗》的学校工作报告、校工会主席丁林志在大会上做了题为《团结一致 齐心协力 为实现学校建设目标而努力》的工会工作报告、副校长陈利根代表学校向大会做"两校区一园区"发展规划的说明。

下午 2:00，与会代表们围绕学校工作报告、工会工作报告和学校"两校区一园区"发展规划等进行了分团讨论。各代表团还讨论产生了教职工代表大会提案工作委员会、民主管理与监督委员会委员候选人建议名单。

下午 4:30，大会举行第二次全体会议。校党委办公室主任、提案工作组组长刘营军向大会做"提案征集和处理情况"的说明。大会表决通过了南京农业大学"两校区一园区"发展规划的决议。大会认为，学校"两校区一园区"发展规划的指导思想明确，总体建设目标符合学校实际，虽然建设任务十分艰巨，但经过全体师生员工的共同努力，是可以实现的。大会还通过代表无记名投票，选举产生了第五届教职工代表大会执行委员会委员和第十届工会委员会委员。表决通过了第五届教职工代表大会提案工作委员会、民主管理与监督委员会和第十届工会委员会经费审查委员会、女工委员会、劳动人事争议调解委员会等专门委员会组成人员名单。

闭幕式于 12 月 24 日下午 5:30 举行，校长周光宏主持，党委副书记盛邦跃致闭幕词。

（撰稿：姚明霞 审稿：欧名豪 审核：高 俊）

共 青 团 工 作

【概况】2011 年，学校团委紧紧围绕学校中心，以学生工作"三大战略"为指引，突出基层建设、思想引领、实践育人和队伍建设四大重点，推动团的工作迈上了新台阶。坚定青年跟党走中国特色社会主义道路的理想信念，组织系列活动引导学生了解学校光辉历史、传承南农精神。全面推进新生班级团务助理工作，加强班级团支部建设，明确了班级团支部和团支部书记、成员的工作职责，提升团支部活力。工作中注重运用新媒体和时尚元素，通过"南农青年"微博、手机报和报刊等，开展网上网下交流互动，引导学生正确理性地观察和思考，增强工作实效性，形成了积极的舆论导向。开展暑期社会实践活动、志愿服务活动、学生创新创业活动和校园文化体育活动，强化能力和作风建设，严格工作标准，将工作对象转化为工作力量，为学生青年成长、成才做贡献。

【"五四"表彰暨纪念中国共产党成立 90 周年"红歌汇"】5 月 4 日晚，南京农业大学 2011 年"五四"表彰晚会暨纪念中国共产党成立 90 周年"红歌汇"在大学生活动中心举行。学校党委副书记花亚纯，党委办公室主任戴建君，研究生工作部部长刘兆磊，团委书记夏镇波，党委宣传部副部长丁晓蕾，学生工作部副部长姚志友，教务处副处长高务龙，团委副书记夏拥军、王超和各学院党委副书记、专职团干部与 400 多名团员青年一起观看了晚会。晚会期间，举行了五四红旗团委、五四红旗团支部、优秀团员标兵和优秀团支部、团干、团员颁奖仪式。花亚纯代表学校党委、行政发表讲话，向受到表彰的先进集体和个人表示热烈的祝贺。晚会以时间为轴线，通过演唱《松花江上》《映山红》《游击队之歌》《绣红旗》《北京的金山上》《春天的故事》和《歌唱祖国》等一首首不同时期具有代表性的红歌，全面回顾中国共产党 90 年发展的历史脉络，再现中国共产党团结带领亿万中华儿女前赴后继、浴血奋战、艰苦奋斗、顽强拼搏，建立新中国、进行社会主义革命和建设，成功开辟中国特色社会主义道路，奋力推进中华民族伟大复兴的光辉历程。

【学生团队在"挑战杯"课外学术科技作品大赛获佳绩】 第十二届"挑战杯"全国大学生课外学术科技作品竞赛中，南京农业大学选送的由姚兆余教授指导，陈然、王诗露和高晓璐完成的作品《农村社区医疗卫生服务站发展现状、问题及对策研究——基于江苏省 3 市 9 村的调查》获全国三等奖、江苏省一等奖；由杨兴明副教授指导，王珊、王文娟完成的作品《固体有机废弃物堆肥过程中纤维素降解菌的筛选及酶活测定》获江苏省二等奖；由王丽平教授指导，胡弘历、顾昊旻和黄珊等完成的作品《猪链球菌 2 型多重耐药相关蛋白的筛选》和由崔瑾副教授、徐志刚教授指导，邢泽南、郭威威等完成的《光环境调控技术在油葵芽苗菜生产体系中的应用》获江苏省三等奖。同时，学校被评为第十二届"挑战杯"全国大学生课外学术科技作品竞赛"高校优秀组织奖"。

【张引成被评为 2010 年度"中国大学生自强之星"】 2010 年度寻访"中国大学生自强之星"活动由共青团中央和中华全国学生联合会主办，活动从 2010 年 12 月开始，并首次采用网络实名推荐的形式。全国 1 072 所学校参与本次活动，7 727 人报名，网络实名推荐数超过 50 万人次。经过校级、省级推荐及专家委员会推选等环节，全国共产生 100 名"中国大学生自强之星"，南京农业大学食品科技学院 2009 级硕士研究生张引成同学是江苏省 5 位获此殊荣的"中国大学生自强之星"之一。张引成先后获得"国家励志奖学金""优秀青年志愿者""大学生实践之星""校级优秀学生干部"和"优秀创业团队"等荣誉。课余时间，他一直坚持自己的创业梦想，成立过自己的创业团队，创办南京"211"高校考研网，覆盖南京 12 所重点大学，注册会员逾 10 万人，为南京高校研究生提供了百余个兼职岗位。

（撰稿：翟元海　审稿：王　超　审核：高　俊）

五、人才培养

本 科 生 教 学

【概况】2011年，南京农业大学现有本科专业60个，涵盖农学、理学、管理学、工学、经济学、文学、法学七大学科门类。其中，农学类专业12个、理学类专业10个、管理学类专业15个、工学类专业16个、经济学类专业2个、文学类专业3个、法学类专业2个。

表1　2011年本科专业目录

学院	专业名称	专业代码	学制（年）	授予学位	设置时间（年）
生命科学学院	生物技术	070402	4	理学	1994
	生物科学	070401	4	理学	1989
农学院	农学	090101	4	农学	1949
	农村区域发展	110402	4	管理学	2000
	统计学	071601	4	理学	2002
	种子科学与工程	090107W	4	农学	2006
植物保护学院	植物保护	090103	4	农学	1952
	生态学	071402	4	理学	2001
资源与环境科学学院	农业资源与环境	090403	4	农学	1952
	环境工程	081001	4	工学	1993
	环境科学	071401	4	理学	2001
园艺学院	园艺	090102	4	农学	1974
	园林	090401	4	农学	1983
	中药学	100802	4	理学	1994
	设施农业科学与工程	090109W	4	农学	2004
	景观学	080713S	4	工学	2010
动物科技学院（含渔业学院）	动物科学	090501	4	农学	1921
	草业科学	090201	4	农学	2000
	水产养殖学	090701	4	农学	1986

（续）

学院	专业名称	专业代码	学制（年）	授予学位	设置时间（年）
经济管理学院	金融学	020104	4	经济学	1984
	国际经济与贸易	020102	4	经济学	1983
	农林经济管理	110401	4	管理学	1920
	会计学	110203	4	管理学	2000
	市场营销	110202	4	管理学	2002
	电子商务	110209W	4	管理学	2002
	工商管理	110201	4	管理学	1992
动物医学院	动物医学	090601	5	农学	1952
	动物药学	090602S	5	农学	2004
食品科技学院	食品科学与工程	081401	4	工学	1985
	食品质量与安全	081407W	4	工学	2003
	生物工程	081801	4	工学	2000
信息科技学院	信息管理与信息系统	110102	4	管理学	1986
	计算机科学与技术	080605	4	工学	2000
	网络工程	080613W	4	工学	2007
公共管理学院	土地资源管理	110304	4	管理学	1992
	资源环境与城乡规划管理	070702	4	理学	1997
	行政管理	110301	4	管理学	2003
	人力资源管理	110205	4	管理学	2000
	劳动与社会保障	110303	4	管理学	2002
外国语学院	英语	050201	4	文学	1993
	日语	050207	4	文学	1995
人文社会科学学院	社会学	030301	4	法学	1996
	旅游管理	110206	4	管理学	1996
	公共事业管理	110302	4	管理学	1998
	法学	030101	4	法学	2002
	表演	050412	4	文学	2008
理学院	信息与计算科学	070102	4	理学	2002
	应用化学	070302	4	理学	2003
工学院	机械设计制造及其自动化	080301	4	工学	1993
	农业机械化及其自动化	081901	4	工学	1958
	农业电气化与自动化	081902	4	工学	2000
	自动化	080602	4	工学	2001
	工业工程	110103	4	管理学	2002
	工业设计	080303	4	工学	2002
	交通运输	081201	4	工学	2003
	电子信息科学与技术	071201	4	理学	2004
	物流工程	081207W	4	工学	2004
	材料成型及控制工程	080302	4	工学	2005
	工程管理	110104	4	管理学	2006
	车辆工程	080306W	4	工学	2008

进一步推进专业建设。结合人才培养模式改革，重点推进学校已有国家特色专业、省级品牌专业与特色专业建设工作，2008 年江苏省立项建设的 2 个品牌专业建设点和 1 个特色专业建设点全部以优秀的成绩顺利通过验收。

表 2　江苏省品牌特色专业验收结果

级别	专业名称	负责人	学院	网上互评结果	验收结论
江苏省品牌专业建设点	农业资源与环境	沈其荣	资源与环境科学学院	优秀	通过
江苏省品牌专业建设点	园艺	侯喜林	园艺学院	优秀	通过
江苏省特色专业建设点	工商管理	陈超	经济管理学院	优秀	通过

积极开展实践教学改革，设计并实施"创新性实验实践教学项目"，对实验课、实习课等进行大胆改革与创新。2011 年首批立项资助 50 个"创新性实验实践教学项目"，进一步完善创新实践教育体系。继续强化 SRT 项目管理，完善申报与验收制度，成功举办了 2011年大学生创新论坛暨项目结题汇报会。2011 年有 488 项校级 SRT 项目、38 项江苏省大学生实践创新训练计划项目和 65 项国家级大学生创新创业训练计划项目获得立项。

2011 年，学校利用江苏省高等学校教材管理工作委员会平台，积极开展教材建设研究与打造精品教材工作。5 种教材被教育部评为国家精品教材，在全国高等农林院校名列第一位；9 种教材被农业部评为中华农业科教基金优秀教材，在全国高等农林院校名列第二位；10 种教材被江苏省评为高等学校精品教材，在江苏省高校名列第三位。

表 3　国家精品教材

教材名称	主编	学院
畜产品加工学（第二版）	周光宏	食品科技学院
畜牧学通论（第二版）	王恬	动物科技学院
农业经济学（第五版）	钟甫宁	经济管理学院
普通植物病理学（第四版）	许志刚	植物保护学院
设施园艺学（第二版）	李世军　郭世荣	园艺学院

表 4　中华农业科教基金优秀教材

教材名称	主编	学院
杂草学（第二版）	强胜	生命科学学院
物理学（第二版）	杨宏伟	理学院
食品包装学（第三版）	章建浩	食品科技学院
土地法学（第二版）	陈利根	公共管理学院
无机及分析化学	兰叶青	理学院
土壤调查与制图（第三版）	潘剑君	资源与环境科学学院
汽车拖拉机学实验指导	鲁植雄	工学院
药用植物栽培学	郭巧生	园艺学院
经济法学（第二版）	王春平　应瑞瑶	经济管理学院

表5　江苏省高等学校精品教材

教材名称	主编	学院
种子学	张红生　胡　晋	农学院
农业昆虫学（第二版）	洪晓月　丁锦华	植物保护学院
普通植物病理学（第四版）	许志刚	
土壤调查与制图（第三版）	潘剑君	资源与环境科学学院
药用植物栽培学	郭巧生	园艺学院
动物组织学与胚胎学	杨　倩	动物医学院
日语泛读（1～2册）	成春有	外国语学院
无机及分析化学	兰叶青	理学院
线性代数（第三版）	张良云	
汽车拖拉机学实验指导	鲁植雄	工学院

　　加强教学实验室和实习基地建设与管理。完成学校"十一五"实验教学示范中心建设总结工作，进一步规范示范中心的建设与管理工作。组织完成了2009年立项的3个省级实验教学示范中心建设点验收材料申报工作。2011年，学校新增"机械工程实验教学示范中心"和"外语教学综合训练中心"为江苏省实验教学示范中心建设点，新建4个校外教学科研实验实习基地。组织与协调"植物生产国家级实验教学示范中心"搬迁与集中建设。

　　学校大力开展教学研究，2011年有7个课题获江苏省教育厅立项建设。其中，重点项目1项，一般项目6项；其中1项为江苏省教育厅与省外研社合作项目。

表6　江苏省教改项目

课题名称	负责人	课题类型	单位
适应学生个性化发展的农科人才分类培养模式的研究与实践	李俊龙	重点项目	教务处
适应本科生差异性发展的社会实践与科研训练综合管理体系研究与实践	高彦征	一般项目	资源与环境科学学院
江苏省种子产业人才培养模式改革研究	张红生　王州飞	一般项目	农学院
动物科学类实验教学示范中心大型仪器设备共享平台建设研究	刘红林　周建国	一般项目	动物科技学院
将拓展素质训练融入高校体育课课内外一体化教学模式的研究与实践	雷　瑛　张　禾	一般项目	体育部
大学英语教学改革背景下同伴交互学习模式及效果研究	王宏林　王凤英	江苏省教育厅与省外研社合作项目	外国语学院
高等学校精品教材评价体系的研究	王　恬　孙　伟	一般项目	江苏省高等学校教学管理研究会

　　学校积极开展教育教学研究，开展校级教育教学成果的遴选工作。2011年，评审出校级教育教学成果奖特等奖6项、一等奖10项和二等奖16项。同时，遴选推荐了8项成果申报了

江苏省高等教育教学成果奖，获2011年江苏省高等教育教学成果奖一等奖2项、二等奖2项。

表7 江苏省高等教育教学成果奖

等级	成果名称	成果完成人				学院
一等奖	"三结合"培养动物科学类"双创型"人才实践创新能力的研究与实践	王 恬 雷治海 杜文兴 刘红林 范红结 於朝梅 周振雷 刘秀红 贾晓庆 李 静				动物科技学院
一等奖	农业高校经管类本科生"四有四会"培养模式设计与实施	陈东平 周应恒 应瑞瑶 何 军 孙雪峰 颜 进 刘志斌				经济管理学院
二等奖	基于"产业化实现"理念的发酵食品产业人才培养模式创新与实践	董明盛 陈晓红 姜 梅 李 伟 叶 红				食品科技学院
二等奖	强化实践教学提升农科院校环境工程专业创新人才培养质量的新模式	周立祥 杨新萍 葛 滢 高彦征 崔春红 李辉信 宗良纲 陈立伟 王电站 孔火良				资源与环境科学学院

学校组织2011年江苏省多媒体教学课件竞赛的遴选推荐工作，获一等奖1项、二等奖2项。推荐了1个课件参加由教育部信息中心举办的第十一届全国多媒体教学课件大赛，获高教文科组三等奖1项。

表8 江苏省多媒体教学课件遴选结果

课件名称	第一完成人	获奖等级	学院
植物保护学通论网络课程	韩召军	一等奖	植物保护学院
作物育种学课程教学课件	洪德林	二等奖	农学院
无机及分析化学课程教学课件	杨 婷	二等奖	理学院

表9 第十一届全国多媒体教学课件大赛获奖名单

课件名称	第一完成人	获奖等级	学院
体育舞蹈	姜 迪	高教文科组三等奖	体育部

截至2011年12月31日，全校在校生16 488人，2011届应届生3 918人，毕业生3 822人，毕业率97.55%；学位授予3 782人，学位授予率96.53%。

【承办第二届全国高等农林院校教育教学改革与创新论坛】 11月12～15日，第二届全国高等农林院校教育教学改革与创新论坛在南京农业大学召开。此次论坛由全国高等农林院校教学管理工作联合会主办，南京农业大学承办，南京林业大学和安徽农业大学协办。

本次论坛以卓越农林人才培养计划为主题，围绕"卓越农林人才培养计划的研究与探索、高等农林院校开展专业综合改革试点中培养方案的总体设计、课程体系改革与教学管理的探索、高等农林院校教育教学质量保障体系建设、提高学生实践能力和创新能力的有效途径和模式、高等农林院校农科教实践教育基地建设、高等农林院校特色的教师教学能力建设"等议题展开。

江苏省教育工委副书记、教育厅副厅长胡金波发表了专题讲话。他表示，江苏省教育厅将全力支持与配合本次论坛的所有工作。他介绍了江苏省在经济社会文化建设的历程与成就，并指出江苏省新的现代化进程的目标，需要更多的拔尖创新人才，大学要创新人才培养模式，要给学生以自由、以兴趣、以自主、以探究，要真正树立全面发展、尊重个性的理念。

教育部高教司司长张大良在论坛上做了题为《贯彻落实总书记重要讲话精神和教育规划纲要，大力提升人才培养水平》的主题报告。张大良向与会者传达了教育部正在推进和即将启动的各项重点工作，阐释了每一项工作的目标、措施和要求。他把高等农林教育亟须解决的问题总结为"五个迫切"，即迫切要求深化人才培养模式改革、迫切要求拓宽农科教结合途径、迫切要求加强实践教学环节、迫切要求提升服务"三农"能力、迫切要求增加教育经费投入。张大良还对进一步做好农林人才培养和教育教学改革工作提出 12 条极有价值的建议和要求。最后，张大良对各农林高校深入贯彻落实胡锦涛总书记重要讲话精神、扎实推进卓越农林人才培养计划提出了希望和要求。他说，所有高等农林院校老师要结合自身特点、抓住机遇，把培养卓越农林人才作为学校人才培养的中心目标，希望农林人才培养开创一个新局面。

【召开 2011 年南京农业大学教学管理工作座谈会】9 月 28 日上午，2011 年南京农业大学教学管理工作座谈会在金陵研究院国际报告厅举行。副校长胡锋首先对教务处退休教职员工、全体教学督导寄语了重阳节的问候和祝福，对他们一直以来对教学管理工作的关心和支持表示感谢。胡锋指出，校党委十届十三次全委（扩大）会议提出建设世界一流农业大学，这为学校本科教学继往开来、争取新的跨越、实现一流的本科教育提出了明确的目标。他结合周光宏校长检查指导本科教学工作时提出的三点意见，阐述了学校目前本科教学工作的新形势和新挑战，要求大家集思广益、奋勇争先，为"十二五"期间学校本科教学工作再上新台阶打下坚实基础。教务处处长王恬介绍了学校近期本科教学管理的 8 项重点工作和实施路径。会上，离退休老同志、教学督导组成员以及各学院院长分别围绕发扬学校本科教学传统，提升新教师教学与科研能力，以及为师生提供良好的发展平台与服务举措等方面提出各自的建议和看法。

（撰稿：赵玲玲　审稿：王　恬　审核：高　俊）

［附录］

附录 1　2011 届毕业生毕业率、学位授予率统计表

学院	应届人数（人）	毕业人数（人）	毕业率（%）	学位授予人数（人）	学位授予率（%）
生命科学学院	216	212	98.15	208	96.30
农学院	188	184	97.87	183	97.34
植物保护学院	136	135	99.26	133	97.79
资源与环境科学学院	141	137	97.16	137	97.16
园艺学院	223	218	97.76	218	97.76
动物科技学院（含渔业学院）	133	130	97.74	130	97.74

（续）

学院	应届人数 （人）	毕业人数 （人）	毕业率 （％）	学位授予 人数（人）	学位授予率 （％）
经济管理学院	448	442	98.66	440	98.21
动物医学院	159	157	98.74	157	98.74
食品科技学院	182	180	98.90	180	98.90
信息科技学院	219	213	97.26	210	95.89
公共管理学院	191	188	98.43	186	97.38
外国语学院	164	162	98.78	162	98.78
人文社会科学学院	216	211	97.69	207	95.83
理学院	109	104	95.41	104	95.41
工学院	1 193	1 149	96.31	1 127	94.47
合计	3 918	3 822	97.55	3 782	96.53

注：本表数据统计截至 2011 年 12 月 26 日（食品科技学院赴法国留学 3 名学生未计入）。

附录2　2011届毕业生大学外语四、六级通过情况统计表（含小语种）

学院	毕业生人数 （人）	四级通过 人数（人）	四级通过 率（％）	六级通过 人数（人）	六级通过 率（％）
生命科学学院	216	202	93.52	145	67.13
农学院	188	175	93.09	99	52.66
植物保护学院	136	125	91.91	83	61.03
资源与环境科学学院	141	134	95.04	83	58.87
园艺学院	223	208	93.27	117	52.47
动物科技学院（含渔业学院）	133	118	88.72	57	42.86
经济管理学院	448	421	93.97	299	66.74
动物医学院	159	148	93.08	84	52.83
食品科技学院	182	172	94.51	111	60.99
信息科技学院	219	203	92.69	93	42.47
公共管理学院	191	174	91.1	99	51.83
外国语学院（英语专业）	91	83	91.21	66	72.53
外国语学院（日语专业）	73	72	98.63	55	75.34
人文社会科学学院	216	173	80.09	92	42.59
理学院	109	101	92.66	57	52.29
工学院	1 193	1 013	84.91	429	35.96
合计	3 918	3 522	89.89	1 969	50.26

注："英语专业"四级通过人数和六级通过人数分别指"英语专业四级"和"英语专业八级"。

本 科 生 教 育

【概况】2011 年，学生工作处（部）主要围绕学校建设世界一流农业大学的战略目标，全面推进实施学生工作"三大战略"，不断提高学生工作科学化水平，切实为学生成长、成才提供优质高效的管理和服务。

积极开展各类主题教育活动，加强学生德育建设。组织开展新生主题教育、毕业生主题教育、"励志勤学、明礼诚信"学风建设以及"争当优秀学生党员，我为党旗添光彩"建党 90 周年主题教育等系列活动，成为开展学生思想政治教育工作、弘扬社会主义核心价值体系的重要抓手。继续着力建设"南农教授讲坛"和"百题讲座"平台，加强学生文化素质教育，全校范围内共举办各类讲坛、讲座 300 余场，评选优秀文化素质教育讲座 20 个，为建设校园主流文化、弘扬科学精神、培育优良品质、树立集体荣誉和社会责任感发挥了重要作用。

全面开展心理健康教育工作，帮助学生健康成长。创新学校心理健康教育的机制，初步构建"1 门必修课为主、16 门选修课为辅"的心理健康课程体系，变被动接受咨询为主动、以课程的形式广泛教育学生，普及心理健康知识。通过网络对全体新生（包括研究生）进行心理健康普查，有效率 99%；建立心理健康档案，对符合一类问题本科生进行逐一约谈；为 1100 人次进行心理咨询，举办团体辅导 26 期，参加人数 500 人次。举办夏令营 2 期，参与 98 人；近 10 000 人次参与心理教育活动，出版《暖阳》报 7 期。增设心理游戏室，成立"明德书院"，启动专兼职心理健康教师督导计划，借助社会力量提升学校心理健康教育工作水平。

着力贯彻国家相关资助政策，努力为家庭经济困难学生排忧解难。全年共认定家庭经济困难学生 6 249 人，占全校学生总人数的 37.64%。发放各类资助款 3 741.73 万元。其中，奖学金、助学金 2 796.37 万元、国家助学贷款 806.34 万元、勤工助学费用 139.02 万元。学校资助工作在新资助政策体系的推动下，坚持"以人为本、开拓创新、全面实施解困助学"的工作理念，以奖学金、助学金和国家助学贷款为主体，以勤工助学为辅助，以困难补助和学费减免为补充，确保每一位家庭经济困难学生能够顺利完成大学 4 年的学习和生活，健康成长，全面成才。

鼓励全员参与招生宣传，有效提升生源质量。向全国 2 000 余所高中邮寄祝贺喜报 3 900 余份，面向全国 5 000 余所重点中学邮寄招生简章；招募在校生 1 500 人参与"优秀学子回访中学母校"活动，回访全国 31 个省（自治区、直辖市）1 000 余所中学，采集中学信息 560 份；派出 13 支招生宣传队伍，对江苏省内外近 200 所中学进行走访、驻点宣传，参与江苏省内外招生咨询会 60 余场；通过自主招生、艺术特长生、高水平运动员和艺术类等特殊类型招生等活动，打造了良好的招生宣传平台。2011 年，全校普通本科录取 4 191 人，院校一志愿率 96.3%，与往年基本持平。其中，26 个省份实现了理科一志愿率 100%，19 个省份实现文科一志愿率 100%。

完善大学生就业创业指导课程体系，精简课堂教学学时，由单一的授课教学转变为授课、讲座和实践三位一体的教学模式。组织全校 50 名就业指导教师参加高校职业规划 TTT 培训，3 人参加职业指导人员职业资格培训。加强就业市场开拓，组织学院对各地用人单位进行走访，全年共参加 15 场校企见面会；举办毕业生春季及秋季大型双选会，参会用人单位达 787 家，提供 11 000 余条岗位信息，全年超过 1 000 家用人单位到学校召开宣讲会，签约就业基地单位数量达 175 家。开展"大学生基层就业"主题宣传月活动，鼓励引导毕业生面向基层就业，本专科毕业生年终就业率达 98.9％，60.3％的毕业生面向基层就业。强化就业政策宣传和社团指导建设，引导毕业生科学规划职业生涯，编撰就业政策汇编和 PPT，发放到毕业生手中及电子信箱里，并及时将最新的政策通过网站、就业信息栏和电子屏幕对学生发布。开展"大学生职业生涯规划月"活动，在江苏省第六届大学生职业规划大赛中，获一等奖 1 项、三等奖 2 项，1 名同学获得参加全国总决赛资格。

搭建多样化平台，提升学生工作队伍专业化水平。深入实施"队伍发展战略"，邀请 8 名专家为学工系统做科研素养能力提升专题报告；组织开展全校学生工作论坛、辅导员工作论坛；编撰《辅导员工作论坛》论文集；举办学工系统基本业务技能大赛，参赛率达 60％，获奖率达 80％；13 名辅导员参加部级、省级等专题培训，全部专兼职辅导员接受校内培训。2011 年，到兄弟高校对专兼职辅导员队伍建设考察调研 6 次，接待来访同类高校 8 次，同时积极组织学生教育管理与研究课题，立项 24 个教育与管理研究课题，总资助金额 4 万元。本年度，20 人次辅导员获市级以上各类表彰。其中，获全国高校学生工作优秀学术成果奖一等奖 1 项、二等奖 2 项。

【主办全国高等农业院校学生工作研讨会】 第十一届全国高等农业院校学生工作研讨会在学校举办，参会高校 38 家，参会代表 200 余人。江苏省教育厅副厅长胡金波做《关于高校学生工作的几个问题》专题报告，5 位兄弟院校校领导做了经验交流，编撰《全国高等农业院校学生工作研讨会论文集》，表彰优秀论文 36 篇。

（撰稿：赵士海　审稿：吴彦宁　审核：高　俊）

[附录]

附录1　本科按专业招生情况

序号	录取专业	人数（人）
1	农学	116
2	种子科学与工程	61
3	植物保护	118
4	农业资源与环境	59
5	环境工程	32
6	环境科学	58
7	生态学	30
8	园艺	120
9	园林	32

（续）

序号	录取专业	人数（人）
10	设施农业科学与工程	33
11	中药学	62
12	景观学	52
13	动物科学	92
14	水产养殖学	63
15	国际经济与贸易	38
16	农林经济管理	61
17	市场营销	28
18	电子商务	29
19	工商管理	30
20	动物医学	128
21	动物药学	36
22	食品科学与工程	67
23	食品质量与安全	71
24	生物工程	59
25	信息管理与信息系统	59
26	计算机科学与技术	57
27	网络工程	61
28	土地资源管理	80
29	资源环境与城乡规划管理	29
30	行政管理	29
31	人力资源管理	34
32	劳动与社会保障	31
33	英语	77
34	日语	81
35	旅游管理	62
36	法学	61
37	公共事业管理	29
38	表演	46
39	信息与计算科学	58
40	应用化学	57
41	生物科学	54
42	生物技术	52
43	生物学基地班	29
44	生命科学与技术基地班	47
45	社会学	27

（续）

序号	录取专业	人数（人）
46	农村区域发展	31
47	草业科学	27
48	金融学	186
49	会计学	100
50	机械设计制造及其自动化	179
51	农业机械化及其自动化	57
52	交通运输	111
53	工业设计	59
54	农业电气化与自动化	64
55	自动化	118
56	工业工程	122
57	车辆工程	121
58	物流工程	127
59	电子信息科学与技术	148
60	材料成型及控制工程	121
61	工程管理	85
合计		4 191

注：2011年学校本科招生计划4 200人，面向全国31个省（自治区、直辖市）招生，完成计划4 191人（卫岗校区2 879人，浦口校区1 312人）。

附录2　本科生在校人数统计

序号	学院	专业	人数（人）
1	农学院	种子科学与工程	212
		金善宝实验班（植物生产）	126
		农学	415
		农村区域发展	53
2	植物保护学院	植物保护	480
3	资源环境与科学学院	农业资源与环境	212
		环境科学	230
		环境工程	134
		生态学	25
4	园艺学院	园艺	452
		园林	249
		设施农业科学与工程	91
		中药学	162
		景观学	60

（续）

序号	学院	专业	人数（人）
5	动物科技学院	动物科学	362
		草业科学	50
		水产养殖	170
6	经济管理学院	国际经济与贸易	220
		农林经济管理	223
		市场营销	160
		电子商务	132
		工商管理	174
		金融学	305
		会计学	223
		金善宝实验班（经济管理类）	123
7	动物医学院	动物医学	658
		动物药学	110
		金善宝实验班（动物生产类）	84
8	食品科技学院	食品科学与工程	269
		食品质量与安全	278
		生物工程	220
9	信息科技学院	计算机科学与技术	389
		网络工程	230
		信息管理与信息系统	251
10	公共管理学院	土地资源管理	342
		资源环境与城乡规划管理	135
		行政管理	128
		劳动与社会保障	132
		人力资源管理	152
11	外国语学院	英语	335
		日语	343
12	人文社会科学学院	旅游管理	230
		法学	265
		社会学	62
		公共事业管理	203
		表演	112
13	理学院	信息与计算科学	220
		应用化学	226
14	生命科学学院	生物科学	226
		生物技术	258
		生物学基地班	125
		生命科学与技术基地班	239

（续）

序号	学院	专业	人数（人）
15	工学院	机械设计制造及其自动化	773
		农业机械化及其自动化	435
		交通运输	338
		工业设计	281
		农业电气化与自动化	375
		自动化	520
		工业工程	321
		车辆工程	230
		物流工程	500
		电子信息科学与技术	496
		材料成型及控制工程	387
		工程管理	425
总数			16 346

注：数据截至 2011 年 5 月 31 日（2010—2011 学年末）。

附录 3　各类奖、助学金情况统计表

奖助项目					全校	
类别	级别	奖项	等级	金额（元/人）	总人次	总金额（万元）
奖学金	国家级	国家奖学金		8 000	174	139.2
		国家励志奖学金		5 000	480	240
	校级	三好学生奖学金	一等	1 000	1 494	149.4
		三好学生奖学金	二等	500	2 064	103.2
		单项奖学金		200	1 878	37.56
		金善宝奖学金		1 500	52	7.8
	社会	邹秉文奖学金		2 000	12	2.4
		过探先奖学金		2 000	0	0
		江苏人保财险奖学金		10 000	0	0
		先正达奖学金		3 000	20	6
		亚方奖学金		1 000	0	0
		姜波奖助学金		2 000	0	0
		江阴标榜奖学金		1 000	15	1.5
		南京 21 世纪奖学金	一等	4 000	3	1.2
		南京 21 世纪奖学金	二等	3 000	6	1.8
		超大奖学金		1 000	100	10

（续）

奖助项目					全校	
类别	级别	奖项	等级	金额（元/人）	总人次	总金额（万元）
助学金	国家级	国家助学金	一等	4 000	1 281	512.4
		国家助学金	二等	3 000	1 099	329.7
		国家助学金	三等	2 000	1 281	256.2
	校级	学校助学金	一等	2 000	1 649	329.8
		学校助学金	二等	400	14 697	587.88
	社会	唐仲英德育奖助学金		4 000	101	40.4
		香港思源奖助学金		4 000	60	24
		伯藜助学金		4 000	20	8
		招行一卡通助学金		2 000	25	5
		张氏助学金（老生续发）		2 000	20	4
		爱德助学金		4 000	24	9.6
		春风行动助学金		1 000	6	0.6
		江苏慈善总会助学金		1 000	105	10.5
		海辰化工助学金		5 000	4	2
		教育超市助学金		2 000	7	1.4
合计				总计	26 677	2 821.54
				人均获资助		0.11

附录4　2011届本科毕业生就业流向（按单位性质统计）

毕业去向	本科	
	人数（人）	比例（%）
企业单位	2 710	93.32
机关事业单位	137	4.72
基层项目	43	1.48
部队	1	0.03
自主创业	1	0.03
其他	12	0.42
总计	2 904	100.00

附录5　2011届本科毕业生就业流向（按地区统计）

毕业地域流向		合　计	
		人数（人）	比例（%）
派遣	小计	2 889	99.49
	北京市	61	2.10
	天津市	60	2.07
	河北省	63	2.17
	山西省	35	1.21
	内蒙古自治区	25	0.86
	辽宁省	57	1.96
	吉林省	21	0.72
	黑龙江省	20	0.69
	上海市	71	2.44
	江苏省	1 453	50.03
	浙江省	121	4.17
	安徽省	114	3.93
	福建省	56	1.93
	江西省	19	0.65
	山东省	94	3.24
	河南省	65	2.24
	湖北省	42	1.45
	湖南省	40	1.38
	广东省	108	3.72
	广西壮族自治区	43	1.48
	海南省	12	0.41
	重庆市	49	1.69
	四川省	50	1.72
	贵州省	39	1.34
	云南省	34	1.17
	西藏自治区	19	0.65
	陕西省	31	1.07
	甘肃省	24	0.83
	青海省	20	0.69
	宁夏回族自治区	12	0.41
	新疆维吾尔自治区	31	1.07
非派遣		3	0.10
不分		12	0.41
合计		2 904	100.00

附录 6 百场素质报告会一览表

序号	讲座主题	主讲人及简介	讲座时间
1	走进科学殿堂 探讨微生世界	李顺鹏 南京农业大学生命科学学院微生物学教授、博士生导师	2011 年 3 月
2	绘现代农村新貌 展农学文化风采	卞新民 南京农业大学农学院教授	2011 年 2 月
3	学校形象、新闻素养与对外宣传	方延明 南京大学新闻传播学院院长	2011 年 3 月
4	"植物营养"你知道多少	郭世伟 南京农业大学资源与环境科学学院教授	2011 年 9 月
5	南海形势与国家安全	张晓林 教育部特聘专家、南京海军指挥学院军事战略学教授、博士生导师	2011 年 11 月
6	英语学习有方可循	宋从凤 南京农业大学植物保护学院教授	2011 年 4 月
7	大学——成就你生命的波澜壮阔	翟保平 南京农业大学植物保护学院教授	2011 年 4 月
8	做有品位的学生、学者和社会成员	董汉松 南京农业大学植物保护学院教授	2011 年 5 月
9	应用文写作基本常识	李飞 南京农业大学植物保护学院教授	2011 年 6 月
10	微生物与碳酸盐矿物关系的研究进展	连宾 中国科学院地球化学研究所研究员	2011 年 5 月
11	加拿大环境保护与可持续发展策略	陈凯 博士、加拿大联邦政府环境部资深高级政策顾问	2011 年 6 月
12	环保科普你我行	祝慧群 中国环境科学学会科普部部长	2011 年 7 月
13	建农村促发展,"三农"建设续新篇	卞新民 南京农业大学农学院教授	2011 年 11 月
14	农业资源与环境的应用前景	姜小三 南京农业大学资源与环境科学学院教授	2011 年 9 月
15	我的大学	王雪君 全国大学生创业大赛一等奖获得者 王晓焰 全国大学生创业大赛一等奖获得者	2011 年 9 月
16	世界历史遗产——明孝陵	臧卓美 明孝陵博物馆宣教部 蔡涛 明孝陵博物馆宣教部	2011 年 10 月
17	Climate change impacts to crop productivity and pathology	Dr. Adrian Newton The James Hutton Institute, UK	2011 年 11 月
18	"文理通融 素质含章"——谈如何加强传统文化的学习	单人耘 诗人、书画家、江苏省文史馆馆员、中国农业历史学会会员	2011 年 11 月
19	压力与情绪管理	张秀敏 南京邮电大学心理健康教育中心	2011 年 12 月
20	一片丹心,百虎生风	郑福生 著名虎画家	2011 年 12 月
21	如何学好手绘,如何利用手绘	谭飞 青年手绘设计师 刘超 青年手绘设计师	2011 年 12 月
22	学党史 明责任 思奋进	郭锐敏 抗日战争老红军 庞其武 抗美援朝老战士	2011 年 5 月
23	从专业谈就业	吴健 南京农业大学园艺学院中药系教师	2011 年 10 月
24	党史	桑学成 教授,省委党校副校长、省行政学院副院长	2011 年 4 月

（续）

序号	讲座主题	主讲人及简介	讲座时间
25	优质益生元果寡糖在动物营养中的应用	桥本昌羲　日本明治公司	2011 年 5 月
26	健康生活·快乐成长	李献斌　副教授，南京农业大学研究生工作部副部长、江苏省心理学会大学生心理专业委员会委员	2011 年 6 月
27	新时期下我国饲料养殖业发展趋势	穆玉云　博士，新农集团技术总监	2011 年 10 月
28	动物生产的市场调控与经济分析	杜文兴　教授，南京农业大学动物科技学院副院长	2011 年 6 月
29	动科人才大有所为	曹光辛　教授，南京农业大学动物科技学院原副院长、学院关工委委员	2011 年 11 月
30	走进动物转基因的世界	刘红林　教授，动物南京农业大学动物科技学院院长、博士生导师	2011 年 11 月
31	台湾农业发展的过去、现在与未来	彭作奎　台湾中兴大学原校长、现亚洲大学讲座教授	2011 年 12 月
32	大学生的现实定位和创新发展	周应恒　教授，南京农业大学经济管理学院院长	2011 年 12 月
33	追忆峥嵘岁月　传承红色精神	展学义　首蓿园干休所的红军老干部	2011 年 3 月
34	传承红色经典	张强　白下区干休四所老干部	2011 年 3 月
35	当前宏观调控下商业银行的经营之道	胡庆华　教授，民生银行南京分行行长	2011 年 5 月
36	中国"三农"与"三治"	温铁军　教授，中国人民大学农业与农村发展学院院长、著名"三农"问题专家	2011 年 5 月
37	我国农民合作组织发展：实践与挑战	黄祖辉　教授，浙江大学中国农村发展研究院院长	2011 年 5 月
38	经济学的思维	何军　南京农业大学经济管理学院教授	2011 年 5 月
39	关于实证研究的若干个人体会	刘西川　浙江大学中国农村发展研究院博士	2011 年 5 月
40	新闻写作技巧及媒体投稿相关知识	陈晓春　新华日报社主编	2011 年 8 月
41	人际沟通与社交礼仪实用技巧	王恩宁　南京师范大学教授	2011 年 8 月
42	经济研究方法	罗德明　加拿大环境部研究员、中国社会科学院教授	2011 年 8 月
43	处理企业"创新思维与社会责任"之间的关系	江岷钦　教授，闻名海峡两岸、学贯中西的"名嘴"（中央电视台第四频道著名评论家）	2011 年 10 月
44	自然保护与生态管理	Annette Otte　德国吉森大学教授	2011 年 10 月
45	见证成长	邵彩梅　禾丰公司创始人，副总裁，动物营养分会常务理事，饲料工业技术标准委员会委员、国家生猪产业体系试验站站长	2011 年 11 月
46	南京地区宠物诊疗行业的现状和发展	钱存中　高级兽医师 刘永旺　高级兽医师	2011 年 11 月

（续）

序号	讲座主题	主讲人及简介	讲座时间
47	输液在兽医临床上的应用	陈鹏峰　兽医师	2011 年 11 月
48	国内外小动物医学现状与展望	侯加法　教授，国内著名小动物医学专家	2011 年 5 月
49	创业计划竞赛	张秋林　教授	2011 年 11 月
50	宠物医院的经营与管理	张伟东　艾贝尔宠物公司总经理	2011 年 11 月
51	Their Public Health Importance and Neglect	Gregory C. Gray　美国佛罗里达大学教授	2011 年 10 月
52	营养疗法在小动物临床上的应用	黄克和　南京农业大学临床兽医系教授	2011 年 10 月
53	奶牛兽医与宠物兽医的异同	钱存忠　教授，南京农业大学动物医院院长	2011 年 5 月
54	Diet dependent adaption of the rumen epithelium and Transportation of fermentation products across the rumen epithelium：SCFA and ammonia	沈赞明　南京农业大学动物医学院教授	2011 年 5 月
55	犬猫急慢性肾衰的诊断和治疗	陈鹏峰　动物医学院特邀的中国畜牧兽医学会高级会员	2011 年 4 月
56	Leadership Qualities and Business Ethics	Thomas Ubben　沃尔玛区域销售经理	2011 年 4 月
57	Growing Pains and Life at Cisco	Scott Wertz	2011 年 4 月
58	超好看·故事之瘾——主题文学会	南派三叔　中国作家	2011 年 10 月
59	基于扰动观测的控制理论及若干应用研究	李世华　东南大学自动化学院教授	2011 年 6 月
60	中国周边热点问题透视	朱听昌　解放军国际关系学院大校	2011 年 5 月
61	提高核心竞争力，建设文化软实力	王建光　南京农业大学人文社会科学学院副教授，南京大学哲学系博士毕业	2011 年 3 月
62	博物馆与记忆——5·18 国际博物馆日主题讲座	田践　南京市静海寺博物馆馆长	2011 年 3 月
63	中国传统文化	张进　教授，南京师范大学社会发展学院历史系主任	2011 年 3 月
64	祖国，并不遥远的历史——南京大屠杀背后的启示	陈虹　南京师范大学社会发展学院教授	2011 年 12 月
65	我国农产品加工利用现状及其展望	顾振新　南京农业大学食品科技学院教授	2011 年 11 月
66	校园新闻写作的基础与实践	赵烨烨　南京农业大学党委宣传部新闻中心	2011 年 11 月
67	大学生学习生活适应谈	康中和　南京农业大学党委学工处大学生心理健康教育中心	2011 年 11 月
68	英国 Reading University	唐银山　雷丁大学教授	2011 年 3 月
69	亚信联创报告会	蓝灵　亚信联创学院副院长	2011 年 3 月
70	信息自组织与序化机制	马费成　武汉大学教授、博士生导师	2011 年 1 月

（续）

序号	讲座主题	主讲人及简介	讲座时间
71	电子商务时代的发展	张海刚　四海商周经理	2011 年 2 月
72	photoshop 讲座	周勇　南京农业大学图书馆	2011 年 5 月
73	电信软件的未来发展趋势	刘雁飞　南京烽火科技人力资源经理	2011 年 4 月
74	中日软件开发的结合与差异化	庞军　上海凌志软件副总裁	2011 年 9 月
75	图书情报与档案学科未来五年的重点研究领域和课题	叶继元　南京大学教授	2011 年 12 月
76	软件人才的职业生涯规划	蒋月题　南京中兴软创培训经理	2011 年 10 月
77	怎样做好一名新闻人员	赵烨烨　南京农业大学党委宣传部	2011 年 10 月
78	云计算及若干关键技术	刘鹏　解放军理工大学教授	2011 年 11 月
79	隐喻方法与信息服务	李广建　北京大学教授	2011 年 12 月
80	信息服务企业技术创新研究	卢小宾　中国人民大学教授	2011 年 10 月
81	嵌入式图书馆服务战略与转型	初景利　教授，中国科学院国家科学图书馆	2011 年 11 月
82	国家科学图书馆情报研究与实践	冷伏海　教授，中国科学院国家科学图书馆	2011 年 11 月
83	"创先争优，保持先进"的专题辅导报告	董连翔　教授，江苏省委党校党史党建部主任	2011 年 11 月
84	2011 年国考面试及省考备考讲座	袁姝婧　中公教育资深讲师	2011 年 12 月
85	加强和创新社会管理	严强　教授、博士生导师，南京大学公共事务与政策研究所所长	2011 年 4 月
86	服务型政府建设	张康之　教授，中国人民大学公共管理学院博士生导师、"服务型政府"首倡者	2011 年 4 月
87	农业改革与转型之东方的经验	Max　Spoor　荷兰科学社会研究院（ISS）教授	2011 年 4 月
88	"创新社会管理的组织"报告	严强　教授，博士生导师，南京大学公共事务与政策研究所所长	2011 年 9 月
89	创新与 GIS 创新	闾国年　南京师范大学著名教授	2011 年 11 月
90	与青奥形象大使面对面、与奥运冠军零距离——青春激励，我的冠军之路	肖钦　北京奥运会鞍马冠军、南京青奥形象大使	2011 年 11 月
91	翻译名篇鉴赏	侯广旭　南京农业大学外国语学院教授	2011 年 11 月
92	文献研究论文写作	马广惠　教授，南京师范大学博士生导师	2011 年 11 月
93	日语交际应用	游衣明　副教授，南京农业大学国际教育学院副院长	2011 年 10 月
94	澳大利亚文学与文化掠影	李震红　南京农业大学外国语学院副教授	2011 年 11 月
95	Chinese Migration and Globalization（华人移民简史以及全球化）	Evelyn Hu－Dehart　教授，美国布朗大学历史与种族系系主任	2011 年 10 月
96	日本人过新年	成春有　南京农业大学外国语学院日语系教授	2011 年 9 月
97	How to take effective notes（如何有效做笔记）	Michael　南京农业大学外国语学院外教	2011 年 9 月

（续）

序号	讲座主题	主讲人及简介	讲座时间
98	SRT 项目研究方法	张兆同 教授，南京农业大学管理工程系主任	2011 年 9 月
99	The Holocaust：What Was It and What Does It Have to Tell Us?	David 南京农业大学外国语学院外教	2011 年 9 月
100	What Is Student – Centered Learning?（何为以学生为主的教学）	Mary Balkun 教授，美国西东大学（Seton Hall University，简称 SHU）英语系主任	2011 年 9 月
101	心理支援心理沟通技巧	成颢 南京脑科医院心理系研究生、南京静水熙平心理诊所心理咨询师	2011 年 6 月
102	英语阅读理解中的文化干扰	端木义万 解放军国际关系学院教授	2011 年 6 月
103	让梦想腾飞	盛下放 南京农业大学生命科学学院微生物教授	2011 年 12 月

附录 7 学生工作表彰

表 1 2011 年度优秀学生教育管理工作者（以姓名笔画为序）

序号	姓名	序号	姓名	序号	姓名
1	马先明	12	吴 峰	23	娄来清
2	王世伟	13	张 杨	24	宫 佳
3	王 鑫	14	张艳芬	25	郭军洋
4	付 鹏	15	张源淑	26	黄 颖
5	吕成绪	16	陈佩度	27	崔 滢
6	朱媛媛	17	陈道文	28	康若祎
7	华 欣	18	周权锁	29	蒋大华
8	刘传俊	19	屈 勇	30	管月泉
9	刘学军	20	胡会奎	31	潘军昌
10	闫相伟	21	胡春梅		
11	杨 博	22	姜 涛		

表 2 2011 年度优秀辅导员（以姓名笔画为序）

序号	姓名	学院
1	刘传俊	理学院
2	汪 浩	公共管理学院
3	张嫦娥	工学院
4	邵士昌	外国语学院
5	宫 佳	动物科技学院
6	郭军洋	食品科技学院
7	桑大志	工学院

表3　2011年度学生工作先进单位

序号	单位
1	植物保护学院
2	园艺学院
3	动物科技学院
4	公共管理学院
5	生命科学学院

附录8　学生工作获奖情况

序号	奖项名称	获奖级别	获奖人	发证单位
1	全国高校学生工作优秀学术成果奖一等奖	国家级	刘营军	中国高等教育学会学生工作研究分会
2	全国高校学生工作优秀学术成果奖二等奖	国家级	刘传俊	中国高等教育学会学生工作研究分会
3	全国高校学生工作优秀学术成果奖二等奖	国家级	熊富强	中国高等教育学会学生工作研究分会
4	江苏省第六届大学生职业规划大赛一等奖	省级	李梦婕	江苏省大学生职业规划大赛组委会
5	江苏省第六届大学生职业规划大赛三等奖	省级	邹雪婷 王恒	江苏省大学生职业规划大赛组委会

附录9　2011年本科毕业生名单

一、农学院

张欢	李懿璞	丁韬	王旭峰	王峰	邓胜霞	刘慧超	孙其松	曲桦
何镇伯	余超然	吴彦博	张武益	张莹	李叶	李博	杨凯	邵昕
陈优丽	陈次娥	陈学銮	孟德璇	罗宝杰	倪登辉	徐晨阳	郭亚晶	高超
王妮妮	卢丽娟	叶陈晨	吉家曾	吕懿厦	闫长伟	张宁一	张晚霞	李鹏伟
杨娟娟	沈芳宇	沈萌	肖杨	周龙祥	胡野	赵碧英	钟恩胜	桑亮亮
陶兰	高文渊	常月	曹凯文	谢玉德	谢建超	马焕志	方云	王升忠
王文鑫	田欢	任文龙	刘柱	刘展	江姗	何卓伟	张贺	杨之曦
陈昌福	周龙华	苑婧娴	苗壮	胡庆山	骆海明	班兆男	贾琪	顾梅
曹焱	梁智凯	谭燕	江瑜	牛静	王龙言	王玲	王琼丽	冯正琦
母少东	玄立杰	张娜娜	张常军	李玉霞	李明	李美娜	李雪怡	陈丹
陈剑梅	陈鹤	庞鸿伟	倪晨	郭子卿	郭琦	崔博	梅远	黄丽婧
黄淑贤	谢英添	鲁祥风	王迪	王准	冯浩	石韵	龙武华	吕奕萱

朱琳娴　吴钱凤　张　浩　李晨旭　李　梦　李　漠　杨晓明　汪　帅　苏水链
陈春桦　陈　薇　赵娇娇　浦　静　袁　琳　高博阳　梁　悦　楼星阳　梁婷婷
周龙静　唐素华　马逸倩　高　蓉　田瑞平　冯冠乔　陶　霞　眭　剑　郭　雷
周　瑜　王　兵　陈启广　杨　博　周裕军　蔡丽莎　周　蓉　董艳聪　邓　静
许俊旭　林　云　徐小飒　管彬彬　朱　敏　虞夏清　孔　呈　王超龙　陶　涛
康纪雄　高　云　刘兵马　华　燕　亓文成　王文博　王　伟　王　婉　付艳丹
冯沛园　左　盼　邝玉肖　孙绿明　吴颖超　张亮亮　陈　林　周　健　周筱婷
周雍政　罗　杰　洪小霞　郭明艳　童　毅　韩明洁　翟浩升　蔡　飞　刘杨洋
潘晶晶　王　凯　王　劲　王　琪　赵婕妤　贾　琼　依斯拉木·木提扎
吾拉木·喀迪尔

二、植物保护学院

罗春阳　王　希　王　鑫　卢玉珍　卢晓雪　田祥瑞　任林林　孙海娜　朱　欣
朱英英　朱冠华　朱富强　毕恒萍　张阳洋　张　凯　张松娇　张诗意　张　博
张赫琼　李　潇　李　毅　陈傲然　金　琳　赵　越　赵　楠　谢　钊　潘　婧
王书祥　王　康　王　颖　田志超　刘　蕊　朱　枫　吴　艳　李晓欢　李浩森
汪郁兰　陆澄滢　陈晓龙　单鑫蓓　周　毅　林　慧　罗剑英　茆　颖　徐　蕾
顾文文　蒋欣雨　蒋春号　覃耀庆　潘家荃　黎　菊　马　良　文丽娜　王　剑
申　威　刘　晔　孙星星　朱引引　朱建楠　何碧程　吴　芳　吴　越　张　亮
李　婷　李　瑞　李　蔚　陆　瑞　陆鹏飞　陈凤羽　陈　琼　周　钦　孟晓曦
姜鹏飞　郭贝娜　熊　鹂　于晓玥　马雯劼　孙　健　朱青青　闫　明　吴育人
吴　萌　张天奇　张　宇　李军杰　李英弘　李　洋　李　哲　李　雅　杨秋普
谷诗文　陈子豪　金　蓉　段姝屹　荣　霞　曹敏敏　彭　波　蒙玉龙　翟吉明
潘　莹　孔　晔　王　昊　王春晓　王倩玲　王梦月　冯素芳　冯　翔　申　瑞
刘　洁　张腾昊　李正东　李添华　李　琦　李潇桐　李　懋　邹　敏　屈　锐
侯文杰　昝文鸽　赵海洋　赵嘉佳　倪宝珑　徐　盛　谈云青　郭强晖　彭荣森
冯致科　吴新荣　高美静　柯红娇　李　春　李　燕　巴桑片多　卓玛次仁
索朗吉宗　次仁拉姆

三、资源与环境科学学院

肖　健　孔阳阳　尤　恺　王云霞　王天宇　王　昶　王斌楠　王鹤茹　冯淦然
白　浪　刘国强　刘燕舞　朱毅强　毕文龙　邢　倩　张　波　李　欢　李　青
杜坚坚　杨　光　陈　晨　周　晏　林同云　赵　威　徐茂鑫　郭宇澄　郭　悦
常　上　梁　银　彭　岩　程九罪　程　宇　王　璐　史剑茹　刘雪莲　刘　强
吕黎明　朱立波　朱晓杰　江姝瑶　吴妙芳　吴俊杰　张谷月　张　婧　张筱晗
李文婷　李　辰　李勃丰　杜雁冰　杨　旸　杨　詠　汪小丽　陈　笑　周继欣
林　峰　胡旻锟　倪燕燕　唐舒婷　徐紫楠　钱莹娇　钱雪明　曹　漫　丁　敏
于　倩　王秀翠　王　俊　王营营　刘　梅　刘璐璐　朱晨蓉　许若光　严　佳
吴　超　张　昂　张　俊　张　雪　李　旸　李晓明　杨佳本　汪　泓　肖惠予

陈倩倩	单鑫蕾	孟 蝶	岳修鹏	姚 欢	唐健超	夏乾龙	顾正兵	彭安萍
潘 羣	马林龙	马 越	王 萍	王静婷	叶慧君	田进红	吕福新	朱筱婧
张 韵	李文昭	杜 健	邱浚凯	陆 艳	罗红梅	姚 芩	赵海娟	徐烨红
耿守保	黄国宇	蓝梦海	蔡 枫	于沛文	马雁琦	王培燕	叶成龙	孙 倩
许小伟	何银彪	张小兰	李发金	李欣明	陈 律	陈 琦	南江宽	莫 凡
顾锁娣	高丽敏	梁加寺	黄土新	黄杏秀	董 月	廖文强	魏志俣	魏 嘉
程 花	孙 亮	谢 飞	欧阳郑凯	古力克孜·阿布都拉		图尔迪玉苏普·凯木拜尔		

四、园艺学院

王培培	蔡 佳	史苗苗	王卓琳	王金凤	王深凤	王楚楚	付 足	孙 晓
孙萍萍	许兴旺	张 健	张 琳	李然然	杨仁伟	杨 菲	杨赛娇	邹敏洁
陆文佳	单 萍	周杉杉	尚高攀	洪 沄	骆晓梦	倪 楷	徐 汇	贾子力
廖亚劲	穆 琳	霍诗然	戴 云	刘 尧	刘 芳	何春燕	余旭凤	吴洪米
宋 浩	李 昂	李祥志	李羃文	杨 艳	杨艳萍	陆牡丹	周育栋	周 琳
易博文	林圣丰	罗 西	费丽伟	费翠芳	郭晓雨	银小花	黄珍石	黄滟梓
蒋 欢	熊超超	丁水旺	王芝权	王秀云	王映映	古咸彬	刘冬嫒	刘 兵
刘显峰	曲亚楠	朱晓晨	张凡凡	张凤姣	张其林	张明月	李成龙	杨兆今
杨 昊	庞 通	唐德娟	袁小丽	崔舟琦	崔 姗	曹 丹	梁翠玲	黄 静
彭天沁	蔡海琳	于 洋	毛俊杰	王 洋	冯 莎	宁晓华	任晨琛	许晶莹
李丕睿	李志超	李 斌	沈 虹	苏 芃	周雅芳	尚慧昉	赵 娟	贾 巍
钱 瑜	顾巧艳	高明真	梁丽娜	黄思娜	蒋买娥	蒋 倩	詹锋华	翟羽佳
颜小彬	武明亮	马 嘉	元 颖	王彦卓	王 娟	王荷凤	史文韬	巩永霞
朱福勇	严冰心	张力程	张馨韵	肖 漪	辛贝贝	陈旻皓	罗海蓉	侯汝凝
赵飞鹏	高 超	梁 睿	符策成	黄义平	黄望阳	温妮娜	蒋 超	魏 霖
褚晓波	于丽娜	尹茗喻	王丁冉	王舒婷	邓 桃	白 晶	刘崇俊	孙建军
张宏凯	张凯君	张 沫	张 燕	李 昂	李 姣	李 涛	杨 荣	杨雪萍
周崇梅	周晴云	林 倜	胡顺敏	唐绿萍	袁 龙	郭 丰	魏 敏	马艳玲
尹金宝	王 升	王玉霞	邓 培	叶志琴	左 涛	刘玉丰	刘 洋	朱丽芳
吴晓峰	张妮娜	张晓倩	肖云华	苏 英	陈 颖	陈璐莎	周淘玉	姚 琼
胡婷婷	胡蕾蕾	赵 宁	高 晶	梁少炜	雷健超	燕宇真	于洪娟	马 倩
马海芹	王 娜	王 鸽	孙钦玲	张中阳	张济东	杜 静	苏晓琼	陈文昊
周 阳	周金平	荣 昇	徐金金	秦亚南	秦坚源	高 勇	梁宇航	戴 辉
李梅竹	刘 颖	吴雨浓	高 慧	刘凌云	魏柳涛	张 莉	徐嘉蔚	于 杨
童培浩	杨 超	陈 越	蔡晨曦	曲婷婷	孙竟钊	林婷婷		

五、动物科技学院

毕滢佳	马万骏	王 倩	刘 杰	何健闻	吴亚男	张方淋	李笑豫	杜环利
杨 丽	肖 斌	周 阳	周 鑫	罗 鹏	姜晓芳	贺丽春	唐小川	徐 珂
贾 阳	普文艳	谢 翀	窦衍超	薛其文	马希朋	王君滔	王 敏	王 场

申梁	孙美洲	朱杰	闫建刚	何秀松	吴桂娜	吴德龙	李东胜	李自清
李林枫	李嫔	杨金委	陈丽媛	罗霏菲	钟玉涛	唐波	矫丽娟	黄烨
傅颖滢	曾怡	翟超亚	蔡筱	孔德浩	王伟兰	王思宇	王菁	王群
石蕊	朱佳伟	朱森	张刚	李嗣威	李鹏宇	杜恩存	杨利娜	杨晶晶
苏浩	邹盼盼	罗俊敏	赵颖	徐图	钱妤	梁应国	曾振杰	蔡天宁
杨梅玉	王学琼	王淳	韦玉烁	孙雨	朱茜茜	吴梅	张倩	李世潇
李强	杜鑫	陈奕兆	周园园	段文静	莫正海	郭启荣	焦灏琳	颜凌霄
梁金逢	丁仁博	扈添琴	方明明	卢成宣	石云明	刘楠楠	刘耀蓬	朱彦妃
宋娟	张改红	张萌	张磊	杨孟竹	林晓琳	祝国辉	胡善	赵文超
秦小游	曾小川	董栋	韩越	廖英杰	魏广莲	王炜	叶路	朱金波
李峙蓁	陈夏希	胡一丞	贺文芳	赵明	徐钢	殷缘	崔红红	梁振贵
黄乙芸	黄杰柱	程龙	董晶晶	蔡佳能	潘涛	戴静		

六、经济管理学院

秦蒙	夏悦灵	诸葛鉴	李卓然	姚玉婷	徐飞宇	陈悦	褚旭	韩毓
胡志华	付颖赫	孙菲菲	李天祥	翁辰	林晓敏	潘俊澍	张丽	田敏
张海斌	张晨	季仲钦	杨弼程	龚骏超	秦晨	任苊兴	房琪	汪竹霞
曹芹	王艳	郑浩洁	雷燕	桑宇	刘恺	姜晓锋	张卉	王沛佶
刘亥春	魏薇	郑寒松	陈奕静	周江畅	周宏雯	刘雯	马龙飞	毛轶
王一诺	王志遥	王勇超	王涛	韦盟辉	甘梦醒	刘青青	朱志邈	衣尚锦
何晓帆	何嘉庆	吴秋辰	张广成	张飍	李正帅	李妍	杨鸿	杨超英
肖龙	陈松权	武忱	罗积善	范珂	浦家浩	钱鑫伟	董家玮	蒋苊苊
王麟	丁建军	万鑫	尹硕	王金玉	王娜	刘秋菊	吕宗立	朱明
宋德强	张宁	张瀚元	李亚君	李旭	杨小娇	杨恺霖	杨超	邹坤秘
陆燕	周馨浪	尚志超	庞辰晨	金雨艳	洪世权	赵晶	赵新芬	赵蒙
赵蓉	唐恒	徐克能	徐辉	秦攀	郭昱含	崔若淇	盛婕	黄佳芸
黄洁	熊安怡	蔡晓莉	于圓	丛晓飞	冯婷	白云天	刘智	刘露
孙海鹏	朱伟攀	何钦瑜	张伟	张旭娟	张明珉	张琴	李洋	李浣琳
杨云霞	汪丽	陈小婷	陈寿寿	陈贵梅	陈培琳	周春燕	茅金冶	姜琳玲
柏丹丹	胡森	费柳	晋乐	晋涵	袁薇	钱青青	谢易成	谢星海
蓝佳佳	雷卓娅	戴群艳	瞿姗	卫楠	尹佳裕	毛云飞	王亚	王柄翰
王森	刘杰	刘钰	刘融	齐芳英	何铭涛	宋煜乔	张蓓佳	李莎
李懿睿	杨文佳	杨诚	杨嫦月	陆钦晔	周蓉雯	金旋	俞筱怿	姜轩
柏巍	胥孟迪	唐与田	徐洲	郭叶	彭辰	蔡萌萌	王英雪	王晨晓
王晨琰	田威	田原	刘兆波	刘杨	吴昱	宋宜澎	张苗	李丹
李双龙	李偲帅	杨华	杨洋	沈玉婷	犹真秀	苏嘉伟	邱徐展	周云
孟磊	尚文斌	范竹竹	姚燕军	娄英	徐慕娇	高瑾	黄小龙	程欣炜
瞿胜杰	于聪	王艺霏	王英	王锋杰	王颖	王璐	刘春晖	刘珊珊
朱琳	羊健	许俊	别蒙	李翔龙	杜君	杨立彬	杨杨	杨剑

杨洋	沈姿佳	邱莉琴	陆磊	陈晨	陈献伟	钟盾	唐梦琴	曹新莹
黄智伟	周艺丹	叶涵	王玥	王勇智	冯鑫	田静	刘志扬	刘沛君
刘铁鹏	朱泽洋	吴浩	张建洋	张巍巍	李妍	沈琼	肖洪	陈伟
陈柏龙	陈晨	柯苗玲	赵靓	钱旻青	高婷婷	曹玉文	黄璐	曾祥健
焦运梅	程浩	蒋雨佳	蒋莹	褚昭昂	潘鸿	王鹏超	万玉	于才皓
王嵌	刘友然	刘轩竹	刘国栋	孙可燃	孙运婷	朱春凤	许博	何文翔
吴微	宋沁青	张玉川	张玉萍	张群	李文丽	陈文菊	陈秀清	陈倩
陈雪娇	陈婷婷	林染	罗恩林	姚凌漪	姚瑶	胡晓	苟忠	唐淑婷
徐珊	栗杰美	盛婷婷	黄杭芳	彭吟珏	谢世良	蒲娟	蔡澍	薛丽莉
丁庆元	于淼	王为东	王华	王庚	付常燕	冯媛媛	刘佳	严凯峰
何雪蒙	张侃	张松	张钰	李扬	李育婷	李媛	李慧	肖纯
陆艳	陈凯	国舒云	姚倩茹	柳涛	赵一平	郝泾秀	柴明进	翁彬
贾惠文	顾唯燕	高永远	曹福龙	黄加清	黄鑫凯	谢林	韩园园	潘婷婷
颜一炜	卜彩琴	马骊骅	王莹	王鹤霏	申莉	任蕊	朱曼	许烁星
闫莹莹	吴笑	张卫峰	张茜茜	张敏慧	张雪	李勇	李莹	杜飞
杜俊	杨佳雨	汪沁沁	陈相莉	周玉雪	郎永妍	姜文舒	费喜瑞	赵琳
赵超波	徐飞	龚璐	解启铭	黎迪凡	文莹莹	王思博	白亚翠	关晓好
刘玄	刘海蓉	刘婷婷	朱丽娜	朱玲玉	朱振宇	宋晓光	宋蔚琼	张演
李宇哲	李若龙	李磊	李鑫	杨丹英	沙金金	陆威	季清清	林文俊
姚铭炜	胡文艳	荣洁	徐兴珍	谈玲颖	戚玉青	黄裕	韩冰	韩霜
路阳春	赵凌寒	李惠	崔亚力	朱彬彬	李剑	杜文秀	李静尧	林家伊
袁亦文	贾劲松	陈奇	林珑	许姚明	连晓娜	郑斌	金国睿	孙成龙
李昊丰	李晓飞	陈皓	左扬	唐利峰	张俊	谭瑜	李桂安	刘礼元
王照宗	于瑶	李钟帅	王雪	杨泳冰	杨欢	苟杨	杜丽华	范静文
侯庆龙	范阳	赵巍玲	钱秋霞	白玛央宗	次旺卓玛	罗布曲宗	吉克飞飞	

七、动物医学院

彭雨佳	邹曜宇	冉苇	周春燕	闭璟珊	杨敦祥	陈锐博	丁凤	尹梅
王一鸣	王卫雪	王志敏	付鑫	艾阳	刘占军	刘欣超	刘海涛	朱雪蛟
张丽	张鹏	李彦哲	李淑	杨爽	陈朴	赵津	赵静静	谈晨
钱云霞	高蓓	曹晶晶	黄叶娥	黄经纬	覃丽媛	韩玉婷	翟志鹏	薛虎平
戴嘉	马家乐	尹珺伊	王兆飞	王斌	车超平	田菁	任欢欢	刘浩飞
吕晓红	朱亚露	冷欣彦	张亚群	张娜	李小苋	李多丹	杨维维	杨森
陈中明	陈鸿娟	郑军	金利滔	段云兵	郝澍	钟文婷	夏思敏	郭昊
高思佳	游潇倩	董慧亭	廖梦	马玉英	王春梅	王洪金	车瀚江	石小影
刘通	余远迪	吴玉疆	张洋洋	张嵌瑜	李改云	李晓娴	杜佳慧	杨燕
陈舒蒙	周莹珊	周翔	孟刚	林小琴	林家辉	范卫国	侯晓梅	姚晟晨
胡姚斌	徐奕	高艳	崔金鑫	康磊	曹宝珠	仇婧	尹才	方刚
王建忠	王哲慈	石诚	刘伟	刘霞	孙雅薇	朱琳	张艺宝	张凯

张 雨	张春媛	时晓丽	李沁洁	李欣彤	杨 迪	陈 平	陈 默	林双荣
姚 向	胡译文	倪 雯	顾舒舒	黄金虎	蒋春阳	蓝重斌	戴国林	许 悦
马子力	马雨萱	王成龙	王 辉	冯晓巍	刘素琴	匡晓辰	许梦微	许 静
吴 昊	张 倩	张博文	杨亚洲	邹倩影	陈 申	陈晓莺	周云飞	林镇木
施亦辰	胡倩倩	徐 凯	袁云海	贾红颖	彭国瑞	焦 洋	葛玲玲	颜新艳
李 东	吴 贞	王 月	慈彦鹏	张凡庆	冯 烁			

八、食品科技学院

段 鹂	樊 娟	施爱其	王秋辰	张瀚文	王婧波	王梦莎	白申龙	任晓鸣
刘音宏	孙婵莹	张 婷	李 萌	李斯屿	沈可慧	姜宏瑛	封 莉	施小迪
荆 璐	赵 耀	凌 云	徐嘉娟	袁术斌	钱 钊	高宇杰	高 婷	常辰曦
曹亚蕊	渠东存	黄 雷	惠 腾	谢开芳	裘盛松	蔡雪倩	穆 青	瞿婷婷
于长诺	王瑞娟	叶丹丹	叶晓枫	刘亦夫	刘晓芳	刘 瑶	吕思谊	孙永明
邢家溧	张国敏	张 嫱	李 响	沙 香	陆 雯	陈 琳	单心心	周家辰
徐雯雯	浦明珠	郭添玥	章宏慧	黄丽娟	黄慧芳	龚小峰	董子璇	翟德滔
魏朝贵	李映龙	丁卉卉	丁 雯	于美玲	于家宁	尤 佳	王九霞	王 萌
王 鑫	韦莹莹	刘 晶	刘 黎	何 青	何 洋	宋念慈	张绪德	李云红
杨虹贤	杨 彬	沈晓燕	肖 戈	陈 艺	陈 晔	陈燕萍	范敏敏	赵永芳
赵思雨	钟 蕾	徐 伟	梅 帅	蔡 露	潘兴云	魏 晴	凡 华	马 舒
王玉娇	王轶阳	叶 宁	艾迎飞	乔 蓉	庄秋玲	江琳琳	许彦哲	余 帅
吴林蔚	张臣宸	张丽萌	张 玥	张 茜	李敏杰	杨 柳	陆 枫	陈凌妍
陈 睿	陈慧婵	赵仁杰	徐 舒	秦 倩	聂晓彤	钱 进	顾 敏	隆 婷
程雅丽	谢海洋	丛含霖	田健楠	刘 践	印茜雯	吕维清	吴 臣	吴 杰
岑卓伦	李伟明	李佳佳	李 腾	苏金珍	单康西	周文娟	金 涛	胡元龙
赵 悦	钟 敏	郭芳芳	顾冬艳	梁润东	彭 杨	舒媛媛	缪 进	潘 飞
薛妍君	魏 彬	魏 微	丁 艳	王竹君	王 静	邓文静	卢坤俊	刘 健
闫 冬	张 杰	张 翔	张超卫	杨立之	邱 远	周晓薇	居虹霞	范博识
范嘉龙	郎昌野	赵天湖	赵亚峰	赵 明	徐 栋	顾定宇	顾 镍	蒋圣杰
熊 园	庞 皓	石晓霞	郭云武	陈晓博				

九、信息科技学院

石凌宇	邢元馨	王立君	韦子龙	刘 江	庄 重	阳羽洁	何 梁	吴 琼
张义杭	张 云	李 斌	谷婵娟	陈书哲	陈 坤	陈 烨	洪 坤	夏 彦
涂永志	钱晓菲	曹金文	眭亚键	谢 浩	韩 娟	鲍 迪	樊 坤	潘运来
薛辰程	王一先	王 璐	代 龙	甘志祥	石 玲	任自恭	孙 振	毕明亮
张 旭	李洋洋	杨沅瑷	苏星如	邵伟波	周 畅	周 慧	周 露	林 卉
罗宇婷	金松林	赵 杰	唐凌晖	曹 萍	彭天龙	曾毅霞	葛涵殷	蒋烨斌
覃红坤	魏正扬	丁 爽	牛 越	付玲玲	宁 聪	刘 军	刘登海	何菊香
宋单单	张小亮	李 莎	汪伟歆	陆冰冰	胡 玲	徐 涛	翁明杰	袁 龙

曹译丹	符玲俏	覃家闯	韩 艺	韩欣吟	蔡朝阳	王 杨	王 健	王 晖
王嵩石	史澎焱	申 杰	刘志红	刘 奇	刘腾飞	孙传宁	汤键南	何 娇
吴伟力	李伟霞	李梦霞	杨光浩	杨 扬	杨 洁	汪陈桥	汪 坤	陆雨平
周 斌	金文光	钟 立	徐 莹	翁恒丽	钱 琴	常 冰	梅 瑞	蔡小飞
王立华	王金龙	王 钧	王婷婷	冉 倚	史跃鹏	刘 森	刘 霞	孙东瑶
孙艳菊	朱永超	朱晓琳	吴凯华	李伟成	李 金	李 柱	李 琳	陈 宇
陈森蓉	范东芳	金 威	殷文泽	钱小冬	高海防	黄飞达	曾祥成	韩 雨
马 超	方智富	牛燕飞	王 冲	王 阳	付 松	叶弯弯	刘 宇	刘明海
吕宋平	孙 赫	米 乐	吴士良	张 程	李 多	陆丹丹	陆咸光	陈 岩
赵建飞	徐兆聪	秦东波	袁 健	贾文博	郭 磊	钱 丹	曹 杰	黄丽萍
龚龙君	景 影	蔺鸿雁	马 雯	牛 渊	邓 瑜	龙 军	刘李阳	刘芮希
朱华宇	张 翔	李 辰	李宗霖	陈 丽	陈志飞	陈昭娣	周小凤	易 聪
施海斌	贺路遥	赵 烜	钟元君	徐 涛	翁江博	高 瑞	阚连晖	王 钊
王 涛	叶明亮	刘春燕	孙文丽	宋一欣	宋晓阳	张 路	李佩云	杨鹏伟
陈 清	陈 曦	周天琪	季 飞	林 志	罗仁亨	罗贤魁	罗 娜	施维文
黄 杰	缪 静	翟 璐	谷肇骞	刘效辰	孙华亮	潘 翔	林汉权	章 欣
陈 宽	吕文葭	罗浩文	欧阳辰晨					

十、公共管理学院

张 程	吕沛璐	柴亚峰	丁庆云	卞 迁	毛 彬	牛 婷	王 怡	王倩雯
包彩霞	史俊华	刘维佳	何睿轩	张 月	张 昕	李 娟	杜景丽	杨 林
杨秋燕	杨雪英	陈艳艳	周志飞	尚 晓	郑 恺	姜丽秋	赵瑞琪	徐明敏
徐爱群	徐 聪	殷小龙	都是春	陶 静	童 敏	韩学强	臧 蕾	杨 娟
王 佳	马 魁	孔 辉	王文青	王嘉辉	鸟振琳	关庆海	孙健雄	何双琴
何 礼	吴东林	张 斌	李学文	杨 军	杨 芩	杨 勇	邵方兴	罗志刚
倪翘楚	钱咪娜	顾占林	顾 艳	高永海	黄 彪	覃雁君	黎 汉	马 磊
尹樱姿	王诚笑	王继超	王 博	丛珍妮	匡 蓉	孙小军	孙婧一	朱晓雨
汤 霞	许彩云	吴安步	张 钦	张聘聘	张雯熹	李少博	李成瑞	杨 正
杨梓钰	肖晓月	陈建勇	罗丽梅	郑少刚	姜 剑	宣小磊	查 争	赵音梅
徐 龙	郭晓丽	郭 琳	崔垣元	鲁 畅	马 沁	王一汀	王晴晴	王 琼
卢拉沙	白本东	任翔宇	刘龙杰	刘芳兵	刘忠原	刘 洋	朱妍汐	张津夷
张景飞	张耀宇	李 丹	李煜鹏	杨文静	陆晓波	陆 露	陈 赫	周 冬
周 阳	周 环	季立渊	官朝莉	赵 莹	舒 婷	薛 仲	薛敏霞	刘万里
文 博	王 伟	王 欣	王善凯	孙晓中	朱凌云	次 久	次 珍	阮建业
吴伟昊	张敬梓	张 静	李 中	李 鹏	束恒春	陈荣华	陈 晨	周 政
周 森	苟仁芬	赵 勇	徐 倩	徐梦丹	桂振超	殷 婕	钱 旦	顾国兴
富 嫱	谢 涛	薛 钢	高 岷	文玉萍	王春燕	冯傲然	叶 靓	刘 丹
刘志凤	刘烨龙	刘 超	曲增辉	朱婷婷	张术红	张阳阳	张青如	时天慧
李金花	李思玛	杨 松	杨 程	陆彦茗	陈雪玲	周婷婷	周 静	姜 浩

查梦霞　胡福光　唐婷婷　徐　婷　董文渊　鲁伊纹　郎海如　李煜岂　索朗扎堆
次成郎加　崔成加措

十一、外国语学院

徐梦影　尹　剑　牛思悦　王阿俊　王晓莉　王　谦　王　黎　冯丽萍　卢燕芳
石闻熙　刘凌琳　孙旭征　庄秉权　朱　佳　佟晓菲　吴　蕊　张珈瑜　张雯瑶
李　帅　李　诗　李　晗　沈　洁　陆　健　陈　玲　陈健欣　陈莹秀　郁春燕
胡慧敏　陶　冶　崔德桥　韩　刚　潘　晴　王效欣　石玥辰　孙　蕊　朱　浩
严怡羚　吴贵玲　吴　琼　张　平　张　萌　李悦庭　李　瑶　杨　慧　陆芳芳
周滨铃　孟　雪　罗　杰　苑　欣　郑思嫄　段洋霞　胡珊珊　秦　玲　钱冬莹
梁美娟　章　炎　韩　英　蔡　瑾　谭玉萍　薛芳蓉　卢华宇　许　丽　许家涛
张　清　李仁钰　李卓姝　杨　洋　陈　芳　陈　玲　陈琬璐　陈慧蕾　周　霞
罗欢欢　茅晨光　郝锦爱　莫晓颖　袁佳峰　顾亚娟　顾锋华　曹沪芳　曹　银
梁趣仪　梅晨星　黄丹凤　蒋婷婷　黎小梅　戴　云　鞠安奕　魏　婕　丁莹莹
卜凡香　马彩萍　王琳华　王　薇　东济春　乐　燕　刘思颖　孙　浇　孙梦娇
戎小菲　吴　颖　吴　燕　张海红　张　梦　张　慧　李东霞　李晓钰　李雪华
杜晓明　杨　椰　陈　平　季文佳　林月娟　罗江群　赵　燕　席培培　曹智林
黄晓静　曾文珊　董开胜　蒋火勇　蒋雅芬　褚红伟　谭丽萍　戴锁燕　丁　艳
仇露露　王佩君　王　嘉　卢梦楠　任小洁　任靖璐　吕晓磊　齐艳茹　吴　越
吴　蓉　张梦雨　张惠媛　张　楠　李玉勇　李姗姗　李　玲　汪　慧　肖　雅
邹丽佳　陈天意　陈顺姬　季　云　钟红梅　倪　琪　徐晓琳　徐梦叶　陶　晶
顾婷婷　曹　杨　曹培莲　蒋　璐　缪欣欣　蔡明慧　蔡　雁　王亚琼　董蕴吉
王　茜　周文洁　练姗姗

十二、人文社会科学学院

彭　超　次　央　方　敏　张　茜　王义燕　水喜娟　王诗露　石　磊　刘艳敏
刘薇娜　张晓婷　张爱美　张　莹　李延南　李　彤　李进成　苏　雅　陈　然
林小燕　胡瑞雪　凌　波　凌金玉　袁　洁　袁梦华　诸　琴　高晓璐　崔梦佳
曹业龙　傅琳琳　潘　晴　魏　娜　马兰丹　王小彤　王　伟　王志峰　王　苏
冯晓梅　刘卫龙　江文娟　许圆圆　邢锦超　齐贝贝　何　梦　张　雯　李　宁
李　娟　杨丽菲　陈　琳　周　梅　侯雪馨　姚　远　徐星晨　高　薇　曹　青
储　玲　彭水凤　赖　念　廖　萍　于　静　邓　娜　刘蓉蓉　江海燕　张秋艳
张笑默　张　维　李　芸　杨忠静　杨舒艳　胡玉珊　赵丹丹　郝玉娇　席　拓
徐　萍　郭建勋　陶盛华　商旖旎　梅　雨　眭海平　章　松　黄丽娟　黄美琴
覃文峰　杨　阳　王洁如　王　甜　叶　青　刘　玲　刘爱华　刘　婉　刘　维
华　夏　朱茜茜　吴今朝　吴兴楠　张　薇　李俊娟　李　磊　杜玉龙　连帅利
陆　平　陈苏梅　陈宝宁　陈　涵　陈　瑜　巫　杰　林　晨　范小田　姚　瑶
祝凌飞　钟玲玲　唐　健　夏慧华　袁攀攀　谈　弦　常若愚　龚　赟　彭兵兵
彭　菲　程运安　葛　平　董云蛟　韩　琪　靳　婧　裴　亮　马　翔　王　枫

王晓鹏　王　涵　王　琪　王薇薇　向　瑞　孙浚淞　朱培培　毕　玉　许云祥
吴敬伏　寿甜甜　张丹丹　张书舟　张　艺　张春雷　李欣雨　李欣洁　林旭峰
郑　毅　徐允飞　徐　航　贾　凡　钱梦琦　梁　爽　黄宗浩　韩雨辰　窦　靓
翟　玥　潘　彤　颜晴晴　戴　超　马　雪　王　丹　王正红　王星辰　王秋妹
王　森　王　雷　刘　锴　张　剑　张晓倩　张晓燕　李　丹　李　萌　杜　杨
杨海涛　陆　莉　陈晓晓　陈　淋　陈雅晴　陈　静　周娉卉　胡　澄　夏美燕
徐小龙　袁　莉　韩春艳　蔡灵珊　于　洋　王书剑　王凯杰　王美美　王　健
王艳萍　王　梦　王　璟　田　磊　刘建蛟　孙炳垚　朱静雯　吴春生　张欢欢
张珊珊　沈　纯　陈　练　陈　真　陈　煜　周云飞　金　璟　要泓鸿　曹天天
蒋科萍　韩亚南　魏秀清　龚强飞　小丹增曲珍　加央白珍　加拥曲珍　旦增曲珍
次嘎卓玛

十三、理学院

王　丽　王斌哲　汤子豪　佟　琳　李亚寒　李勤径　杨佺兴　沈　清　连霄霄
陆　斌　陈晓飞　胡星海　赵效毓　徐振清　徐萍萍　郭　晨　康俪馨　盛雅楠
符　瑜　黄彬彬　韩沛辰　裴胜兵　戴文博　尹　苹　方　宾　王　瑜　任赵虎
关彦波　许　欣　吴　超　张云云　张　慧　杨笑甫　岳崇晖　郑龙龙　姚新萌
赵彦锐　赵梳宏　赵超越　郝文涛　夏　伟　徐云蕾　徐　焕　栾皓榆　黄　磊
游建良　蔡媛玲　樊　蓉　刘少梅　万跃清　尹和尉　王思思　刘　辰　刘　勇
刘　锴　吉　晶　孙彩丽　江　东　阮蒙婷　何　睿　吴海浪　吴基鑫　宋丽芳
张冬雨　张雅琴　张　静　李文华　李　惠　杨婷婷　陈漪洁　胡　颖　徐　芸
秦浩涵　郭丽娟　高　成　高慧敏　梁仁滔　盛　夏　马　力　王佳乐　王春波
王艳平　王　磊　冯一骁　刘　磊　汤燕瑾　许　泽　佘祖怡　吴振禹　吴　涛
张　曼　李　坤　李美玲　李惟攀　邱慧敏　陈洋洋　陈恋恋　周慧芬　孟祥明
娄思塑　祝璐凤　钟惠芳　陶庭庭　高　婷　曹　璐　隋　莹　韩苏青　仲　宁
王亚君

十四、生命科学学院

孔广辉　孔肖菡　方　琳　王白云　王　琰　冯志航　朱　莹　汤爱辉　许璋阳
张　丽　李玉彬　杨　飞　闵高仪　陈再越　陈启明　单荣辉　周　翔　林　龙
洪　斌　徐成龙　郭尚东　钱晓璐　龚思禹　谢龙辉　韩　溢　魏天颖　王　耀
刘云鹏　刘　兴　刘　真　朱曼璐　江龙飞　江　栋　张晓菲　张　赓　杜　好
杜　悦　沈　斌　陈　栋　赵晓阳　浦天宁　翁　君　郭元飞　程飞飞　鲍文娟
缪有志　潘亚璐　霍远涛　丁延亮　丁芳骐　于玉凤　王　凡　王之溪　王　探
王　敏　王　聪　邓潇潇　刘　彩　毕岩君　张沛琪　杨秀娟　沈　岩　沈婵娟
沈嘉澍　陈　钘　孟　茜　范　俊　郑　琪　胡卫丛　荀卫兵　赵　晴　项谨男
倪　添　袁　帅　黄忠瑶　蒋湉湉　詹春光　潘汝浩　陈奕齐　何卫星　于岩飞
仇志恒　方　妍　毛星宇　王　玥　王雄伟　刘春艳　余　磊　李　达　杨　扬
邹泉峰　陆　坚　周　晶　赵雨佳　钱　健　顾　杨　高天珩　曹云涛　谢　俊

蔡新兴　樊晓腾　戴雄风　王晓菡　王琦萱　任敬钢　孙瑜霞　孙　腾　朱凯凯
严雁玲　吴文兵　张　昊　杨宏玉　陈　飞　陈　龙　施娟娟　胡晓俊　徐春森
袁　波　高　峰　彭　舟　焦　泓　程　钰　董步阶　戴小玲　马雪莲　王晓芬
叶少成　刘　睿　华玉丹　孙文华　孙冬丽　张　鑫　李　争　李　娟　陈祯钰
武　涛　侯　杰　柏　杨　郭秀云　高　超　黄玉飞　黄　炎　彭　仲　董　嘉
王　炎　王　苹　冯俊林　任　洁　刘龙飞　刘　欣　许　飞　许长峰　过　星
何　翾　吴崇兵　宋　俊　宋静静　张　苗　张　琴　张雯雯　李婉娇　周可进
周　涛　庞晓辰　罗　侃　郑芳林　俞雅君　姚　慧　姜海燕　钟志平　倪远之
郭　晓　梁丹丽　萧　鹏　黄佳佳　韩晶晶　蒲　濛　霍　伟　丁晓菲　仇小妹
王　惠　刘唯真　刘博彻　纪　鹃　许志翔　严　亮　何金花　张聿琳　李贺文
杜金芝　杨子光　杨　浩　杨　智　芮晟歿　林慧之　胡　蔚　赵伟娟　赵　军
倪佳艳　徐晨伟　徐硕琪　袁梦如　郭欢欢　陶正清　崔　瑾　曹华琳　曹亮亮
敦泽胜　曾　旺　薛超一　霍敏波　宁新娟　居述云　桑　昱　史培良　蓝知奕
程雨燕　黄　煦

十五、工学院

朱　迪　戴光杰　李文亮　王飞艳　哈成刚　文永丽　王　飞　王　成　王秋云
王　鹏　叶彩霞　朱　伟　何　强　吴金龙　张国建　张海锋　张　婷　李华东
陈　琦　单海鹏　周裕辉　周锡建　宗建成　侯红花　冒雪岭　胡　健　荀　芳
唐利全　夏爱华　贾庆亮　彭湘云　魏大清　邓省伟　白叶锋　任金山　吴海清
宋洪伟　张岳晓　李成青　李娟凤　杜亚磊　陈金浩　周文超　孟红干　胡　静
夏菁菁　徐　苗　殷晓军　钱路平　高晓杰　章文乾　黄玉萍　龚飞龙　童　海
谭　瑶　滕　敏　薛　军　戴　君　瞿俊涛　马　猛　尹明英　王　凯　韦　强
付永超　冯永升　卢　轶　刘　刚　刘晓鹏　邢敬儒　何　娜　吴　为　吴媛媛
宋百华　周占明　周盛琦　金　月　冒云霞　陶　娜　戚善云　戚鲁金　樊　兵
潘　斌　鞠方超　支拥杰　王明祥　王　敏　计　峰　丛启龙　田友海　白洲成
孙文韬　祁国文　张彦龙　张耀龙　杨昌武　陈尚伦　陈俊梅　陈　钰　姜春霞
徐　洁　徐铭振　郭　欣　傅瑞元　汪　龙　王旭一　伍天枢　刘丽平　孙　哲
何　晶　吴　刚　肖　文　邱华瑞　邱　松　陈团圆　陈莺春　陈　琳　周伟伟
周　渊　金丽丽　保善元　姚艳丽　柏广宇　赵梓汝　钟健强　唐海祥　唐　磊
夏颖超　谢　细　蔡程程　孔令全　孔　蕊　王　晨　王　静　王德龙　王　蕾
叶礼彬　石贝贝　边　文　刘旭辉　刘　美　朱海艳　牟　余　张　辰　李　浩
李爱民　杨　乐　杨　珺　陆炜炜　陈　健　庞　浩　姚创增　段文芳　党振如
高　江　黄宝龙　董昌龙　王亚洁　冯静文　厉明霞　孙　杰　孙　静　朱庆晓
朱洋洋　朱莎莎　许文强　张　晗　张　颖　杨峥峥　辛良初　陈丹阳　陈　欢
周志昊　周　爽　孟凡坡　武秋虹　洪智勇　赵　军　郗海洋　徐铖浩　秦景钊
黄荣松　樊　璐　戴晓磊　李　阳　马来坤　王书周　王玉龙　冯冠召　田彦林
刘　莹　朱东旭　朱　松　权振泰　寿吉伟　张　伟　张　禹　张　跃　李君君
杨　旋　汪　涵　沈光宇　陈光超　林　雨　罗先宇　蔡祝锃　丁海明　王　冉

韦明杨	卢 伟	刘 明	安国贤	朱天玲	冷 欢	吴 超	张海蒙	张 雯
李 玮	李 雪	杨 跃	连董杰	禹元哲	贺 龙	贺全福	郭 佳	高 宇
高贯瑜	高 威	王培波	邓 超	甘青枫	买红亮	刘 鑫	向魏伟	孙 超
闫正昌	何军伟	张治国	张 昱	张维铎	李尔昆	李 爽	陈 莎	胡梦娜
贾珍珍	顾 磊	崔后卿	常艳红	康国朋	娄 剑	孙建楠	王 岩	王 检
叶腾飞	乔泽隆	刘正中	刘 洋	张玉凤	张 艳	吴 文	张 媛	李 林
李 静	陈 龙	陈 聪	周 旋	季克隆	屈 玮	郑妍莹	昝 军	赵 奇
夏晓芳	高嘉灿	曹亚兰	蒋新华	楼青霞	潘雪芝	丁 源	毛 莹	王永松
卢志锋	刘春发	孙艳亭	孙 高	朱 丹	朱 进	何 娟	宋祝兵	张 赞
李仁涛	李文龙	李 欢	李 霞	杨 凯	杨娜娜	杨 涛	杨 颖	周 娜
金 珊	胡 莹	徐丽媛	徐 楠	高 腾	戚方丽	王悦悦	兰 超	冯彦刚
卢传蕙	叶华艳	布文胜	田景赫	田 源	田 静	朱 珠	阮凌霄	何琴云
吴月新	张艳虹	张 超	李秀芳	陆 辉	陈龙亭	陈 瑜	周鹏跃	孟晓倩
赵 建	雷小洁	潘爱勤	潘 艳	薛方亮	王 华	王佳楠	王肇稳	仲娟娟
刘宏蕾	刘思成	刘 涛	朱为为	张 佳	张晨阳	杨怡琴	苏小妹	陆健美
陈康辉	林泳标	恽 洁	赵洪波	项鹏飞	徐松伟	袁 琳	隋玉柱	董翠萍
蒋一文	韩彦茹	路 纬	黎进琚	马秀梅	毛雅丽	王 钰	兰成平	吕文倩
成玫颖	汤乐文	许兴华	余 晗	宋鹏飞	宋 赛	张子翔	张洪宝	杜运伟
周志贤	明彦龙	金 焕	胡 梦	赵丽芳	倪丹丹	秦永良	贾园园	康 怡
曹智超	黄志超	惠 娜	韩 雪	熊太昊	刘 超	朱建青	严 凯	张诗韵
张晓颖	张静宇	时凤仪	李学斌	杨 宁	杨 阳	杨金星	杨俊丽	杨 晶
沈 磊	邱小春	邹晓青	陈 刚	姜吉春	洪 洁	胡 冰	胡柳婷	赵 红
郝超雄	高治同	高梦霞	彭元媛	蒋兴发	薛娇姣	丁 旬	马尧尧	牛强强
王 涛	王 静	邓 婕	叶 挺	白永利	边 冉	刘 明	刘 海	江见华
池阿诺	严 斌	余 游	吴志涛	张宇星	张 娇	张 悦	李 健	杨晶晶
邱 鹏	陈自林	韩灵珊	熊 丹	魏程皥	马 丽	马 媛	王 丹	王祎伟
王梦翔	王 瑢	王 静	刘 凯	孙 盈	孙 艳	成道程	许 萍	何 蛟
宋德馨	李齐威	苏晓丹	陈星谷	周 婷	居 婕	易秋敏	武 楠	侯丰丽
赵婷婷	桑 迪	贾永康	郭 骞	曾宪伟	蔡 琦	王冠华	邓志方	田文龙
刘 行	余春影	宋子婧	张世洁	李 萍	杨 青	沈文博	陈 冰	陈芳艳
段晓冬	胡春妮	荀红梅	费海鑫	赵 亮	赵景栋	陶佳漪	戚 赟	曹大顺
曹冰海	黄珊珊	黄闻知	黄 涛	程勋祺	薛 戈	魏楠楠	王丽芳	刘建华
赵晶晶	邓晓琳	冯 振	史一梅	白云春	刘尚建	毕 婷	汤晓燕	严 钰
吴 玲	张 琳	张皖林	李云霞	杨华兵	杨 菊	沙 亮	邱 荣	陈 杰
周 芳	武春春	罗 文	范彩凤	郑 奎	姜旭慧	姜志生	胡 梅	荀龙德
夏木良	谈 英	顾小杨	蒋文亮	蒋德梅	臧 刚	王 娟	王晓红	刘 珍
华 冬	孙 冬	孙 艳	朱国秀	许金玲	许 瑾	宋 琦	张海琴	李树岗
沈仕强	沈玲玲	沈维龙	狄超平	陈红莲	陈静静	周 达	周海云	宗 立
郑 乐	保智敏	施怀玉	费永云	赵 飞	徐振兴	章沙沙	谢晓东	颜义春

丁宇楠	丁 磊	王丹璐	王 亮	王春芝	王雍平	邓永强	刘中泽	刘志欣
刘海旗	吴钢钊	张 阳	张 昊	李松励	陈志伟	陈晓文	陈浩涓	陈 静
林 政	耿伟伟	高显进	辜 兵	丁 曼	王汉斯	王翔鹏	石 佳	刘志超
刘 政	孙 丛	邢 凯	邢鹏举	吴 方	吴晓阳	张天威	杨国娟	易爱保
罗 雯	赵东明	赵龙飞	赵 军	赵继立	倪 丽	唐晓波	姜纪波	郑庆来
丁兵兵	卫 萌	王政洋	冯志强	刘 广	张辰裔	张 健	张 涛	李子臣
沈宇晨	邵 浩	陈东海	陈巨洲	陈泽云	郑继军	金 香	施焕春	胡 容
赵 妍	赵学华	赵 惠	徐 月	徐惠明	钱 兵	高东磊	曾水林	焦高乐
楼亦刚	黎昌健	韦 信	包厚显	乔新宇	刘 旭	孙 涛	庄国振	曲辰飞
坎鹏程	张广胜	张冰洋	张 黛	李小林	李 谦	杜 斌	杨丽玲	陆春宇
周梦晓	苗 强	金晓峰	钟正河	徐 科	钱 琎	程德俊	童晨曦	赖火坤
颜 杰	卜莹莹	兰 钦	刘 钊	吕 敏	孙洪浩	张进龙	张顺松	张鹏飞
李世飞	李敬涛	杜浩杰	束静雯	陈申贵	陈 帆	陈昕宇	陈冠胜	孟彦婷
林英廷	姜 浩	赵国荣	党 勇	柴 琴	袁 鸿	贾献普	陶国健	黄 玥
董宇航	路元逵	王少中	王宏浩	田永建	乔 莹	刘 丹	刘海舰	张文超
张晓佳	李苍云	李 侃	李 彬	李靖轩	杨 越	苏 宇	陈 曲	陈 涛
周茂林	孟婷美	罗文斌	姚 振	钟建洋	凌 娟	袁 跃	郭启家	曹 宁
彭 鹏	廖健勇	魏兆森	马俊汉	任如冰	刘远东	孙洪凯	朱丹林	江 冲
吴海燕	张剑平	张程辉	李 刚	辛 帅	陈 昊	陈 满	周志威	庞一擎
林云山	林 森	姜汝栋	赵 荣	赵 静	骆 曼	唐 慧	殷 武	谈 斌
钱 丹	龚 蕾	熊天一	缪茗羽	黎 慧	薛盼贤	马振楠	王 玉	王志超
刘佳兴	孙桂明	余 洁	吴星星	宋 扬	宋 旭	张 凯	张 超	杨家坤
杨 静	邵振宇	陈 睿	周一俊	施国杰	施健丰	柳 峰	赵军雷	徐 侠
徐家德	秦瑞霞	郭 慧	钱 程	曾 伟	董振期	靳佳禄	靳 爽	丁京晶
王 彤	王 婧	石 陈	孙淑丁	庄 琪	杜 争	肖建伟	苏东东	陈乃月
陈与佳	陈永臻	陈传爱	陈 劼	周思源	林舒文	武晓萌	施挺挺	种浩淋
赵 剑	黄 倩	谢 丹	谢克斌	訾 杨	熊 海	蔡雪琳	谭勇武	戴光明
戴秀慧	鞠爱涛	丁 炜	王义盼	王丹丹	王 昕	王星星	王春玲	王致情
王 燕	全 顾	刘 乐	刘武喆	孙怀网	朱俊华	张 卓	张 硕	张 璐
李 彬	汪大伟	陈 彬	陈 超	卓文博	赵 博	徐 玮	袁耀杭	蒋 锐
瞿德安	黄春飞	曹 永	郭建军	黄 佑	靳一飞	丁 仁	丁园园	马培龙
马鹏程	马德真	王 森	王 鹏	任家勇	刘 苏	刘振宇	刘 雄	朱建龙
汤登峰	何海洋	余立俊	张 兵	张 涛	张皓靓	李尚昆	杨 军	邹星龙
陈 姚	周 程	岳晓明	夏 晔	徐 枭	曹明智	程 德	童小燕	鲁辰胤
霍宣达	于 瑶	王小飞	卢凯龙	田 力	田 云	田 昶	田 萌	刘云龙
刘 伟	刘 雨	孙智渊	朱小伟	朱香平	李正华	李 岩	杨育林	陈仕琦
孟 印	姚 清	洪志强	赵 强	徐 超	曹 林	黄晓峰	董鸿龙	覃 茜
谢 程	韩晓斌	韩 晴	薛世轶	于钧浩	王 成	王冠峰	刘 林	朱 旻
何 良	吴重军	吴撷英	张思思	张霏霏	杨剑斌	沈 奇	沈展飞	沙喜龙

肖 晴	陈志伟	陈俊吉	周志炜	姚 澄	徐旭颉	顾 益	崔 平	梁海银
董明龙	蒋刘鑫	韩 旭	鲍 飞	廖生慧	熊 文	戴 林	方 超	王晓成
付菁菁	刘海彬	吉小亮	吕建生	池 峰	李术才	李红伟	李 盛	李 豫
杨建新	杨 博	汪云峰	沈 欢	陈文祥	陈 晨	周文尧	施赛杰	胡闯闯
赵东升	赵莉莉	陶海龙	陶 敏	高寒静	黄远都	黄凌云	程 龙	葛 君
雷志明	靳海艳	翟志强	方伟坤	王亚生	王敏敏	王登勇	乔 喜	任 航
刘跃龙	孙景峰	朱文林	张庆菊	张春明	张 磊	李 勇	汪鹏飞	陈治华
陈耀珠	柯建耀	赵 宾	赵鹏博	凌 帆	徐旭灿	徐建建	徐 松	钱 磊
顾英龙	梁进贤	龚国庆	游 杰	谢 美	蔡卫国	潘 琦	马 龙	王叶稼
王其超	王能伦	王 皓	刘学政	刘晓骏	安逸舒	何周琴	张 海	张景辉
李 民	李 科	李晓波	李 桢	李梦蝶	陈生平	单华波	罗 云	罗兴华
莫建成	袁振兴	黄清松	黄福权	龚 欢	谢明健	谢煜芳	廖明龙	潘夏燕
黎润伟	严 洁	曹 尉	方姝婷	王 欣	王晨露	刘婧淋	吉俊利	余惠杰
张 钰	张雅静	李平平	李嘉伟	杨 凡	沙丽媛	迟 鹤	陈少彤	陈 阳
周 洪	罗俊明	郑燕婷	侯松岩	姚 锐	赵陟阁	殷诗堂	彭文英	马 超
文泓钧	王 波	刘 蕊	孙长利	孙晓鹤	张 刚	张 姝	李 抗	肖来长
陈掌华	陈 蹯	周 昊	林雅芳	胡 喆	费秀丽	郝春燕	唐春艳	夏云浩
奚 赛	席媛媛	高卫波	黄 波	舒 爽	魏增伟	丁菲菲	马丽娟	孔 瑞
王利超	王君珺	王规划	王 慧	冯 斐	刘旺江	刘 俊	刘照志	邢 超
吴 杨	吴晓妍	吴 琼	宋 立	宋 晔	张庆旭	张伯韬	张楠楠	陈 浩
金 倩	姜如飞	洪童璐	贺艳凤	赵冬冬	唐 强	徐天玉	桂 伟	康 蕾
蒋鹏飞	满 园	鲍敏娜	潘 露	毛志恒	王雨舟	包呼和	左焕芝	石 昕
刘华香	刘 恒	刘 科	刘 瑞	宋文辉	张钰娟	张晨恺	李冠群	李 锐
邱秀霖	陈佳伟	陈 超	柏金生	胡 靖	殷 涛	贾 伟	彭长萃	蒋静静
王晓华	石静静	任晓艳	刘 博	孙华敏	朱文龙	何建国	张田霖	李向阳
李 晶	李 赛	杨一帆	杨 虎	周燕翔	胡庆元	胡 燕	赵 云	赵兵华
黄 玲	程 博	谢直聪	解镕玮	赖丽霞	黎万乔	凡炼文	王聿竹	王 振
卢 端	申雅婷	石 勇	乔 胜	刘军恒	吴 勇	张天天	李 博	杨锦云
陆 宁	陈德政	卓 婷	周雯晶	金戚红	俞潇逸	姜娟娟	段兆东	胡少雯
徐艳丹	耿 皓	曹龙飞	黄成林	缪 亮	徐 芳	毛东亮	刘志光	孙 虎
余红飞	张爱杰	李 兴	汪珍珍	陈义勇	陈建生	陈 剑	陈胜祖	孟 琦
尚冬梅	封 永	赵 兵	赵鹏飞	徐国忠	秦 帅	梁 超	黄 健	卞小军
王 华	王庆亮	王成成	王金山	王海南	乔 磊	刘 沁	孙 厦	朱小兵
朱要东	江卫锋	吴鋬诚	宋佳洪	李乃道	李 俊	杨枚亚	陈伯文	顾秀丽
黄冬城	谢剑星	毛学祥	王扣宏	王 颖	石大赛	石 诚	仲英奇	刘 芳
吉亚兰	孙玉龙	孙海锟	江 苏	许雪梅	张 健	李 进	李 琳	邵健华
陈 虎	单克洲	周 辰	费婷婷	赵维欣	徐海浪	秦全全	董淑梅	蔡欣妍
于 芳	王俊磊	卢冶容	司朝阳	白 茹	孙 培	庄 会	朱 易	汤胜杰
吴姗姗	吴海梅	李天峰	沈 荣	陈卫静	周 斌	范胜浩	姜华兵	赵 莉

夏玉琴　夏　棋　高小媛　高　倩　董　哲　吉沙日夫　玉苏甫·热西提
努尔比亚·麦海提　吾麦尔·吐尔洪　麦吾兰·吐尔逊　图尔苏江·阿卜力米提
艾司卡尔·买买提依明　艾合买提江·肉孜　艾合拜尔·阿不来克木
沙吾列提汗·阿地里汗　阿力木江·吐胡提　欧阳子璇　买合木提·阿不力米提
吾里肯·瓦力龙拉　阿力哈别克·哈甫然　阿卜来提·伊敏尼亚孜
阿依提别克·托乎达尔汗　艾科拜尔·艾尔肯　托合特汗·吐尔干白
阿不都克热木·阿不都西库　帕尔哈提·吐尔洪　拜合提亚尔·阿布力米提
穆合塔尔·麦麦提　欧阳育华

研 究 生 教 育

【概况】 2011 年，研究生院紧密围绕学校研究型大学建设目标，积极推进全过程研究生教育质量保障体系建设。录取全日制研究生 2 290 人，其中硕士生 1 850 人（学术型硕士生 1 376 人，全日制专业学位硕士生 474 人），博士生 440 人（对口支援博士研究生 5 人）。录取在职攻读专业学位研究生 392 人，其中兽医博士 15 人。完成 640 名推荐免试生的推荐免试工作，其中推荐本校 524 人，推荐外校 116 人；接收外校推荐免试生 19 人。承担江苏省在职专业学位研究生招生报考点工作，完成 1 900 多名考生现场报名和 4 300 多名考生的考务工作。

推进研究生培养机制改革，完成了新一轮研究生培养方案的修（制）订工作以及与之相配套的课程教学大纲的编写工作。共修（制）订培养方案 178 份，其中学术型硕士生 74 份，全日制专业学位 27 份，博士生 58 份，直博生 19 份。充分发挥学院和学科的核心作用，初步构建了适合不同类型研究生的培养体系与模式。

研究生院结合研究生课程体系改革，通过校内外调研，形成《南京农业大学研究生培养机制改革修订方案》，并对修订方案进行专题讨论。99 项研究生科研创新计划项目入选 2011 年度 "江苏省研究生培养创新工程" 项目，8 个企业入选第四批江苏省企业研究生工作站。

全年共授予 241 名博士研究生博士学位，授予 916 名硕士研究生硕士学位。完成 2010 年下半年学位授予信息数据上报工作，共上报授予博士学位 105 人，授予硕士学位 648 人。

【研究生课程体系建设】 在 8 个学院开展研究生课程体系改革试点工作，探索按一级学科设置研究生课程体系。先后召开 20 多次不同层次的座谈会，形成研究生课程体系改革指导意见，在全校推动研究生课程体系改革工作。推进 20 门有特色、高水平的研究生精品课程的建设，启动重点课程网络平台的建设工作。推进全日制专业学位研究生实践教学大纲的制订工作，选择兽医硕士等专业学位作为开展全日制专业学位实践教学大纲编制的试点单位。立项建设 83 门全日制专业学位类别或领域主干课程。

【学位论文质量保障体系建设】 强化学位论文质量管理，扩大网上随机抽检范围，进一步完善学位论文质量保障体系。继续实施 "博士资格考试" 制度，完善博士生毕业论文答辩办法。评选出校级优秀博士学位论文 10 篇、校级优秀硕士学位论文 20 篇，2 篇博士学位论文被评为 2011 年度全国优秀博士学位论文，6 篇博士学位论文和 12 篇硕士学位论文入选江苏省优秀研究生学位论文。

【导师队伍建设】制订《南京农业大学全日制专业学位研究生指导教师聘任及管理办法》，修订《南京农业大学博士生导师增列量化指标（2011 年）》。增列 47 位学术型硕士研究生指导教师和 46 位全日制专业学位研究生指导教师。举办第四次研究生指导教师培训工作会议。完成 2012 年研究生导师招生资格审核工作，明确导师的招生资格，对导师年龄、在研项目、科研产出和实践基地等做出了具体规定。

【研究生人才培养模式改革】通过召开直博生座谈会、全日制专业学位研究生教育工作研讨会、首届全日制专业学位毕业研究生座谈会和专业学位教育发展专题报告会等会议，推进承担教育部"兽医硕士专业学位综合改革试点项目"和江苏省高等教育综合改革试点项目"农业与生命科学五年制直博生创新教育模式改革试点"工作。依托农业与生命科学研究生创新中心，组织开展直博生前沿技术集训，召开农业与生命科学直博生学术论坛。

【研究生教育国际化工作】以国家建设高水平大学公派研究生项目为依托，研究并制定了相应的激励政策，加强宣传以提高学生对国家公派研究生项目的认识，在学生中形成积极申报公派研究生项目的良好氛围。与国际合作与交流处共同推进英语教学，逐步提高教师队伍的国际化程度。共有 31 人入选"国家建设高水平大学公派研究生项目"，其中攻读博士学位研究生 14 人，联合培养博士生 16 人，攻读硕士学位研究生 1 人。首次采取公开答辩的形式，由学校统一遴选 30 名联合培养博士上报国家留学基金管理委员会。遴选优秀学生，组团赴境外进行短期学术交流访问活动。

【研究生思想教育工作】在研究生教育管理工作中重点推动实施"三项工作计划"。一是"党、团、班"共建计划。各学院积极探索符合研究生特点的组织生活形式，按照年级、学科、班级、实验室和课题组多种形式组建党支部；二是实践学习计划。重点做好暑期实践、日常实践和专业实践这三方面的实践学习活动。联合中国农业大学等 7 所高校在重庆开展了第七届"百名博士老区行"科技服务活动，学校 25 名博士研究生用学到的知识服务老区人民，并撰写出了高质量的社会实践报告，"百名博士老区行"实践团荣获江苏省社会实践优秀团队。与江苏省农业科学院联合开展了"研究生江苏行"实践活动，60 多名研究生分赴苏南、苏中和苏北开展科技服务。成功举办第八届神农科技文化节。召开第五次研究生代表大会，组建第 27 届研究生会。做好奖、助、贷，奖助学金评选发放，国家助学贷款和生源地贷款，加强"三助"（助研、助管、助教）管理。在对研究生的各项评奖评优过程中，重视对研究生的科学研究的业绩应用。三是学术引领计划。完善以"学术论坛"为代表的素质教育品牌。搭建"校、院、所"三级学术交流平台。学校层面以"学术科技节"为载体，为研究生提供跨学科、跨院系、跨院校进行学术交流与研讨，学院层面以"研究生学术论坛"为载体，邀请国内外同行专家、优秀企业家，举行学术报告、学术交流或择业创业交流，二级学科研究所以"研究生学术沙龙"为载体，定期组织研究生开展科研进展汇报、课题讨论和读书报告等活动，在全校范围内营造浓厚的学术氛围。

【全国兽医专业学位研究生教育指导委员会秘书处工作】承担全国兽医专业学位研究生教育指导委员会秘书处日常事务管理工作。开展全国兽医博士教育专业学位教育发展专项调研工作，形成《兽医博士专业学位教育发展专项调研总结报告》，制订《关于修订〈在职人员攻读兽医博士专业学位培养方案〉的指导意见》《关于兽医博士学位论文质量要求的几点意见》《在职人员攻读兽医博士专业学位招生要求及考试录取方式》等文件。召开第三届全国兽医专业学位研究生教育指导委员会第一、第二次会议，制订《第三届兽医专业学位研究生教育指导委员会工作规则》和《第三届兽医专业学位研究生教育指导委员会秘书处管理办法》，为全国兽医专业学位研究生教育指导委员会更好地指导全国的兽医专业学位研究生教育做好服务工作。完成了兽医博士专业学位全国联考命题、阅卷和招生录取工作。

（撰稿：林江辉　审稿：陈　杰　审核：高　俊）

[附录]

附录1　南京农业大学授予博士、硕士学位学科专业目录

表1　全日制学术型学位

学科门类	一级学科名称	二级学科（专业）名称	学科代码	授权级别	备　　注
哲学	哲学	马克思主义哲学	010101	硕士	硕士学位授权一级学科
		中国哲学	010102	硕士	
		外国哲学	010103	硕士	
		逻辑学	010104	硕士	
		伦理学	010105	硕士	
		美学	010106	硕士	
		宗教学	010107	硕士	
		科学技术哲学	010108	硕士	
经济学	理论经济学	政治经济学	020101	硕士	硕士学位授权一级学科
		经济思想史	020102	硕士	
		经济史	020103	硕士	
		西方经济学	020104	硕士	
		世界经济	020105	硕士	
		人口、资源与环境经济学	020106	硕士	
	应用经济学	国民经济学	020201	博士	博士学位授权一级学科
		区域经济学	020202	博士	
		财政学	020203	博士	
		金融学	020204	博士	
		产业经济学	020205	博士	
		国际贸易学	020206	博士	
		劳动经济学	020207	博士	
		统计学	020208	博士	
		数量经济学	020209	博士	
		国防经济学	020210	博士	

（续）

学科门类	一级学科名称	二级学科（专业）名称	学科代码	授权级别	备　注
法学	法学	经济法学	030107	硕士	
	社会学	社会学	030301	硕士	硕士学位授权一级学科
		人口学	030302	硕士	
		人类学	030303	硕士	
		民俗学（含：中国民间文学）	030304	硕士	
	马克思主义理论	马克思主义基本原理	030501	硕士	
		思想政治教育	030505	硕士	
文学	外国语言文学	英语语言文学	050201	硕士	硕士学位授权一级学科
		日语语言文学	050205	硕士	
		俄语语言文学	050202	硕士	
		法语语言文学	050203	硕士	
		德语语言文学	050204	硕士	
		印度语言文学	050206	硕士	
		西班牙语语言文学	050207	硕士	
		阿拉伯语语言文学	050208	硕士	
		欧洲语言文学	050209	硕士	
		亚非语言文学	050210	硕士	
		外国语言学及应用语言学	050211	硕士	
历史学	历史学	专门史	060105	硕士	
理学	数学	应用数学	070104	硕士	硕士学位授权一级学科
		基础数学	070101	硕士	
		计算数学	070102	硕士	
		概率论与数理统计	070103	硕士	
		运筹学与控制论	070105	硕士	
	化学	无机化学	070301	硕士	硕士学位授权一级学科
		分析化学	070302	硕士	
		有机化学	070303	硕士	
		物理化学（含：化学物理）	070304	硕士	
		高分子化学与物理	070305	硕士	
	地理学	地图学与地理信息系统	070503	硕士	
	海洋科学	海洋生物学	070703	硕士	硕士学位授权一级学科
		物理海洋学	070701	硕士	
		海洋化学	070702	硕士	
		海洋地质	070704	硕士	
	生物学	植物学	071001	博士	博士学位授权一级学科
		动物学	071002	博士	

（续）

学科门类	一级学科名称	二级学科（专业）名称	学科代码	授权级别	备　注
理学	生物学	生理学	071003	博士	博士学位授权一级学科
		水生生物学	071004	博士	
		微生物学	071005	博士	
		神经生物学	071006	博士	
		遗传学	071007	博士	
		发育生物学	071008	博士	
		细胞生物学	071009	博士	
		生物化学与分子生物学	071010	博士	
		生物物理学	071011	博士	
		生物技术	071020	博士	自主设置
		生物工程	071021	博士	
		生物信息学	071022	博士	
		应用海洋生物学	071023	博士	
	科学技术史	科学技术史	071200	博士	博士学位授权一级学科，可授予理学、工学、农学、医学学位
	生态学		0713	博士	博士学位授权一级学科
工学	机械工程	机械制造及其自动化	080201	硕士	硕士学位授权一级学科
		机械电子工程	080202	硕士	
		机械设计及理论	080203	硕士	
		车辆工程	080204	硕士	
	控制科学与工程	检测技术与自动化装置	081102	硕士	
	计算机科学与技术	计算机应用技术	081203	硕士	硕士学位授权一级学科
		计算机系统结构	081201	硕士	
		计算机软件与理论	081202	硕士	
	化学工程与技术	应用化学	081704	硕士	
	轻工技术与工程	发酵工程	082203	硕士	硕士学位授权一级学科
		制浆造纸工程	082201	硕士	
		制糖工程	082202	硕士	
		皮革化学与工程	082204	硕士	
	农业工程	农业机械化工程	082801	博士	博士学位授权一级学科
		农业水土工程	082802	博士	
		农业生物环境与能源工程	082803	博士	
		农业电气化与自动化	082804	博士	
		环境污染控制工程	082820	博士	自主设置

（续）

学科门类	一级学科名称	二级学科（专业）名称	学科代码	授权级别	备注
工学	环境科学与工程	环境科学	083001	硕士	硕士硕士学位授权一级学科，可授予理学、工学、农学学位
		环境工程	083002	硕士	
	食品科学与工程	食品科学	083201	博士	博士学位授权一级学科，可授予工学、农学学位
		粮食、油脂及植物蛋白工程	083202	博士	
		农产品加工及贮藏工程	083203	博士	
		水产品加工及贮藏工程	083204	博士	
		食品质量与安全	083220	博士	自主设置
	风景园林学		0834	硕士	硕士学位授权一级学科，可授工学、农学学位
农学	作物学	作物栽培学与耕作学	090101	博士	博士学位授权一级学科
		作物遗传育种	090102	博士	
		应用植物基因组学	090120	博士	自主设置
		生态农业科学技术	090121	博士	
		植物遗传资源学	090122	博士	
		种子科学与技术	090123	博士	
		作物信息学	090124	博士	
	园艺学	果树学	090201	博士	博士学位授权一级学科
		蔬菜学	090202	博士	
		茶学	090203	博士	
		观赏园艺	090220	博士	自主设置
		药用植物学	090221	博士	
		设施园艺学	090222	博士	
	农业资源与环境	土壤学	090301	博士	博士学位授权一级学科
		植物营养学	090302	博士	
	植物保护	植物病理学	090401	博士	博士学位授权一级学科，农药学可授予理学、农学学位
		农业昆虫与害虫防治	090402	博士	
		农药学	090403	博士	
		植物检疫与生物安全	090420	博士	自主设置
	畜牧学	动物遗传育种与繁殖	090501	博士	博士学位授权一级学科
		动物营养与饲料科学	090502	博士	
		草业科学	090503	博士	
		特种经济动物饲养	090504	博士	

（续）

学科门类	一级学科名称	二级学科（专业）名称	学科代码	授权级别	备　注
农学	兽医学	基础兽医学	090601	博士	博士学位授权一级学科
		预防兽医学	090602	博士	
		临床兽医学	090603	博士	
		动物医学生物学	090620	博士	自主设置
		动物检疫与动物源食品安全	090621	博士	
	林学	园林植物与观赏园艺	090706	硕士	硕士学位授权一级学科
		林木遗传育种	090701	硕士	
		森林培育	090702	硕士	
		森林保护学	090703	硕士	
		森林经理学	090704	硕士	
		野生动植物保护与利用	090705	硕士	
		水土保持与荒漠化防治	090707	硕士	
	水产	水产养殖	090801	博士	博士学位授权一级学科
		捕捞学	090802	博士	
		渔业资源	090803	博士	
	草学		0909	博士	博士学位授权一级学科
医学	中药学	中药学	100800	硕士	硕士学位授权一级学科
管理学	管理科学与工程	不分设二级学科	1201	硕士	硕士学位授权一级学科
	工商管理	会计学	120201	硕士	硕士学位授权一级学科
		企业管理	120202	硕士	
		旅游管理	120203	硕士	
		技术经济及管理	120204	硕士	
	农林经济管理	农业经济管理	120301	博士	博士学位授权一级学科
		林业经济管理	120302	博士	
		农村发展	120320	博士	自主设置
		农村金融	120321	博士	
	公共管理	行政管理	120401	博士	博士学位授权一级学科，教育经济与管理可授予管理学、教育学学位
		社会医学与卫生事业管理	120402	博士	
		教育经济与管理	120403	博士	
		社会保障	120404	博士	
		土地资源管理	120405	博士	
	图书情报与档案管理	图书馆学	120501	硕士	硕士学位授权一级学科
		情报学	120502	硕士	
		档案学	120502	硕士	

表 2 全日制专业学位

专业学位代码、名称	专业领域代码和名称	授权级别	招生学院
0852 工程硕士	085227 农业工程	硕士	工学院
	085229 环境工程	硕士	资源与环境科学学院
	085231 食品工程	硕士	食品科技学院
	085238 生物工程	硕士	生命科学学院
	085240 物流工程	硕士	经济管理学院、工学院、信息科技学院
	085201 机械工程	硕士	工学院
	085216 化学工程	硕士	理学院
0951 农业推广硕士	095101 作物	硕士	农学院
	095102 园艺	硕士	园艺学院
	095103 农业资源利用	硕士	资源与环境科学学院
	095104 植物保护	硕士	植物保护学院
	095105 养殖	硕士	动物科技学院
	095106 草业	硕士	动物科技学院
	095108 渔业	硕士	渔业学院
	095109 农业机械化	硕士	工学院
	095110 农村与区域发展	硕士	经济管理学院、农学院
	095111 农业科技组织与服务	硕士	人文社会科学学院
	095112 农业信息化	硕士	信息科技学院
	095113 食品加工与安全	硕士	食品科技学院
	设施农业	硕士	园艺学院
	种业	硕士	农学院
0953 风景园林硕士		硕士	园艺学院
0952 兽医硕士		硕士	动物医学院
1252 公共管理 硕士（MPA）		硕士	公共管理学院、人文社会科学学院
1251 工商管理硕士		硕士	经济管理学院
0251 金融硕士		硕士	经济管理学院
0254 国际商务硕士		硕士	经济管理学院
0352 社会工作硕士		硕士	人文社会科学学院
1253 会计硕士		硕士	经济管理学院
0551 翻译硕士		硕士	外国语学院
兽医博士		博士	动物医学院

表 3 非全日制专业学位

专业学位名称	专业领域名称	专业领域代码	授权级别	备 注
工程硕士	农业工程	430128	硕士	
	环境工程	430130	硕士	
	食品工程	430132	硕士	
	生物工程	430139	硕士	
	物流工程	430141	硕士	
	机械工程	430102	硕士	
	化学工程	430117	硕士	
农业推广硕士	作物	470101	硕士	
	园艺	470102	硕士	
	农业资源利用	470103	硕士	
	植物保护	470104	硕士	
	养殖	470105	硕士	
	草业	470106	硕士	
	渔业	470108	硕士	
	农业机械化	470109	硕士	
	农村与区域发展	470110	硕士	
	农业科技组织与服务	470111	硕士	
	农业信息化	470112	硕士	
	食品加工与安全	470113	硕士	
	设施农业	470114	硕士	
	种业	470115	硕士	
兽医硕士		480100	硕士	
兽医博士			博士	
公共管理硕士		490100	硕士	
风景园林硕士		560100	硕士	

附录 2 入选江苏省 2011 年普通高校研究生科研创新计划项目名单

表 1 省立省助 44 项

序号	申请人	项目名称	项目类型	研究生层次
1	陈国奇	长江中下游地区农田杂草均质化的研究	自然科学	博士
2	任 昂	茉莉酸甲酯对灵芝三萜合成相关基因的调控作用及机理	自然科学	博士
3	卫 林	粉尘螨过敏原组学研究	自然科学	博士
4	刘 峰	水稻谷蛋白分选相关基因 $OsVps9a$ 的图位克隆与功能研究	自然科学	博士
5	王红娟	水稻叶片衰老过程中的细胞色素 f 的功能研究	自然科学	博士

（续）

序号	申请人	项目名称	项目类型	研究生层次
6	武明珠	HO/CO 调控 GA 诱导的 α-淀粉酶信号转导机理及其与 NO 的互作	自然科学	博士
7	过慈明	近代以来江南地区有机肥料的积制、施用技术及其生态意义研究	人文社科	博士
8	马 然	非道路车辆半主动空气悬架控制系统的研究	自然科学	博士
9	刘龙申	森林火灾多方位监测预警系统研究	自然科学	博士
10	国 静	硅胶协同零价锌/铁对甲基橙/铬的还原降解研究	自然科学	博士
11	李远宏	阪崎肠杆菌 ELISA 检测技术及其应用研究	自然科学	博士
12	张 丽	1-MCP 和外源乙烯调控桃果实成熟衰老的蛋白质组学研究	自然科学	博士
13	吕丰娟	温光胁迫影响棉纤维比强度形成的生理生态机制研究	自然科学	博士
14	信彩云	生育前期高温适应提高小麦籽粒灌浆期高温耐性的机理研究	自然科学	博士
15	李 娜	隐性抗白粉病基因 $pm2026$ 的物理定位及候选基因功能分析	自然科学	博士
16	刘炳亮	棉花 Li1 纤维伸长突变基因的精细定位及图位克隆	自然科学	博士
17	吴云雨	稻瘟病抗病新基因 $Pi-hk1$（t）的定位与克隆	自然科学	博士
18	李 莹	基于寄主和病菌转录组的苹果抗斑点落叶病关键抗病基因的筛选和鉴定	自然科学	博士
19	王 晨	葡萄果实特异性 microRNAs 及其靶基因的功能分析	自然科学	博士
20	束 胜	腐胺调控盐胁迫下类囊体膜结构和性能作用机理的研究	自然科学	博士
21	万 青	茶树酸化土壤的微观机制	自然科学	博士
22	顾春笋	菊花硝酸盐转运基因家族克隆与表达分析	自然科学	博士
23	冯慧敏	水稻高亲和硝酸盐转运蛋白基因的时空表达及调控特征	自然科学	博士
24	凌 宁	西瓜枯萎病病原菌及其拮抗菌在西瓜根际互作研究	自然科学	博士
25	杨新宇	大豆疫霉 MAPKKK 基因功能分析	自然科学	博士
26	姚 敏	黄瓜花叶病毒基因组 RNAs 长距离移动的机制	自然科学	博士
27	贺 鹏	甜菜夜蛾性信息素降解酯酶的底物结构特性	自然科学	博士
28	李 健	昆虫烟碱型乙酰胆碱受体亚基内源组成的研究	自然科学	博士
29	刘振江	噻虫啉免疫分析方法研究	自然科学	博士
30	董福禄	H3.3 在体细胞去分化过程中基因组定位的变化及其功能研究	自然科学	博士
31	霍文婕	瘤胃异常代谢物的产生及其对乳前体物生成与吸收的影响	自然科学	博士
32	郑卫江	不同猪种产雌马酚能力差异比较及机制研究	自然科学	博士
33	李 珣	GnIH 在下丘脑-垂体-卵巢轴对母猪生殖调控的研究	自然科学	博士
34	马 喆	马链球菌兽疫亚种肺泡巨噬细胞吞噬机理研究	自然科学	博士
35	江 莎	笼养蛋鸡脂肪肝综合征与笼养蛋鸡骨质疏松症关系的研究	自然科学	博士
36	罗碧平	抗 PRRSV 的转 RNAi 基因猪克隆胚胎研究	自然科学	博士
37	李寅秋	江苏省水稻生产环节外包效益研究	人文社科	博士
38	潘 丹	基于资源环境约束视角的中国农业生产率研究	人文社科	博士
39	王海涛	产业链组织、政府规制与生猪养殖户安全生产决策行为研究	人文社科	博士
40	张 姝	调整压力、农业就业效应与我国农业贸易开放度选择研究	人文社科	博士
41	黄文昊	中国科技政策工具变迁研究——间断均衡理论的视角	人文社科	博士
42	郑家昊	引导型政府职能模式兴起的历史与逻辑	人文社科	博士
43	王 婷	农村建设用地集聚与集约利用研究	人文社科	博士
44	郑华伟	土地综合整治项目绩效研究	人文社科	博士

表 2　省立校助 55 项

序号	申请人	项目名称	项目类型	研究生层次
1	曹礼	Sphingomonassp. BHC‐A 降解 δ‐HCH 的机制研究	自然科学	博士
2	席雪冬	乳酸菌重组表达系统的构建	自然科学	博士
3	邹珅珅	TRAPPⅡ复合物参与细胞自噬的机理研究	自然科学	博士
4	于兴旺	鹰嘴豆 NAC 转录因子参与应对干旱胁迫的分子机制研究	自然科学	博士
5	冉婷婷	谷氨酸棒杆菌 Corynebacterium glutamicum 中草酰乙酸脱羧酶的特性研究及结构解析	自然科学	博士
6	宋剑波	microR394 调节油菜耐镉机理的鉴定与分析	自然科学	博士
7	武健东	Exocyst 亚基 SEC6 与 KEULE 在植物胞质分离中的功能研究	自然科学	博士
8	史志明	吲哚乙酸强化植物修复 PAHs 污染土壤的研究机制	自然科学	博士
9	甘聃	鼎湖鳞伞多糖制备与抗癌活性及其抗癌机制的研究	自然科学	博士
10	韦丹辉	清代广西粮食作物种植结构与生态环境变迁研究	人文社科	博士
11	柏双友	污泥生物沥浸过程 pH 变化对次生矿物形成的影响及机理	自然科学	博士
12	王佳娟	纳米 TiO_2/WO_3 靶向抑菌及保鲜机理研究	自然科学	博士
13	王道营	板鸭加工中肌内磷脂的酶解途径及其影响因素研究	自然科学	博士
14	杨润强	低氧联合盐胁迫下发芽蚕豆 GABA 富集途径及调控机理研究	自然科学	博士
15	叶可萍	冷却猪肉中单增李斯特菌（Listeria monocytogenes）分子预测模型建立	自然科学	博士
16	丁超	不同干燥方式下油菜籽水分迁移及高光谱特征响应研究	自然科学	博士
17	史培华	花后高温对水稻产量形成影响的模拟研究	自然科学	博士
18	田中伟	小麦品种源库特性的改良及其生理基础	自然科学	博士
19	宋海娜	大豆中磷酸转运蛋白基因 GmPT 的 eQTL 和功能研究	自然科学	博士
20	高赫	水稻抽穗期相关基因 $Ehd4$ 的图位克隆与功能研究	自然科学	博士
21	侯金锋	菜用大豆籽粒蔗糖含量相关基因的克隆及功能分析	自然科学	博士
22	卢江杰	中国栽培大豆进化性状的遗传解析与地理起源	自然科学	博士
23	吕芬妮	陆地棉纤维表达蛋白基因 $GhCFE$ 的功能研究	自然科学	博士
24	张云辉	亚洲栽培稻与非洲栽培稻种间杂种花粉败育基因 S19 的克隆	自然科学	博士
25	赵仁慧	利用中国春 ph1b 突变体和辐射创制小麦‐簇毛麦 4V 小片段易位系	自然科学	博士
26	刘金义	苹果抗白粉病相关基因的克隆及抗病机理研究	自然科学	博士
27	田洁	大蒜玻璃化试管苗细胞膜结构与功能变异解析	自然科学	博士
28	王立	不结球白菜 ARC1 互作蛋白的功能研究	自然科学	博士
29	刘树伟	高价铁氧化物实现稻田高产高效和温室气体减排的协同研究	自然科学	博士
30	陈俊辉	生物黑炭对旱地土壤 N_2O 排放的影响机制	自然科学	博士
31	陈赢男	生长素极性运输在磷素调节水稻根系形态中的作用机制	自然科学	博士
32	唐仲	过量表达 $OsNRT23b$ 基因提高水稻氮素吸收利用效率及产量的分子机制	自然科学	博士
33	王敏	黄瓜枯萎病发病机制的研究	自然科学	博士

（续）

序号	申请人	项目名称	项目类型	研究生层次
34	李宝燕	烟草 TTG 蛋白对主要发育性状与抗病防卫反应的调控机制	自然科学	博士
35	牛冬冬	Small RNAs 在蜡质芽孢杆菌 AR156 诱导抗病作用机理研究	自然科学	博士
36	孙荆涛	中国灰飞虱种群遗传结构研究	自然科学	博士
37	孙 杨	微小 RNA 在二化螟化蛹和羽化过程中的调节作用分析	自然科学	博士
38	张浩男	棉铃虫钙粘蛋白胞内区缺失突变品系对 Bt 毒素 Cry1Ac 抗性机理	自然科学	博士
39	黄 攀	IGF－1 相关信息通路在动物胃溃疡发生模型及抗应激过程中的作用机制	自然科学	博士
40	涂 飞	MiRNA－26b 对猪卵巢颗粒细胞凋亡作用的研究	自然科学	博士
41	张宝乐	GPR3 克隆鉴定及其介导的信号通路对猪卵巢细胞的影响	自然科学	博士
42	蒋广震	甘草次酸对斑点叉尾鮰免疫应激损伤的调控机制研究	自然科学	博士
43	边高瑞	宿主基因型对仔猪消化道微生物区系及肠道功能影响的研究	自然科学	博士
44	李 超	加热过程中鸭肉嫩度的变化规律、形成机制和改善的研究	自然科学	博士
45	温 超	不同类型植物甾醇的生理功能及在生长猪中的应用研究	自然科学	博士
46	荣 辉	象草青贮过程结构性碳水化合物分解及其发酵调控技术研究	自然科学	博士
47	王 娜	生物被膜状态下嗜水气单胞菌抗原性蛋白的表达及其特性分析	自然科学	博士
48	强 俊	饲养环境对吉富品系尼罗罗非鱼生长轴相关基因表达的影响	自然科学	博士
49	闵继胜	贸易自由化对我国农业生产的温室气体排放的影响研究	人文社科	博士
50	金 媛	被征地农民土地权益可持续保障金融工具创新研究	人文社科	博士
51	周小琴	农户分化视角下农业技术扩散研究——基于江苏草莓种植户调研	人文社科	博士
52	魏志荣	政府与公众网络政治沟通优化研究	人文社科	博士
53	陈金圣	大学学术权力的制度建构——基于新制度主义组织分析的视角	人文社科	博士
54	李 鑫	基于景观指数的细碎化对耕地生产影响研究	人文社科	博士
55	肖丽群	城市商品住宅楼面地价"健康"诊断研究	人文社科	博士

附录 3　入选江苏省 2011 年研究生双语授课教学试点项目名单

序号	单位名称	一级学科名称	二级学科名称	项目负责人
1	南京农业大学	公共管理	土地资源管理	石晓平

附录 4　入选江苏省 2011 年研究生教育教学改革研究与实践课题名单

序号	课题名称	主持人	部门	类别
1	基于网络环境下研究生与本科课程整合建设及利用机制研究	陈 杰	研究生院	课程改革
2	全日制农业推广硕士培养模式的研究与实践	李昌新	农学院	模式改革

附录 5　入选江苏省 2011 年研究生创新与学术交流中心特色活动名单

序号	承办单位	协办单位	中心名称	项目名称
1	南京农业大学	扬州大学 浙江大学	现代农业与生态领域	第四届长三角作物学博士论坛

附录 6　荣获江苏省 2011 年优秀博士学位论文名单

序号	论 文 题 目	作者姓名	导师姓名	学院
1	多黏类芽孢杆菌胞外多糖的发酵条件、结构、化学修饰及其抗氧化活性的研究	刘　俊	曾晓雄	食品科技学院
2	水稻花粉半不育基因 PSS1 的图位克隆与功能研究	周时荣	万建民	农学院
3	梨花柱 S－RNase 介导自花花粉管死亡特点和路径研究	王春雷	张绍铃	园艺学院
4	转录因子 Moap1 及其相关基因在稻瘟病菌生长发育和致病中的功能分析	郭　敏	郑小波	植物保护学院
5	非农就业与农机支持的政策选择研究——基于农户农机服务利用视角的分析	纪月清	钟甫宁	经济管理学院
6	基于耕地资源损失视角的建设用地增量配置研究	李效顺	曲福田	公共管理学院

附录 7　荣获江苏省 2011 年优秀硕士学位论文名单

序号	论 文 题 目	作者姓名	导师姓名	学院
1	血红素加氧酶参与细胞分裂素对暗诱导小麦离体叶片衰老的缓解作用	黄晶晶	沈文飚	生命科学学院
2	基于机器视觉技术的穴盘苗自动移栽机器人研究	孙国祥	汪小旵	工学院
3	根系分泌物对土壤中多环芳烃的活化作用	任丽丽	高彦征	资源与环境科学学院
4	茶叶中有效生化成分高效液相色谱检测法的建立及其在凤凰乌龙茶检测中的应用	王　琳	曾晓雄	食品科技学院
5	花前渍水锻炼对花后渍水逆境下小麦产量和品质形成的影响及其生理机制	李诚永	姜　东	农学院
6	普通小麦-百萨偃麦草染色体易位系的选育与效应分析	杜　培	亓增军	农学院
7	害虫捕食性天敌拟环纹豹蛛烟碱型乙酰胆碱受体毒理学特性研究	松　峰	刘泽文	植物保护学院
8	不同极性和不同分子量溶解性有机质对土壤中除草剂扑草净迁移行为的影响	陈　广	杨　红	理学院
9	嗜水气单胞菌临床分离株毒力特性分析及其与四膜虫的相互作用关系	李　静	刘永杰	动物医学院
10	切花菊蚜虫抗性鉴定与机理探讨及 LLA 转基因的研究	何俊平	陈素梅	园艺学院
11	国际大米市场价格波动的实证分析：一个 ARCH 模型	陈　铁	林光华	经济管理学院
12	基于建设用地扩张经济效率的土地利用计划差别化管理研究	夏燕榕	曲福田	公共管理学院

附录8 2011级全日制研究生分专业情况统计

学　院	学科专业	总计（人）	录取数（人）					
			硕士生			博士生		
			合计	计划内	计划外	合计	计划内	计划外
南京农业大学	全校合计	2 288	1 848	1 372	476	440	355	85
农学院 （266人） （硕士生190人， 博士生76人）	遗传学	32	24	24	0	8	8	0
	★生物信息学	1	0	0	0	1	1	0
	作物栽培学与耕作学	76	53	52	1	23	19	4
	作物遗传育种	129	90	90	0	39	35	4
	★种子科学与技术	3	0	0	0	3	1	2
	★作物信息学	2	0	0	0	2	0	2
	作物	23	23	0	23	0	0	0
植物保护学院 （219人） （硕士生172人， 博士生47人）	植物病理学	91	67	67	0	24	23	1
	农业昆虫与害虫防治	85	66	66	0	19	17	2
	农药学	33	29	29	0	4	2	2
	植物保护	10	10	0	10	0	0	0
资源与环境科学学院 （228人） （硕士生181人， 博士生47人）	海洋生物学	21	21	21	0	0	0	0
	生态学	24	18	18	0	6	6	0
	★应用海洋生物学	3	0	0	0	3	3	0
	环境科学	24	24	24	0	0	0	0
	★环境污染控制工程	6	0	0	0	6	5	1
	环境工程	21	21	21	0	0	0	0
	环境工程（专业学位）	6	6	0	6	0	0	0
	土壤学	47	34	34	0	13	13	0
	植物营养学	66	47	47	0	19	19	0
	农业资源利用	10	10	0	10	0	0	0
园艺学院 （218人） （硕士生184人， 博士生34人）	城市规划与设计	11	11	11	0	0	0	0
	果树学	47	38	38	0	9	7	2
	蔬菜学	66	51	51	0	15	11	4
	茶学	6	5	5	0	1	1	0
	★观赏园艺	3	0	0	0	3	3	0
	★药用植物学	3	0	0	0	3	3	0
	★设施园艺学	3	0	0	0	3	1	2
	园林植物与观赏园艺	32	32	32	0	0	0	0
	园艺	10	10	0	10	0	0	0
	风景园林硕士	25	25	0	25	0	0	0
	中药学	12	12	12	0	0	0	0

（续）

学 院	学科专业	总计（人）	录取数（人）					
			硕士生			博士生		
			合计	计划内	计划外	合计	计划内	计划外
动物科技学院（128人）（硕士生101人，博士生27人）	动物遗传育种与繁殖	50	40	40	0	10	6	4
	动物营养与饲料科学	55	40	40	0	15	14	1
	草业科学	8	8	8	0	0	0	0
	特种经济动物饲养	5	3	3	0	2	2	0
	养殖	10	10	0	10	0	0	0
经济管理学院（208人）（硕士生180人，博士生28人）	金融学	19	19	19	0	0	0	0
	产业经济学	9	9	9	0	0	0	0
	国际贸易学	10	10	10	0	0	0	0
	金融硕士	16	16	0	16	0	0	0
	国际商务硕士	10	10	0	10	0	0	0
	物流工程	10	10	0	10	0	0	0
	农村与区域发展	3	3	0	3	0	0	0
	会计学	7	7	7	0	0	0	0
	企业管理	11	11	11	0	0	0	0
	旅游管理	1	1	1	0	0	0	0
	技术经济及管理	9	9	9	0	0	0	0
	农业经济管理	33	12	12	0	21	12	9
	★农村发展	1	0	0	0	1	0	1
	★农村金融	6	0	0	0	6	5	1
	工商管理硕士	52	52	0	52	0	0	0
	会计硕士	11	11	0	11	0	0	0
动物医学院（196人）（硕士生157人，博士生39人）	基础兽医学	47	36	36	0	11	9	2
	预防兽医学	62	47	47	0	15	13	2
	临床兽医学	46	33	33	0	13	10	3
	兽医硕士	41	41	0	41	0	0	0
食品科技学院（133人）（硕士生101人，博士生32人）	★生物工程	1	0	0	0	1	1	0
	发酵工程	5	5	5	0	0	0	0
	食品科学	88	58	58	0	30	23	7
	农产品加工及贮藏工程	13	12	12	0	1	0	1
	食品工程	26	26	0	26	0	0	0
公共管理学院（189人）（硕士生152人，博士生37人）	地图学与地理信息系统	7	7	7	0	0	0	0
	行政管理	23	15	15	0	8	3	5
	教育经济与管理	12	6	6	0	6	4	2
	社会保障	10	7	7	0	3	3	0
	土地资源管理	62	42	42	0	20	17	3
	公共管理硕士	75	75	0	75	0	0	0

（续）

学　院	学科专业	总计（人）	录取数（人）					
			硕士生			博士生		
			合计	计划内	计划外	合计	计划内	计划外
人文社会科学学院 （64人） （硕士生51人， 博士生13人）	科学技术哲学	5	5	5	0	0	0	0
	经济法学	7	7	7	0	0	0	0
	社会学	5	5	5	0	0	0	0
	思想政治教育	5	5	5	0	0	0	0
	社会工作硕士	15	15	0	15	0	0	0
	专门史	3	3	3	0	0	0	0
	科学技术史	18	5	4	1	13	9	4
	农业科技组织与服务	6	6	0	6	0	0	0
理学院 （26人） （硕士生25人， 博士生1人）	应用数学	6	6	6	0	0	0	0
	生物物理学	3	2	2	0	1	1	0
	应用化学	8	8	8	0	0	0	0
	化学工程	9	9	0	9	0	0	0
工学院 （106人） （硕士生89人， 博士生17人）	机械制造及其自动化	2	2	2	0	0	0	0
	机械电子工程	3	3	3	0	0	0	0
	机械设计及理论	4	4	4	0	0	0	0
	车辆工程	6	6	6	0	0	0	0
	检测技术与自动化装置	3	3	3	0	0	0	0
	农业机械化工程	18	9	9	0	9	7	2
	农业生物环境与能源工程	5	4	4	0	1	0	1
	农业电气化与自动化	17	10	10	0	7	2	5
	机械工程	21	21	0	21	0	0	0
	农业工程	12	12	0	12	0	0	0
	物流工程	15	15	0	15	0	0	0
渔业学院（42人） （硕士生39人， 博士生3人）	水生生物学	9	8	8	0	1	1	0
	水产养殖	24	22	22	0	2	1	1
	渔业	9	9	0	9	0	0	0
信息科技学院 （30人） （硕士生30人）	计算机应用技术	7	7	7	0	0	0	0
	农业信息化	10	10	0	10	0	0	0
	图书馆学	8	8	7	1	0	0	0
	情报学	5	5	5	0	0	0	0
外国语学院 （39人） （硕士生39人）	英语语言文学	5	5	5	0	0	0	0
	日语语言文学	7	7	5	2	0	0	0
	英语笔译	14	14	0	14	0	0	0
	日语笔译	13	13	1	12	0	0	0

（续）

学 院	学科专业	总计（人）	录取数（人）					
			硕士生			博士生		
			合计	计划内	计划外	合计	计划内	计划外
生命科学学院 （196人） （硕士生 157人， 博士生 39人）	植物学	54	41	41	0	13	8	5
	动物学	7	6	6	0	1	1	0
	微生物学	72	57	57	0	15	15	0
	发育生物学	6	6	6	0	0	0	0
	细胞生物学	19	15	15	0	4	4	0
	生物化学与分子生物学	28	22	22	0	6	6	0
	生物工程	10	10	0	10	0	0	0

注：带"★"为学校自主设置的专业。

附录9　2011年在职攻读专业学位研究生报名、录取情况分学位领域统计表

学位名称	报名和录取数（人）	领域名称	报名数（人）	录取数（人）
工程硕士	报名 160 人 录取 92 人	环境工程	41	22
		食品工程	95	59
		生物工程	10	4
		物流工程	14	7
农业推广硕士	报名 354 人 录取 178 人	作物	10	6
		园艺	34	15
		农业资源利用	18	9
		植物保护	6	4
		养殖	21	14
		渔业	7	5
		农业机械化	11	7
		农村与区域发展	115	58
		农业科技组织与服务	76	31
		农业信息化	11	8
		食品加工与安全	23	10
		设施农业	7	3
		种业	15	8
风景园林硕士		无	23	12
兽医硕士		无	42	24
公共管理硕士（MPA）		无	192	71
兽医博士		无	30	15
合　计（人）			801	392

附录 10　2011 年全国优秀博士学位论文

序号	作者姓名	论文题目	导师姓名	学科
1	陈爱群	三种茄科作物 Pht1 家族磷转运蛋白基因的克隆及表达调控分析	徐国华	植物营养学
2	谭荣	农地非农化的效率：资源配置、治理结构与制度环境	曲福田	土地资源管理

附录 11　2011 年荣获江苏省优秀博士学位论文

序号	作者姓名	导师姓名	论文题目	学科专业
1	周时荣	万建民	水稻花粉半不育基因 PSS1 的图位克隆与功能研究	作物遗传育种
2	郭敏	郑小波	转录因子 Moap1 及其相关基因在稻瘟病菌生长发育和致病中的功能分析	植物病理学
3	王春雷	张绍铃	梨花柱 S－RNase 介导自花花粉管死亡特点和路径研究	果树学
4	纪月清	钟甫宁	非农就业与农机支持的政策选择研究——基于农户农机服务利用视角的分析	农业经济管理
5	刘俊	曾晓雄	多黏类芽孢杆菌胞外多糖的发酵条件、结构、化学修饰及其抗氧化活性的研究	生物工程
6	李效顺	曲福田	基于耕地资源损失视角的建设用地增量配置研究	土地资源管理

附录 12　2011 年荣获江苏省优秀硕士学位论文

序号	作者姓名	导师姓名	论文题目	学科专业
1	李诚永	姜东	花前渍水锻炼对花后渍水逆境下小麦产量和品质形成的影响及其生理机制	作物栽培学与耕作学
2	杜培	亓增军	普通小麦-百萨偃麦草染色体易位系的选育与效应分析	作物遗传育种
3	陈广	杨红	不同极性和不同分子量溶解性有机质对土壤中除草剂扑草净迁移行为的影响	农药学
4	松峰	刘泽文	害虫捕食性天敌拟环纹豹蛛烟碱型乙酰胆碱受体毒理学特性研究	农业昆虫与害虫防治
5	任丽丽	高彦征	根系分泌物对土壤中多环芳烃的活化作用	环境科学
6	何俊平	陈素梅	切花菊蚜虫抗性鉴定与机理探讨及 LLA 转基因的研究	园林植物与观赏园艺
7	陈铁	林光华	国际大米市场价格波动的实证分析：一个 ARCH 模型	农业经济管理
8	李静	刘永杰	嗜水气单胞菌临床分离株毒力特性分析及其与四膜虫的相互作用关系	预防兽医学
9	王琳	曾晓雄	茶叶中有效生化成分高效液相色谱检测法的建立及其在凤凰乌龙茶检测中的应用	食品科学
10	夏燕榕	曲福田	基地建设用地扩张经济效率的土地利用计划差别化管理研究	土地资源管理
11	孙国祥	汪小旵	基于机器视觉技术的穴盘苗自动移栽机器人研究	检测技术与自动化装置
12	黄晶晶	沈文飚	血红素加氧酶参与细胞分裂素对暗诱导小麦离体叶片衰老的缓解作用	生物化学与分子生物学

附录 13　2011 年荣获校级优秀博士、硕士学位论文

（博士学位论文 10 篇，硕士学位论文 20 篇）

所在学院	级别	作者姓名	导师姓名	二级学科名称	论文题目
农学院	博士	印志同	喻德跃	作物遗传育种	大豆光合相关性状 QTL 及 Rubisco 活化酶基因 eQTL 分析
农学院	博士	周时荣	万建民	作物遗传育种	水稻花粉半不育基因 PSS1 的图位克隆与功能研究
园艺学院	博士	王春雷	张绍铃	果树学	梨花柱 S-RNase 介导自花花粉管死亡特点和路径研究
植物保护学院	博士	郭　敏	郑小波	植物病理学	转录因子 Moap1 及其相关基因在稻瘟病菌生长发育和致病中的功能分析
资源与环境科学学院	博士	戴儒南	兰叶青	土壤学	环境中 Cr（Ⅲ）的 MnO_2 氧化以及光化学氧化研究
食品科技学院	博士	刘　俊	曾晓雄	生物工程	多黏类芽孢杆菌胞外多糖的发酵条件、结构、化学修饰及其抗氧化活性的研究
动物科技学院	博士	张旭晖	王　恬	动物营养与饲料科学	$RRR-\alpha-$生育酚琥珀酸酯对肉鸡免疫应激调控作用研究
生命科学学院	博士	王光利	李顺鹏	微生物学	百菌清降解菌株的分离、鉴定，水解脱氯酶的基因克隆、表达及酶的催化机制研究
经济管理学院	博士	纪月清	钟甫宁	农业经济管理	非农就业与农机支持的政策选择研究——基于农户农机服务利用视角的分析
公共管理学院	博士	李效顺	曲福田	土地资源管理	基于耕地资源损失视角的建设用地增量配置研究
农学院	硕士	李诚永	姜　东	作物栽培学与耕作学	花前渍水锻炼对花后渍水逆境下小麦产量和品质形成的影响及其生理机制
农学院	硕士	杜　培	亓增军	作物遗传育种	普通小麦-百萨偃麦草染色体易位系的选育与效应分析
园艺学院	硕士	何俊平	陈素梅	园林植物与观赏园艺	切花菊蚜虫抗性鉴定与机理探讨及 LLA 转基因的研究
园艺学院	硕士	程　曦	陈发棣	园林植物与观赏园艺	菊属种间杂交和抗性种质创新研究
园艺学院	硕士	孙春青	滕年军	园林植物与观赏园艺	菊花远缘杂交生殖障碍及种质创新研究
植物保护学院	硕士	陈　广	杨　红	农药学	不同极性和不同分子量溶解性有机质对土壤中除草剂扑草净迁移行为的影响
植物保护学院	硕士	江小雪	王鸣华	农药学	烯唑醇和烯效唑酶联免疫分析方法研究
植物保护学院	硕士	松　峰	刘泽文	农业昆虫与害虫防治	害虫捕食性天敌拟环纹豹蛛烟碱型乙酰胆碱受体毒理学特性研究

（续）

所在学院	级别	作者姓名	导师姓名	二级学科名称	论文题目
资源与环境科学学院	硕士	任丽丽	高彦征	环境科学	根系分泌物对土壤中多环芳烃的活化作用
食品科技学院	硕士	王 琳	曾晓雄	食品科学	茶叶中有效生化成分高效液相色谱检测法的建立及其在凤凰乌龙茶检测中的应用
动物科技学院	硕士	桂 丹	刘文斌	动物营养与饲料学	酶解棉粕蛋白肽对异育银鲫的营养调控作用及抗应激能力的研究
动物医学院	硕士	李 静	刘永杰	预防兽医学	嗜水气单胞菌临床分离株毒力特性分析及其与四膜虫的相互作用关系
工学院	硕士	孙国祥	汪小旵	检测技术与自动化装置	基于机器视觉技术的穴盘苗自动移栽机器人研究
生命科学学院	硕士	王芹芹	杨志敏	生物化学与分子生物学	陆地棉（Gossypium hisutum L.）纤维发育相关基因表达谱分析
生命科学学院	硕士	黄晶晶	沈文飚	生物化学与分子生物学	血红素加氧酶参与细胞分裂素对暗诱导小麦离体叶片衰老的缓解作用
经济管理学院	硕士	陈 铁	林光华	农业经济管理	国际大米市场价格波动的实证分析：一个ARCH模型
公共管理学院	硕士	夏燕榕	曲福田	土地资源管理	基地建设用地扩张经济效率的土地利用计划差别化管理研究
公共管理学院	硕士	任艳利	诸培新	人口、资源与环境经济学	城市居民耕地资源非市场价值支付意愿及其影响因素研究——以江苏省南京市、盐城市为例
人文社会科学学院	硕士	吕斯达	曾玉珊	经济法学	我国农村土地承包经营权信托法律制度研究
人文社会科学学院	硕士	杨 博	花亚纯	思想政治教育	高校主体间性思想政治教育研究

附录14　2011年各类校级名人、企业奖助学金获得者名单

表1　"陈裕光奖学金"获得者名单（26人）

序号	学 号	姓 名	序号	学 号	姓 名
1	2009201015	田中伟	9	2009209006	黄文昊
2	2009202034	张浩男	10	2009210009	胡 燕
3	2009203045	冯慧敏	11	2009216020	任 昂
4	2009205007	应诗家	12	2010201007	陈明江
5	2009206026	王二朋	13	2010204013	阳燕娟
6	2009206028	张 姝	14	2010208025	叶可萍
7	2009207012	黄 丽	15	2011201037	陈树林
8	2009208022	黄 峰	16	2011202022	阴伟晓

（续）

序号	学 号	姓 名	序号	学 号	姓 名
17	2011203027	王金阳	22	2011209029	上官彩霞
18	2011204004	张彦苹	23	2011210013	汪德飞
19	2011205014	张永辉	24	2011216001	冯晓东
20	2011206017	胡 越	25	博士后	何红中
21	2011207012	蔺辉星	26	博士后	成艳芬

表 2 "金善宝奖学金"获得者名单（15 人）

序号	学 号	姓 名	序号	学 号	姓 名
1	2009101003	常圣鑫	9	2009216033	曹泽彧
2	2009113001	罗永宏	10	2010102053	胡中泽
3	2009114015	林小娟	11	2010111014	于长远
4	2009203031	凌 宁	12	2010115012	佘晓洁
5	2009205018	金 巍	13	2010204003	王 晨
6	2009206008	虞 祎	14	2010209022	李 鑫
7	2009207032	范云鹏	15	2011212006	王兴盛
8	2009208001	邓 阳			

表 3 "先正达奖学金"获得者名单（2 人）

序号	学 号	姓 名
1	2009203034	商庆银
2	2010202018	叶文武

表 4 "大北农助学金"获得者名单（20 人）

序号	学 号	姓 名	序号	学 号	姓 名
1	2009101100	张 红	11	2009201066	张玉梅
2	2009105060	刘 凡	12	2009202038	仇剑波
3	2009107001	乔飞鸿	13	2009205013	蒋广震
4	2009107021	李正平	14	2009216014	李静泉
5	2009107074	钮慧敏	15	2010107114	赵晓娟
6	2009116132	王燕琴	16	2010116046	傅 雷
7	2009201009	杨永庆	17	2010202045	刘振江
8	2009201043	张云辉	18	2010205016	李向飞
9	2009201045	贾新平	19	2010205024	边高瑞
10	2009201052	王 琦	20	2010216013	卫 林

附录15　2011年优秀研究生干部名单

（共 117 人）

周　阳	刘晓丹	虞雯翔	孙新生	朱一鸣	方庆奎	樊懿萱	孙云龙	林大燕
代小梅	卢靖乐	郝　瑞	陈　静	顾真庆	王志华	孙昕炀	戴大凯	宋志强
范松伟	林　焱	牛　梅	马龙俊	葛　成	全银华	李　婧	董朝盼	李佳佳
张宏志	康　健	李晓红	张媛媛	路顺涛	贾雯晴	刘　方	郭起金	郭巍燕
张　洛	权　晨	张微微	张雅洁	赵化兵	伍绍龙	王春林	王兴盛	杨小雨
张　怡	杨剑波	胡　钢	张长莹	张　珊	李　雨	张　娟	王振宇	马翠云
张新宇	沈　洁	张昆鹏	周丁丁	刘祖香	陈　颖	胡　萌	朱金楠	江　晗
冯　翠	李　燕	唐　琳	杜海霞	李明涛	张　燕	张永吉	范洪杰	王希雯
高　地	刘雯波	孔维一	贾俊丽	杨天元	虞夏清	张曙俭	王志炜	梁　硕
孙少梦	张　晓	周　蓉	韩芸婷	甘　俊	高　乐	唐　娟	宋大平	张　峰
桂红兵	肖锦成	田　震	郭勤卫	朱利振	杜　硕	邢亚力	李信宇	杜学森
曹学伟	孟　阳	贾佳丽	黄　飞	林　强	尤　嫚	王雪花	朱学玮	徐婷婷
单筱竹	肖　潇	李海涛	蒋　芯	张丽香	徐　珍	葛明宇	朱丽娟	董维亮

附录16　2011年优秀毕业研究生名单

（共 405 人）

表1　优秀博士毕业研究生（63人）

学　号	毕业生姓名	导师姓名	学　号	毕业生姓名	导师姓名
2008201004	马洪雨	麻　浩	2008203018	张丽萍	刘兆普
2008201010	覃　碧	王秀娥	2008203027	崔立强	潘根兴
2008201013	汪　勇	翟虎渠	2008203035	曹　云	沈其荣
2008201019	李　梦	章元明	2008203043	赵青云	徐阳春
2008201022	乔江方	丁艳锋	2008203044	李　勇	郭世伟
2008201026	刘　杨	王绍华	2008203045	杨秀霞	郭世伟
2008201028	赵文青	周治国	2008204002	宋长年	房经贵
2008201035	卢丙越	江　玲	2008204007	齐永杰	张绍铃
2008201043	武兆云	邢　邯	2008204015	江　彪	陈劲枫
2008201060	江建华	洪德林	2008204020	王　倩	侯喜林
2008202015	张海峰	郑小波	2008204028	尹冬梅	陈发棣
2008202026	王震宇	吴益东	2008205002	林　飞	刘红林
2008202030	姜　蕾	杨　红	2008205006	刘玮孟	石放雄
2008202032	侯毅平	周明国	2008205010	张　震	王根林
2008202033	刘圣明	周明国	2008205019	张卫辉	高　峰
2008203017	汪　辉	刘兆普	2008206008	郭利京	胡　浩

（续）

学　号	毕业生姓名	导师姓名	学　号	毕业生姓名	导师姓名
2008206010	张　锋	胡　浩	2008209008	杨华锋	张康之　刘祖云
2008206014	尼楚君	王怀明	2008209014	高　耀	刘志民
2008206019	马少晔	应瑞瑶	2008209026	卢　娜	曲福田
2008206028	吕　超	周应恒	2008209029	朱新华	孙佑海　陈利根
2008206035	莫　媛	褚保金	2008210001	朱锁玲	包　平
2008207007	杨桂红	雷治海	2008210007	杨　虎	李　群
2008207008	姚　远	雷治海	2008212004	王海青	姬长英
2008207023	王少辉	陆承平	2008212006	邓晓亭	朱思洪
2008207027	李鹏成	杨　倩	2008213003	明建华	徐　跑
2008207034	王君敏	胡元亮	2008216015	沈文静	崔中利
2008207037	任志华	黄克和	2008216016	张　隽	李顺鹏
2008208006	梁　进	胡秋辉	2008216018	刘　蕊	赖　仞
2008208016	韩衍青	徐幸莲	2008216022	师　亮	潘迎捷
2008208018	罗海波	郁志芳	2008216029	张　宏	蒋明义
2008208023	靳国锋	章建浩	2008216034	徐　晟	沈文飚
2008209002	沈苏燕	李　放			

表2　优秀硕士毕业研究生（342人）

学　号	毕业生姓名	导师姓名	学　号	毕业生姓名	导师姓名
2009101001	朱芳芳	蔡士宾	2009101096	佟祥超	郭旺珍
2009101003	常圣鑫	管荣展	2009101097	苑冬冬	郭旺珍
2009101017	孙林鹤	万建民	2009101098	张　微	郭旺珍
2009101018	孟祥和	王建飞	2009101100	张　红	洪德林
2009101020	宋兆强	徐大勇	2009101106	王　敬	刘　康
2009101021	孔　星	杨守萍	2009101116	刘振乾	亓增军
2009101023	刘海翠	喻德跃	2009101119	宋昌梅	唐灿明
2009101027	张禹舜	翟虎渠	2009101129	郭　娇	王秀娥
2009101031	闫　宁	章元明	2009101131	卞晓春	邢　邯
2009101036	扶明英	卞新民	2009101137	刘苏芳	杨守萍
2009101043	类成霞	陈长青	2009101149	周　蓉	张红生
2009101051	马　丹	丁艳锋	2009101156	陈韦韦	张文伟
2009101054	江巧君	江海东	2009101161	郭呈宇	赵团结
2009101060	金　梅	姜　东	2009101164	王　涛	智海剑
2009101068	安东升	罗卫红	2009101165	阳小凤	智海剑
2009101073	陈丹丹	王绍华	2009101169	邓康胜	周宝良
2009101074	孙啸震	王友华	2009102004	杨钟灵	范加勤
2009101084	胡　莹	陈佩度	2009102009	杜文超	董汉松
2009101093	张孝廉	盖钧镒	2009102010	孙伟伟	董汉松

（续）

学 号	毕业生姓名	导师姓名	学 号	毕业生姓名	导师姓名
2009102017	郭佩佩	高学文	2009103042	徐 静	蔡天明
2009102020	庄振国	郭坚华	2009103046	党红交	高彦征
2009102028	王健超	胡白石	2009103054	孙 瑞	凌婉婷
2009102049	杨 帅	王克荣	2009103055	刘东晓	王备新
2009102053	陶 恺	王源超	2009103063	赵 妍	宗良纲
2009102057	王佳妹	张正光	2009103079	陈 婷	王世梅
2009102058	王健生	张正光	2009103082	佟雪娇	占新华
2009102060	隋阳阳	郑小波	2009103084	梁 宵	占新华
2009102062	杜琳琳	周益军	2009103085	谭丽超	单正军
2009102065	李志毅	陈法军	2009103087	邹碧莹	赵言文
2009102071	张 婷	董双林	2009103091	朱海凤	周立祥
2009102079	张 倩	韩召军	2009103092	林 洁	陈效民
2009102081	李金波	洪晓月	2009103095	王晓洋	陈效民
2009102087	吴珊珊	李保平	2009103103	刘玉明	潘根兴
2009102089	滕晓露	李 飞	2009103107	曲晶晶	潘根兴
2009102093	陈瑞瑞	李国清	2009103112	雷学成	潘剑君
2009102099	童蕾蕾	李元喜	2009103118	刘平丽	熊正琴
2009102104	彭 娟	刘向东	2009103130	赵化兵	董彩霞
2009102106	丁志平	刘泽文	2009103137	俞 鲁	黄启为
2009102112	张 鑫	孟 铃	2009103143	朱 震	冉 炜
2009102123	殷 伟	吴益东	2009103147	崔亚青	沈其荣 杨兴明
2009102124	李亚鹏	杨亦桦	2009103150	姬华伟	郭世伟
2009102129	张海燕	翟保平	2009103156	陈 璐	徐国华 胡一兵
2009102133	汤怀武	董立尧	2009103157	戴晓莉	徐国华
2009102139	王增霞	刘泽文	2009103162	宋晓晖	徐阳春
2009102148	金雅慧	王鸣华	2009103164	翟修彩	徐阳春
2009102151	陈 敏	杨春龙	2009104005	于艺婧	马锦义
2009102155	黄婷婷	周明国	2009104008	惠梓航	姜卫兵
2009103001	康 健	刘兆普	2009104018	初建青	房经贵
2009103010	陈 良	刘兆普	2009104019	郭 磊	房经贵
2009103013	蒋和平	郑青松	2009104020	王文艳	房经贵
2009103024	王雪芬	胡 锋	2009104021	张晓莹	房经贵
2009103029	张 琳	李福春	2009104026	王玉娟	高志红
2009103032	江 春	李辉信	2009104028	谢智华	姜卫兵
2009103035	吕华军	刘德辉	2009104035	余智莹	陶建敏
2009103037	田苗苗	赵言文	2009104045	包文华	姚泉红

（续）

学　号	毕业生姓名	导师姓名	学　号	毕业生姓名	导师姓名
2009104055	冀　刚	陈劲枫	2009105093	秦梦臻	沈益新
2009104059	王　东	陈劲枫	2009105096	于海龙	王根林
2009104063	郭红伟	郭世荣	2009106001	李信宇	陈东平
2009104067	曾清华	郭世荣	2009106011	王会平	董晓林
2009104069	孔　敏	侯喜林	2009106013	易　俊	董晓林
2009104070	刘照坤	侯喜林	2009106014	边　皓	林乐芬
2009104081	王红英	陈劲枫	2009106017	赵　倩	林乐芬
2009104083	孙新娥	汪良驹	2009106019	戴　薇	刘荣茂
2009104090	刘　涛	徐　刚　郭世荣	2009106023	庄　丽	刘荣茂
2009104092	冯　翠	严继勇　侯喜林	2009106034	周龙春	李祥妹
2009104104	郝　姗	成　浩	2009106038	梁　铖	周应恒
2009104123	褚晓晴	刘建秀	2009106040	高　博	孙江明
2009104127	王　艳	王广东	2009106043	李丹圆	应瑞瑶
2009104128	张　燕	王广东	2009106047	刘飞霞	朱　晶
2009104133	姜　慧	徐迎春	2009106048	田　妍	陈东平
2009104132	陈思思	徐迎春　房伟民	2009106057	王丽娟	吴虹雁
2009104134	王春昕	徐迎春　房伟民	2009106059	顾　鸣	常向阳
2009104142	代晓蕾	郭巧生	2009106060	林　强	常向阳
2009104152	罗春红	王康才	2009106063	奚　超	陈　超
2009104153	王雅男	王康才	2009106066	肖　潇	王　凯
2009105012	李永双	蒋永清	2009106068	徐　珍	王树进
2009105026	陈景葳	卢立志	2009106070	张　倩	常向阳
2009105029	惠锋明	茆达干	2009106073	黄　莺	许　朗
2009105032	杨　岳	石放雄	2009106074	李梅艳	许　朗
2009105034	樊懿萱	王　锋	2009106080	王玲瑜	胡　浩
2009105038	宋　洋	王　锋	2009106085	邢亚力	林光华
2009105043	顾克翠	徐银学	2009106089	黄　飞	徐　翔
2009105049	袁亚利	高　峰	2009106092	陈奕山	钟甫宁
2009105052	沈梦城	刘　强	2009107001	乔飞鸿	鲍恩东
2009105063	黄雪新	王　恬	2009107004	曹礼华	江善祥
2009105065	田金可	王　恬	2009107009	张　洛	江善祥
2009105066	张剑峰	王　恬	2009107014	吴　晶	倪迎冬
2009105072	李晓晓	颜培实	2009107016	苏利娅	王丽平
2009105080	侯晓莹	周岩民	2009107020	李云锋	杨　倩
2009105083	张婷婷	周岩民	2009107037	邓文蕾	陈溥言
2009105088	孙旭春	顾洪如	2009107039	王凤娟	陈溥言

（续）

学　号	毕业生姓名	导师姓名	学　号	毕业生姓名	导师姓名
2009107047	周　瑾	范红结	2009108094	陈　惠	顾振新
2009107049	胡　婷	费荣梅	2009108097	代小梅	郁志芳
2009107054	汪　伟	何孔旺	2009109004	王力凡	潘剑君
2009107063	陆　琪	姜　平	2009109007	彭　鹏	宋奇海
2009107066	张长莹	姜　平	2009109009	陈　黎	徐梦洁
2009107070	张新宇	李祥瑞	2009109015	孙　倩	郭春华
2009107074	钮慧敏	李　银	2009109025	吴其阳	宋华明
2009107080	胡　萌	刘永杰	2009109027	申　芳	谭　涛
2009107096	申世川	姜　平	2009109030	陈　春	于　水
2009107097	毕振威	王永山	2009109034	张美慧	于　水
2009107102	高　地	姚火春	2009109038	武昕宇	郑永兰
2009107099	朱小翠	范红结　王永山	2009109043	陈阳君君	李友生
2009107107	张宏彪	刘永杰	2009109045	李玲萍	罗英姿
2009107111	韩芸婷	侯加法	2009109055	孙男男	刘友兆
2009107114	郑燕玲	侯加法	2009109061	张瑞平	欧名豪
2009107123	赵大维	黄克和	2009109067	薛慧光	曲福田
2009107131	高　焕	王德云	2009109072	李　娟	孙　华
2009107132	刘世超	杨德吉	2009109073	林佳佳	孙　华
2009107136	刘　敏	张海彬	2009109081	刘穆英	吴　群
2009108003	李金良	陆兆新	2009109086	侯为义	徐梦洁
2009108007	刘玉玲	别小妹	2009109088	卜婷婷	诸培新　曲福田
2009108009	樊　康	董明盛	2009110003	汤小苗	王建光
2009108012	龙　杰	郗海燕	2009110008	王莉晓	曾玉珊
2009108020	王　敏	胡秋辉	2009110011	丁凌凤	陈　颐
2009108028	许　洋	黄　明	2009110013	王　鑫	姚兆余
2009108034	毕　华	陆兆新	2009110018	徐　康	吴国清
2009108040	邵　斌	彭增起	2009110026	杨　媛	刘庆友
2009108045	唐　琳	屠　康	2009110029	许敏蓓	惠富平
2009108048	邱良焱	肖红梅	2009111001	尹中萍	解锋昌
2009108056	李胜杰	徐幸莲	2009111002	王志华	李　强
2009108059	王　翔	徐幸莲	2009111011	高　霞	杨宏伟
2009108073	尹月玲	章建浩	2009111015	高思国	丁　霞
2009108074	蔡玉婷	郑永华	2009111018	江丹君	兰叶青
2009108079	金　鑫	周光宏	2009111026	高艳菲	杨　红
2009108081	马青青	周光宏	2009112003	刘　荣	康　敏
2009108091	刘　娟	韩永斌	2009112007	赵雅建	康　敏

（续）

学　号	毕业生姓名	导师姓名	学　号	毕业生姓名	导师姓名
2009112008	郑　旭	康　敏	2009116049	王珠昇	顾向阳
2009112018	柳　伟	朱思洪	2009116053	谢香庭	何　健
2009112019	史俊龙	朱思洪	2009116059	杨洪杏	何琳燕
2009112020	李正浩	鲁植雄	2009116063	娄　旭	洪　青
2009112021	赵苗苗	鲁植雄	2009116072	李　超	李顺鹏
2009112024	吴海娟	沈明霞	2009116075	赵延福	李顺鹏
2009112031	韩秋萍	丁启朔	2009116079	叶　敏	梁永恒
2009112042	陈丽欢	丁为民	2009116093	王　永	王志伟
2009112050	李培庆	何瑞银	2009116097	李　霞	于汉寿
2009112053	高　峰	姬长英	2009116104	赵　源	赵明文
2009113001	罗永宏	陈家长	2009116116	祁　祯	蒋明义
2009113014	刘　伟	董在杰	2009116119	史　策	杨　清
2009113015	马良骁	董在杰	2009116120	李发院	於丙军
2009113022	程长洪	施炜纲	2009116122	朱学玮	张阿英
2009113026	贾　睿	徐　跑	2009116125	宋红弟	章文华
2009113032	刘　珊	朱　健	2009116132	王燕琴	沈文彪
2009114005	唐晓彧	徐焕良	2009116141	陈　晓	徐朗莱
2009114009	冯甲一	周留根	2009116143	徐婷婷	徐朗莱
2009114014	于　春	高荣华　郑德俊	2009116145	邹艳美	杨　清
2009114015	林小娟	刘　磊	2009116150	刘彦岐	张　炜
2009114021	宿瑞芳	查贵庭	2010101028	王　薇	曹卫星
2009115001	陈媛媛	高圣兵	2010101034	谢　琰	戴廷波
2009115004	黄家欢	顾飞荣	2010101073	李文龙	朱　艳
2009115015	黄　洋	郁仲莉	2010106014	李　熠	刘荣茂
2009115020	李孟欣	秦礼君	2010106075	贡意业	徐　朗
2009115023	徐建玲	秦礼君	2010801176	林木森	马正强
2009116007	马　超	崔　瑾	2010804150	王维红	郝日明
2009116011	秦婷婷	蒋明义	2010804158	王希雯	姜卫兵
2009116016	陈芳慧	强　盛	2010804159	张晓煊	姜卫兵
2009116030	郝　雪	赖　仞	2010804161	邓贺囡	李鹏宇
2009116031	丁为现	刘克云	2010804170	王琳琳	杨志民
2009116033	陈　磊	曹　慧	2010804172	任阿弟	张　纵
2009116035	刘文干	曹　慧	2010805099	祝溢锴	周岩民
2009116042	洪珊珊	崔中利	2010806104	王　凯	应瑞瑶
2009116043	李居峰	崔中利	2010807130	谢怀东	范红结
2009116045	袁　艺	崔中利	2010807136	韩其岐	黄克和

（续）

学　号	毕业生姓名	导师姓名	学　号	毕业生姓名	导师姓名
2010807144	张　梦	李祥瑞	2010808088	高菲菲	彭增起
2010807149	朱向蕾	陆承平	2010808090	侯耀玲	屠　康
2010807150	花　婷	茅　翔	2010808093	周海莲	肖红梅
2010807152	袁　菊	王德云	2010808103	张　敏	辛志宏
2010807157	刘亭岐	姚火春	2010810042	单　婵	杨旺生
2010807161	周　勤	赵茹茜	2010810045	王　宇	于　水
2010808077	赵　婧	别小妹	2010812054	权　晨	康　敏
2010808087	李春燕	陆兆新	2010812057	李红华	张维强

附录 17　2011 年毕业博士研究生名单

（合计 460 人，分 13 个学院）

一、农学院（76 人）

左巧美	陈向东	边小峰	刘　杨	李国强	梅鸿献	王来刚	顾东祥	赵　君
汪　勇	钱春荣	胡德龙	宁志怨	张文宇	李国强	钱　晨	郑蕾娜	赵文青
韩小花	万　群	郭永龙	丁丽娜	李　辉	牛　远	郑曙峰	刘　喜	赵　锐
万洪深	吴　坤	马洪雨	宋　敏	张　伟	周家武	李　春	金杭霞	陈青春
俞　圆	冯建英	何庆元	朱晓彪	郑桂杰	付必胜	郭　涛	任玉龙	李　梦
张国正	武兆云	蓝虹霞	熊　洁	何　俊	王　洋	石祖梁	宋　健	郝德荣
孙　慧	张国伟	林　琭	张立国	洪晓富	王　诚	李晶晶	陈　楚	张洪刚
徐　蕊	覃　碧	乔江方	卢丙越	周　峰	董文军	江建华	迟英俊	郭　娜
马　丹	田　鑫	张晓军	黄殿成					

二、植物保护学院（36 人）

袁国瑞	桑素玲	赵延存	杨　威	张开军	王先锋	施海燕	车亦舟	汪　瑜
于晓丽	张宁宁	夏诗洋	姜　蕾	王利民	崔一平	张　磊	程保平	陈　曦
张　博	赵维佳	郭　威	张海峰	杨明明	于　丹	杨　静	王震宇	侯毅平
蔡洪生	芦　芳	李文奇	吴　浩	程立生	赵　景	刘圣明	刘昌来	
阿力甫·那思尔								

三、资源与环境科学学院（50 人）

周际海	焦瑞锋	黄　山	王　敏	刘艳霞	逯超普	张丽萍	宋祥云	仇昕昕
季　辉	井永苹	汪　洋	马丽丽	陈健妙	陈立华	孙冬晔	高相彬	王　同
贾宏昉	徐大兵	胡林潮	李　莎	陈　婧	郑　密	林江辉	刘东阳	肖同建
黄　姗	顾　冕	孙　雯	李富超	崔立强	任丽轩	任小利	李　勇	张瑞萍
李华伟	孙　星	邰继承	赵　爽	曹　云	杨秀霞	田云录	王　斌	汪　辉
冯　彦	赵青云	靳振江	袁颖红	郭　嘉				

四、园艺学院（41 人）

王　枫　宋长年　沙守峰　沈雪芳　王丽萍　贺　巍　陈宇航　杨亦扬　李　益
王纪忠　张计育　王　倩　单　红　刘　丽　张树军　王荣华　张虎平　江　彪
肖　栋　罗火林　汤兴利　刘艳红　高建杰　董　畅　娄丽娜　陈　罳　尹冬梅
张君萍　常青山　齐秀娟　刘　丹　李　晶　刘倩倩　董永义　马月花　刘　洪
齐永杰　罗　娜　田　婧　冯卫英　刘浦生

五、动物科技学院（28 人）

王明发　侯欣华　刘玮孟　张　震　李永凯　张卫辉　杨承剑　林　飞　张　伟
董在杰　王龙昌　陈　佳　王娟红　张　逊　马雪山　万永杰　王艳平　王远孝
戴四发　朱洪龙　朱　智　王丽娟　崔群维　王晶晶　张莉莉　董臣飞
巴哈提古丽　赛买提·艾买提

六、经济管理学院（43 人）

胡　俊　李春燕　朱丽莉　江淑斌　严斌剑　庄道元　王丽娟　华红娟　张　锋
张秀莲　尼楚君　张希兰　赵建东　马少晔　夏振荣　潘宏志　赵越春　郭利京
杨　丽　刘　勇　陆桂琴　田　珍　刘　帅　周文魁　王太祥　王晓青　张海宁
张　杨　刘俊杰　易小兰　吕　超　王军英　莫　媛　管福泉　黄春燕　韩　菡
王利荣　戚晓明　郭　斌　王　刚　井　深　付洪良　占辉斌

七、动物医学院（44 人）

唐　芳　张　森　姚　远　陈　娟　韩凯凯　汪　洋　王君敏　赵　杰　刘　娜
赵怀宝　冯秀丽　唐泰山　李鹏成　赵晓娜　孙　伟　莫　菲　贾逸敏　张　羽
王楷宬　司伏生　任　飞　李　晓　沈克姑　刘秀娟　曹　珺　王少辉　贺绍君
任志华　尚月丽　杨桂红　苏兰利　李文良　张志成　侯乐乐　朱　玮　王晓斌
马　霞　王金泉　祝昊丹　李培德　洪　炀　岳振华　巴音查汗　赛福丁·阿不拉

八、食品科技学院（29 人）

郤　远　李　锋　赵君峰　蒋　娟　汪名春　陈　琳　姚正颖　朱学伸　梁　进
靳红果　罗海波　闫亚美　梅　林　张志国　李　斌　孙　勇　刘　鹏　胡　冰
靳国锋　祝长青　胡立明　郭元新　朱志玲　苏　晶　蒋长兴　尚海涛　邹　宇
冯宪超　韩衍青

九、公共管理学院（37 人）

彭建超　刘晓峰　项锦雯　龚健勇　任　辉　田光明　高松元　李　岩　杨华锋
张金明　王利敏　王云鹏　朱新华　谢凌凌　霍雄飞　蔡　薇　陈兴雷　吴明发
徐　军　李永乐　高　耀　沈苏燕　程伟华　刘小红　刘吉军　常　姝　武　岩
张金融　陈　钢　罗泽意　杨世伟　卢　娜　沈广和　班春峰　李　明　孙洪武
费　坚

十、人文社会科学学院（12 人）

杨　慧　童永生　胡　明　杨　虎　卞　粤　徐　群　朱锁玲　胡茂胜　张明月
李　燕　姜　萍　李　琦

十一、工学院（15 人）

翟力欣　顾家冰　王海青　邓晓亭　薛　刚　梁　琨　冯学斌　秦春芳　刘军军
刘泽祥　鹿新建　顾宝兴　孙玉文　钱　燕　邹治军

十二、渔业学院（3 人）

吕　富　刘　波　明建华

十三、生命科学学院（46 人）

张　颖　王法微　韩　鹰　侯　颖　沈维亮　饶　敏　许　峰　陆　鹏　吴祥松
王爱国　陆　鹏　温　雅　冯昭中　王　宁　张　迹　周　强　杨　伟　沈文静
吴志国　郑会明　徐　晟　曹国强　丁燕芬　周泉澄　张　隽　师　亮　谷　超
李　晨　周凤艳　石　犇　王国祥　亢　燕　张艳峰　张　宏　谢彦杰　高　璐
康　烨　严秀文　刘　蕊　张振华　印敬明　吴　倩　殷宪超　唐　伟　王福政
刘晓宇

附录 18　2011 年毕业硕士研究生名单

（合计 1 495 人，分 17 个学院）

一、农学院（157 人）

田孟祥　肖月华　王晓杰　于洪喜　刘敬然　郝佩佩　金锡铭　刘　洋　薛钊坤
张鸿睿　朱占华　吕丰娟　李茂峰　吴盛阳　万玉玲　赵维萍　柴金伶　陈莉莉
于　莎　王　晋　吴　薇　王宏伟　洪雪娟　陈　雷　刘　雪　顾凯健　李　聪
谢永楚　张英虎　徐筋燕　蒋倩倩　亓春杰　韩　刚　顾汉艳　梁鑫星　黄永娟
陈苗苗　王　航　张　巍　朱相成　贾钰莹　苏云云　杨甜甜　齐玉军　刘春雨
钟双林　高海东　王占奎　陈树林　田亮亮　丁长文　杨　云　侯梁宇　崔承齐
于兴旺　陈小霖　王丽曼　吕　佳　张智优　路海玲　徐　磊　徐照龙　裴海岩
朱佑民　张俊杰　李白鸽　耿春苗　景　超　安　霞　王　加　刘　健　曹文磊
崔　昊　覃　夏　刘学勤　马　丽　袁静娅　纪晓卿　陈孙禄　马富举　徐海港
杨红燕　张林巧　赵仁慧　杨春艳　惠　颖　谢　琮　习志仁　杜同庆　李　云
高瑞芳　朱成强　徐　宇　张学治　杨　杨　李淑芬　祁玉洁　闫　强　叶国祥
杨胜先　王端飞　陈　金　尚小光　沈月凤　周振玲　李　娜　刘　鹏　薛　萌
黄晓浪　张　锐　谈丽君　吴　琼　沈　健　李丛丛　韩亮亮　彭现宪　陈　兰
郭婷婷　李江涛　石彦荣　宋英培　孙中伟　杨世佳　牛付安　刘章伟　秦文强

周坤能	王 雨	汪 波	张 丽	孙 程	韩 琴	丁一琼	金检生	何增林
徐甜甜	柳开楼	陈 菲	王新坤	胡振宾	张 玺	苏银玲	李 猛	张 华
岳 超	王瑞凯	马灵杰	陈明江	段 敏	梁文化	张文盼	张月提	刘志涛
王云清	黄洁雪	李 莉	刘炳亮					

二、植物保护学院（131 人）

张志峰	田大伟	沈 晴	肖江涛	卢嫣红	赵冬晓	张 帆	彭晓岚	张金梅
王玉燕	戴婷婷	王 英	黄先才	李 健	汪焰胜	朱文静	翟忠卫	杨新宇
赵洪霞	刘 晓	邵 颖	曹燕飞	曹 静	周 雪	叶文武	郑大兵	尚 禹
黄 露	纪志远	周 洋	张 芬	阴伟晓	贺秀婷	周子杨	马立彬	王寅鹏
高杜娟	封 伟	杜 艳	牛小慧	何桂玲	韩鸣花	周 丹	韩振华	李 娟
齐中强	冯晓慧	杨丽雯	张 勇	李庆辉	王敏杰	吴智丹	王美芳	葛钊宇
张 岚	高炜月	岳 菊	殷芳群	丁衬衬	郭 旺	韩盛楠	刘 萍	郭京杰
李小杰	于洋洋	王宏杰	刘凯悦	李海东	卢伟平	刘春慧	王晓梦	孔祥超
杜秀贞	汪 敏	王晓芳	宋琼婷	侍 甜	赵彦英	乐秀虎	龚晓崇	匡 静
张海艳	王继红	田 雯	邹保红	裴世安	张 晶	唐正合	陆明红	严丹侃
刁永刚	苑 侠	李 刚	高 坤	邢春杰	杨现明	张 霄	贺 媛	马 欣
李 鹏	牛 毅	冯 辉	于明志	黄建荣	侯洋旸	赵 悦	张振兴	郑雪松
张 斌	金振鹏	俞文渊	石清明	张雷刚	单彩慧	方 松	张传琪	母昌立
杨 军	崔利娥	艾 萍	靳建超	贾 娜	韩宝峰	吴艳娇	张 超	任克维
李玉融	赖添财	刘振江	张 彬	甯佐苹				

三、资源与环境科学学院（141 人）

乔秋实	祝红红	温 晴	张 倩	李浙英	陈 粲	毛轶清	高影影	杜志敏
吴 彬	高志亮	任 云	冯龙庆	陈 芳	黄增荣	徐 琳	叶静宜	过燕琴
熊雪丽	黄礼辉	仇美华	宋姗姗	徐小梦	龚帅帅	钱丽花	韩建均	孟静娟
郎娇娇	张海娟	张 瑾	韩 进	任 倩	侯化亭	王 淼	唐 珠	张 娜
王 丹	何 娇	杨 帅	杨新强	张 晓	袁玉娟	郭 丛	吴慧贞	孙冰清
许 智	张 勇	冯 琪	张辰明	刘正一	陈宁平	李 鹏	朱 瑾	匡崇婷
黄太庆	吴 娜	易 能	韩 超	唐小亮	史 明	李修强	马煜春	颜 彦
冯 迪	黄学飞	付友芳	吴 迪	孙旭辉	张 令	张 晓	逯尚尉	梁 艳
林 余	张 冲	姜 瑛	乔焕英	蔡 锦	牛丹丹	王 莉	郑丽萍	张 蕊
吴 越	朱铃铃	洪 帅	魏渊源	王 鑫	解冬利	王彦玲	包丹丹	高翠民
廉 娟	陈守越	于 莉	李志艺	于冰冰	谢 添	刘彩玲	马 翠	杨雪梅
张颖飞	熊小丽	朱岗辉	程 琨	马立珩	缪其松	李 婧	钟 飞	曹 丹
宋晓威	纪海石	隋 标	赵第锟	陈志亮	马伊娜	李 璐	张德伟	刘达文
王 敏	曹小艳	高倩圆	王唯逍	刘 静	张晓斌	刘晓雨	田亨达	谭石勇
胡飞龙	韩瑞阁	刘丽华	席晋峰	孟远夺	薛 超	许国新	史志明	马文娟
肖 峻	樊广萍	周 通	张 丽	杨 娜	陈巧玲			

四、园艺学院（141 人）

陈 功	柯凡君	李运丽	张振兴	樊瑞苹	张利娟	金 芸	谭洪花	孙继亮
彭海涛	杜正香	周 波	张晓杰	秦海燕	王 晨	田伟龙	宋旭丽	陈国户
杜文丛	樊家乙	文 乔	杨 光	张 彪	王淑敏	刘彦文	邹聪聪	沈 文
朱嫣然	于华平	顾丹丹	王 立	吴绍军	吕国胜	沈雪莲	方 敏	王 翡
刘金义	张 硕	张功臣	石常磊	闫相伟	贾文轲	化香平	王 萌	赖德强
郑晓蕾	翟丽丽	于曼曼	刘海音	陈秀娟	曹玉杰	徐 良	王丽璞	张 婧
董海艳	王欣歆	吕 东	庞 欣	许园园	罗红玉	朱喜荣	黄 莺	查 茜
孙兴民	王 垒	支 莉	倪星虹	宋 杰	刘海琴	郭 冰	徐志胜	张燕霞
薄丽萍	秦志敏	曾 俊	王春艳	李天娇	张 平	赵振国	储昭胜	杨路成
郭会敏	王立会	张 畅	林晓慧	贺晓燕	明村豪	阮 旭	李 雪	邢建永
朱国飞	申 明	蒋秋玮	田 洁	万 青	徐红艳	陈海旺	陈小慈	杨雅楠
王 康	徐金金	陈 琳	翟 敏	袁艳华	江本砚	姚改芳	陈丽芳	侯富恩
韩 勇	周 燕	杨春娟	薛 亮	赵 广	韩 冰	胡俏强	孙 娅	高海顺
崔仁泽	于静斯	郑建立	金春燕	唐 君	孙 艳	王继程	高 敏	王宏伟
陈 霁	阳燕娟	于旭红	王海滨	王彦丽	何兴欣	曹 雪	高永彬	黄亚杰
钟 程	夏胜军	邢 乐	曲新鸣	刘玉石	上官凌飞			

五、动物科技学院（98 人）

孙文星	高贝贝	钟部帅	刘泽兴	侯艳君	鲁 菲	胡绍杰	徐善金	张 郡
周峥嵘	吴 娟	李 伟	王俊峰	孟 鑫	周国波	邹晓龙	郭 宁	邓亚军
廖志勇	边高瑞	王玫丹	时 祺	贾红敏	廖旭东	王喜之	任美琦	黄莎娜
魏化敏	李延森	原 昊	茆 骏	姜雪姣	唐志刚	魏德泳	张洪杰	常凤琴
张 昊	王振云	李向飞	王改琴	谢 飞	陈 艳	张 磊	钟灵秀	周 璇
梁丹妮	白春燕	杨翠凤	陆晓燕	谢新华	蒋 进	陈 侠	王煜恒	任继民
郑卫江	乔 璟	于莎莉	刘 筱	李新秀	李兴美	贾 斌	安文俊	刘智微
朱 翔	魏全伟	王 莉	甘家付	马驰骋	颜 瑞	李 晶	付衍辉	韦 涛
张子敬	王元琛	孙亚楠	侯晓静	王晶晶	郝建祥	黄 荣	赵永艳	夏 坤
魏天盛	蔡世嘉	张军磊	韩明通	孙 锴	林海晶	刘雅丽	宋尚新	梁 琼
喻红波	吴勇聪	刘 泽	严 康					

六、经济管理学院（126 人）

李智琼	韩 冰	林 青	张 帅	熊晓文	程亦清	蔡 娟	沈华明	金 媛
秦 杨	黄显俊	奚 倩	董 雪	黄小颖	赵良臣	王 军	张镇宇	曾琪芳
谢 欣	郭玉蕾	李启春	冯紫琳	任 甄	郑 歆	张 月	姚 茜	陈宇峰
熊素兰	黄 臻	邵艳红	张 宁	赵长丽	姚沁奇	王世尧	韩会平	滕立萍
魏 健	钟莉莉	高 杨	赵 超	吴妍琳	邬 婧	杨晓蓉	魏文娟	徐 超
苗 玲	李 露	徐大飞	陈 昕	张琍媛	吴 雷	高天凤	杨 帆	陶昌武

郑　雪	胡　瑛	刘溶溶	于建宏	宋芝平	郝　娜	石成玉	谭思思	王凤霞
王　莉	杜侃倩	江　巍	黄佳陆	汪　清	袁　征	翟历玲	徐　虹	崔　斌
杨　慧	邵双双	王燕妮	方　来	邓　明	杨小丽	董相男	陈烈蓉	秦　尧
徐慧慧	高　婧	李　岩	赵小伟	李世婧	谢美婧	石　维	张　洁	严　政
宋　佳	高　杰	姚拓州	周　德	赵　娟	陈　洁	朱晓琳	吴丽花	索午利
赵　坚	王传星	董桂霞	陈　静	贾丽艳	王晶晶	杨广太	甘　露	陈甜甜
沈颖妮	陆　琴	高燕青	张　瑾	秦　园	陈　畅	孙嘉尉	别慧丽	刘少波
方秋平	蒋秋林	彭　笛	孙　晖	李　庆	王　磊	张建琳	王　艳	张　帆

七、动物医学院（140 人）

董春丽	林　洋	李　晨	王晓晔	苏志新	王志美	常培伟	和祯泉	王丛丛
苏小东	张莉莉	汤　芳	于　杨	瞿　佼	刘　杰	杨帆帆	孙明霞	朱丽洁
丁志勇	张一帆	李尚同	王　蕾	康海泓	王芳权	刘桂萍	李洪广	刘静静
张　超	卞勋光	王红丽	张　艳	任　喆	王敏敏	王远垒	毕建松	姚一琳
王永伟	王　烨	沈　博	佘志成	张　靖	冯璐璐	周逸文	叶小兰	张言召
苏会敏	曹冰玉	李浩波	皇超英	代娟娟	代　蕾	莫　莎	王晶晶	周　宇
李灵恩	吕　伟	高丽丽	吕春子	高慧敏	杨　振	刘　瑾	栾晓婷	马衍平
高玉阳	马　畅	李　明	牛囡囡	荣　杰	吴　聪	徐晓明	刘　娜	印　虹
孟　璐	叶焕春	徐国华	肖　飞	薛俊欣	刘鑫莹	张　伟	郝洪平	韩艳辉
刘　萍	闫叶娜	乔飞鸿	周显龙	黄炎冰	袁　娟	朱　珠	孙利厂	朱永兴
郭士博	寇　芮	李润生	张仁良	杨显超	胡佳佳	赵　彪	张　锐	李　珣
肖蕴祺	赵攀登	李　倩	刘小娟	王利勤	张　亚	刘延鹏	孔一力	李　倬
杨　昭	李云海	周冬梅	吴康年	黄智南	王二先	薛　刚	臧明发	丛　平
侯瑛倩	江苗环	闫　磊	王　曼	曹彦琼	刘广锦	戴玉奕	林晶晶	顾　莹
姚　杰	王洪成	华　莉	孟雪玲	宋火松	陶　慧	李　燕	祝　玉	吴　坤
李治军	师震宇	王宇迪	刘守振	柏　玲				

八、食品科技学院（82 人）

曾　波	孟晓霞	徐人杰	牛　蕾	段杨峰	傅淋然	唐群勇	曹婵月	史　杰
许文清	史培磊	赵　静	宋留丽	李程程	付　瑾	程　雷	张　鑫	孙彦雨
杨　阳	贺晋艳	闫颖娟	杨　芹	王　敏	李　娜	王帅武	张　璟	王舒舒
戴宇翔	赵殿锋	边晓琳	吴亮亮	叶可萍	姚　瑶	迟晓光	张　宇	蒋　茜
王　静	江　慧	杨润强	陈　昌	靳静静	王　璐	刘建伟	董　洋	雷艳雄
张　亮	吴向金	陈　明	张志辰	夏胜华	舒蕊华	王佳媚	卢锋波	樊金山
贾小翠	孔晓雪	周昊胅	宋　玉	孔繁渊	李翠娟	周兴虎	闵辉辉	魏　浩
周孝伟	王虎虎	申　杰	徐洪蕊	宋凌晨	戴云云	周小虹	崔国梅	闫振国
吴　新	詹　歌	张晶晶	魏　盛	张宏志	冯　云	张秋勤	戴　妍	刘　强
玛依诺木图拉								

九、公共管理学院（102 人）

马孟莉	陶 瑞	陆柳青	邵 菁	肖长江	刘 琼	张俊凤	黄 琪	王 婷
夏 婷	曾彩萍	龚佳莹	刘子铭	陈 航	孙小祥	黄 博	徐自强	冯双喜
叶丽芳	杨伟洪	祝助强	胡若婧	黄俊辉	郭 静	侯孟霏	孙 勇	贺 敏
曹晓君	王晓旭	刘 敏	王 升	苏 敏	徐 勉	张 尧	饶芳萍	班 伟
潘 儒	曹雅萍	张宏强	杨杉杉	李国华	朱洪蕊	莫智佳	张京昱	程 俊
孔融融	姚旻辰	王 卉	高雪瑾	王 慧	曹雪红	徐长江	马 力	蔡 娜
林 艳	曹春艳	张 楠	陆 晗	彭月明	凌 超	唐 婕	任宝林	宣思思
吕 坤	汤秋芳	季喆君	孙 敏	王慧玲	王茂森	杨恒雷	瞿家宝	王 帅
岳琳璐	许云申	王 娟	严思齐	周延飞	周 国	潘 娜	贾永兰	廖青月
石燕璐	刘永强	黄 甜	蔡维森	孙丛丛	徐烽烽	岳园园	张 印	谢嗣频
雷 戈	董超华	田 莹	闫 岩	巩中来	赵 晶	丁丽娜	鲁婷婷	莫 娇
王婷婷	姚科艳	李 鑫						

十、人文社会科学学院（60 人）

盛 馨	汪德飞	陈恕莹	金延卓	王 涛	曹秋雯	于传宝	袁 媛	陈愿磊
陈载文	尤兰芳	殷 娟	李 烨	黄 欢	由晓飞	关媛媛	胡宇桢	章 芳
于 超	张盼盼	朱 清	张 丽	王 璇	曹春燕	吴云娣	倪丹梅	李 剑
何晓芳	黄 琛	游 霞	王玉姣	辛 闻	吉蕾蕾	鲁 霖	马良义	朱 琳
李宏伟	陈 燕	侯晓宁	李 帆	王 红	张俊霞	陈大可	李 岩	王 佳
李日葵	赵 杰	胡 丹	高国金	崔芬丽	任 阳	方 芳	原 媛	包艳杰
焦艳丽	宋国庆	解安宁	康彬彬	马盈盈	王 炜			

十一、理学院（38 人）

田厚坤	刘忠莉	陈 静	曹新华	雷 雨	付旭维	刘建晓	祝佳佳	陈园园
戴 亭	高显超	牛会君	张 爽	宋海燕	落全枝	李菲菲	胡岩岩	沈瑜潇
文 景	陆艳霞	许丹丹	崔冶敏	潘 伟	谢婧云	王一兴	徐水平	周智明
李冠业	高清杰	王忠伟	蔡 霞	杨 峰	丁 青	雷秀东	蒋巧娜	张智慧
侯 敏	雷晓雪							

十二、工学院（56 人）

雷大鹏	张高阳	陆垚忠	仇金宏	程在在	申宝营	冯良宝	王锋锋	郑玉龙
逢小凤	李龙国	王中玉	闫惠娟	田光兆	谢烯炼	顾英花	殷新东	刘龙申
周保平	冯 蕾	田 强	马 江	王营营	袁 俊	许水燕	李 伟	金 玲
张 瑜	郑淇尹	朱栋君	李 俊	何国敏	彭 磊	霍 飞	顾亭亭	陈志秋
纪明民	张忠清	余 荣	徐 煌	刘 薇	黄美芝	程嘉煜	王 颖	梁海莎
李 彬	邵乔林	沈燕华	张美娜	姜鹏程	朱星星	任丽春	李后上	冯晓斌
卢晓宇	赵先顺							

十三、渔业学院（10人）

陈　辉　周　凯　王　宁　王一娟　阮瑞霞　张丽丽　胡玉萌　曲疆奇　臧学磊
徐　磊

十四、信息科技学院（29人）

雷晓俊　马克胜　徐　健　林晶靓　冯英华　罗宇辉　杨东清　茅金辉　钱小清
章　俐　周　丽　刘　嘉　陈白羽　侯雪林　郭昌玉　单申佳　卢世涛　化明艳
王　浩　高　冕　刘智勇　余倩倩　马　静　胥晓明　张友华　张学梅　齐　静
王苏丽　沈洁洁

十五、外国语学院（40人）

董　笑　刘　慧　纪　平　陶　琛　杨　胜　索玉琳　马　力　李清华　倪　萍
钱　玲　严　智　朱来斌　王　玲　武　锐　龙沛姗　王海霞　石　卉　刘志强
方　媛　杨易文　徐　文　裴慧君　武洪宾　徐继娜　龙成新　李晓雪　张　丹
杨　畅　邱伟伟　高　洁　朱　卿　宋丽霞　彭丽萍　赵茜暖　杨董玲　杨　娜
郝冬琴　高　婷　朱喜芳　姚笑天

十六、生命科学学院（143人）

谢　维　杨　丽　房　云　高金玉　孙金金　李全胜　罗　玺　李安娜　卢秋文
马　鹏　范宁杰　闫彩芳　刘　欣　方　星　舒　畅　王　颖　单　玮　蒋亦武
张　娟　马光友　林娓娓　王路路　张帆航　董丽宁　李　怡　靳　旭　孙瑞波
王　琪　郭　攀　葛宏量　彭文涛　倪盈盈　吕静娴　王　鹏　姚　健　李星慧
廖　园　吴　云　聂志娟　王乾斌　王　琪　赵亚东　韦柳成　盛毅迪　逯连静
殷金岗　卫　林　张文辉　周　超　谷艾素　窦慧杰　贾培培　张树奎　闫宏丽
赵　颖　陈海丽　郭银生　刘　健　邱　玮　张　垠　倪　俊　倪滔滔　陈苏舒
刘梅娟　陈　光　陶　健　陈俊辉　宋　瑶　郑光凤　胡海燕　任承钢　武玉妹
席雪冬　高　原　汪慧洁　付　玲　金　晶　王　满　黄蓉美　余小娜　龚芬芬
王　融　黄　岩　凌　军　陈顺开　蒋　燕　谢敏英　李春雨　王扬扬　梁悦娟
骆伟洁　董莹雪　闫　敏　陈　锷　林　建　朱福远　回丽静　李桂俊　邵　菁
赵江哲　宋剑波　张　强　王卫青　付广青　姜彦辰　张　颖　代陈胜　陈　毓
朱艳平　郑子阳　韩　斌　王　鑫　章超斌　谭　谨　汪　青　刘慧英　刘少伟
李梅月　郭　津　程逸宇　王玉伟　王红娟　朱　渊　郑斯旻　吴洪洪　倪　岚
刘　乐　姜　明　邹　禹　金雅康　洪永波　高可辉　周　娟　王　冰　李　华
陈　达　王　蓉　决登伟　王　颖　刘水平　谢　超　刘　飞　穆大帅

十七、思想政治理论课教研部（1人）

李　旭

继 续 教 育

【概况】2011 年，继续教育学院的招生规模持续保持高位运行，教学教务管理再上新台阶，培训人数大幅增加、社会影响力显著增强，远程教学与培训手段付诸实施。

2011 年共录取成人高等教育函授和业余各类新生 4 326 人，自学考试二学历招生人数 153 人，专接本在籍学生总数 761 人。

2011 年启动远程教学方案，校内函授生的部分课程不需要到校面授，学生可以随时随地学习。积极推进成人高等教育特色专业和精品课程的建设工作，至 2011 年底，已经有 3 个特色专业和 3 门精品课程获得江苏省教育厅批准建设。

2011 年举办了不同层次的各类专题培训班 36 期，培训学员 1 916 人。

建成远程教学与培训校外学习中心，完成了 22 门课件资源建设，初步具备现代网络教育所需要的硬件和软件条件。

【与江苏省委组织部（江苏省援疆克州指挥部）签署合作培训协议】2011 年 8 月江苏省委组织部（江苏省援疆克州指挥部）与南京农业大学签署了合作培训协议，计划两年培训 2 000 人。

【召开 2011 年度招生工作动员会】2011 年 4 月 18～22 日，2011 年成人招生工作研讨动员会在继续教育学院召开，分布在全国 19 个函授站（教学点）的领导和招生工作人员及南京农业大学继续教育学院院长单正丰参加了会议。

［附录］

附录 1　2011 年成人高等教育本科专业设置

学历层次	专业名称	类别	科别	学制（年）	上课地点
高升本	会计学	函授、业余	文、理	5	校本部、无锡、盐城
	国际经济与贸易	函授、业余	文、理	5	校本部、无锡、盐城
	电子商务	函授、业余	文、理	5	校本部、盐城、扬州
	信息管理与信息系统	函授、业余	文、理	5	南京、无锡、盐城
	物流管理	函授、业余	文、理	5	无锡、盐城、扬州
	旅游管理	业余	文、理	5	无锡
	酒店管理	业余	文、理	5	校本部
	农学	函授	文、理	5	校本部、盐城
	园艺	函授	文、理	5	校本部、盐城
	园林	函授	文、理	5	校本部、盐城
	机械设计制造及其自动化	函授	理	5	扬州
	计算机科学与技术	函授	理	5	扬州
	土木工程	函授	理	5	扬州

（续）

学历层次	专业名称	类别	科别	学制（年）	上课地点
高升本	网络工程	函授	理	5	扬州
	车辆工程	业余	理	5	浦口校区
	化学工程与工艺	函授	理	5	盐城
	土地资源管理	函授	理	5	高邮
	工商管理	函授	文、理	5	苏州
	金融学	函授	文、理	5	校本部
	人力资源管理	函授	文、理	5	常州
	农业水利工程	函授	理	5	校本部
专升本	金融学	函授	经管	3	高邮
	工商管理	函授、业余	经管	3	无锡、苏州、高邮
	会计学	函授、业余	经管	3	校本部、无锡、苏州、南通、盐城、泰州
	国际经济与贸易	函授、业余	经管	3	校本部、无锡、苏州、盐城、泰州、南通
	电子商务	函授、业余	经管	3	南京
	信息管理与信息系统	函授、业余	经管	3	南京、扬州、苏州、南通
	物流管理	函授、业余	经管	3	苏州、泰州、扬州
	市场营销	函授、业余	经管	3	校本部、镇江、淮安
	酒店管理	业余	经管	3	校本部
	房地产经营管理	业余	经管	3	校本部
	土地资源管理	函授	经管	3	校本部、高邮
	人力资源管理	函授	经管	3	常州
	园艺	函授	农学	3	校本部、苏州、盐城、泰州、南通、淮安
	园林	函授	农学	3	校本部、盐城
	动物医学	函授	农学	3	校本部、泰州、镇江、广西、淮安
	动物科学	函授	农学	3	校本部、镇江
	水产养殖学	函授	农学	3	无锡、泰州、济宁
	农学	函授	农学	3	校本部、镇江、南通、盐城
	食品科学与工程	函授	理工	3	淮安、泰州、苏州、镇江
	机械工程及自动化	函授	理工	3	泰州、苏州、淮安
	网络工程	函授	理工	3	镇江
	环境工程	函授	理工	3	镇江
	自动化	函授	理工	3	镇江
	农业水利工程	函授	理工	3	盐城（委培）

附录2　2011年成人高等教育专科专业设置

专业名称	类别	学制（年）	科类	上课地点
会计	函授	3	文、理	校本部、苏州、扬州、徐州、盐城
国际经济与贸易	函授	3	文、理	南京
计算机信息管理	函授	3	文、理	扬州
经济管理	函授	3	文、理	校本部、苏州、盐城
农业技术与管理	函授	3	文、理	校本部、盐城
农业水利技术	函授	3	理	盐城
畜牧兽医	函授	3	文、理	盐城、广西
物流管理	函授	3	文、理	苏州、盐城
园艺技术	函授	3	文、理	校本部、盐城
园林技术	函授	3	文、理	校本部、盐城
电子商务	函授	3	文、理	校本部、扬州、盐城
机电一体化技术	函授	3	理	盐城、扬州
建筑工程管理	函授	3	文、理	盐城
工程造价	函授	3	文、理	无锡
化学工程	函授	3	理	盐城
汽车运用与维修	函授	3	理	盐城
汽车检测与维修技术	函授	3	理	扬州
数控技术	函授	3	理	盐城
电子信息工程技术	函授	3	理	盐城、扬州
动漫设计与制作	函授	3	理	扬州
计算机应用技术	函授	3	理	盐城
计算机网络技术	函授	3	理	扬州
商务管理	函授	3	文、理	扬州
市场营销	函授	3	文、理	扬州
图形图像制作	函授	3	文、理	扬州
物业管理	函授	3	文、理	扬州
酒店管理	业余	3	文、理	校本部
房地产经营与估价	业余	3	文、理	校本部
电子商务	业余	3	文、理	校本部
会计	业余	3	文、理	校本部、无锡
国际经济与贸易	业余	3	文、理	校本部、苏州
计算机信息管理	业余	3	文、理	南京、无锡
机电一体化技术	业余	3	理	浦口校区、无锡校区
旅游管理	业余	3	文	无锡校区
物流管理	业余	3	文、理	无锡校区
汽车运用与维修	业余	3	理	浦口校区

附录3 2011年各类学生数一览表

学习形式	入学人数（人）	在校生人数（人）	毕业生人数（人）
成人教育	5 133	13 244	3 722
自考二学历	147	265	
专科接本科	302	540	299
总数	5 582	14 049	4 021

附录4 2011年培训情况一览表

序号	项目名称	委托单位	培训对象	培训人数（人）
1	新疆克州基层干部培训班	新疆克州党委组织部	基层干部	30
2	农业部农牧渔业大县农业局长班	农业部	局长	100
3	安徽宿州现代农业发展培训班	宿州市委组织部	涉农部门负责人	30
4	食品安全与健康养身	南京市委组织部	处级以上干部	109
5	房地产市场发展与调控	南京市委组织部	处级以上干部	47
6	青海省种子站专业技术人员培训班	青海省农业委员会	技术骨干	43
7	新疆克州处级干部培训班	新疆克州党委组织部	处级干部	30
8	浙江常山县国土资源管理专题培训班	常山县国土资源局	国土管理人员	30
9	新疆克州纪组宣干部培训班	新疆克州党委组织部	科级以上干部	20
10	镇江新区现代农业培训班	镇江新区管理委员会	管理干部	120
11	句容市现代农业示范型培训班	句容市委组织部	乡镇领导	65
12	河南濮阳市现代农业培训班	濮阳市农业委员会	技术骨干	42
13	2011省农技推广种植业培训班	江苏省农业委员会	技术骨干	138
14	新疆克州统战政法干部培训班	新疆克州党委组织部	科级以上干部	26
15	阜宁现代农业发展培训班	阜宁县农业委员会	乡镇干部	100
16	南京市"食品安全与健康养身"培训班	南京市委组织部	处级以上干部	126
17	宁夏农技推广种植业培训班（4个班）	宁夏石嘴山市农委	技术人员	165
18	新疆克州农业管理干部培训班	新疆克州党委组织部	科级以上干部	26
19	新疆克州宗教爱国人士培训班	新疆克州党委组织部	宗教人士	30
20	新疆克州"创先争优"骨干分子培训班	新疆克州党委组织部	科级以上干部	30
21	河南许昌新型农村社区建设培训班	许昌市农业委员会	处级干部	48
22	新疆克州乡镇党委书记、乡镇长培训班	新疆克州党委组织部	乡镇领导	45
23	创业农民设施蔬菜专题培训	江苏省农业委员会	农民	100
24	创业农民家禽养殖专题培训	江苏省农业委员会	农民	100
25	阜宁农民专业合作社暨现代农业经营管理培训班	阜宁县农业委员会	合作社负责人	50
26	河南许昌农业产业化龙头企业培训班	许昌市农业委员会	企业负责人	60
27	新疆克州村级干部培训班	新疆克州党委组织部	村干部	50
28	新疆克州市直属干部培训班	新疆克州党委组织部	机关干部	50
29	2011省农技推广水产培训班	江苏省农业委员会	技术人员	250
30	农业部2011年农村沼气培训班	农业部	能源办负责人（处级）	68

附录5 2011年成人高等教育毕业生名单

南京农业大学继续教育学院 2007 级国际经济与贸易（高升本）

（南京农业大学工学院）

薛友平 胡玮玮

南京农业大学继续教育学院 2008 级国际经济与贸易（专科）

（南京农业大学工学院）

童 玲 王 婕 赵 莉 杨 晖 李 远 王 仟 唐晓兰

南京农业大学继续教育学院 2008 级国际经济与贸易（专升本）

（南京农业大学工学院）

柏厚超 王 蓓 赵晨玮 戴 蕾 钱 进 钱 晨

南京农业大学继续教育学院 2007 级会计学（高升本）

（南京农业大学工学院）

冯 涛

南京农业大学继续教育学院 2008 级会计学（专科）

（南京农业大学工学院）

费秋吟 黄 蕾 王 芳 应雪兵 章 巍 杨 惠

南京农业大学继续教育学院 2008 级会计学（专升本）

（南京农业大学工学院）

张 滢 费香燕 王 静 陈 菲 刘 婷 唐 艳 陈洪珊 陈 青 陈 晨

南京农业大学继续教育学院 2007 级机械工程及自动化（高升本）

（南京农业大学工学院）

史青峰 刘 旸 张苏陇 王 鑫 杨 凯 邓亚南 陈 网 叶 军 刘 海
吴 炜 高鹏翔

南京农业大学继续教育学院 2008 计算机信息管理（专科）

（南京农业大学工学院）

杨路晖 陶 钧 许文辉 李 艳 张周荣 姚明敏

南京农业大学继续教育学院 2007 级信息管理与信息系统（高升本）

（南京农业大学工学院）

顾荣勇

南京农业大学继续教育学院 2008 级信息管理与信息系统（专升本）

（南京农业大学工学院）

苏玉柱

南京农业大学继续教育学院 2007 级国际经济与贸易（高升本）

（南京农业大学经济管理学院）

卢 婧 徐剑玲 张 黎 徐佳鑫 汤 敏 周 瑾 朱家冬 江利锋 陆丹枫
冯兴川 邵晓华 孙 青 张维娜 于晓莹 马金龙 傅 君 徐 娟 姚双庆
李 云 赵 霞 冯 帅 赵非雁 徐伟坚 郁丹妮 胡 芳 邱小君 张吕芳
徐文娟 姜伟华 郝婷婷

南京农业大学继续教育学院 2008 级国际经济与贸易（专科）

（南京农业大学经济管理学院）

陈晓霞　白　滢　翟继敏

南京农业大学继续教育学院 2008 级国际经济与贸易（专升本）

（南京农业大学经济管理学院）

周　鑫　裴　栩　周　悦　程西颜　王　珏

南京农业大学继续教育学院 2007 级会计学（高升本）

（南京农业大学经济管理学院）

何丹丹	张小麦	张烨鑫	冯莉莉	袁　洁	朱丽君	顾新杰	施圣宇	顾　伟
赵燕燕	陈春燕	王珍珍	张蓓蓓	袁　琰	沈　姣	吴玲玲	倪礼丹	张　娟
王丽娟	陆　刚	施　霞	季玲亚	吴　姣	徐锡炎	孙春花	何平平	陆国柱
丁小玉	林恺红	邢　佳	张冬美	胡莉莉	江丽华	王佳敏	包玉莲	彭利香
陈玲玲	王佳红	东佳欣	范　颖	沈华华	刘红岩	陈　敏	王鑫曦	戴晓军
倪　慧	胡　箭	张莉停	张　蓓	卞月娇	席小梅	顾秀慧	张　颖	陈　宇
沈秋平	陆金磊	郁海燕	沈赛赛	任　涓	马连萍	王　婷	朱金云	周菁菁
盛依溢	张　晖	刘燕杰	郁　浩					

南京农业大学继续教育学院 2008 级会计学（专科）

（南京农业大学经济管理学院）

倪培聪　杨　柳　马　佳　陈　杰　姜　浩　赵　艳　张丽娟　汤镇铭　朱　豪
施水亚　蔡丽婷

南京农业大学继续教育学院 2008 级会计学（专升本）

（南京农业大学经济管理学院）

刘路莉　闫丽华　陈　洁

南京农业大学继续教育学院 2007 级计算机科学与技术（高升本）

（南京农业大学信息科技学院）

张华炎　季　帅　俞　烽　赵　辉　施海忠　王双兵　许春锋　施锦泉　王淞沂
杨明明　施剑华　聂海强　曹　锋　茹东海　李赟建　陈　诚　徐　剑　陈松平
蔡　香　孔小娟　叶胜男　王学琴

南京农业大学继续教育学院 2007 级信息管理与信息系统（高升本）

（南京农业大学信息科技学院）

宋秋松　孙智平　王宇驰　吴　鹏　陈　龙　刘　媛　张　洁　杨　旭　申　浩
赵　阳　谷菊香　蒋　明　周　晨　叶菊梅　赵　慧　陈宝全　周苏红　吕　喆
吉　勇　李苏珍　刘红梅　许海胜　刘菲菲　李　灵　叶玉仙　沈均兰

南京农业大学继续教育学院 2008 级计算机信息管理（专科）

（南京农业大学信息科技学院）

张海兵　王亚明　谷德龙　戴广荣　芦　华　余赛今　杨　磊　时　晴

南京农业大学继续教育学院 2008 级信息管理与信息系统（专升本）

（南京农业大学信息科技学院）

方　洋　熊力颉　王　丹　冯杨彬　方海湾　潘　敏　孙娅丽　孙　艳

南京农业大学继续教育学院 2007 级旅游管理（高升本）

（南京农业大学人文社会科学学院）

陈凤艳　张中川　张芝芳　强　薇　陈　娆　笪若寒　李文静　朱越斐　周　娜
周春蕾　姜祖华　钱　园

南京农业大学继续教育学院 2008 级旅游管理（专科）

（南京农业大学人文社会科学学院）

柴　婧　高　静

南京农业大学继续教育学院 2007 级土地资源管理（高升本）

（南京农业大学公共管理学院）

王　燕　李　瑜　王梦蹈　黄　玫　张　超　周凯明　周　勇　赵燕飞　杨　丽
程　夏

南京农业大学继续教育学院 2008 级土地资源管理（专科）

（南京农业大学公共管理学院）

郜　强　金传磊

南京农业大学继续教育学院 2008 级应用日语（专科）

（南京农业大学外国语学院）

倪海燕　沈飞龙　袁　时

南京农业大学继续教育学院 2008 级国际经济与贸易（专科）

（金陵职业教育中心）

王玉珏　韦　丽　杨　玲　詹　昊　张卉苓　徐飞飞　刘　铮　汪　政　徐　芬
于真真　何晓伟　丁　怡　李　智　吴　磊　翟　林　赵　芸　胡盛茜　沈沙沙
田学虎　孙　龑　邓媛媛　徐帆远　赵　丽　蔡学妹　方　棋　孙　静　张　攀
王　洋　杨世辰　吴珊珊　刘　友　陈　杰　王晓堃　王婷婷

南京农业大学继续教育学院 2008 级会计学（专科）

（金陵职业教育中心）

徐　博　丁　楠　罗　琳　徐　明　汤　露　麻雯沁　王晓平　范文辉　王　鹏
张　馨　陈露露　宇　茜　童　菁　孙　琴　杨　胜　彭　倩　张艳秋　周雅雯

南京农业大学继续教育学院 2008 级计算机信息管理（专科）

（金陵职业教育中心）

王　轶　寇晓吉　唐宏启　霍　磊　潘文杰　程丹丹　周明轩　张晓帆　丁维玮
刘辉生

南京农业大学继续教育学院 2008 级会计学（专升本）

（金陵职业教育中心）

王剑南　李　晶

南京农业大学继续教育学院 2008 级信息管理与信息系统（专升本）

（金陵职业教育中心）

张　丽　景　静　徐由青　郭圆圆

南京农业大学继续教育学院 2008 级国际经济与贸易（专升本）

（金陵职业教育中心）

孙芙蓉

南京农业大学继续教育学院 2008 级电子商务（专科）

（金陵职业教育中心）

陈　宁　卫俊营　骁　丁　锐　徐　飞　宋　文　孙培培　朱　敏　肖志翔

南京农业大学继续教育学院 2007 级国际经济与贸易（高升本）

（无锡渔业学院）

唐燕梅　方　晨　文中娴　陶秋琴　李　青　席　飞　李　琼　秦雅芳　徐　冰
金　燕　李腊梅　张晓婷　刘　茜　于　婕　马洁丹　沈敏夏　赵　娜　朱　莎
胡　斌　陈　诚　张　黎　姚　飞　何　勇　李小杰　蔡大鹏　施长春　赵　宏
李　斌　周　荣　吴晓莉　顾婷婷　徐　翠　王圣洁　丁　颖　俞耀磊　朱　波
沈　丹　吴　敏　蒋薇琳　周同海　惠晓晨

南京农业大学继续教育学院 2007 级会计学（高升本）

（无锡渔业学院）

潘廷帆　叶　慧　徐晶晶　张　璐　莫苗苗　谭　灏　朱　岩　姜　曼　张　燕
李　靖　符华伟　李东章　吴　琳　邹　铁　周　忧　徐　燕　陆守蓉　邓欣芸
崔蕾蕾　王荣登　陈建林　衡文娟　孔桂芸　许　韬　谢　赟　吴　科　浦晓霞
陆　凯　朱海娟　万婷婷　俞　霞　金文杰　蒯璐璐　徐敏洁　姚　镇　王　娟

南京农业大学继续教育学院 2007 级信息管理与信息系统（高升本）

（无锡渔业学院）

任正阳　黄　娟　陈中兴　刘广裕　夏春娟　花剑剑　汤　卉　陈　静　徐　兴
朱　丽　邵则金　韩佳佳　周　凯　江　美　徐　剑　周　燕　刘晓燕　孙　浩
张　伟　高　勇　祝　康　刘星于　韦秋彬　朱　芹　张春燕　谢丽珍　刘　苏
陆志伟　汤舒涵　曹　锦　卢一凡　周子峰　朱徐娟　吴文龙　施　江　王　伟
边敏畅　沈士刚　许　峰　孙钦强　徐彩峰　王正超　荀明强　陆　彬　沈　青
赵建松　万　奇　卞立权　华晓平　金长松　周　超　刘士明　袁长剑

南京农业大学继续教育学院 2008 级国际经济与贸易（专科）

（无锡渔业学院）

徐　霞　鲍方方　柏　蓉　姚　芸　眭　溢　顾银慧　南晶晶　卜春然　陈　龙
吴　娴　陆　磊　徐　洁

南京农业大学继续教育学院 2008 级会计学（专科）

（无锡渔业学院）

蒋丽萍　胡道龙　张　鹏　徐　晨　孙　梦　黄飞虎　肖　胜　唐霏霏　陈　敏
唐　丹

南京农业大学继续教育学院 2008 级计算机信息管理（专科）

（无锡渔业学院）

黄林端　傅　为　陈丹娟　张青青　钱少波　谢　新　胡承龙　曹秀秀

南京农业大学继续教育学院 2008 级水产养殖学（专升本）

（无锡渔业学院）

李潇轩　朱文联　沈勇平　陈　录　姜跃峰　陈天兄　庄义祥　于长宽　朱新艳
薛玲华　柏如发　潘震兴

南京农业大学继续教育学院 2008 级工商管理（专升本）

（无锡渔业学院）

  施 毅 洪 婷

南京农业大学继续教育学院 2008 级国际经济与贸易（专升本）

（无锡渔业学院）

  周 旸

南京农业大学继续教育学院 2008 级会计学（专科）

（无锡市现代远程教育中心）

  许晓雯 郑 辉 周 懿 赵 斌 张 宪 臧 超 黄汐旸 朱 烨 许 婷
  高 瑛 汪丽丹 蒋晨曦 周 萍 许 歆 周 婷 孙 培 赵敏敏 戚娜娜
  何连英 赵叶红 陈英明 陈小芳 刘 敏 王 慧 唐燕萍 蒋 萍 陈丽艳
  汪丽娜 冯朱晔 时 芸 林 丹 周 洋

南京农业大学继续教育学院 2008 级工商行政管理（专科）

（无锡市现代远程教育中心）

  徐智星 杨辰栋 柏奇鸣 贺 超 江昕园 杨 桦 宋景来 王玺熙 尤丽娜

南京农业大学继续教育学院 2007 级国际经济与贸易（高升本）

（无锡市现代远程教育中心）

  吴凌峰 庄 杰 曾亚东 陆 凯 许 琦 司马焱 徐 龙 周 阳 胡薇娜
  谢 丹 徐 浩 陈晓航 朱楼蕾 任 莹 李永春 王小红 韩丽丽 谈健强
  杨德祥

南京农业大学继续教育学院 2008 级工商管理（专升本）

（无锡市圣贤教育培训中心）

  周 君 陈 莹 张 宇 于 飞 赵佳磊 冷 静 戴 健 黄海彬 徐 力
  顾春亚 陆烨烨 蒋 彪 徐 丹

南京农业大学继续教育学院 2008 级会计学（专升本）

（无锡市圣贤教育培训中心）

  薛彩霞 张 岚 蔡 薇 楚 瑛

南京农业大学继续教育学院 2008 级信息管理与信息系统（专升本）

（无锡市圣贤教育培训中心）

  胡 捷

南京农业大学继续教育学院 2008 级工商行政管理（专科）

（无锡市圣贤教育培训中心）

  蔡勇芹 张奇峰 高 敏 过梦钰 过一鸣 夏 燕 邱美萍 蒋丽君

南京农业大学继续教育学院 2008 级会计学（专科）

（无锡市圣贤教育培训中心）

  谢艳阳 钱小利 袁 芳

南京农业大学继续教育学院 2008 级计算机信息管理（专科）

（无锡市圣贤教育培训中心）

  陆建峰 周 萍 华晓东

南京农业大学继续教育学院 2007 级国际经济与贸易（高升本）

（金陵计算机中心）

朱　超	谢小霞	张　玲	沈凯芹	刘婷婷	陈　辉	成振灏	梁　飞	马秀兰
吴　飞	郭　睿	许　烨	窦　杰	杨　洋	姚晓叶	那江峰	朱梦静	张　璇
周　博	孟　光	李银萍	孟　颖	孟　杭	李　静	钱伟伟	徐莹莹	郭娇楠
柏　剑	柏士玉	王姗姗	李　睿	陈玉麒	董殷楠	王　萌	陈　琛	季　刚
王海君	刘　杨	许　曾	刘兴兰	王倩倩	陆海琴	杨　璐	徐阳阳	孙宇玉
顾晓丽	蒋华君	吴翼飞	黄　钰	潘　玲	李　康	张　建	杨　宇	汤　娟
陈宁霞	吴银香	温美佳	张迎迎	范锋利				

南京农业大学继续教育学院 2007 级旅游管理（高升本）

（金陵计算机中心）

周　春	王晨婷	徐　薇	刘丽娟	冯　沁	夏冬宇	黄凯峰	陈　伟	冯艳蕾
孙雪梅	柳晶晶	张　影	俞小娟	顾　娟	徐苗苗	陈　静	李文霞	崔天坤

南京农业大学继续教育学院 2007 级信息管理与信息系统（高升本）

（金陵计算机中心）

姜婷婷	周佳霖	葛　建	彭　飞	蒋　丽	成鹤翔	吴　锦	王　炼	洪新华
黄　静	钱　敏	肖　磊	黄浩桢	黄晓明	卢怡竹	赵　锐	梁加友	陶友亮
郭　伟	丁子卿	阮国良	崔红梅	秦川川	王　磊	童文强	张　乐	葛超群
徐　建	金　磊	郭翠芳	王　霞	张　洁	邵建磊	张政伟	张谦谦	孙法洋
尉　佩								

南京农业大学继续教育学院 2008 级旅游管理（专科）

（金陵计算机中心）

奚　霞	石　月	谢　娜	闻　静	刘晶晶	唐韶辉	陈星夷	张树杉	姚亚军
韦进进	周　铜	叶　丹	杨柳青	徐　莉	曹会娣	吴小春	卫吴健	郑　峰
范　婧	李亚萍	刘　芳	闫姣姣	汪亲亲	吴佩倍	徐才红	严马丽	孙晶晶
吴宏姝	张　晴							

南京农业大学继续教育学院 2008 级计算机信息管理（专科）

（金陵计算机中心）

于子航	王真真	夏　玲	陆　静	毛　涛	倪　靖	邰子亚	朱田龙	张天童
杜文龙	万传洪	陈　亮	戴安康	张向伟	马宝游	李先建	姚　超	周　飞
靳　超	葛元健	程　姣	张杰芳	陈小超	彭梓松	施　强	邢家仓	陈　娟
张　伟	赵丽亚	汪晓青	周留君	陈　勇	曾　翔	谢佳锐	江新伟	周　峰
汪思远	戴凌月	奚松伟	刘泳希	赵　净	刘彩建	孙　明	袁宗俊	刘光波
刘一龙	施　文	刘帅帅	施美玉	李　涛				

南京农业大学继续教育学院 2008 级国际经济与贸易（专科）

（金陵计算机中心）

戚　伟	顾静静	朱　琦	汪　燕	王　健	温　磊

南京农业大学继续教育学院 2008 级物流管理（专科）

（金陵计算机中心）

陈　景	韩　波

南京农业大学继续教育学院 2008 级计算机信息管理（专科）

（高邮农业银行）

王红梅	花静怡	张 龙	何雪莲	孙卫国	刘树忠	陆素珍	姜 静	陈广梅
张 娟	周 强	周 敏	刘祥余	彭 娟	李 莉	王 瑜	罗 钰	龚小蓓
刘 霞	黄 青	孙 扬	姜正春	郭 亮	沈 艳	李严冰	王 艳	陈非非
陆 逸	刘 艳	王久春	曹 娟	胡锦权	靳佩佩	王 伟	查晓月	赵 和
周 莉	李卫芳	房 震	孙 伟	赵冬琴	姜传欣	汤 林	张正霞	居 梅
朱 青	赵礼明	马义民	徐 超	胡爱萍	刘长春	柳 青	张 红	王 飞
仇红阳	陶 勇	万仕保	张玉娟	刘齐晶	潘冬梅	孙 波	周玉梅	周秋平
朱劲松	王 玮	江 娟	范义海	徐阳洋	王 凯	许学征		

南京农业大学继续教育学院 2008 级会计学（专科）

（高邮农业银行）

匡 芳

南京农业大学继续教育学院 2008 级会计学（专升本）

（高邮农业银行）

马翠琴	吕 楠	闫 玮	孙 炜	吴 静	孙红兵	杨 岗	唐 擎	万 娟
戴 汶	史桃月	王海云	戚庭亚	嵇 燕	庄晓月	周严云	王佟银	王 乐
王 敏	潘学兰	王 云	张 仪	邵 华	周 琴	李四虎	经 蓉	蒋天平
阚正香	徐 艳	刘婷婷	徐智达	邵桂兰	艾莉莉	王 敏	秦志荣	吴 晓
李 华	杨 坚	孙 颖	方经伟	朱琳琳	姜 虹	夏俊花	陈 云	李 哲
嵇闻文	孔美琴							

南京农业大学继续教育学院 2008 级金融学（专升本）

（高邮农业银行）

李 玲	张安安	招贝贝	刘 宇	储婷婷	王惊雷	周新华	郭家松	张连华
顾红梅	任婷松	顾福祥	杨美英	魏 敏	沈 扬	王 磊	胡 光	徐 静
侯 竞	冯敏文	窦 宁	陈 玮	杨殿平	周毅刚	杜 军	陈六云	

南京农业大学继续教育学院 2008 级信息管理与信息系统（专升本）

（高邮农业银行）

涂巨平	杨 勇	时培栋	张永飞	彭建军	黄 智	邵 坚	李 杰	陈健华
李 娟	陆锦龙	刘 玲	张 雨	莫道谅	王 兵	涂明姣		

南京农业大学继续教育学院 2008 级工商管理（专升本）

（高邮农业银行）

王华中 潘松建 成 欣 方寿峰

南京农业大学继续教育学院 2008 级国土资源管理（专升本）

（高邮农业银行）

毛 华	徐 萍	冯 锐	刘玉兵	吴万定	吴正权	蒋文学	曹士祥	吴栋梁
于 刚	卞 静	王 景	汤国桃	黄中文	茆玉春	丁闽秀	蒋德智	赵 明
孙益钧	赵 琳	张士勇	金晓琴	许瑞林	郭献志	唐小平	李 全	王学广
张德国	郭文清	钱玉国	李秀国	张 捷	姚旭东	王 莉	徐晓军	吴 清

郭恒琴　王　峰　徐志琴　陈大明　吴春意　卢　娟　秦如中　周　雷　赵有军
陈朝青　李　琦　赵启彬　冯桂龙　刘庆海　时　锋　马建祥　吴晓春　王同桂
黎　静　曹勇培　王　斌　陈　诚　钱桂军　于　洁　郭树俭　黄月根　卢庆之
吴大伟

南京农业大学继续教育学院 2008 级会计学（专科）
（高邮市财会学校）

周小平　吴连芳　陈巧红　朱锁年　张　云　姜素娟　张　敏　陈海斌　郑金凤
秦宝红　唐晓鹏　张　敏　李　伟　环豫苏　宋士兰　王　娟　李　平　于　跃
陆银霞

南京农业大学继续教育学院 2008 级经济管理（专科）
（高邮市财会学校）

梁红花

南京农业大学继续教育学院 2008 级会计学（专升本）
（高邮市财会学校）

沈莉莉　柏忠林　王　胜　凌元珍　陆如剑　刘　超　王　彤　黄仁香　杨海霞
姚　远

南京农业大学继续教育学院 2008 级农学（专升本）
（沛县农业干部学院）

王　娟　王素梅　张振攀　张　敏　朱翠莲　韩茹茹　李文文

南京农业大学继续教育学院 2008 级园艺（专升本）
（沛县农业干部学院）

王　鹏

南京农业大学继续教育学院 2008 级农业技术与管理（专科）
（沛县农业干部学院）

吕康栋　刘培玉

南京农业大学继续教育学院 2008 级园艺（专科）
（沛县农业干部学院）

黄贤春　张业苏　葛会轩

南京农业大学继续教育学院 2008 级动物医学（专升本）
（江苏农林职业技术学院）

高　甜　江　新　刘涉峰　吴　光　徐燕芬　张　磊　姜凯捷　朱静峰　孔令宽
薛芳芳　孔美龄　徐青松　叶　菁　陆　静　刁海霞　丁海莹　史佳丽　王海春
徐立俭　徐亚媛　何文艳　许秋生　陆　瑾

南京农业大学继续教育学院 2008 级金融学、农学、物流管理、园艺（专升本）
（江苏农林职业技术学院）

陆　迪　朱晓东　朱　磊　王　银　郭凤梅　王　密　阮海棠　许冬梅　吴　燕
施冲英　郭　建　张　晴

南京农业大学继续教育学院 2008 级畜牧兽医（专科）
（江苏农林职业技术学院）

郭胜尧

南京农业大学继续教育学院 2008 级会计学（专科）

（泰兴农机学校）

张志霞　焦月红

南京农业大学继续教育学院 2008 级机电一体化技术（专科）

（泰兴农机学校）

蒋　涛　陶　飞　史　群　何　娟

南京农业大学继续教育学院 2008 级计算机信息管理（专科）

（泰兴农机学校）

袁　珍　常　云　黄　金　王思雪　常　琳　解　颖　潘小蕾　居　霞　刘　飞
叶鑫泽　钱　伟　舒　欢　蒋亚萍　张　鑫　史安然　于蓓蓓　沈佳彬　王　磊
许雯雯　吴鹏庆　黄继承　吴佳军

南京农业大学继续教育学院 2008 级农业水利工程（专科）

（泰兴农机学校）

吴　建　张建国

南京农业大学继续教育学院 2008 级会计学（专科）

（扬州环境资源职业技术学院）

陈　琪

南京农业大学继续教育学院 2008 级国土资源管理（专升本）

（扬州环境资源职业技术学院）

刘希珍　宗长成　周　鹏　朱　庆　杜薇薇　戴红艳　汪　静　陈美婷　张晓星
王晓贤　陈　芸　张　玲　李　春

南京农业大学继续教育学院 2008 级金融学（专升本）

（扬州环境资源职业技术学院）

唐寅洲

南京农业大学继续教育学院 2008 级农学（专升本）

（南通农业职业技术学院）

韩进华　陆晓伟　邵　云　彭长俊　蔡鑫凤　高丽丽　章国庆　朱晓松

南京农业大学继续教育学院 2008 级物流管理（专升本）

（南通农业职业技术学院）

刘　亨

南京农业大学继续教育学院 2008 级会计学、计算机信息管理、经济管理（专科）

（徐州农业干部学院）

肖红彩　张秀平　倪立超　黄　健　闫　欢　刘永桃　王官礼　晁　猜　王春艳
李　晨　黄　超　张　涛　夏亚利　宋宜辉　周　珊　郝咪咪　谢静静　邵芳芳
张　琨　孟凡智

南京农业大学继续教育学院 2008 级畜牧兽医（专科）

（广西水产畜牧学校）

彭肇宇　吴艳红　方　杰　韦炳忠　苏远梅　覃国忠　谭正准　农祖荣　方文远
陆以全　韦成瑞　黄善友　黄天统　蓝　英　李先文　张慧勇　韦　滨　于永洪

石荣华　王元芳　黄性武　吕振林　邓　文　徐秦永　何颖辉　张连华　廖连干
黄建球　邱明香　周春梅　林友华　王玉梅　韦　坚　于荣生　龙小舟　宁留保
陈春榕　梁金莲　陆　阳

南京农业大学继续教育学院 2008 级动物医学（专升本）

（广西水产畜牧学校）

唐小飞　罗仁忠　唐晓秋　周　守　覃进朝　童　彬　覃枢霞　何深伟　陈　梦
黄志治　卢祥威　高　权　伍　勇　黄祥良

南京农业大学继续教育学院 2008 级动物医学（专升本）

（山东济宁农业学校）

王　妍　王永连　温克兴　苏兴海　杨九强　王华明

南京农业大学继续教育学院 2008 级土地资源管理（专升本）

（山东济宁农业学校）

郭焕贞

南京农业大学继续教育学院 2008 级信息管理与信息系统（专升本）

（山东济宁农业学校）

张　虎

南京农业大学继续教育学院 2008 级园艺（专升本）

（山东济宁农业学校）

牛天红

南京农业大学继续教育学院 2007 级国际经济与贸易（高升本）

（苏州农业职业技术学院）

高　琼

南京农业大学继续教育学院 2008 级工商管理（专升本）

（苏州农业职业技术学院）

殷孝萍　徐小峰　赵培培　徐婵娟　高　岚　鲍迎娣　张　韬　施丽萍　张秀芳
庄育书　张建喜　王翠萍　陈秋

南京农业大学继续教育学院 2008 级国际经济与贸易（专升本）

（苏州农业职业技术学院）

褚　琳　董　力

南京农业大学继续教育学院 2008 级会计学（专升本）

（苏州农业职业技术学院）

周欣欣　季忆华　黄丽娟　董媛媛　王　莲　何　琴　时媛媛　彭春丽　刘翠翠
吴　娟　蒋　敏　陈　岩　顾红英　周潇琼　叶冬梅　周婧婷　侯晓燕　韩　静

南京农业大学继续教育学院 2008 级物流管理（专升本）

（苏州农业职业技术学院）

许　云　陆　曦　丁　辉　谢　翼　吴彦溢　赵海艳

南京农业大学继续教育学院 2008 级园艺（专升本）

（苏州农业职业技术学院）

纪伟力　吴正雨　陈勤华　杨　青　施琳琳　惠　宇　蒋长松　王　娜　左　腾

顾　洁　范建军　堵　娟　王　霞　郁海军　仇忠启　张　芸　周　洁　朱　明
葛晴颖　郑建红　陈　科

南京农业大学继续教育学院 2008 级工商行政管理、国际经济与贸易、会计学（专科）

（苏州科达学院）

李永梅　查钟敏　申利平　张　婷　袁梦怡

南京农业大学继续教育学院 2008 级工商管理、会计学（专升本）

（苏州科达学院）

赵树栋　张　薇　曹　华　曹春江　陈　艳　姬立勤

南京农业大学继续教育学院 2008 级会计学（专科）

（常熟市总工会职工学校）

俞静霞　黄慕秋　张晓霞　夏　娜　王　丽　王雪琴　施　平　蒋建梅　钱敏佳
邓国英　许　强

南京农业大学继续教育学院 2008 级会计学（专科）

（常熟市总工会职工学校）

周丽红　季群贤　李　亚　马春芳　戴明浩

南京农业大学继续教育学院 2008 级计算机信息管理、会计学（专科）

（安徽蚌埠市财贸干部中等专业学校）

马　威　叶憬瑶　康　艳　丁金莉　闫芳芳

南京农业大学继续教育学院 2008 级会计学（专升本）

（安徽蚌埠市财贸干部中等专业学校）

周红玲　孙　逊

南京农业大学继续教育学院 2008 级农学（专升本）

（高邮市农业技术干部学校）

胡顺祥　李学玲　冯劲松　彭　放　周学勤　曹宏翔　程　芳　黄　璐

南京农业大学继续教育学院 2008 级农业技术与管理（专科）

（高邮市农业技术干部学校）

陈　昊

南京农业大学继续教育学院 2008 级农业水利工程（专科）

（射阳县兴阳人才培训中心）

陈冬剑　高　旭　朱海峰　顾栋柱　尹海兰　姜海洋　陈春玲　严丽娟　刘立军
潘锦荣　蒯　刚　缪德和　张海波　郭德信　柏加军　高玲玉　洪海华　肖清平
沈　军　姜晓兰　蒯　山　黄金城　李志银　常佩东　莫海红　戴曙光　陈洪友
杨祥章　胡秀娣　魏海萍　孔　静　廖　荡　郎　丽　唐友霞　朱枫平　谢兆东
王志广　严古城　张建强　张国良　张　荣　高曙东　刘义春　刘德洋　徐　进
朱　成　黄永章　李志国　顾森丽　王　霞　戴庆红　苏　尧　王金兰　王建军
陈秀琴　邓国标　孙汉军　钱广中　仇　海　张子军　孙　燕　陆凤霞

南京农业大学继续教育学院 2008 级工商管理（专升本）

（苏州市农村干部学院）

毛庆忠　殷　文　丁　伟　沈伟芳　顾永青　李　鸣　高涵毅　黎成胜　姚华斌

徐　静　孙　俊　何　静　马翠芳　许銮杰　周　婷　王　凌　楚结兵　常仁林
占画梅　张　伟　夏　云　朱利平　李小宽　周伟伶　赵瑜生　赵亚梅　诸雪峰
金　婵

南京农业大学继续教育学院 2008 级国际经济与贸易（专升本）

（苏州市农村干部学院）

戴　琦　张美金　杨　剑　邢玉磊　曹晓蕾　李玉洁　付超云　孙昌芹

南京农业大学继续教育学院 2008 级会计学（专升本）

（苏州市农村干部学院）

蒋　锋　朱婷婷　王文苑　张苏平　顾红兰　高　芳　周玉娣　陆燕萍　姚金花
李海松　端虎琴　宋　玲　韩晟霞　张惠文　陈　健　王浩军　陆群辉　倪锦霞
朱　慧　李书云　周美蓉　范文婷　赵彬彬　冯小芳　冯小琴　杨丹丹

南京农业大学继续教育学院 2008 级物流管理（专升本）

（苏州市农村干部学院）

张　立　赵逸诚　傅春芳　徐春妹　钱　纯　史　顺　殷健娅　李　涛　唐国芹
王红梅　戴书勤　邵　颖　王　刚　陈　军　黄　洁　王　蓓　周宏斌　董淑云
李春艳　李　伟　高　亭　陈　敏　黄　晔　徐　鲁　王光明　赵　慧　曹　鹏
钱月军　徐路春　王文生

南京农业大学继续教育学院 2008 级国际经济与贸易（专科）

（苏州市农村干部学院）

孙　雷　白洪兰　陆润东　王　丽　安艳艳　曹　俊　周　静　施　娟　石莉莉
房会霞　陈文静　杨永静　罗建华　汤静静　彭先锋　单秋玲　孙启芳　夏　彬

南京农业大学继续教育学院 2008 级会计学（专科）

（苏州市农村干部学院）

韦　磊　范志琴　傅卫雪　滕晓秋　徐红妹　马亚勤　杨　欢　曹苏卿　周　丽
李扣兰　刘光华　吴青红　刘银环　陶　静　张春英　花　美　朱春芳　王琼娜
袁　芹　毛维娜　睢　培　支秀丽　蔡华钏　李雪英　孟现玲　徐苓苓　姚仙芳
颉延芳　梁文明　沈秋娟　蒋花珍　姜建芳　霍金花　吴春情　沈玲云　邓春霞
许美珍　宋　秦　周　丹　国玉蒙　郭美艳　陈玉艳　张春燕　朱培芳　杜彩凤
钱文娟

南京农业大学继续教育学院 2008 级经济管理（专科）

（苏州市农村干部学院）

朱雯雯　曹洪刚　秦红萍　谷　康　汤丽红　丘天平　周　琼　顾永晓　杨　芳
潘　琳　张甜甜　戴　琴　杨春苗　孙翠萍　刘　薇　应菊花　李芝宁　李玉飞
黄秀媚　刘雪梅　陈建良　周　琴　潘茶香　何黎明　王红萱　童春娟　陈亚莲
沈剑峰　张　令　侯志兵　张　伟　徐　志

南京农业大学继续教育学院 2008 级计算机信息管理（专科）

（苏州市农村干部学院）

付建飞　季红霞　李　美　胡春峰　覃宏吉　茆云武　郭宏焰　刘汉奇　赵　凯
汪　伟　范德慧　王举艳　武攀登　蒋雪平　胡　娇　吴绵封　廖阳辉　李培良

王登鹏　崔东明　石深兴　巫　娟　朱佳坤　程新萍　刘文卫　陈燕燕　吴金龙
陈　波　贾礼兴　袁　好　林　林　殷文成　顾卫东　徐　钊　闫泽鹏　薛梅芳
辛虎成

南京农业大学继续教育学院 2008 级物流管理（专科）

（苏州市农村干部学院）

龚碧泉　宁　贞　胡和盼　罗　玲　包维华　张剑平　宋春梅　黄　峰　徐文慧
束玉娟　陈明仁　朱小燕　李伟娜　陆雪珍　殷春艳　邓传伟　马彩方　李朝兵
杨　华　邱方方　庄　艳　刘井平　王　明　王海庭　周金华　焦慧斌　曹　倩
杨丹丹　邱井东　邹夏琴　刘　鹏　董平英　王凤娟　丁　宁　周灵芝　周厚森
焦俊奇　杨　芹　王双双　魏红娟　刘婷婷　李志红　闫雪梅　朱爱琴　李　娜
林水珍　柯茶花　于奎凤　周夏月　韩晓东　杜　娟　鲁迎梅　胡　江　华友锋
邹利英　顾爱珍　孙达荣　刘艳勤　程阳阳　周　维　瞿琴华　陈　丽　黄雅丽
陆丽萍　徐　磊　吴争荣　刘雪艳　徐　芳　刘雪健　孙金金　汪成冲　王淑琼

南京农业大学继续教育学院 2008 级机电一体化技术（专科）

（苏州市农村干部学院）

庄　伟　缪　军

南京农业大学继续教育学院 2008 级会计学（高升本）

（苏州市农村干部学院）

王梅芳

南京农业大学继续教育学院 2008 级国际经济与贸易（高升本）

（苏州市农村干部学院）

阮阳珍

南京农业大学继续教育学院 2008 级电子商务（专科）

（盐城生物工程高等职业技术学校）

岳建付　王　娟　李　丹　蔡　燕　陈蓓蓓　陈莎莎　戴西西　董佩玲　方明利
葛丹丹　谷　静　顾成娟　顾培玉　管　悦　郭　洋　韩　琦　韩晓庆　郁　杰
蒋文佳　李　云　刘　丹　刘盼盼　刘学丽　刘元源　卢奕辰　吕婷婷　马　芳
潘　菲　祁玲玲　邱　婷　宋丽娟　宋万超　孙红利　孙晓燕　孙玉峰　孙玉玉
唐　林　唐　秀　陶冬青　汪媛媛　王　峰　王佳佳　王文静　魏敬存　吴娟娟
徐肖荣　徐月华　杨海华　杨　希　杨　媛　叶　艳　殷如慧　袁礼霞　张　彬
张更艳　张　凯　赵浩军　周丹丹　周　慧　朱小燕　朱亚娣　白强未　蔡月红
曹兰兰　曹　艳　陈丽霞　陈梦敏　戴　静　董育梅　付　丽　皋静静　高　珍
顾小婷　韩　林　胡瑞瑞　黄　玲　李燕君　李煜华　李　真　卢艳霞　潘浩春
宋　玲　孙　清　孙　思　孙薇薇　孙志梅　汪星星　王翠梅　王　洁　王金霞
王　青　王玉月　徐　娟　徐　群　徐　艳　许君君　薛　梅　薛　雅　严清清
杨　利　于莹莹　袁　媛　张卜方　张　青　赵　娣　赵晓荣　周玲玲　周玲玲
朱绍华　朱雅琼　倪江华

南京农业大学继续教育学院 2008 级物流管理（专科）

（盐城生物工程高等职业技术学校）

王　镇　陈晓芳　陈　勇　刘冬冬　蒋惠平　蔡美楠　曹　明　陈　根　陈　娟

陈 婷	陈艳军	戴明月	戴席席	戴正江	高 洁	顾秀莲	韩立霞	黄金发
黄玉芝	贾小玉	李 琴	李 妍	林海洋	刘芳芳	刘 艳	潘苏亚	裴 莉
彭 弟	祁丽丽	孙兰兰	孙露南	孙维子	孙莹莹	唐静静	仝 静	童彩波
王 东	王 彤	韦洪俊	吴天梅	夏海梅	夏丽珠	邢凯丽	胥 花	徐 西
杨 阳	余利芳	张海洋	张 洁	张晓慧	赵丽华	郑 平	郑 文	郑彦龙
朱 慧	朱苹苹	祖成云	祖 权	刘建伟	赵爽宜	郭 慧	蔡 萍	陈 健
陈寅娣	储传霞	邓海莲	董婷婷	杜友春	顾 娟	顾玉星	管徐利	何 凯
黄兴军	江政和	李 娟	李婷婷	李 玉	刘嫦娥	刘德智	刘换换	刘金环
刘 蒙	刘苏红	刘婷婷	刘 媛	陆 著	毛月霞	倪付文	倪婷婷	倪智全
潘玲玉	邱莲莲	沙 娟	沈菊梅	宋银春	王莎莎	王新雅	咸 猛	辛翠翠
徐德山	徐国祥	徐 盼	许 斐	薛光明	羊柳青	杨 慧	杨珮珮	杨晓红
姚明明	乙春巧	于艳丽	臧 勇	张慧君	张小莉	张 越	赵正剑	郑玉梅
周昌梅	周革新	周 丽	周兴国	周艳玲	朱建国	朱建明	朱星星	

南京农业大学继续教育学院 2008 级园艺（专科）

（盐城生物工程高等职业技术学校）

蔡金洋	蔡 梅	曹玲玲	陈春柳	陈 静	陈晓锐	高雅云	耿 杉	胡舒茵
金明敏	李珊珊	李 益	刘炳尧	刘 慧	刘园袁	马晓晓	邵陈州	孙佳华
万海燕	王 琼	王 伟	吴晓婷	吴 燕	徐学玉	许 耀	张 磊	朱 朋
董成娟	李 亚	刘建明	刘晓春	王陶培	吉彩红	邱雨婷		

南京农业大学继续教育学院 2008 级农业技术与管理（专科）

（盐城生物工程高等职业技术学校）

陈益玲	仇建忠	董正剑	吉红艳	吉同銮	江金潮	孔 兵	刘秀梅	唐 元
吴小萍	夏文成	夏阳星	杨秀蓉	周新秀				

南京农业大学继续教育学院 2008 级畜牧兽医（专科）

（盐城生物工程高等职业技术学校）

董晓华	范存洪	沈玉柱	王从顺	邢正华	杨延东	袁东和	张莉莉

南京农业大学继续教育学院 2008 级计算机信息管理（专科）

（盐城生物工程高等职业技术学校）

钱红宇	汪 伟	朱 艳	石莉莉	张 丽	张 素	陈如梦	陈晓林	陈艳群
陈紫立	程书平	邓景瑜	冯青青	高帅帅	郭利娟	韩华侨	韩浪涛	胡志军
冷 霞	黎 娜	刘广阳	刘庆毅	刘 森	刘学梅	卢 刚	茅丽莉	沈倍倍
沈加青	施 峰	施腾飞	唐广红	唐 娜	王 垒	王萍萍	王 琴	王皖梦
王 鑫	王元广	魏 玉	沃婷婷	吴玲梅	颜玲玲	杨 乾	姚先智	张 峰
张 寒	张淋智	张青海	张雪平	张 悦	赵海涛	赵伟亚	周东旺	朱 杰
朱伟威	王延凯	高 宇	辛雷明	曹 媛	陈莉莉	丁振梅	韩月清	禹 洋
蔡 丽	陈国祥	刘 剑	杨 莹	郑 宏	花爱萍	蔡爱华	曹 栋	曹晓云
陈爱兵	陈 海	丁 惠	何爱国	姜国栋	姜 涛	刘必桂	刘丹丹	刘 冬
刘海潮	刘 凯	刘磊磊	茅健平	孟 磊	缪子菊	彭 舜	邱智慧	施会敏
史常娣	孙乾尊	孙 杨	孙尧尧	孙玉磊	仝 飞	王宝刚	王建军	王利敏

王小宋	王秀俊	王一同	王园园	吴海浪	吴浩	徐登辉	徐月皎	薛海涛
杨丽	郑龙成	周静静	周立群	卞金金	陈婷婷	戴威	丁伟	伏雪桥
高文娟	郭林成	郭敏	韩宇	郝勇利	何芬	何小飞	胡道驰	李百玲
李佳琪	刘桂丽	刘茜	陆杰	侍威	司会娣	宋园园	王辉	王连宇
邢星	徐艳华	许琳享	许小磊	袁凯军	张立珠	赵盼	郑丹	朱学芬
蔡春	蔡园圆	曹明明	陈进	丁博	董其明	高华	高元元	顾丹丹
韩雪	韩子龙	李丹	刘伟	刘卫	刘旭	马修刚	马银彬	明晨
倪丽	石榴	石伟伟	孙昌淮	孙洪亭	孙玉静	汪颖	王加旺	王利华
王玲	王明明	王晓盼	吴恩波	肖临镇	肖龙	谢杰	许星星	颜崇峰
颜益峰	杨海芹	杨露	叶新亮	殷行	尤红	于春花	臧海波	张清
赵经纬	赵军	周静	朱爱娟	蔡俊	曹丽丽	陈兵兵	陈怀强	丁韦韦
伏明超	高祥	高中娟	顾小焕	韩朝进	花凤	花祺	黄慧	黄萤
李婷	刘乡情	毛莹	孟安娣	孟祝	苗慧	庞东飞	祁莉莉	毕超
蔡不凡	曹亮远	曹卫	曹玉乐	陈大年	陈鸽荣	陈尚娇	戴榕俊	窦剑
范德威	冯欢	耿婷婷	顾菲菲	韩丹	郝东梅	胡小利	姜梅	孔凡对
李成章	李登丰	李露露	李志阳	刘灿	刘洁	刘莉	刘宁瑶	刘巧巧
刘行	罗晨	潘玲	钱锁银	施克芸	宋迎	孙洁	孙青	孙众众
谭荣	汤宜杰	唐淑婵	陶津津	田芬	王利利	王祥熙	武娜	谢鑫鑫
谢印效	徐小静	徐云飞	徐云云	许听	杨艳	殷大为	尤彬彬	于浩
张慧静	张维	张维	张晓慧	张雅	赵龙飞	郑香广	周丽娟	朱莉林
朱林	朱巧	卓晓夫	鲍静	曹莹	陈娜娜	陈启军	伏保华	高娟
韩晶晶	何敏	胡绘婷	霍永利	江楠楠	蒋婷婷	李从焕	李巧银	刘德维
刘雷	陆继金	陆学国	牧园园	彭凯	邱德能	沈红	沈苗苗	孙美
汪丽娟	王浩	王菊芳	王龙芳	王姗姗	王树军	王阳光	王远	王月
伍晓青	夏素娟	夏秀秀	相志明	谢超	胥杉杉	徐海龙	徐小银	徐雪松
许静静	许利	叶丹	袁肖良	张成芝	张帝	张兰玉	张玮	张雪梅
张雅梦	张永梅	周春兰	周娣	周东方	周平	周益龙	朱孟艳	朱永
宗秀娥	陈娇娇	陈丽娟	陈银环	丁士尉	顾峰	韩百荣	何慧灵	黄化
李春香	李海涛	李红艳	李华杰	李晓楠	林娜娜	刘金兰	刘璐	毛静
孟艳	苗文文	缪春艳	任冬梅	宋珍珍	汪小苏	王曼	王敏	王培
王荣荣	王沙	郑继凤	许佳佳	许静	杨许凤	于向红	张苏建	张逾静
周慧	周源	董培培	杜娟娟	冯春姣	葛平平	何静静	黄亚	嵇灵芝
李秀秀	李雪佳	李艳	梁轩	林艳	刘芳芳	刘磊	刘雪迎	陆娟
骆成松	马来英	牛春平	钱珍珍	桑明中	宋洁	谭芹	王凡	王娟
王倩	王书婷	王艳	魏国	吴佳宁	吴欣欣	吴元元	吴泽明	项敏
徐晓静	喻晓林	张丹丹	张静	张汝清	章巧云	赵海林	仲露露	周莎莎
周婷婷	周颖	朱猛	朱燕	邱志敏	叶苏陇	丁小莉	孙继东	于泉
蔡付勇	陈立才	陈玉霞	程超	花伶俐	黄美玲	刘子洞	邱昌泉	邱加林
荣姣姣	商永宝	沈杰	沈婧婧	孙金金	孙丽丽	田甜	王娟	王俊红

王亚明	王媛媛	王智祥	徐大胜	徐 慧	严 婉	恽兴华	张 波	张晓艳
周鲲程	钱忠娟	孙芳芳	孙茜茜	唐 璐	王菲菲	王伟波	王玉凤	夏增丽
许 鹏	杨 莹	殷小为	于 艳	臧光翠	张 建	张 敏	郑兰平	仲丽丽
周冬亮	周艳娟							

南京农业大学继续教育学院 2008 级机电一体化技术（专科）

（盐城生物工程高等职业技术学校）

蔡建峰	蔡文君	蔡 鑫	仓 乾	陈国浩	陈 刘	陈亚文	董保臣	高伟伟
郭 庆	韩 星	胡道来	花 峰	姜 北	李 超	李海洋	李梦虎	李 阳
梁长磊	刘国伟	刘金龙	刘 兴	秦守林	邱属寅	邵 杰	邵旺金	沈一郎
史良芹	孙建强	孙金鑫	孙效炎	唐金鑫	陶建成	王二瑞	王思磊	王伟伟
王文梅	王玉宝	夏前山	肖红波	谢晶晶	徐明波	徐明明	宣 宇	杨 飞
杨 磊	杨 群	张光环	张 磊	张 伟	张晓娥	钟 涛	仲舒畅	周爱兵
周晶晶	周 全	周 祥	周远望	周子健	朱 进	朱 龙	朱泉安	陈 杰
陈曼曼	陈美霞	陈民情	陈世同	陈小亮	陈秀梅	陈 艳	陈营营	陈 永
崔明甫	范跃敏	冯 健	冯 巍	干 岭	高兰兰	郝晓红	胡玉才	黄东东
姜祖明	李晶晶	李 军	李善武	李 翔	李兴雷	李迎利	力结实	梁 宁
刘加荣	刘金龙	刘 通	刘 伟	刘艳青	卢输输	陆 磊	吕俊伟	孟金虎
苗 猛	潘 康	阮冬培	沈元祥	唐 春	田绍剑	王 波	王济平	王建明
王 军	王丽娟	王 树	魏 敏	吴 嵘	谢玲玲	许晓伟	杨维龙	叶 琪
于广航	于 雷	喻望承	袁雷鸣	张 培	张相松	张 益	张子文	赵 恒
赵志鹏	仲泉洲	周灯武	周家传	周 盼	曹晓燕	曹 毅	陈保来	陈 成
陈 杰	丁大伟	丁金成	董建荣	杜 利	冯保安	顾继忠	顾 剑	顾行亚
关 虎	黄 雷	李延泽	李 洋	李益伟	刘广峰	刘 爽	刘 秀	刘郑州
陆 林	吕师亚	骆 伟	倪海风	倪紫春	邵其新	司 领	孙鹏程	孙庆元
唐修凯	田 凯	汪 波	王海城	王江明	王 强	王 琼	王 鑫	吴 东
吴 冬	吴乐勇	伍宝生	武绍龙	奚东华	肖 正	徐 伟	徐文学	徐 跃
徐正茂	许广良	杨林峰	杨正闯	尤国浩	张欢欢	张 康	赵晶晶	赵 阳
仲 响	朱恩华	朱 洁	朱隆彪	宗 伟	晁小宇	陈爱艳	陈海红	陈首明
陈天阳	陈 镇	程凤金	崔恩良	丁 魏	董 晏	樊 宝	樊继勇	付 科
葛磊虎	谷冬妹	顾向明	胡金金	江鹏雷	李道广	李甫林	李铁虎	刘 祥
陆咸靖	明 阳	潘恩国	潘 信	渠欢欢	施 争	石海军	唐 勇	王 兵
王 刚	王 岗	王 欢	王礼伟	王 岩	吴海娟	吴继航	徐 波	徐 鹏
许朝侠	许明智	许佩佩	许小建	杨春雷	张阿雷	张 锋	张建南	张 亮
赵加来	赵士威	仲 威	仲竹君	周 波	周新龙	朱得军	朱 昆	朱 磊
朱珊珊	朱亚男	朱月龙	朱志远	曹 强	陈夫银	陈 继	陈明明	陈前涛
陈书楠	陈 逊	陈 柱	代文艳	单国志	窦礼翔	杜利利	高艳华	韩启龙
郝 晨	吉永秀	李 建	刘 畅	刘 达	刘加平	刘 军	刘 爽	刘田田
刘维材	刘小政	马伟丹	穆胡能	牛 巍	荣培培	宋金龙	孙 莉	孙 龙
汤 磊	汤帅帅	唐 彬	陶雅明	王 佳	王 坚	王 晶	王 磊	王 亮

王 兴	王 震	吴艳军	奚国华	谢 淼	谢正新	徐 雄	许龙隆	严 祥
杨同进	姚 滢	叶海岩	叶小飞	于雪雪	张 超	张 磊	张 威	张 旭
张园林	赵飞龙	郑明敏	周 峰	朱必雄	朱 祥	朱兴旺	卜金梁	陈 诚
陈三磊	陈鑫鑫	方 博	顾 帆	韩继照	韩培盛	韩 帅	何淑江	胡义星
黄德昌	贾宗成	江 山	靳 威	李 威	李绪武	李月明	李佐成	廖 旺
刘 波	刘 强	刘 洋	刘永清	龙 娟	马呈祥	邱德金	盛晓晓	石宝玲
唐 亮	王 撼	王 建	王佩佩	王文凯	吴乐贵	吴以山	胥加伟	徐发坤
徐志国	许 建	杨成祖	杨海瑞	杨绪飞	营二亮	余 凯	郁 磊	袁 雷
张爱建	张纪国	张 伟	张志亮	赵 贺	周效囡	张 瑜	叶 翔	陈春锋
吴东坡	杜新辉	王浩宇	张 杰	包勤瑞	陈 龙	陈明星	陈 祥	陈远新
程元康	崔大鹏	戴龙庆	丁 飞	杜大龙	范光明	耿 杰	何 磊	洪竹青
胡子民	荐 涛	李滨通	李 根	李红飞	李 永	梁 坡	林 浩	刘洪亮
刘 路	刘钦烽	刘 晓	刘尧东	马兆奎	茆华明	秦学龙	任 培	石德军
史露兵	孙海建	孙立建	孙 振	孙小伟	孙永芳	唐登贵	唐福庚	王纯民
王 飞	王桂玉	王明实	王 强	王 伟	王 祥	王宇飞	吴义丰	肖红军
徐 帅	徐 伟	徐小兵	徐新辉	许 彬	许学洋	严 浩	杨海龙	杨 武
叶青海	尹汝法	虞 江	张 飞	张 梁	张刘刘	章 静	赵春阳	赵 桂
仲青明	仲 委	朱 杰	朱俊浩	祝正委	蔡康乐	仇 路	戴必龙	单永连
董 煜	段玲玲	冯保州	冯和龙	冯益春	戈德雷	何志祥	胡传江	吉明锦
江国友	亢庆伟	李 彬	李 超	李开成	刘 飞	刘 洋	卢经宇	陆海萍
吕金宝	罗乾佰	罗素杰	马 继	孟 媛	苗松阳	沈维成	孙 刚	孙伟家
唐明明	陶树光	王 博	王 建	王 青	王 玉	谢庆龙	徐飞飞	徐 涛
严玲玲	杨 宿	杨小燕	袁 秋	张 晶	张培培	张晓全	赵呈龙	征同华
周冬生	朱婷婷	朱玉良	卜晴晴	蔡春雷	蔡如意	蔡云林	曹 亮	陈海龙
陈远海	陈志鹏	程 诚	程 伟	戴桃桃	单成成	段青慧	冯亚升	高 军
高 宇	葛 康	巩凤林	谷 雨	韩郭阳	韩莉莉	韩万里	韩 雨	胡莉娟
户瑞铎	黄浩浩	姬鹏里	季玮玮	解中华	柯 涛	李曼曼	李新汉	李跃顺
梁芹芹	刘 俊	卢文龙	陆博远	陆海林	陆 永	罗 骏	邱 毅	孙胜鑫
唐 敏	王 静	王 坤	王雷明	王 磊	王 奇	王肖肖	王 阳	魏 杰
吴长清	吴 鹏	吴志蕾	武冉冉	谢 健	徐 婧	许大嘎	许 帆	薛劲松
杨方岩	杨恒兴	杨小晨	于 浩	袁 超	张超雨	张 翔	张效玮	张永贵
周东亚	周青青	周寿伟	朱 灿	蔡连勇	陈 春	陈 飞	陈 祥	成亚楠
仇学龙	仇志明	崔国洋	冯 慧	葛育成	葛志英	顾学超	还加斌	金小伟
孔令仁	李 浩	李 磊	梁吉成	凌立俊	刘凯祥	潘金健	潘 莉	祁如飞
钱 前	沈万万	宋传勇	宋兆涌	孙 斌	孙玉国	邰 贤	唐兰花	唐 勇
王 敬	王 龙	王乃亚	王 鹏	王荣荣	王微微	吴 成	夏正文	严锦慈
严艳伟	杨 亮	杨兆林	姚民源	于广阔	余彩芹	郁春琴	郁佩佩	张 恒
张 磊	张永如	周俊伟	周 亚	朱 健	蔡桂亚	曹 珍	陈大伟	陈 冬
陈浩捷	单云霞	丁 雷	樊云龙	高银祥	顾慧如	胡倩倩	吉亚成	纪育峰

姜善成	李小新	李 永	刘壮壮	陆 丹	罗国富	马 丽	侍从洋	宋传杰
孙 辉	唐爱朋	陶建华	陶巍巍	王连颇	王 瑞	王维龚	王伟华	王玉坚
王 专	吴玉洁	席中华	肖 进	邢宏章	徐 娣	徐洪兵	徐林山	徐 鹏
徐万骏	杨小龙	于向东	张道亮	张以来	赵 强	朱 强	朱松波	左丽丽
曹宏兵	陈静静	陈 亚	丁 磊	董大伟	董 飞	董元伦	朵生玉	房 杰
高 翔	桂维举	郭雷娟	韩 琴	何 彪	纪洪艳	江 亮	姜丽兵	蒋 震
李建军	李 凯	李 文	李义勇	李 跃	李 越	梁 勇	刘 群	刘 伟
吕永伟	毛金龙	毛艳青	聂 雷	裴月红	邵银宇	师盼盼	施洪波	束方铖
宋向阳	唐明珍	汪志刚	王 琼	王泰恒	魏志超	吴 谬	徐国鑫	徐华浪
徐 引	许海涛	严 霜	杨建凯	乙乾龙	俞永军	翟孝通	张丹丹	张 管
张相凯	张雪芹	章 鹏	赵宏伟	赵强强	赵伟干	赵 越	朱刚良	柏益洲
曹爱雅	曹 浩	车苏杭	陈 东	陈 伟	谷 理	胡茂欣	胡婷梅	季宏海
姜 伟	金建国	李 伟	李先浪	刘春娣	刘 权	陆友祥	陆 政	欧 森
沈玲玲	沈星辰	沈悦梅	宋金祥	孙敦领	孙 明	孙乾雷	孙艳宁	唐玉峰
汪孟书	王香文	王云龙	闻富志	吴飞飞	吴月龙	肖剑锋	许佳佳	杨爱宁
于姜坤	俞永亮	臧胜国	张 钦	赵 朵	赵国军	郑 雷	周立奋	周 亮
周小艳	朱红阳	朱 杰	左晶晶	蔡松林	陈学虎	陈亚荣	陈 政	陈志军
丁 佩	董建国	冯 威	高 边	高 杰	顾建斌	洪 浩	黄 杰	纪领东
金 鑫	李先觉	李 阳	刘双喜	刘学园	刘 振	马文扬	彭大海	戚玉圆
施 陈	史 祥	孙仁杰	王 聪	王明浩	王明磊	王善才	王双甫	王威威
王小娟	吴 培	吴树伟	谢家保	谢奇超	徐维涛	许 静	许 赛	殷海钢
于腾飞	张 晶	张九玲	钟华山	周彬彬	周昌标	周金梁	周小帆	朱德青
蔡玉杰	陈 亮	成谊徽	丁友胜	丁 允	董小龙	高 攀	葛乃荣	郭 楠
侯少顶	胡建广	黄 杰	蒋海娟	李珊珊	李卫宏	梁 永	刘 伟	吕修金
秦敬国	沈育学	史德龙	孙 艳	汤林波	汤明星	汤 琪	汪帮刚	王存站
吴高林	吴 昆	吴鹏程	相 磊	徐俊成	徐 宇	杨坤亚	郁乃进	袁仁松
臧玉娟	张品品	赵 勇	朱海成	朱玲玲	朱晓方	庄思光	左仲华	陈 伟
崔 巍	吴 华	李龙生	胡 肖	杨银龙	顾 叶	唐凤霞	乐苏轼	杨加华
朱 超	朱志军	刘新俏	卢云飞	陆进辉	苗 芳	穆 竹	潘墅家	庞远江
彭明晶	彭明军	浦春林	祁新明	邱昌实	施小明	孙秋平	孙天华	孙祥兵
孙志刚	孙珠珠	唐 震	陶 燃	王 超	王立敏	王其龙	魏日伟	吴爱勇
吴东平	谢秀芝	徐海洋	徐良宜	徐如意	徐姗姗	许晶晶	许乃学	颜丙超
姚 奎	尹 明	尹心美	印海飞	曾从成	张 超	张建康	张 杨	张正江
赵海东	赵 桦	仲 雷	仲 磊	周成城	朱 迪	朱兴伟	邹云逸	毕长青
蔡建华	蔡雨东	蔡玉俊	曹 政	陈 斌	陈慧君	陈俊龙	陈兰花	陈 明
陈 婷	陈 威	陈玉慧	陈志力	成 伟	戴文杰	丁海勇	董建国	董亚琴
冯志祥	伏开龙	胡 静	顾函轩	胡前程	黄彬彬	江乐庆	江 永	姜庆亚
姜永雷	蒋福海	李春磊	李红贵	李金龙	李 晋	李 想	李训剑	刘 将
张 敏	王晶晶							

南京农业大学继续教育学院 2008 级动物医学、机械工程及自动化、农学、信息管理与信息系统、园艺（专升本）

（盐城生物工程高等职业技术学校）

刘卫国	浦春萍	孙朝阳	陶国法	陈月军	薛彩祥	王志锋	朱 玉	卞慧敏
陈 勇	崔必波	段士彬	费月跃	郝根娣	黄志勇	蒋国为	李进永	李 莉
林玉娟	彭亚民	沈 静	沈 平	施林芳	孙扣忠	孙益梅	吴淑芳	吴文军
武 龙	徐金兰	严克华	姚焕钊	张 骅	周道兰	周国魁	朱文彬	朱友峰
陈 裕	贡宪辉	李海莉	袁春跃	倪肇亭	潘永霞	杨秀珍	周颖峰	

南京农业大学继续教育学院 2008 级会计学（专科）

（盐城生物工程高等职业技术学校）

刘 翠

南京农业大学继续教育学院 2008 级会计学（专科）

（南京农业大学校本部）

丁 静	李小凤	黄 伟	梅英平	胡其林	孙月侠	程珊珊	郑 芳	陈娇娇
奚治国	李 芸	张子荣	蔡明花	王 兰	兰 丹	熊明萍	许 静	阚有梅
陈晓华	张伟婷	孙 莉	赵文静	吕 红	徐海峰	严红君	王 琳	张晓豆
张孟娟	刘龙凤	吴开军	陈佳佳	朱明利	付孝千	宋 艳	侯园园	茅亚丽
陆涛涛	佴永香	叶素珍	曾 旎	李 超	梁 辰	时 翔	钱仁丽	张芬芬
陶雪然	杨 艳	包玉甜	黄 能	谢晓玉	陈 莉	田 佳	孔 婧	何龙女

南京农业大学继续教育学院 2008 级农业技术与管理、畜牧兽医、园艺、国际经济与贸易（专科）

（南京农业大学校本部）

马德虎	张 鑫	颜 斌	雷永萍	江若飞	王 猛	马家龙	管 玮	李 娟
吕美红	江 淼	常 青	展金涛	宋体标	徐 红			

南京农业大学继续教育学院 2008 级会计学、金融学（专升本）

（南京农业大学校本部）

李 曦　汪志伟

南京农业大学继续教育学院 2008 级农学、土地资源管理、园艺、工商管理（专升本）

（南京农业大学校本部）

章春娣	孙园园	石 婷	方雅琴	刘博文	周康才	陈东海	许海蓉	刘翠莲
朱 娜	鞠 蕾	毛碧婷	孟 钢	段加强	卞大亮	张玉洁	朱敬岚	高院冬
吴志鹏	杨青松	胡 娟	宋慧萍	邵 磊	张晓松	李 坤	岳玉冉	虞伟伟
程小美	高 丰	祝加跃	王 建					

南京农业大学继续教育学院 2008 级动物医学、国际经济与贸易（专升本）

（南京农业大学校本部）

周凤红	黄 玲	崔启斌	王东海	汪 洋	陶庆园	张桂强	武 猛	庄 惠
陈 圣	张 敏	季琳琳	陈 新	袁建峰	薛凤梅	丁雷俊	朱海燕	陶忠良
周学军	张爱丽	黄冬鸣	李 超	杨 晶	王毅成	史鼎文	姜 建	贾永昶
丁渊达	王黎明	姚 喆	王应花					

南京农业大学继续教育学院 2007 级会计学、国际经济与贸易（高升本）

（南京农业大学校本部）

秦　吉　张文静　梁宇峰　王学松

南京农业大学继续教育学院 2008 级会计（专科）

（江都市第一职业高级中学）

王玲敏　许　洁　刘　健　陈　娟　孙　丹　周　存　翟玉敏　朱　娟　陈　玮
龚丽萍　王　娟

南京农业大学继续教育学院 2008 级动物医学（专升本）

（靖江市农业干部学校）

周　韬　陈　平　陆　波　徐学铭　弓亚俊　吴杰霞　谢建根　翟炎勇　羊　钧
周平桂　杨铭莉　孙静波　杜　镭　姚志兴　殷栋涛　周冠栋　吴　娟　梅　凯
夏凤君　王建军　顾俊杰　陈红霞　沈卫明　夏银国　朱大勇　刘　红　苏爱民
卢　焰

（撰稿：董志昕　孟凡美　陈辉峰　章　凡　曾　进
审稿：李友生　陈如东　审核：高　俊）

留　学　生　教　育

【概况】2011 年度招收长短期留学生共 478 人，其中长期留学生 160 人，包括学历生 139 人（博士生 76 人、硕士生 39 人、本科生 24 人）和进修生 21 人。毕业留学生共 19 人，其中博士生 10 人、硕士生 7 人、本科生 2 人。2011 年毕业学生共发表 SCI 论文 18 篇。

招收渠道多元化，专业结构日益合理。长期留学生包括中国政府奖学金生 65 人、校级奖学金生 33 人、本国政府奖学金生 58 人、自费生 4 人。留学生分布于动物医学院、农学院、植物保护学院、动物科技学院等 14 个学院，学科专业主要为动物医学、农学、植物保护和动物科学等。在留学生培养过程中，为满足留学生需求，采取"趋同化管理"和"个别指导"相结合的培养模式，突出学校学科优势与特色，开展英语授课课程建设，推进课程国际化和师资国际化建设进程，确保高素质国际化人才培养。

规章制度不断健全完善，其中"院长接待日"制度效益显著，学生反映问题日益减少，管理逐步规范化和科学化。留学生会组织自我管理与服务意识和能力加强，逐步依靠其自身力量组织和参与丰富多彩的国际文化节等相关活动。

学校组织南京农业大学"第四届国际文化节"等系列文化活动，包括多国风情展、足球和篮球友谊赛、趣味运动会、颁奖晚会（暨文化节闭幕式）、迎新年联欢和留学生会换届选举，以丰富留学生课余生活、加强中外学生了解和沟通、营造国际化校园氛围。学校获得江苏省教育国际合作交流先进学校等 5 项荣誉奖项，喀麦隆籍留学生 Ngoh Samuel Aziseh（李瑞谦）（获得"同乐江苏"外国人歌唱才艺大赛"最佳原创奖"）等 50 人次获得省级、校级荣誉奖项，提高了留学生的综合素质。

（撰稿：程伟华　审稿：刘志民　审核：高　俊）

[附录]

附录1 2011年外国留学生人数统计表

单位：人

博士研究生	硕士研究生	本科生	进修生	合计
76	39	24	21	160

附录2 2011年分学院系外国留学生人数统计表

单位：人

学部	院系	博士研究生	硕士研究生	本科生	进修生	合计
动物科学学部	动物科技学院	7	4	3	3	17
	动物医学院	22	5	2		29
	渔业学院	1	2			3
动物科学学部小计		30	11	5	3	49
食品与工程学部	工学院	6				6
	食品科技学院	9				9
食品与工程学部小计		15				15
人文社会科学学部	公共管理学院	4		1		5
	经济管理学院	2	5	10		17
	人文社会科学学院			1		1
	外国语学院			1		1
人文社会科学学部小计		6	5	13		24
生物与环境学部	理学院		1			1
	生命科学学院	1	2	1		4
	资源与环境科学学院	2	2	1	1	6
生物与环境学部小计		3	5	2	1	11
植物科学学部	农学院	9	8	4	2	23
	园艺学院	4	8			12
	植物保护学院	9	2			11
植物科学学部小计		22	18	4	2	46
国际教育学院					15	15
合计		76	39	24	21	160

附录 3　2011 年主要国家留学生人数统计表

单位：人

国家	人数	国家	人数
埃塞俄比亚	1	利比里亚	1
巴布亚新几内亚	1	厄瓜多尔	1
巴基斯坦	46	马达加斯加	1
赤道几内亚	2	孟加拉国	1
多哥	3	泰国	4
多米尼克	1	日本	2
厄立特里亚	2	纳米比亚	2
阿根廷	1	南非	1
圭亚那	2	塞拉里昂	1
马拉维	1	苏丹	11
韩国	6	印度	2
加纳	1	越南	47
喀麦隆	5	几内亚	1
肯尼亚	12	德国	1

附录 4　2011 年分大洲外国留学生人数统计表

单位：人

大洲	人数
亚洲	108
非洲	44
大洋洲	1
美洲	5
欧洲	2

附录 5　2011 年留学生经费来源

单位：人

经费来源	人数
中国政府奖学金	65
本国政府奖学金	58
校级奖学金（校级交流）	33
自费	4
合计	160

附录6 2011年毕业、结业外国留学生人数统计表

单位：人

层次	人数
博士研究生	10
硕士研究生	7
本科生	2
合计	19

附录7 2011年毕业留学生情况表

序号	学院	毕业生人数（人）	国籍	类别
1	动物医学院	4	巴基斯坦、苏丹	博士3人、硕士1人
2	动物科技学院	1	巴基斯坦	博士1人
3	资源与环境科学学院	1	巴基斯坦	博士1人
4	农学院	5	巴基斯坦、越南	博士3人、硕士2人
5	园艺学院	4	越南	硕士4人
6	公共管理学院	1	肯尼亚	博士1人
7	食品科技学院	1	巴基斯坦	博士1人
8	经济管理学院	1	越南	本科1人
9	人文社会科学学院	1	越南	本科1人

附录8 2011年毕业留学生名单

一、博士

（一）农学院

阿扎姆 Muhammad Azam Chattha（巴基斯坦）

黎光泉 Le Quang Tuyen（越南）

易夏克 Muhammad Ishaq Asif Rehmani（巴基斯坦）

（二）动物医学院

雅库布 Huhammad Yaqoob（巴基斯坦）

顾兰 Shehla Gul Bokhari（巴基斯坦）

哈拉 Hala Ali Mohammed Ibrahim（苏丹）

（三）资源与环境科学学院

胡桑 Qaiser Hussain（巴基斯坦）

（四）公共管理学院

肯·冉曼尼 Ken Ramani（肯尼亚）

（五）动物科技学院

阿里·胡布达 Hubdar Ali Kaleri（巴基斯坦）

（六）食品科技学院

海斯木 Malik Muhammad Hashim（巴基斯坦）

二、硕士

（一）动物医学院

沙楂 Shaza Mohammed Yousifa（苏丹）

（二）农学院

申氏秋幸 Than Thi Thu Hanh（越南）

阮氏如钗 Nguyen Thi Nhu Thoa（越南）

（三）园艺学院

阮光兴 Nguyen Quang Hung（越南）

李公青 Le Cong Thanh（越南）

陈春黄 Tran Xuan Hoang（越南）

阮氏清云 Nguyen Thi Thanh Van（越南）

三、本科

（一）经济管理学院

阮氏金贤 Nguyen Thi Kim Hien（越南）

（二）人文学院

谭氏李 Dam Thi Ly（越南）

六、发展规划与学科、师资队伍建设

发 展 规 划

【编制并进一步修订《南京农业大学"十二五"发展规划》】根据学校的发展战略要求，顺利完成《南京农业大学"十二五"发展规划》的编制工作，并于 2011 年 1 月经第四届教职工代表大会第三次会议审议原则通过。根据规划目标，对学校"十二五"建设重点任务进行分解，汇总各建设重点项目实施方案，并完成《南京农业大学各学院各单位"十二五"发展规划》汇编工作。

9 月，依据学校"世界一流农业大学"目标定位的调整，修订《南京农业大学"十二五"发展规划》，修改的重点主要放在学校发展目标、形势分析以及师资队伍建设和办学空间拓展"两大任务"上。修改后的规划经校党委常委会和校长办公会审议通过，并于 9 月 30 日上报教育部备案。

通过对当前高教改革的热点问题、与学校建设与发展密切相关的重大问题进行跟踪研究，编写 5 期《高教信息参考》，就行业特色型大学优质资源共享联盟、教育科研论文排名、学校大学排名以及学校研究生教育排名情况向校领导及相关部门提供信息参考，及时为校领导提供决策咨询与信息服务。

【负责起草多项重要文稿和调研报告】完成第五届高水平行业特色型大学发展论坛年会参会论文《以世界一流农业大学为目标，引领高水平行业特色型大学的发展》以及《南京农业大学关于加快建设世界一流农业大学的决定（讨论稿）》《南京农业大学加强珠江校区建设的报告（讨论稿）》《南京农业大学加强高水平师资队伍建设的调研报告》，上报农业部科技教育司《关于〈全国农民教育培训"十二五"发展规划（征求意见稿）〉修改的意见和建议》，《教育部直属高校"十二五"基本建设规划实地调研方案》中学校发展战略的形成、演变以及"十一五"事业规划执行情况等的撰写工作，并承担《南京农业大学发展史》成果篇以及"世界一流农业大学研究"专题——"世界一流农业大学的概念、特征与路径研究"的研究工作。

学 科 建 设

【江苏高校优势学科建设工程一期项目建设工作】根据《江苏省政府办公厅关于公布江苏高

校优势学科建设工程一期项目立项学科的通知》（苏政办发〔2011〕6号），学校的农林经济管理、农业资源利用、食品科学与工程、兽医学、植物保护、作物学、现代园艺科学（生物学/园艺学）7个学科被确定为江苏高校优势学科建设工程一期项目立项学科。根据《江苏省政府办公厅关于公布江苏高校优势学科建设工程一期项目增列立项学科的通知》（苏政办发〔2011〕137号），学校的农业信息学（作物学/农业工程/计算机科学与技术）学科被确定为江苏高校优势学科建设工程一期项目增列立项学科。至此，学校共有8个学科进入江苏高校优势学科建设工程一期项目建设。为做好立项学科的建设工作，学校成立江苏高校优势学科建设工程项目实施领导小组，并制订《南京农业大学江苏高校优势学科建设工程专项资金管理暂行规定》《南京农业大学江苏高校优势学科建设工程一期项目管理暂行办法》。此外，学校还组织召开江苏高校优势学科建设工程一期项目立项学科项目任务书审核交流会，组织相关学科完成项目任务书和专项资金预算的编制工作。

【江苏省"十二五"重点学科建设工作】根据《江苏省教育厅关于开展"十二五"省重点学科遴选建设工作的通知》（苏教研〔2011〕5号）精神，学校组织相关学科进行申报工作。根据《江苏省教育厅关于公布"十二五"期间省重点学科名单的通知》（苏教研〔2011〕14号），学校的科学技术史、畜牧学和公共管理3个学科被遴选为"十二五"期间江苏省重点学科。为做好科学技术史、畜牧学2个学科的建设工作，学校组织相关职能部门到人文社会科学学院、动物科技学院进行专题调研，进一步明确了这2个学科的建设路径。

【优势学科创新平台申报工作】根据《教育部、财政部关于继续实施"优势学科创新平台"建设的意见》，学校围绕"促进学科交叉融合、创新人才培养模式、引进和造就学术领军人物与创新团队、提高自主创新能力、体制机制改革"5个方面，组织完成"南京农业大学高效农业与食品安全优势学科创新平台"建设方案，并通过了教育部财务司组织的财务专家的预算审核。

【"211工程"三期建设项目总结验收工作】为确保"211工程"三期建设项目的顺利验收，学校召开"211工程"三期扫尾工作会议，要求各子项目全面梳理建设任务完成情况，着手分析项目建设成效，凝练标志性成果。

【校级重点学科及新兴交叉学科建设工作】为全面了解和考核第二轮校级重点学科建设情况，学校启动校级重点学科的总结、验收工作，各学科上报了有关材料。为进一步推进学科交叉融合，加强交叉学科建设，培育学科增长点，学校提出建设生物信息学、设施农业和海洋科学3大交叉学科的战略构想。为推进生物信息学学科的建设，学校先后组织召开生物信息学学科建设研讨会和学术研讨会，广泛听取对生物信息学学科建设的建议。为做好设施农业学科的建设，学校组织相关职能部门到工学院进行专题调研，就设施农业学科的建设思路进行充分的研讨和沟通，明确了建设路径。此外，学校还组织相关人员起草海洋科学建设方案等工作。

（撰稿：张　松　刘国瑜　江惠云　审稿：周应堂　审核：高　俊）

[附录]

2011 年南京农业大学各类重点学科名单

一级学科 国家重点学科	二级学科 国家重点学科	国家重点 （培育）学科	江苏高校优势学科 建设工程立项学科	江苏省 重点学科	所属学院或 牵头学院
作物学			作物学		农学院
			▲农业信息学		农学院、工学院、信息科技学院
植物保护			植物保护		植物保护学院
农业资源与环境			农业资源与环境		资源与环境科学学院
	蔬菜学				园艺学院
			▲现代园艺科学		园艺学院、生命科学学院
				畜牧学	动物科技学院
	农业经济管理		农林经济管理		经济管理学院
兽医学			兽医学		动物医学院
		食品科学	食品科学与工程		食品科技学院
	土地资源管理			公共管理	公共管理学院
				科学技术史	人文社会科学学院

注："▲"为交叉学科。

师资队伍建设和人事人才工作

【概况】2011 年，人事处紧紧围绕建设高水平师资和人才队伍的主题，开拓思路，创新方法，创造一切有利于吸引和培养人才、提高师资队伍水平的条件，努力为完成"十二五"师资队伍建设规划、世界一流农业大学建设奠定坚实的基础。

拔尖人才队伍的引进和培养初显成效。2011 年，学校拔尖人才队伍建设无论在数量和质量上都取得了明显的突破。学校成立人才工作领导小组并设立专门的办公室，加大引进人才力度，全力为人才引进和培养做好管理服务工作：5 月，学校首位"千人计划"专家陈增建教授经中共中央组织部、教育部批准到农学院履职；10 月，第二位"千人计划"专家赵方杰教授也得到中共中央组织部和教育部的正式批复，到资源与环境科学学院履职。学校在 *Nature jobs*、《人民日报（海外版）》发布招聘公告，面向全球招聘生命科学学院和农学院院长，香港大学生物科学学院梁志清教授拟聘生命科学学院名誉院长。生命科学学院强胜教授入选 2011 年度国家级教学名师；植物保护学院洪晓月教授入选江苏省教学名师；24 位教师入选江苏省第四期"333 工程"，其中万建民教授、曹卫星教授入选首席科学家培养人选；园艺学院引进人才熊爱生教授入选江苏省 2011 年度"双创计划"；植物保护学院引进人才美国加利福尼亚大学金海翎教授入选江苏省特聘教授计划；资源与环境科学学院引进人才王长海教授获得江苏省六大人才高峰计划资助。学校全年确定的引进人才候选人共 19 位，2011 年到岗 8 位。

酝酿并确定启动"钟山学者"计划。讨论并形成"钟山学者"计划实施意见，分层次设立"钟山学者"特聘教授、首席教授、学术骨干和学术新秀岗位，拟在时机成熟的时候启动该计划，分步实施、稳妥推进学校的高层次人才队伍、学术梯队和团队建设。

改革学术人员招聘办法，提高教师招聘质量。制订了《南京农业大学"十二五"学术人员招聘暂行办法》，成立职称评审和学术人员招聘委员会，负责学校教学科研岗位新教师的招聘工作，改进学术人员的招聘工作：一是提高进人要求，改善学缘结构。"十二五"期间，学术人员的招聘在学缘结构上必须符合：具有国外博士学位人员在 1/3 以上、校内博士毕业生不超过 1/3 的总体要求。二是加强招聘宣传，扩大优质师源。除常规招聘信息发布途径外，学校发布招聘宣传广告，并积极参加有影响的国内外人才招聘活动，扩大影响，吸引优秀人才来校应聘，取得了明显效果。组织致公党江苏省委"海外留学人员江苏行考察联谊活动"（"引凤工程"）南京农业大学分站活动，45 名海外名校的博士到校交流。三是改革招聘程序，学校控制质量。校学术人员招聘委员会负责对学院推荐的拟聘人选进行公开考核面试，全面考察应聘人员素质，严格把握进人的质量。首批完成的 42 名人员的招聘取得很好的效果。四是改进招聘手段，提高招聘效率。2015 年学校招聘过程，尤其是面试过程充分利用网络通信等技术手段，开展远程面试，降低面试成本，提高面试效率。

开展青年教师学术能力培训工作。研究制订了《南京农业大学青年教师学术能力培训暂行办法》，对 2009 年以后进校的青年教师进行从科研、教学、外语能力以及素质拓展等方面的全面培训，首期培训青年教师 55 人，其中外语能力的培训考核是否合格将作为今后青年教师可否晋升职称的必备条件。开展青年骨干海外研修公开选拔工作，首次采用公开答辩的方式，对 31 名申请 2012 年"青年骨干教师出国研修项目"的青年教师进行考核遴选。

改进年度考核办法，加强年度考核工作。在单位考核中进行了如下尝试：一是建立年度单位考核的网页，面向全校师生公开单位年度总结及其他相关业绩资料；二是为保证考核质量，将单位考核汇报的时间由原来的一天延长为一天半；三是校领导主持考核汇报工作，并对各单位的年度工作提出书面考核意见，考核结果与意见将反馈到各学院和单位；四是改革评优方式，设立单项奖励，以表彰在重点工作领域中成绩突出或进步明显的单位；五是加大年度考核的奖励力度；六是将逐步建立目标考核机制，切实发挥年度考核的作用。

推进人事制度改革。一是师德师风建设：组织学校 2009—2011 学年度优秀教师、优秀教育管理工作者的评选和表彰活动，共表彰 12 名优秀教师、8 名优秀教育管理工作者。二是用人制度完善：规范了租赁和科研助理两个用人类型的相关制度，在当前比较好的经济形势和就业形势下，将科研助理逐步并入租赁类型管理；进一步规范编制外用工使用和管理，保障学校后勤及辅助队伍的稳定有序。三是推进管理制度建设：多次召开研讨会和征求意见座谈会，进一步完善《南京农业大学教职工奖惩办法》等规章制度。四是推进岗位设置管理：研究制订了第二轮专业技术职务岗位分级和职员制度聘任的有关办法，择机付诸实施。

推进人事信息化建设。继续完善人事管理信息系统建设，重点对聘期考核和职称评审系统有关问题进行整改；在认识管理信息系统中，增加编制外用工管理模块、考勤管理模块和档案管理模块等；增加完善包括人员统计报表在内的 10 个自动报表生成系统；完善大量人员基础信息的导入和补充等工作。

积极关心和解决民生问题。一是提出绩效津贴预发方案，9月按照每月1 100元、800元、600元、500元的标准向在职人员预发了绩效津贴；二是在7月，调整了教职工住房公积金缴存额度；三是在11月，依照《工伤保险条例》《江苏省社会保险费征缴条例》等规定，为全校在职教职工申报、缴纳了工伤保险；四是分两次预发退休人员生活补贴，4月一次性发放1万元/人；9月开始每月预发850元/人；五是提出江浦农场职工待遇问题解决方案并在9月实施。

建设和谐校园，做好老龄工作。深入细致地了解高龄独居老人的生活状况，健全工作机制，做好独居老人的管理服务工作；继续开展丰富多彩的老年活动，办好老年大学、老年健身运动会、祝寿会和元旦联欢会等系列活动，并举办2011年在宁高校老年人门球赛等；组织退离休老同志组队参加建党90周年"唱红歌"等活动；协助退离休教育工作者协会组队参加在宁高校的摄影比赛、纪念建党90周年文艺汇演等活动。

【"千人计划"专家陈增建教授到南京农业大学履职】 经中共中央组织部人才工作局批准，美国得克萨斯大学教授陈增建成为学校引进的首位"千人计划"专家。5月26日下午，陈增建教授到校履职欢迎仪式在行政楼613会议室举行。校党委书记管恒禄，校长郑小波，副校长周光宏、胡锋，中国工程院院士盖钧镒以及党委办公室、校长办公室、人事处、国际合作与交流处、科技处、研究生院、农学院、国家重点实验室主要负责人参加了欢迎仪式。欢迎仪式由胡锋主持。

陈增建教授在南京农业大学获得作物遗传育种学科硕士学位、在美国得克萨斯农工大学获得遗传学博士学位，现为得克萨斯大学奥斯汀分校植物分子遗传学DJSibley百年教授。先后在明尼苏达大学和华盛顿圣路易丝大学从事博士后研究工作，历任得克萨斯农工大学助理教授、副教授，得克萨斯大学副教授、教授。2010年，经中共中央组织部海外高层次人才引进工作小组批准，入选国家第三批"千人计划"。

【学校再次荣获"江苏省师资队伍建设先进高校"称号】 2011年1月14日，江苏省教育厅公布2010年"江苏省师资队伍建设先进高校"名单，南京农业大学荣获2010年度江苏省师资队伍建设先进高校。这是学校师资队伍建设工作第二次受到江苏省教育厅表彰。

【"海外留学人员江苏行考察联谊活动"（"引凤工程"）在学校举行】 2011年7月，"海外留学人员江苏行考察联谊活动"（"引凤工程"）在南京农业大学举行。此次活动由致公党江苏省委和致公党中央留学人员委员会主办，南京农业大学党委统战部、人事处联合承办。45名来自美国的哈佛大学、耶鲁大学、麻省理工学院、加利福尼亚大学伯克利分校、英国的剑桥大学、牛津大学和德国、法国、意大利、加拿大、日本、俄罗斯等国家世界名校的留学博士、博士后来校参观考察。中国致公党江苏省委员会常务副主委麻建国，南京农业大学党委书记管恒禄，副校长胡锋，学校统战部、人事处、科技处、国际合作与交流处等单位负责人，动物科技学院、动物医学院、食品科技学院、经济管理学院、公共管理学院、农学院、植物保护学院、资源与环境科学学院、园艺学院和生命科学学院10个学院的院长及中国致公党党员共20多人参加了"引凤工程"考察联谊活动。

【55名教师参加首期青年博士学术能力培训】 9月21日下午，首期青年博士学术能力培训班在人文社会科学学院学术报告厅举行开班仪式。首期学员为学校于2009年和2010年招聘的具有博士学位的青年教师，共55人。校党委书记管恒禄、校长周光宏出席开班仪式。

学校青年博士学术能力培训工作将从教学能力、科研能力、外语能力及综合素质等方面对具有博士学位的新进教师进行培训，旨在促进青年教师教学、科研能力及综合素质的全面提升，拓展教师职业发展空间，推进教育国际化进程，为早日将南京农业大学建成世界一流农业大学奠定坚实的人才基础。

【启动"钟山学者"建设计划】 5月9日，经校人才工作领导小组研究和校长办公会议决定，南京农业大学即日起启动"钟山学者"计划，将着力加强学校在高端学者、杰出中青年学者和优秀青年学者的培养和引进工作，"钟山学者"计划主要包括4个层次：

特聘教授：重点培养和造就高端学术人才，扩大学校在农业和生命科学领域的世界影响。

首席教授：重点培养和引进高水平的学科带头人，其中一半左右面向海内外公开招聘，扩大学校获得国家重点人才计划支持的学者群体。

学术骨干：重点培养和支持有较大学术潜力的优秀中青年学术骨干，积极支持其开展高水平的学术研究。

学术新秀：重点培养和支持新近招聘的优秀青年学术人才，为学校的学术发展培育新生力量。

【学校举行 2012 年首批教学科研岗位招聘公开面试考核会】 11月30日，学校在逸夫楼8016、8020 和 8025 举行 2012 年首批教学科研岗位公开招聘面试考核会。校学术人员招聘委员会的 30 位成员由副校长沈其荣、陈利根和胡锋任组长，分成自然科学组、人文社科和基础组、理工科组 3 个招聘考核小组，对各学院经初试后推荐的 53 位应聘学校教师岗位的人员，在校纪委监督下进行了公开面试考核。

本批次公开面试涉及学校农学院、资源与环境科学学院、园艺学院、动物科技学院、生科、食品科技学院、公共管理学院、理学院、信息科技学院、工学院、外国语学院、人文社会科学学院、思想政治理论课教研部 13 个学院（部）的 40 个教学科研岗位。据统计，在此次参与面试答辩的应聘人员中，83％均为非本校博士（硕士）毕业生，有 5 人为来自国外以及我国港澳地区知名高校的博士，并有 1 位外籍博士。

【朱艳教授荣获中国青年科技奖】 2012年12月15日，中国科学技术协会会员日暨第十二届中国青年科技奖颁奖大会在人民大会堂举行。中共中央政治局委员、全国人大常委会副委员长王兆国，全国人大常委会副委员长、中国科学技术协会主席韩启德出席大会。会议表彰了100名第十二届中国青年科技奖获得者，江苏省高校 5 名青年科技工作者上榜，其中学校国家信息农业工程技术中心常务副主任、农学院副院长朱艳教授获此殊荣。

（撰稿：袁家明　审稿：包　平　审核：高　俊）

［附录］

附录 1　博士后科研流动站

序号	博士后流动站站名
1	作物学博士后流动站
2	植物保护博士后流动站
3	农业资源利用博士后流动站

（续）

序号	博士后流动站站名
4	园艺学博士后流动站
5	农林经济管理博士后流动站
6	兽医学博士后流动站
7	食品科学与工程博士后流动站
8	公共管理博士后流动站
9	科学技术史博士后流动站
10	水产博士后流动站
11	生物学博士后流动站
12	农业工程博士后流动站
13	畜牧学博士后流动站

附录2 专任教师基本情况

表1 职称结构

职务	正高	副高	中级	初级	未聘	合计
人数（人）	310	407	411	62	71	1 261
比例（%）	24.58	32.28	32.59	4.92	5.63	100.00

表2 学历结构

学历	博士	硕士	学士	无学位	合计
人数（人）	613	419	202	27	1 261
比例（%）	48.61	33.23	16.02	2.14	100.00

表3 年龄结构

年龄	30岁及以下	31～35岁	36～40岁	41～45岁	46～50岁	51～55岁	56～60岁	61岁及以上	合计
人数（人）	115	309	238	207	241	107	24	20	1261
比例（%）	9.12	24.50	18.87	16.42	19.11	8.49	1.90	1.59	100.00

附录3 引进高层次人才

一、农学院

陈增建　李　艳

二、园艺学院

蒋甲福　熊爱生　吴巨友

三、植物保护学院

金海翔

四、食品科技学院

张万刚

五、资源与环境科学学院

王长海

六、外国语学院

田学军

附录 4　新增人才项目

一、国家级

(一)"千人计划"专家
陈增建
(二)"长江学者"特聘教授
王源超
(三)"长江学者"讲座教授
金海翎
(四)国家教学名师
强　胜
(五)中国青年科技奖
朱　艳

二、部省级

(一)教育部"新世纪人才"
曹爱忠　李春保　滕年军　熊爱生　张　炜　朱毅勇
(二)"333 工程"第一层次培养对象
曹卫星　万建民
(三)"333 工程"第二层次培养对象
赵茹茜　周应恒　张天真　章文华　徐幸莲　陈发棣　徐国华
(四)"333 工程"第三层次培养对象
赵明文　张　炜　朱　艳　姜　东　郭旺珍　柳李旺　邹建文　戴廷波　王源超
李　飞　范红结　高圣兵　李祥妹　石晓平　丁艳锋
(五)六大人才高峰
姜　东　王长海

（六）双创人才

熊爱生

（七）江苏特聘教授

金海翎

附录5　新增人员名单

一、农学院

郝佩佩　裴海岩　田云录　陈增建　周永音　李　艳　王　雪　邱小雷　倪　军

二、植物保护学院

侯毅平　张海峰　马洪雨　金海翎

三、资源与环境科学学院

刘　娟　顾　冕　王长海　郑聚锋　周兆胜

四、园艺学院

张昌伟　丛　昕　宋长年　王　枫　黄小三　蒋甲福　熊爱生　吴巨友

五、动物科技学院

孟　立　李　静　徐维娜

六、动物医学院

盛　馨　武　毅

七、食品科技学院

姜　华　姜　丽　于小波　胡　冰　张万刚

八、经济管理学院

展进涛　张　望　蒋家亮　严斌剑　陈志亮

九、公共管理学院

沈苏燕　彭建超　郭　杰

十、理学院

侯丽英　杨　涛

十一、外国语学院

徐　文　田学军

十二、生命科学学院

谢彦杰　黄　智　严秀文

十三、体育部

王　帅

十四、团委

王　璐

十五、发展规划与学科建设处

常　姝

十六、计财处

李园园　迟巧云　李　佳

十七、资产管理与后勤保障处

陈　畅　赵雪冰　姜　娟　蔡元康　王　葳　周　丹　王兰香

十八、图书馆

朱锁玲

十九、工学院

赵三琴　胡冬临　张　权　孙荣山　朱　跃　蒋薇薇　王立鹏　吴熙妹　张云清
李　烨　戴青华　潘仙梅

二十、产学研合作处

金晓明

附录6　专业技术职务评聘

一、正高级专业技术职务

（一）教学科研系列
1. 教授
农　学　院：赵团结　杨守萍
植物保护学院：李元喜
资源与环境科学学院：蔡天明　王世梅
园艺学院：吴　俊　乔玉山　渠慎春
动物科技学院：黄瑞华

动物医学院：戴建君　刘家国　孙卫东
食品科技学院：吕凤霞
经济管理学院：韩纪琴　许　朗
公共管理学院：诸培新　孙　华
生命科学学院：何　健　宋小玲
工　学　院：周　俊

2. 破格晋升教授

公共管理学院：冯淑怡

（二）教育管理研究系列研究员

农　学　院：李昌新
组　织　部：王春春

二、副高级专业技术职务

（一）教学科研系列

1. 副教授

农　学　院：王州飞　王强盛　庄丽芳　朱利群　李刚华　赵志刚　薛树林　汤　亮
植物保护学院：范加勤　武淑文　董莎萌　夏　爱
资源与环境科学学院：刘　玲　隆小华　杨新萍　陈立伟　焦加国　梁明祥
园艺学院：管志勇　陈　宇　王长林　杨立飞
动物科技学院：苏　勇　周　波　李惠侠　李　娟
动物医学院：苏　娟　宋小凯　周　斌　何成华
经济管理学院：潘军昌　刘　华　耿献辉
公共管理学院：刘向南　吴红梅　马贤磊　张艾荣
理　学　院：张春永　蒋红梅
外国语学院：丁夏林　马秀鹏　石　松　曹新宇　钱叶萍
生命科学学院：黄　星　谭明普　陈世国
工　学　院：赵国柱　李　建　王浩滢　张海军　赵贤林　李　静　赵吉坤　刘　伟
　　　　　　　金德智　马宏伟　刘　杨

2. 破格晋升副教授

资源与环境科学学院：余光辉

3. 自然科学副研究员

农　学　院：陈亮明

4. 博士后流动站副研究员

农　学　院：王益华（2010年7月31日开始计算）

（二）其他系列

1. 教育管理研究系列副研究员

校长办公室：陈如东
工　学　院：张和生

2. 专职学生思想政治教育副教授

学　工　处：姚志友

三、中级专业技术职务

（一）讲师

园艺学院：郑　华

外国语学院：戈嫣嫣　苏　瑜

体　育　部：段海庆　耿文光

工　学　院：杨建明

（二）专职学生思想政治教育讲师

团　　委：王　超

工　学　院：马先明

（三）馆员

工　学　院：鞠海燕　罗宇辉　王凌云

（四）实验师

植物保护学院：慕莉莉

生命科学学院：成　丹

（五）工程师

工　学　院：俞海平

（六）会计师

计　财　处：李　佳

（七）编　辑

发展规划办公室：周　献

（八）主治医师

资产管理与后勤保障处：秦华丽

附录7　退休人员名单

徐朗莱	王　莉	纪昌秀	万年生	闫莉莉	陈志琴	吉正明	章兆丰	阮义美
李秉定	林志中	李　华	王启华	王苏玲	邹思湘	牛文娟	张道义	杨世湖
刘光仪	张剑仲	朱陆光	刘　文	徐曙光	路福明	唐登芳	张　南	王占信
罗　北	成春有	刘玉成	陈丽玲	张仁林	刘长琴	张仁琴	江华山	由　杰
骆其道	刘　燕	肖　凡	高荣华	陈晓凤	施凯丰	李顺鹏	冯　蕾	桂道凯
孙丹宁	刘炳才							

附录8　去世人员名单

一、校本部（19 人）

段齐执：校长办公室

庄孟林：纪委办公室

陈德照：实验室与基地管理处

田开铸：植物保护学院

龚国玑：植物保护学院

吴华清：园艺学院

刘祖祺：生命科学学院

高竞一：生命科学学院

薛爱芙：理学院

陈邦本：资源与环境科学学院

吴　令：动物科技学院（含无锡渔业学院）

秦为琳：动物医学院

徐祖彦：公共管理学院（含土地管理学院）

刘汉荣：人文社会科学学院、公共艺术教育中心

穆秀瑛：外国语学院

吴银培：后勤集团公司

张明经：后勤集团公司

刘少清：后勤集团公司

赵顺娣：后勤集团公司

二、工学院（含乡镇企业学院）（10人）

康绍迪　张　楠　杨庆霄　施德昌　叶庭梧　丰亚安　蔡阳生　王作章　王金龙
周志潮

三、江浦实验农场（5人）

陈付贵　周宝珍　张学萍　张贤礼　刘永华

四、实验牧场（1人）

张国钧

七、科学研究与社会服务

科 学 研 究

【概况】2011年，学校到位科研总经费3.3亿元。其中，纵向科研到位经费3.02亿元，横向到位经费0.28亿元。累计组织申报各级各类纵向项目共计709项，批准立项资助337项。年度立项经费4.61亿元，其中，纵向立项经费4.14亿元，横向合同金额0.47亿元。

在纵向项目方面，组织申报并立项"863"计划项目1项、课题3项，支撑计划项目1项、课题5项，总经费1.4亿元；转基因生物新品种培育国家科技重大专项滚动项目3项，前两年经费5 300多万元；公益性行业科研专项（农业）获立项资助1项，经费1 523万元；"948"计划项目获立项9项，经费790万元；国家自然科学基金共申报417项，获资助项目数124项，资助总经费6 332万元。

学校共申报自然科学类科技成果奖38项，以南京农业大学为第一完成单位申报20项，以南京农业大学为第一完成单位获省（部）级以上奖励8项。其中：获国家技术发明奖二等奖1项；国家科学技术进步奖二等奖1项；获教育部高等学校科学研究优秀成果奖（科学技术）3项（一等奖1项、二等奖2项）；江苏省科学技术奖二等奖1项；江苏省农业推广奖一等奖1项；江苏省环境保护科学技术奖三等奖1项。5项成果通过教育部、江苏省农业委员会鉴定。

组织申报江苏省哲学社会科学界联合会基地1个，江苏省教育厅基地2个。其中，周应恒教授申报的"江苏农业现代化研究基地"被批准为江苏省决策咨询研究基地。成功举办"第二届农林高校哲学社会科学发展论坛"和"2011中国教育经济学论坛"。

以南京农业大学为第一通讯作者单位被SCI收录学术论文621篇，比2010年增长22％。2011年，学校共申请国际专利、国内专利、品种权和软件著作权等338项，授权144项，其中授权国际发明专利3件。

学校获批11个部级重点实验室，召开了"农作物生物灾害综合治理教育部重点实验室"建设论证会、农业部重点实验室建设工作启动会和学校省部级以上工程中心建设工作研讨会，组织开展"作物遗传与种质创新国家重点实验室"评估、整改工作。召开了2011年实验教学示范中心建设工作研讨会，完成了学校省级实验教学示范中心"十一五"工作总结报告。

产学研平台建设成效显著。在常州市建立南京农业大学技术转移中心苏南分中心；同宿迁签订了南京农业大学技术转移中心苏北分中心建设协议，新建南京农业大学-宜兴官林产学研合作办公室。与新疆生产建设兵团农十师184团签署了全面合作协议；与江苏省盐城市响水县人民政府签订政产学研公共服务平台建设合作协议。

学报（自然科学版）影响因子为1.323，各项学术指标综合排名，在农业大学学报中排第二位，在1998种统计源期刊中排第81位，入选2011年度"中国精品科技期刊"，编辑部被教育部科技司授予"中国高校科技期刊优秀团队"称号；学报（社会科学版）稿源质量逐年提高，影响因子（CSSCI）逐年提升，2011年被全国理工农医学报联络中心评为"优秀期刊"，学报的"农史研究"栏目分别获全国农林院校学报研究会、全国理工农医学报联络中心颁发的特色栏目奖。

制订《南京农业大学科研项目经费预算制管理试行办法》《南京农业大学科研项目使用校内大型仪器设备共享平台内部转账管理暂行规定》《南京农业大学科研项目经费管理办法补充规定》等系列经费管理办法，确保了科研经费规范使用。颁布《南京农业大学对外科技服务管理实施细则》，进一步规范了对外科技服务管理，促进科技成果转化。

【科研成果奖励】沈其荣教授团队研究成果"克服土壤连作生物障碍的微生物有机肥及其新工艺"，荣获2011年国家技术发明奖二等奖，为引领我国农业废弃物资源化利用与有机肥产业发展，推进生态文明与美丽乡村建设做出了重大贡献；张绍铃教授团队研究成果"梨自花结实性种质创新与应用"获2011年国家科技进步奖二等奖，为梨品种结构调整、农民增收及果树科学研究做出了重要贡献。

【人才与团队】朱艳教授荣获2011年"中国青年科技奖"；陈发棣教授获2011年"江苏省农业科技创新与推广先进个人"荣誉称号；郭世荣、刘德辉两位教授获2011年"江苏省农业科技服务明星"荣誉称号；曲福田教授的研究成果《从日本经验看我国耕地保护的压力及应对建议》，得到中央领导同志的重视，受到全国哲学社会科学规划办公室通报表扬；周曙东教授研究项目的主要成果刊登在《宣传工作动态社科基金成果专刊》上，报送江苏省领导参阅，得到了副省长何权批示，受到省委宣传部的来信表扬。

【国家、部省级科研平台】"农业部大豆生物学与遗传育种重点实验室""农业部华东作物基因资源与种质创制重点实验室""农业部长江中下游粳稻生物学与遗传育种重点实验室""农业部华东地区园艺作物生物学与种质创制重点实验室""农业部华东作物有害生物综合治理重点实验室""农业部动物细菌学重点实验室""农业部农业环境微生物重点实验室""农业部长江中下游植物营养与肥料重点实验室""农业部动物生理生化重点实验室""农业部作物生理生态与生产管理重点实验室"和"农业部畜产品加工重点实验室"11个重点实验室获农业部批准建设。2011年，江苏省教育厅对学校重点实验室投入150万元建设经费，促进相关实验室的建设管理。

【科教兴农】在江苏省连云港市实施"百名教授兴百村"三期工程，重点建设了4个专家工作站。积极推进江苏省"挂县强农富民"工程，在2个县组建了4个挂村专家创新与服务团。继续以"科技大篷车"模式到江苏省南京市等地区开展科技下乡活动30多次。深入开展科技特派员暨农村创业行动，积极组织参加省市和国家科技推广与科教兴农活动。再次获得了南京市"双百工程"先进集体。

（撰稿：李海峰　贾雯晴　毛　竹　审稿：俞建飞　陶书田
周国栋　姜　海　马海田　陈学友　审核：王俊琴）

[附录]

附录 1　2011 年纵向到位科研经费汇总表

序号	项目类别	经费（万元）
1	转基因生物新品种培育国家科技重大专项	2 669.1
2	国家自然科学基金	5 859.6
3	国家"973"计划	2 478.1
4	国家"863"计划	1 150.0
5	国家科技支撑计划	846.9
6	科技部其他科技计划	89.5
7	国家公益性行业科研专项	5 039.3
8	现代农业产业技术体系	1 570.0
9	"948"项目	698.8
10	农业部其他项目	443.7
11	教育部人才基金	1 539.5
12	教育部其他项目	702.5
13	江苏省科技厅项目	1 898.5
14	江苏省其他项目	1 875.4
15	南京市科技项目	324.8
16	国际合作项目	74.6
17	其他项目	1 701.0
18	到校未分配经费	1 038.9
合　计		30 000.2

附录 2　2011 年各学院纵向到位科研经费统计表

序号	单位	到位经费（万元）
1	农学院	7 594.7
2	资源与环境科学学院	4 669.3
3	植物保护学院	3 660.0
4	动物医学院	2 382.6
5	园艺学院	2 336.1
6	食品科技学院	2 225.3
7	动物科技学院	1 477.0
8	生命科学学院	1 180.3
9	工学院	960.9
10	理学院	283.4

（续）

序号	单位	到位经费（万元）
11	经济管理学院	1028.6
12	公共管理学院	600.4
13	人文社会科学学院	85.6
14	信息科技学院	73.1
15	外国语学院	28.3
16	其他*	375.7
合　计		28 961.3

* 指行政职能部门纵向到位科研经费，不含国家重点实验室、农业部重点实验室及渔业学院等到位经费。

附录3　2011年结题项目汇总表

序号	项目类别	应结题项目数	结题项目数
1	国家自然科学基金	74	74
2	国家社会科学基金	6	1
3	国家"863"计划		4
4	科技部科技支撑计划		1
5	科技部国际科技合作项目	1	1
6	科技部农业科技成果转化资金项目	1	1
7	教育部新世纪优秀人才计划	6	6
8	教育部博士点基金	23	20
9	农业部"948"项目	5	5
10	江苏省自然科学基金项目	18	14
11	农业公益性行业计划专项	6	6
12	教育部人文社科项目	3	3
13	江苏省农业科技计划	16	14
14	江苏省社会科学基金项目	20	9
15	江苏省软科学研究计划	6	6
16	江苏省教育厅高校哲学社会科学项目	14	12
17	江苏省农业三项工程项目	7	7
18	江苏省农业综合开发科技项目	6	6
19	人文社会科学项目（法学会）	1	1
20	校人文社会科学基金	41	30
合　计		254	221

附录4 2011年各学院发表学术论文统计表

序号	学院	论文		
		总数	SCI /SSCI	CSSCI
1	农学院	96	96/0	
2	植物保护学院	98	98/0	
3	资源与环境科学学院	73	73/0	
4	园艺学院	61	61/0	
5	动物科技学院	37	37/0	
6	动物医学院	72	72/0	
7	经济管理学院	98	2/2	94
8	公共管理学院	50	0/2	48
9	理学院	30	30/0	
10	人文社会科学学院	32	0/0	32
11	食品科技学院	63	63/0	
12	工学院	10	9/1	
13	生命科学学院	78	78/0	
14	信息科技学院	24	1/0	23
15	外国语学院	4	0/0	4
16	渔业学院	1	1/0	
17	思想政治理论课教研部	13	0/0	13
合　计		840	621/5	214

附录5 2011年各学院专利授权和申请情况一览表

学院	授权专利		申请专利	
	件	其中：发明/实用新型/外观设计	件	其中：发明/实用新型/外观设计
农学院	15	13/2/0	40	37/3/0 （1件PCT专利）
植物保护学院	11	10/1/0	30	28/2/0
资源与环境科学学院	11	11/0/0 （3件韩国发明专利）	19	19/0/0 （1件PCT专利）
园艺学院	11	11/0/0	44	44/0/0
动物科技学院	4	4/0/0	10	10/0/0
动物医学院	10	10/0/0	32	30/2/0
理学院	1	1/0/0	1	1/0/0
食品科技学院	30	27/3/0	40	38/2/0
工学院	44	3/24/17	95	20/39/36
生命科学学院	7	7/0/0	18	18/0/0
合计	144	97/30/17	329	245/48/36

附录 6　2011 年获国家技术奖成果

序号	成果名称	获奖类别及等级	授奖部门	完成人			主要完成单位
1	克服土壤连作生物障碍的微生物有机肥及其新工艺	国家技术发明奖二等奖	国务院	沈其荣　徐阳春　杨兴明黄启为　单晓昌　陆建明			资源与环境科学学院
2	梨自花结实性种质创新与应用	国家科技进步奖二等奖	国务院	张绍铃　李秀根　王迎涛吴　俊　吴华清　杨　健李　勇　王　龙　李　晓王苏柯			园艺学院

附录 7　主办期刊

《南京农业大学学报（自然科学版）》

　　2011 年来稿 778 篇，刊发稿件 157 篇，刊用率约为 20％，平均发表周期为 356 天。每期邮局发行 366 册，国内交换 400 册，国际交流 30 册，国外发行 3 册。11 月 1 日在线采编系统正式运行，截至 2011 年 12 月 13 日网站访问量已达 15 339 次，平均每天访问量 360 多次。根据中国知网的中国学术期刊影响因子年报，《南京农业大学学报（自然科学版）》的影响因子为 1.323。《南京农业大学学报（自然科学版）》继 2008 年再次入选 300 种"中国精品科技期刊"，《南京农业大学学报（自然科学版）》编辑部被教育部科技司授予"中国高校科技期刊优秀团队"称号。

《南京农业大学学报（社会科学版）》

　　2011 年《南京农业大学学报（社会科学版）》全年收到来搞 2 373 篇，其中，校外稿件 2 257 篇，校内稿件 116 篇；刊用稿件 78 篇，用稿率约为 3.2％；刊用校内稿件 29 篇，刊用率约为 25％；校外稿件 49 篇，刊用率约为 2.2％，校内外用稿比接近 0.592：1；基金论文 42 篇，基金论文比达 0.54。2011 年《南京农业大学学报（社会科学版）》用稿周期约为 90 天。

　　《南京农业大学学报（社会科学版）》本年度影响因子排名比上年有较大的提升。中国科学文献计量评价研究中心公布的《中国学术期刊综合引证报告 2011 版》数据，《南京农业大学学报（社会科学版）》的复合影响因子为 1.116，在全国 673 种综合性社会科学期刊中排名第 19 位。转摘率也大幅度提高，截至 2011 年 12 月，《南京农业大学学报（社会科学版）》被四大转摘机构全文或者部分转摘论文 15 篇次，转摘率达到 20％。

社　会　服　务

　　【概况】2011 年，学校共签订各类对外科技服务合同 283 项，合同金额 4 648 万元，横向到位经费 2 849 万元。共办理免税合同 52 份，减免额 2 634.5 万元。江苏省 2011 年前瞻性研究项目获资助 2 项，合计金额 100 万元。与江苏省常州市、苏州市张家港区政府合作项目分别获得 10 万元和 5 万元经费支持。

2011 年，资产经营公司围绕教育部副部长陈希在直属高校产业工作会议上提出的 2011 年五大工作任务进行落实整改。资产经营公司全资、控股企业主营业务收入 5 082.93 万元，净利润 438.01 万元。2011 年 10 月，南京农业大学以无形资产（评估总价值 884.84 万元）对资产公司增加投资，资产公司的注册资本从 6 315.36 万元增加到 7 200.20 万元。

江浦实验农场，其功能主要分两部分：一是教学科研实验基地（用地 106.67 公顷），分别是农学实验站、环境工程实验站、动科实验站、园艺实验站和公共服务站，各站分属相关学院和部门管理；二是农业高新技术示范基地（实验农场），用地 266.67 公顷，包括农业服务站、农机服务站等。完成了农学院、植物保护学院、园艺学院、资源与环境科学学院、公共管理学院和动物科技学院等单位 600 多名学生的实习任务。

【平台搭建】在江苏省常州市建立南京农业大学技术转移中心苏南分中心，同宿迁市签订了南京农业大学技术转移中心苏北分中心建设协议，新建南京农业大学-宜兴官林产学研合作办公室。与新疆生产建设兵团农十师 184 团签署了全面合作协议；与江苏省盐城市响水县人民政府签订政产学研公共服务平台建设合作协议。开展南京农业大学（宿迁）设施园艺研究院、南京农业大学（灌云）现代农业装备研究院建设工作；与江苏省盐城市东台市政府签署了南京农业大学（东台）绿色食品研究院建设协议；与山东省泰克托普光电科技有限公司联合建立"生物光电智能技术实验室"等。在连云港市实施"百名教授兴百村"三期工程，建设了 4 个专家工作站。推进江苏省"挂县强农富民"工程，在 2 个县组建了 4 个挂村专家创新与服务团。

【资产经营】根据教育部《关于编报 2012 年中央国有资本经营预算有关事项的紧急通知》（教财司函〔2011〕330 号）的文件要求，完成了 2012 年度国有资本经营预算的编制、报送工作，报送 2012 年国有资本经营预算 2 000 万元。完成对兴农公司的减资工作，回收资金 1 205 万元。完成《南京农业大学在职专业技术人员参与产业创业的管理办法》起草工作。贯彻教育部"非改即撤"的方针，分别成立"环宇公司""教学仪器厂""微生物工厂"清算小组，启动依法注销工作。资产经营公司与自然人阚晓锋、南京汇佳环保有限公司投资 500 万元，共同组建了"江苏苏诚环境监测技术有限责任公司"，资产经营公司占有该公司 30% 的股份。学校科技成果（专利技术）用于企业投入 5 项。

【获奖情况】南京农业大学获得江苏省南京市"双百工程"先进集体、江苏省"挂县强农富民工程"先进单位。学校与江苏新天地集团共同组建的"江苏省固体有机废弃物资源化利用高技术研究重点实验室"荣获教育部 2008—2010 中国十大产学研典型案例。学校食品科技学院周光宏教授牵头的科技成果项目"冷却猪肉质量安全关键技术创新与应用研究"获第十三届中国国际工业博览会工博会高校展区优秀展品奖二等奖。

（撰稿：严　瑾　黄　芸　李海峰　王惠萍　许承保
审稿：陈　巍　李玉清　俞建飞　马海田　孙小伍
吴　强　乔玉山　审核：王俊琴）

[附录]

附录1 2011 年各学院横向合作到位经费情况一览表

序号	学 院	到位经费（万元）
1	农学院	453.177 0
2	植物保护学院	352.782 0
3	资源与环境科学学院	371.992 5
4	园艺学院	381.948 7
5	动物科技学院	62.926 0
6	动物医学院	242.560 0
7	食品科技学院	21.000 0
8	生命科学学院	41.703 6
9	信息科技学院	53.436 0
10	理学院	17.880 0
11	公共管理学院	425.500 0
12	经济管理学院	212.000 0
13	人文社会科学学院	50.300 0
14	工学院	162.000 0
合 计		2 849.205 8

附录2 2011 年科技服务获奖情况一览表

时间	获奖名称	获奖个人/单位	颁奖单位
2011 年 2 月	江苏省挂县强农富民工程先进单位	南京农业大学	江苏省农业委员会 江苏省教育厅 江苏省科技厅
2011 年 2 月	江苏省挂县强农富民工程十佳宣传单位	南京农业大学	江苏省农业委员会 江苏省教育厅 江苏省科技厅
2011 年 2 月	江苏省挂县强农富民工程十佳通讯员	汤国辉	江苏省农业委员会
2011 年 2 月	江苏省挂县强农富民工程先进个人	郭世荣 杜文兴	江苏省农业委员会
2011 年 4 月	全国农牧渔业丰收奖先进个人	汤国辉	农业部
2011 年 4 月	农业科技创新与推广先进个人	陈发棣	江苏省人民政府
2011 年 6 月	全国优秀奶业工作者	王根林	中国奶业协会
2011 年 7 月	教育部 2008—2010 中国十大产学研典型案例	南京农业大学与江苏新天地集团共同组建的"江苏省固体有机废弃物资源化利用高技术研究重点实验室"	教育部科技发展中心

（续）

时间	获奖名称	获奖个人/单位	颁奖单位
2011 年 11 月	高校展区优秀展品二等奖	"冷却猪肉质量安全关键技术创新与应用研究"项目	教育部科技发展中心 中国国际工业博览会中国高校展区组委会
2011 年 11 月	中国农学会农业产业化分会 2010—2011 年度先进个人	汤国辉	中国农学会农业产业化分会
2011 年 12 月	江苏省挂县强农富民工程"十佳宣传单位"	南京农业大学	江苏省农业委员会 江苏省教育厅 江苏省科学技术厅
2011 年 12 月	江苏省挂县强农富民工程"十佳通讯员"	汤国辉	江苏省农业委员会 江苏省教育厅 江苏省科学技术厅
2011 年 12 月	江苏省挂县强农富民工程"农业科技服务明星"	刘德辉　郭世荣	江苏省农业委员会 江苏省教育厅 江苏省科学技术厅
2011 年 12 月	南京市"双百工程"优秀奖	陶建敏　侯喜林	南京市科学技术协会等
2011 年 12 月	南京市"双百工程"优秀组织奖	南京农业大学	南京市科学技术协会等
2011 年 12 月	南京市"双百工程"优秀组织者奖	汤国辉	南京市科学技术协会等
2011 年 12 月	江苏省农业科技入户工程优秀农技指导员	黄瑞华	江苏省农业委员会

八、对外交流与合作

外事与学术交流

【概况】2011 年，江苏省教育厅授予学校"国际交流与合作年度先进单位"，荣获"江苏省外国专家工作研究会先进单位"。

2011 年，接待境外高校和政府代表团组 42 批 140 人次，包括日本京都大学校长代表团、德国哥廷根大学校长代表团、越南河内农业大学校长代表团、乌克兰赫尔松州州长代表团和美国农业部代表团等，外宾来访总人数 495 人次。与境外高校签署 10 份合作协议。协助相关院系举办"土壤组学：应用与未来前景国际研讨会"等 7 个国际会议。

2011 年，获教育部和国家外国专家局聘请外国文教专家经费 532 万元，组织实施教育部和国家外国专家局"海外名师项目""学校特色项目""引进海外高层次文教专家重点支持计划""111 计划"及学校引进国外智力普通项目 95 个。通过聘专项目和学校自筹经费聘请外国专家 372 人次，做学术报告 445 场。组织学院申报 2012 年度各类聘请外国专家项目 112 项。1 名外国专家获得 2011 年度外国专家"江苏友谊奖"。新增"111 计划"项目 1 项，学校在执行的"111 计划"项目达到 3 项。

2011 年，学校选派教师出国（境）计 235 批 396 人次，其中 3 个月以上进修、合作研究和攻读学位等计 86 批 102 人次，参加国际会议、学术交流和培训等短期出国（境）计 149 批 294 人次。与党委组织部一起完成"第四期中层干部高等教育管理研修班"的境外培训工作。通过学生交换、联合培养、国家公派研究生和修学旅行等项目派出本科生和研究生 150 人次。

【"农业资源与环境学科生物学研究创新引智基地"获批立项】沈其荣教授牵头申报的 2012 年度高等学校学科创新引智基地"农业资源与环境学科生物学研究创新引智基地"获得立项（教技函〔2011〕74 号）。该项目聘请美国密歇根州立大学铁德（James M Tiedje）教授为海外学术大师、聘请英国约翰·英纳斯中心米勒（Anthony J Miller）教授、美国科罗拉多州立大学维万可（Jorge M Vivanco）教授等 13 位专家为海外学术骨干。项目包括 3 个研究方向：固体废弃物资源化和土壤微生物生态学、氮磷养分资源高效利用的分子生物学和碳氮循环与全球变化生物学。

2007 年立项资助的"111 计划"——郑小波教授主持的"农业生物灾害科学创新引智基地"顺利通过考核，进入下一个为期 5 年的滚动支持周期。

【瑞士籍专家斯特拉塞（Reto J Strasser）教授荣获 2011 年度"江苏友谊奖"】2011 年 9 月，"农业生物灾害科学创新引智基地"海外学术骨干、瑞士日内瓦大学斯特拉塞（Reto J Strasser）教授获 2011 年度"江苏友谊奖"，应邀参加江苏省政府举行的颁奖仪式，并代表获奖专家发言。斯特拉塞教授是国际著名的生物物理学家和微生物学家，与学校生命科学学院有长期紧密合作。"江苏友谊奖"是江苏省政府授予来苏工作外国专家的最高奖项，自1997 年设立以来，学校已有 5 名外国专家获此殊荣。

【国际科技合作平台建设项目获得立项】 2011 年 5 月，"国际科技合作平台建设项目"获得学校立项。项目重点资助植物营养学科、食品质量与安全、植物学和农业昆虫与害虫防治 4个学科开展国际合作交流活动，旨在使合作双方人员互访常态化、合作形式多样化。2011年，4 个国际合作平台共接待 64 人次外国专家来访，派出 30 人次师生赴国外参会、访问和合作研究，举办 3 次国际研讨会。

［附录］

附录 1 2011 年签署的国际交流与合作协议一览表

序号	国家	院校名称（中英文）	合作协议名称	签署日期
1	美国	康奈尔大学农业与生命科学学院 The College of Agriculture and Life Sciences，Cornell University	校际合作备忘录	3 月 30 日
2		伊利诺伊大学香槟分校 University of Illinois at Urbana–Champaign	校际合作备忘录	3 月 9 日
3		艾奥瓦州立大学 Iowa State University	校际合作备忘录	5 月 26 日
4	英国	雷丁大学 Reading University	校际合作备忘录	2 月 22 日
5		詹姆斯·赫顿研究所 James Hutton Institute	学术合作备忘录	11 月 17 日
6	丹麦	奥胡斯大学 Aarhus University	学生交换协议	2 月 25 日
7	印度尼西亚	国立玛琅大学 State University of Malang	校际合作备忘录	7 月 1 日

附录 2 2011 年举办国际学术会议一览表

序号	时间	会议名称（中英文）	负责学院/系
1	5 月 6~8 日	动物福利国际学术研讨会 International Symposium on Animal Welfare	动物医学院
2	5 月 9~13 日	关于开发和评估优良不育害虫品种的项目协调会 The 2nd RCM on Development and Evaluation of Improved Strains of Insect Pests for SIT	植物保护学院
3	8 月 20~24 日	2011 国际菊芋研讨会 International Symposium on Jerusalem Artichoke，2011	资源与环境科学学院
4	9 月 20~23 日	生物质炭与中国新型绿色农业国际研讨会 International Workshop on Biochar and New Green Agriculture in China	资源与环境科学学院
5	10 月 26~31 日	中国东南部地区外来有害入侵生物的扩散、管理和可持续利用的跨学科综合研究国际研讨会 Towards Interdisciplinary Research on the Spread，Management and Sustainable Use of Invasive Exotic Plant Species in Southeast China	经济管理学院

（续）

序号	时间	会议名称（中英文）	负责学院/系
6	11月19～23日	"土壤组学"国际研讨会 International Conference on Soil Omics	资源与环境科学学院
7	11月27～29日	全球环境变化下的杂草科学问题国际研讨会 International Workshop on Weed Science Issues under Global Environmental Change	生命科学学院

附录3　2011年重要访问团组和外国专家一览表

序号	代表团（外国专家）名称	来访目的	来访时间
1	美国华盛顿州立大学校际代表团	校际访问，探讨在动物科学、动物医学领域合作可能	1月
2	雷丁大学副校长代表团	签署《校际合作备忘录》，探讨在学生联合培养、教师培训等领域的合作可能	1月
3	日本香川大学校长代表团	校际访问，探讨拓展学生联合培养合作事宜	1月
4	学校"111计划"项目海外学术大师、美国弗吉尼亚理工大学泰勒（Brett Tyler）教授	合作研究	1月
5	莫斯科土地管理大学校长代表团	校际访问，探讨续签校际合作协议、拓展在土地规划管理等领域合作事宜	2月
6	日本大和语言学院理事长	商谈学生交流项目合作事宜	3月
7	澳大利亚西澳大学代表团	商讨学生交流项目合作事宜	3月
8	日本东京农业大学代表团	探讨在作物科学、食品科学和产业经济学等学科开展师生交流、学生联合培养的合作可能	3月
9	匈牙利德布勒森大学代表团	探讨建立校际合作关系、开展合作科研、学生联合培养等合作可能	4月
10	美国艾奥瓦州立大学校长代表团	学术交流，探讨在动物医学领域开展科研合作事宜	5月
11	美国艾奥瓦州立大学校长代表团	签署校际合作校际合作备忘录	5月
12	学校"111计划"项目海外学术大师、美国堪萨斯州立大学植物病理系基尔（Bikram S Gill）教授	合作研究	6月
13	越南河内农业大学校长代表团	商谈续签校际协议、探讨学生联合培养合作事宜，看望在学校学习的越南学生	6月
14	乌克兰赫尔松州州长代表团	推动学校与赫尔松州相关高校、企业开展教育、科研和技术推广等合作	6月
15	美国加州州立大学弗雷斯诺分校农学院院长代表团	商谈学生联合培养和学生交流项目	6月

（续）

序号	代表团（外国专家）名称	来访目的	来访时间
16	印度尼西亚国立玛琅大学校长代表团	商讨研究生培训班项目	7 月
17	美国农业部专家代表团	考察"农业应对气候变化"	7 月
18	学校"111 计划"项目海外学术骨干、瑞士日内瓦大学斯特拉塞（Reto J Strasser）教授	合作研究	9 月
19	德国哥廷根大学校长代表团	探讨建立校际合作关系、开展师生交流、科研合作及学生联合培养的合作可能	9 月
20	澳大利亚联邦科学与工业研究组织食品和营养科学研究所图姆（Ronald K Tume）研究员	合作研究	10 月
21	美国国家科学院院士、学校"111 计划"项目海外学术大师、密歇根州立大学铁德（James M Tiedje）教授	合作研究，参加"土壤组学：应用与未来前景"国际研讨会	11 月
22	学校"111 计划"项目海外学术骨干、科罗拉多州立大学维万可（Jorge Vivanco）教授	合作研究，参加"土壤组学：应用与未来前景"国际研讨会	11 月
23	英国詹姆斯·赫顿研究所所长代表团	签署学术合作备忘录	11 月
24	日本京都大学校长代表团	推动两校创新合作模式、深化合作内容	12 月
25	荷兰驻上海总领事馆代表团	推动学校与荷兰高校、研究所和企业开展教育、科研、技术推广领域的合作	12 月

附录 4　2011 年新增国际合作项目一览表

序号	项目名称	外方合作者	项目资助机构	项目负责人
1	中英可持续农业网络第三工作组农业温室气体减排双边合作项目	英国阿伯丁大学生物学院生物与环境科学研究所史密斯（Pete Smith）教授	英国环境、食品与农村事务部、中国农业部	潘根兴
2	昆虫高效转座子 PiggyBac 的开发	国际原子能机构	国际原子能机构	吴　敏
3	中国新疆塔里木河流域气候变化、水资源和土地可持续利用——塔里木河流域气候变化对社会经济的影响与适应	德国霍恩海姆大学农业管理研究所的都齐斯（Reiner Doluschitz）教授	中国科技部、德国科技部	周曙东

附录 5　2011 年学校新增荣誉教授一览表

序号	姓名	所在单位、职务职称	聘任身份
1	明恩（Ray R Ming）	美国伊利诺伊大学教授	客座教授
2	科班（Schuyler S Korban）	美国伊利诺伊大学教授	客座教授
3	庄弘（Zhuang Hong）	美国农业部农业服务研究中心研究员	客座教授

附录6 教师公派留学研究项目 2011 年派出人员一览表

序号	姓名	院系/单位	留学国家	留学院校	留学时间	留学期限	留学身份	留学类别
1	芮荣	动物医学院	英国	爱丁堡大学	4月	6个月	高级访问学者	国家公派全额资助
2	陈秋生	动物医学院	英国	伦敦皇家兽医学院	5月	6个月	高级访问学者	国家公派全额资助
3	王先炜	动物医学院	美国	艾奥瓦州立大学兽医疾病实验室	12月	1年	访问学者	国家公派全额资助
4	杨志民	园艺学院	美国	罗格斯大学	3月	6个月	访问学者	国家公派1:1配套
5	尹燕	人文社会科学学院	美国	宾夕法尼亚州立大学	1月	6个月	访问学者	国家公派1:1配套
6	董红梅	外国语学院	美国	布朗大学	1月	6个月	访问学者	国家公派1:1配套
7	胡一兵	资源与环境科学学院	美国	斯坦福大学	11月	6个月	进修	国家公派1:1配套
8	耿献辉	经济管理学院	新西兰	梅西大学	1月	1年	访问学者	国家公派1:1配套
9	陈法军	植物保护学院	美国	得克萨斯农工大学	1月	1年	访问学者	国家公派1:1配套
10	韩英	工学院	美国	伊利诺伊州立大学	2月	1年	访问学者	国家公派1:1配套
11	李兆富	资源与环境科学学院	美国	辛辛那提大学	4月	1年	访问学者	国家公派1:1配套
12	叶永浩	植物保护学院	美国	加利福尼亚大学戴维斯分校	6月	1年	访问学者	国家公派1:1配套
13	马海田	动物医学院	美国	堪萨斯州立大学	7月	1年	访问学者	国家公派1:1配套
14	吴未	公共管理学院	荷兰	瓦赫宁根大学	8月	1年	访问学者	国家公派1:1配套
15	杨亦桦	植物保护学院	英国	洛桑试验站	2月	6个月	合作研究	"111计划"项目经费
16	孙健	食品科技学院	英国	雷丁大学	9月	3个月	进修	思政项目（留学基金项目）
17	潘磊庆	食品科技学院	美国	华盛顿州立大学	9月	3个月	合作研究	科研经费
18	赵海珍	食品科技学院	美国	田纳西州立大学	9月	3个月	合作研究	科研经费
19	王凯	农学院	美国	威斯康星大学	3月	1年	博士后	科研经费

（续）

序号	姓 名	院系/单位	留学国家	留学院校	留学时间	留学期限	留学身份	留学类别
20	姜 海	公共管理学院	瑞典	歌德堡大学	1 月	6 个月	合作研究	国际合作项目经费
21	孔繁霞	工学院	英国	考文垂大学	12 月	8 个月	合作研究	学院师资培养经费
22	姜 姝	工学院	英国	考文垂大学	12 月	8 个月	合作研究	学院师资培养经费
23	马贤磊	公共管理学院	荷兰	瓦赫宁根大学	9 月	5 个月	攻读博士学位	邀请方
24	曹历娟	经济管理学院	澳大利亚	詹姆斯库克大学	9 月	6 个月	合作研究	邀请方
25	董莎萌	植物保护学院	英国	Sainsbury 实验室	9 月	2 年	合作研究	邀请方

附录7 国家建设高水平大学公派研究生项目 2011 年派出人员一览表

序号	姓 名	院系/单位	留学国家	留学院校	留学时间	留学期限	留学身份
1	陈国奇	生命科学学院	美国	佐治亚大学	9 月	1 年	联合培养博士
2	张 瑜	工学院	美国	伊利诺伊大学香槟分校	1 月	1 年	联合培养博士
3	渠 晖	动物科技学院	美国	加利福尼亚大学戴维斯分校	12 月	1 年	联合培养博士
4	冯慧敏	资源与环境科学学院	英国	约翰·英纳斯中心	8 月	1 年	联合培养博士
5	朱洪龙	动物科技学院	比利时	根特大学	9 月	1 年	联合培养博士
6	丁承强	农学院	日本	东京大学	1 月	1 年	联合培养博士
7	吴 聪	动物医学院	美国	北卡罗来纳大学教堂山分校	8 月	2 年	联合培养博士
8	邹保红	植物保护学院	美国	康奈尔大学	9 月	2 年	联合培养博士
9	叶文武	植物保护学院	美国	弗吉尼亚大学	9 月	2 年	联合培养博士
10	薄凯亮	园艺学院	美国	威斯康星大学	1 月	2 年	联合培养博士
11	薛 超	资源与环境科学学院	美国	伊利诺伊大学香槟分校	11 月	2 年	联合培养博士
12	周 雪	植物保护学院	美国	内布拉斯加大学林肯分校	12 月	2 年	联合培养博士
13	黄菁华	资源与环境科学学院	荷兰	生态研究所	9 月	2 年	联合培养博士
14	尚小光	农学院	澳大利亚	纽卡斯尔大学	9 月	2 年	联合培养博士
15	陈 粲	资源与环境科学学院	澳大利亚	墨尔本大学	11 月	2 年	联合培养博士
16	张 锐	动物医学院	德国	波恩大学	9 月	3 年	攻读博士学位
17	周 璇	动物科技学院	瑞士	苏黎世联邦高等工业学院	9 月	3 年	攻读博士学位

（续）

序号	姓名	院系/单位	留学国家	留学院校	留学时间	留学期限	留学身份
18	江本砚	园艺学院	日本	筑波大学	7 月	3 年	攻读博士学位
19	刘乐	生命科学学院	日本	东京大学	9 月	3 年	攻读博士学位
20	刘唯真	生命科学学院	美国	华盛顿州立大学	8 月	4 年	攻读博士学位
21	李萌	食品科技学院	美国	华盛顿州立大学	8 月	4 年	攻读博士学位
22	杨佳妮	农学院	美国	佛罗里达大学	8 月	4 年	攻读博士学位
23	续斐	食品科技学院	美国	麻省州立大学阿莫斯特分校	8 月	4 年	攻读博士学位
24	王淑敏	园艺学院	加拿大	英属哥伦比亚大学	9 月	4 年	攻读博士学位
25	严思齐	公共管理学院	澳大利亚	悉尼科技大学	7 月	4 年	攻读博士学位
26	杨振	动物医学院	比利时	根特大学	9 月	4 年	攻读博士学位
27	孟璐	动物医学院	德国	柏林自由大学	9 月	4 年	攻读博士学位
28	刘健	农学院	法国	图卢兹应用科学学院	9 月	4 年	攻读博士学位
29	陈孙禄	农学院	日本	北海道大学	9 月	4 年	攻读博士学位

（撰稿：张炜 魏薇 丰蓉 陈月红 杨梅 蒋苏娅 郭丽娟 审稿：张红生 审核：王俊琴）

教育援外、培训工作

【概况】受商务部和教育部委托，学校（含无锡渔业学院）共举办 14 期援外培训班，包括发展中国家农业管理研修班、发展中国家农业信息技术研修班、中喀双边棉纺贸易官员研修班和非洲国家农产品质量与安全高级培训班等，培训学员 330 人，学员来自 70 多个发展中国家。与往年相比，本年度培训班国别覆盖范围广，学员层次高，培训班质量不断提升，国际影响日益扩大。

执行教育部"中非高校 20＋20 合作计划"项目。在"中非高校 20＋20 合作计划"框架下，向肯尼亚埃格顿大学派遣 2 名教师，援建 1 个网络室，赠送 200 本英文图书，开展 1 项合作科研项目。

【新华社对南京农业大学援助肯尼亚项目进行专题报道】2011 年 10 月，新华社记者在非洲采访并专题报道了学校对肯尼亚埃格顿大学的援助项目。10 月 27 日，专题片通过新华社新媒体——中国新华新闻电视网英语电视台（CNC WORLD）在"全球视线（WORLD PER-SPECTIVE）"栏目向全球播出。

【校领导出席 2011 联合国教科文组织-非洲-中国大学校长研讨会】2011 年 10 月 24～25 日，学校副校长沈其荣应邀赴法国巴黎出席了在联合国教科文组织（UNESCO）总部举办的 2011 联合国教科文组织-非洲-中国大学校长研讨会。应联合国教科文组织邀请，学校作为"中非高校 20＋20 合作计划"的中方高校之一，赴联合国教科文组织巴黎总部出席此次研讨会。本次研讨会旨在落实我国政府与联合国教科文组织于 2010 年 5 月签署的《合作谅解备忘录》，同时也是我国政府首次与国际组织合作在其总部召开国际教育会议，具有极其重要的意义。

（撰稿：满萍萍　童　敏　审稿：刘志民　审核：王俊琴）

港 澳 台 工 作

【概况】2011 年，学校与我国台湾亚洲大学签署校际合作协议，与台湾中兴大学和嘉义大学签署学生交流协议。接待我国港澳台来访团组 11 批 37 人次；派出教师赴台湾 18 人、赴香港 10 人，开展学术交流、合作研究等；赴台湾高校交换学生 4 人，赴台湾参加暑期短期访学学生 19 人。台湾来学校参加"海峡两岸新农村建设研习营"的学生有 27 人。学校 16 名本科生赴香港参加了在香港科技大学举办的"阳光国际交流营"。

（撰稿：丰　蓉　杨　梅　审稿：张红生　审核：王俊琴）

[附录]

附录 1　2011 年与我国台湾高校签署交流与合作协议一览表

序号	院校名称	合作协议名称	签署日期
1	中兴大学	学生交流协议书	1 月 17 日
2	嘉义大学	学生交流协议书	3 月 23 日
3	亚洲大学	学术交流备忘录	5 月 16 日

附录 2　2011 年我国港澳台地区主要来宾一览表

序号	代表团名称	来访目的	来访时间
1	嘉义大学学生代表团	参加"两岸大学生新农村建设研习营"	7 月
2	中兴大学学生代表团	参加"两岸大学生新农村建设研习营"	7 月
3	中华科技大学学生代表团	参加"两岸大学生新农村建设研习营"	7 月

校 友 工 作

【概况】2011 年，成立山东校友分会，召开了浙江、陕西校友分会筹备会，成功举办了在京校友联谊会，校友组织网络日趋健全；利用校友资源促进招生、就业和教学科研工作，校院两级获得社会捐赠 200 万元，校友支持母校发展的力度不断加强；编印了《南农校友通讯》；参与校友回访母校联谊活动 20 次，接待各类返校校友及校友咨询 100 人次，定期通过校友网站平台和邮件寄发各类宣传资料，保持与校友的密切联系，校友服务越加完善。

2011 年，学校 110 周年校庆工作正式启动。2011 年 10 月，成立校庆筹备工作委员会，建立了校庆筹备各工作组。11 月，举办校庆启动仪式，江苏省委常委、副省长黄莉新，省政协副主席张九汉，南京市政协主席缪合林等一批知名校友出席启动仪式，为学校发展建言献策，为校庆工作拉开序幕。11 月，召开校庆筹备工作会议，校领导、校庆办公室全体成员、各工作组组长、各学院党政主要负责人出席会议，全面部署校庆筹备工作，细化落实任务，全力保障 110 周年校庆活动的顺利举行。

（撰稿：刘志斌　审稿：刘　勇　审核：王俊琴）

九、大学文化建设

大 学 文 化

【概况】坚持以社会主义核心价值观为引领，大力传承和弘扬"诚朴勤仁"为核心的南农精神，注重顶层设计、科学规划，着力加强大学文化建设，学校于2011年度制订实施《南京农业大学中长期文化建设规划纲要（2011—2020年）》，明确了学校文化建设指导思想、目标任务、主要内容和主要举措，规划了文化建设的六大工程、21个建设项目。学校配套80万元文化建设专项。启动系列校园文化设施建设，开展大学文化教育活动。

【启动校园文化设施建设】学校启动校园多媒体信息发布系统、视觉识别系统、学校形象宣传片的设计与制作，建设南大门校训文化石碑、图书馆塔楼文化钟等文化设施。学校1项文化成果荣获全国高校校园文化建设优秀成果奖二等奖。

【开展大学文化教育活动】学校面向新教师、新生举办校史校情讲座、学唱校歌、参观中华农业文明博物馆和校史馆、组织南农文化演讲比赛与知识竞赛等活动，大力宣传南农精神、南农文化和南农特色，繁荣以"诚朴勤仁"为核心的大学文化。

（撰稿：刘传俊　审稿：全思懋　审核：孙海燕）

校 园 文 化

【概况】2011年，学校充分发挥学生的主体作用，举办"与南农一起飞"主题迎新晚会、校园文化艺术节和高雅艺术进校园等活动，营造积极向上的校园文化氛围，发挥文化育人功能。学校精心组织和编排的作品在江苏省大学生艺术展演活动中取得佳绩。

【参加江苏省第三届大学生艺术展演活动】2011年5～7月，江苏省第三届大学生艺术展演活动艺术表演类比赛在南京市举行，校大学生艺术团和人文社会科学学院艺术系学生参加了大合唱、小合唱、器乐、舞蹈和戏剧5项比赛。男生无伴奏小合唱《Teenage Dream》、女生群舞《红珊瑚》获得一等奖；大合唱《走向复兴》和《祖国不会忘记》、器乐表演《草原上升起不落的太阳》以及兰菊秀苑戏曲团京剧选段《探阴山》获得二等奖；二重唱歌剧《原野》选段获得三等奖；器乐作品《草原上升起不落的太阳》获得优秀创作奖；沈镝、周辉国和朱媛媛被评为优秀指导教师。

【话剧《书香茶楼Ⅱ》走进学校】 12月8日晚，2011年江苏省高雅艺术进校园之话剧《书香茶楼Ⅱ》在南京农业大学大学生活动中心报告厅上演。本次活动由江苏省委宣传部、省教育厅、省财政厅和省演艺集团共同主办，国家大学生文化素质教育基地办公室和学校团委联合承办。《书香茶楼Ⅱ》由南京大学文化艺术教育中心主任康尔教授编创，曾在江苏省南京市及省内多个城市演出，先后斩获"全国戏剧文化奖"、话剧"金狮奖"以及中国（上海）国际艺术节东方喜剧展"优秀剧目奖"。

（撰稿：翟元海　审稿：王　超　审核：孙海燕）

体 育 活 动

【学生群体活动】 2011年南京农业大学早锻炼活动安排有广播操、太极拳和冬季长跑。学校举行第三十九届校级学生运动会，共进行了九大项比赛，赛程持续一年之久，约有4 500人次运动员、70 000人次观众参与到运动会中。运动会以歌舞晚会的形式进行了闭幕式颁奖典礼。

【学生体育竞赛】 2011年，南京农业大学参加各类全国、省级比赛中获得成绩：田径运动员孙雅薇参加亚洲田径锦标赛获得冠军、世界室内锦标赛第10名、第九届全国大学生运动会第二名、中华人民共和国全国运动会第二名。女子排球队2011年参加全国大学生排球超级联赛获得第六名，武术队参加了全国大学生武术锦标赛获得通臂拳第一名、棍术第三名、形意拳第三名。田径队参加江苏省南京市高校部田径运动会获得5金2银3铜，女子团体第一名，男子团体第七名，总分团体第四名；参加华东区农业院校田径比赛获得男子团体第六名，女子团体第六名，男女团体第六名。

（撰稿：吴　洁　陆春红　审稿：许再银　审核：孙海燕）

【教职工体育活动】 2011年3月，"三八"国际劳动妇女节女教职工踏青游艺活动，全校580多名女教职工参加。6月，教职工乒乓球比赛在校体育馆举行，共有23个代表队的150多名选手参加，理学院摘得团体赛冠军，后勤集团（一队）取得亚军，经济管理学院获得季军，景桂英荣获女子单打冠军，徐峙晖荣获男子单打冠军。10月，南京农业大学第三十九届运动会，22个部门工会的22支代表队参加了18个个人和集体项目的角逐，农学院、后勤集团（一队）、生命科学学院分别获得教工部田径、健身项目团体总分第一至第三名。11月，组队参加江苏省教科工会组织在宁高校教职工跳长绳比赛，获得第三名。11月26日，"神州杯"教职工扑克牌比赛在教职工活动中心举行，共26个代表队参加，由机关一队、神州种业公司、科学研究院代表队分获前三名。12月，学校教工队在首届上海海洋大学-南京农业大学教职工足球（"快灵杯"）友谊赛中获得胜利。

（撰稿：姚明霞　审稿：欧名豪　审核：孙海燕）

各 类 科 技 竞 赛

【概况】2011 年,学校以大学生科技节为载体,统筹全校大学生第二课堂实践活动,大力培养学生的创新创业能力。本届科技节活动贯穿全年,通过举办课外科技作品竞赛、创业计划竞赛、ERP 模拟沙盘比赛和创业面对面等 15 项校级竞赛和活动,吸引 9 000 多名学生参与。在全国"挑战杯"课外学术科技作品竞赛中,1 项作品获三等奖,并获全国高校优秀组织奖。在省级竞赛中,获一等奖 1 项、二等奖 2 项、三等奖 3 项。

【第五届大学生科技节课外学术科技作品竞赛决赛】2011 年 3 月 26 日,由学校第五届大学生科技节组委会举办的大学生课外学术科技作品竞赛决赛圆满落幕。本届竞赛从 2010 年 11 月开始,历时 5 个月,经过作品申报、作品完善、学院评审、作品提交和资格复查等阶段,共有来自全校 15 个学院的 85 件作品参赛。其中,自然科学类作品 46 件,哲学社科类作品 20 件,科技发明制作类作品 19 件。本次竞赛借鉴了全国竞赛模式,以作品的科学性、创新性和现实意义为基本评判标准,分自然科学论文、哲学社会科学论文和科技发明制作 3 个类别,通过现场展示和问辩、秘密答辩、评委评议 3 个环节评出特等奖 6 件、一等奖 14 件、二等奖 26 件和三等奖 22 件。

【第五届大学生科技节总结表彰大会暨第六届大学生科技节开幕式举行】2011 年 5 月 29 日下午,南京农业大学第五届大学生科技节总结表彰大会暨第六届大学生科技节开幕式在大学生活动中心报告厅举行。学校党委副书记花亚纯、副校长徐翔、党委办公室主任戴建君、学生工作部部长刘营军、研究生工作部部长刘兆磊、计财处处长张兵、科技处处长刘凤权、团委书记夏镇波、教务处副处长李俊龙出席大会并为获奖师生颁奖。各学院党委副书记、团委相关同志、部分获奖师生代表及 400 名学生一起参加表彰大会和开幕式。

【第六届大学生科技节创新大讲堂报告会】2011 年 5 月 29 日下午,第六届大学生科技节第二期"创新大讲堂"在大学生活动中心报告厅成功举办。"挑战杯"中国大学生创业计划大赛评委会副主任、上海创业投资管理有限公司总裁陈爱国应学校团委邀请为学校师生做"'挑战杯'与大学创业"主题报告,报告会由学校团委书记夏镇波主持。报告中,陈爱国围绕"大学生如何参加创业计划竞赛"和"大学生如何参与创业实践"两个主题与在场师生进行了交流。

【学校优秀校友畅谈大学生创业】2011 年 12 月 13 日晚,"Face to Face——与优秀的人一起"系列访谈活动在教四楼报告厅举行。江苏省溧阳市翠谷庄园农业生态休闲有限公司创办人叶豪(南京农业大学经济管理学院毕业生)和南京傅家边科技园集团有限公司董事长、总经理李百健(南京农业大学园艺学院毕业生)做客南京农业大学,就"大学生创业与理性思考"话题与 240 名学子分享各自的创业经历与心得,为现场同学上了一堂生动精彩的"创业辅导课"。

(撰稿:张亮亮 翟元海 审稿:王 超 审核:孙海燕)

学 生 社 团

【概况】学生社团是学生自愿组成，为实现会员的共同愿望，按照其章程开展活动的群众组织。他们以自我管理、自我监督和自我发展为目标，通过多层面、全方位地组织引导社团成员健康、稳定发展，提高大学生综合素质，繁荣校园文化。2011 年，学校注册学生社团 106 个。其中，卫岗校区 79 个，浦口校区 27 个。

【南京农业大学社团巡礼节】2011 年南京农业大学社团巡礼节是由学生社团管理联合会主办，全校 70 个学生社团共同承办的社团嘉年华，为期一个月。此次巡礼节首次举办学生社团发展论坛，通过邀请知名高校优秀社团来学校交流，为学校学生社团发展献计献策。

【优秀社团评选工作】2011 年 5 月 12 日，学生社团管理联合会开展 2011 年优秀社团评选工作。"南农之声"广播台、本本之家、视平线创意工作室、美术协会、摄影协会、绿源环协、企划同盟和武术协会被评为优秀学生社团。

（撰稿：翟元海　审稿：王　超　审核：孙海燕）

志 愿 服 务

【概况】南京农业大学十分重视组织开展青年志愿者行动，坚持以"西部计划""苏北计划"为龙头，以志愿者"四进社区"为推动，以志愿服务基地建设为依托，形成了学校党政领导、共青团承办、项目化管理和事业化推进的格局。各级团组织及广大团员在支农支教、关爱农民工子女、关爱留守儿童、环保宣传、普法宣传和弱势群体帮扶等方面进行了一系列志愿服务工作，践行了"奉献、友爱、互助、进步"的志愿者精神。全校 8 000 人次参与志愿服务活动，服务时间累计 100 000 小时。

【13 名志愿者参加"西部计划"（"苏北计划"）】学校积极响应团中央、团省委号召，引导广大毕业生到西部去、到苏北去、到祖国和人民最需要的地方去建功立业。自学校发布"西部计划"志愿者招募通知以来，全校 102 名学生前来咨询，最终 13 名志愿者成行。2011 年，学校获评"江苏省大学生志愿服务'苏北计划'优秀组织奖"。

（撰稿：贾媛媛　翟元海　审稿：王　超　审核：孙海燕）

社 会 实 践

【概况】2011 年暑期，学校团委积极响应胡锦涛总书记发出的"向实践学习，向人民群众学习"的号召，组织 5 000 余名师生以"永远跟党走，力行促发展"为主题，组建 140 支服务团，开展以"千乡万村环保科普行动、千人百团服务'三农'行动、千人千乡'三农'调研行动、千人就业见习志愿服务行动"为主要内容的社会实践活动。学校师生们奔赴全国多个省市的 1 241 个村镇和社区街道，开展各类宣讲、培训和咨询等活动累计 416 场，发放各种资料 35 000 份，完成调研报告 2 099 份，受益群众达 36 000 人。

【实践育人工作总结表彰】12 月 14 日晚，2011 年实践育人工作成果分享暨总结表彰大会在大学生活动中心举行，学校党委副书记花亚纯、副校长胡锋等出席大会。成果分享以"青春在路上"为主题，分为"青春在志愿服务的路上""青春在实践创新的路上""青春在就业见习的路上""青春在服务'三农'的路上"和"青春在社会观察的路上"5 个篇章。10 个优秀团队和个人代表分别向现场观众分享了社会实践中的收获体会。大会对 2011 年度社会实践、志愿服务、创新创业工作中涌现出的先进集体和个人进行了表彰。

（撰稿：贾媛媛　翟元海　审稿：王　超　审核：孙海燕）

十、财务、审计与资产管理

财 务 工 作

【概况】2011 年是"十二五"的开局之年，计财处在校党委和行政的领导下，围绕工作中心，以"创先争优"为契机，多渠道筹措发展资金，加强资金管理，加大对经费项目的监管力度，提高资金使用效益，为创建世界一流农业大学提供强有力的资金保证。

加大对专项资金的管理，出台相应专项管理办法。"前期注重论证，中期注重执行，后期注重评估验收"的措施取得了较好的效果，专项资金的使用效率得到逐步提高。2011 年，学校获得改善基本办学条件修购专项资金 4 000 万元，中央高校基本科研业务费 1 781 万元，国家重点实验室专项经费 862 万元，社会公益研究经费 1 780 万元。

不断提升会计核算电子化水平，提高工作效率。2011 年，审核复核原始票据 80 多万张，录入凭证科目 22.24 万笔，编制凭证数 6.67 万张，会计凭证装订成册 1 473 册，工作量较 2010 年增加 15%。启用了银行 POS 刷卡支付模式替代传统现金支付模式，减少现金用量，提高工作效率。银行支票使用量达 2 万张，较 2010 年增长 11%。

规范管理流程，完成各项收费工作。根据相关收费文件要求，办理了自学考试、实践课程收费许可证、全国计算机等级考试收费许可证以及培训类收费备案 51 个；完成各类票据的申领、发放和核销工作；完成工资核对及发放，职工住房公积金、住房补贴的支取，离退休职工住房补贴的发放，个人所得税、房租、水电费代扣，临时工、遗属补助和老家属工生活费发放等工作。2011 年，收取本科生、研究生学费共 8 685 万元，发放各类助学金 4 270 万元，发放贷款 779 万元，发放各类奖学金 752 万元，发放本科生西部开发、各类补助、减免和助学金约 1 398 万元。

加强财务信息化建设，建立了多方银行参与的校园卡新系统，建立了新型圈存加密系统，完成了学校学生宿舍、新理科实验楼门禁系统的建设。通过校园卡接受四六级英语考试、计算机等级考试和普通话考试报名 20 346 人次。

【建章立制规范管理】加强财务制度建设，发挥资金使用的最大效益。2011 年制订了《南京农业大学大额资金使用管理办法》，对各级大额资金使用的审批权限做了明确规定。制订了《南京农业大学校内追加项目经费财务管理暂行规定》《加强科研项目经费按预算执行的通知》《南京农业大学实行教育专项经费执行绩效奖励暂行办法》《关于加强国家专项资金管理的通知》和《关于加强国家级科研经费管理的通知》等，进一步规范了科研经费、专项经费的管理。

【强化预算执行管理】根据实际工作需要，科学编制年度收支预算，强化预算约束，完成学校预算的"一上""二上"编报和住房改革支出预算编报工作。严格财务审批程序，加强财务监督，创新预算管理体制机制，做好预算经费的管理工作，健全专项经费的审批和监督流程，每月编制并上报《南京农业大学专项资金预算执行情况简报》，加快预算执行进度。

【创新会计核算报账模式】 会计核算中心成立以来，计财处实现了二级单位账务的合并。积极探索报账方法，采用分部门、投递式、电话通知和大户预约等多模式相结合的报账方法，提高工作科学性、高效性，彻底解决了排队报销难的问题。

【加强财务文化建设】 计财处结合校党委"创先争优"主题活动的精神，开展了以"勤勉尽责，诚信高效"为主题的财务文化建设，开展"财务论坛"活动，不断提升会计人员整体业务水平。2011年8月，计财处被中国教育会计学会农业院校分会授予"先进集体"称号。

［附录］

教育事业经费收支情况

2011年，南京农业大学总收入为120 080.00万元。其中：教育经费拨款67 658.75万元，科研事业收入3 010.20万元，其他收入2 629.28万元，分别比2010年增长15.74％、33.63％及238.40％。科研经费拨款29 619.87万元，其他经费拨款2 683.72万元，教育事业收入14 458.68万元，分别比2010年减少33.23％、71.54％及25.21％。

表1 2010—2011年收入变动情况表

经费项目	2010年（万元）	2011年（万元）	增减额（万元）	增长率（％）
一、财政补助收入	112 520.99	99 981.84	−12 539.15	−11.14
（一）教育经费拨款	58 457.83	67 658.75	9 200.92	15.74
1. 中央教育经费拨款（含基建）	57 054.86	60 638.08	3 583.22	6.28
2. 地方教育经费拨款	1 402.97	7 020.67	5 617.70	400.41
（二）科研经费拨款	44 363.12	29 619.87	−14 743.25	−33.23
1. 中央科研经费拨款	37 456.46	22 814.83	−14 641.63	−39.09
2. 地方科研经费拨款	6 906.66	6 805.04	−101.62	−1.47
（三）其他经费拨款	9 431.33	2 683.72	−6 747.61	−71.54
1. 中央其他经费拨款	8 478.27	2 273.68	−6 204.59	−73.18
2. 地方其他经费拨款	953.06	410.04	−543.02	−56.98
（四）上级补助收入	268.71	19.5	−249.21	−92.74
二、学校自筹经费	22 362.73	20 098.16	−2 264.57	−10.13
（一）教育事业收入	19 333.13	14 458.68	−4 874.45	−25.21
（二）科研事业收入	2 252.63	3 010.20	757.57	33.63
（三）其他收入	776.97	2 629.28	1 852.31	238.40
总计	134 883.72	120 080.00	−14 803.72	−10.98

数据来源：2010年、2011年报财政部的部门决算报表口径。

2011年，南京农业大学总支出为104 990.13万元，比2010年减少31 406.1万元，同比下降 23.03%。其中：教学支出、科研支出和后勤支出分别比 2010 年减少 10.38%、16.50% 及 2.99%。行政管理支出、离退休人员保障支出分别比 2010 年增长 20.55%、65.89%。

表 2　2010—2011 年支出变动情况表

经费项目	2010 年（万元）	2011 年（万元）	增减额（万元）	增长率（%）
（一）事业支出	104 193.24	101 273.47	−2 919.77	−2.80
教学支出	35 501.94	31 816.72	−3 685.22	−10.38
科研支出	40 880.34	34 133.78	−6 746.56	−16.50
业务辅助支出	1 351.27	1 873.8	522.53	38.67
行政管理支出	5 435.34	6 552.34	1 117	20.55
后勤支出	7 513.62	7 289.16	−224.46	−2.99
学生事务支出	6 479.35	7 977.43	1 498.08	23.12
离退休人员保障支出	6 962.61	11 549.94	4 587.33	65.89
其他支出	68.77	80.3	11.53	16.77
（二）经营支出	0	0	0	—
（三）对附属单位补助	0	0	0	—
（四）基本建设支出	32 202.99	3 716.66	−28 486.33	−88.46
总计	136 396.23	104 990.13	−31 406.1	−23.03

数据来源：2010 年、2011 年报财政部的部门决算报表口径。

2011 年，学校总资产 264 268 万元，比 2010 年增长 14.26%。其中：固定资产增长 10.7%，流动资产增长 21.27%。净资产 237 154 万元，比 2010 年增长 16.92%，其中事业基金增长 245.35%。

表 3　2010—2011 年资产、负债和净资产变动情况表

项目	2010 年（万元）	2011 年（万元）	增减额（万元）	增长率（%）
一、资产总额	231 292	264 268	32 976	14.26
（一）固定资产	142 822	158 103	15 281	10.70
（二）流动资产	83 212	100 908	17 696	21.27
二、负债总额	28 459	27 114	−1 345	−4.73
三、净资产总额	202 833	237 154	34 321	16.92
（一）事业基金	7 896	27 269	19 373	245.35

数据来源：2010 年、2011 年报财政部的部门决算报表口径。

（撰稿：李　佳　蔡　薇　审稿：杨恒雷　审核：张彩琴）

审 计 工 作

【概况】截至 2011 年 12 月 31 日，南京农业大学全年共完成审计项目 306 项，审计总金额 16.28 亿元，直接经济效益 360.21 万元（基建、维修工程结算审减额）。

【校领导高度重视，营造良好的审计工作环境】学校党政领导一贯高度重视内部审计工作，党委常委会多次听取审计工作情况汇报，特别在第三次组织工作会议上，将"任期内对各单位主要负责人、关键岗位的处级副职干部和岗位变动的干部进行经济责任审计"列入新颁布的《南京农业大学中层干部管理条例》中，从干部管理制度上强化了审计职能。

【加强制度建设，促进学校管理工作规范化】2011 年 6 月，根据中共中央办公厅、国务院办公厅《党政主要领导干部和国有企业领导人员经济责任审计规定》（中办发〔2010〕32 号文件）和教育部《教育系统内部审计工作规定》（教育部第 17 号令）的精神，重新修订了《南京农业大学处级领导干部经济责任审计实施办法》（党发〔2011〕43 号），对开展领导干部经济责任审计的范围、责任划分、联席会议制度、组织审计、审计内容和审计程序等做了明确规定，从组织上、制度上保障了干部经济责任审计工作的开展。

2011 年 1 月，江苏省政府启动江苏高校优势学科建设工程一期项目建设，南京农业大学有 7 个学科获得立项。根据江苏省教育厅《关于对高校优势学科建设工程专项资金实行跟踪审计的通知》（苏教审〔2011〕3 号）的要求，学校积极开展该项审计，在立项的江苏省高校中率先起草、印发了《南京农业大学"高校优势学科建设工程"跟踪审计工作方案》，将工作落到实处。对该专项资金进行全过程跟踪审计并定期汇报审计结果。

【突出内部审计重点，加强内部审计监督】扎实推进经济责任审计。2011 年度共完成 41 项经济责任审计（其中离任审计 33 项、任期中审计 8 项），审计金额 13.49 亿元。发现并纠正账务处理不当 1 194.3 万元，违规出借资金 220 万元，清理暂付款 5 035.34 万元。在经济责任审计中，注重通过审计，发现问题、解决问题，清扫监督盲区和死角。例如，对个别长期未纳入审计视野的负责人经济责任审计过程中，发现在收费管理、票据管理、科研管理、现金管理和会计机构设置（有历史原因）等方面存在明显的缺陷与不足。一些问题还比较严重，如自制票据收费、无发票套取科研经费和无决议借用大额公款等。针对上述问题，进行分类汇总，签发书面整改通知书或管理建议书，责令相关单位限期整改，并成立专门工作小组，监督、验收整改结果，保障整改到位。通过整改，进一步落实学校内部控制制度，规范学校"收支两条线"，加强会计核算与监管。

积极开展各项常规审计。2011 年度顺利完成财务收支审计 5 项，审计总金额 4 854.76 万元。完成科研成果转化项目验收竣工财务审计 1 项，审计金额 503.91 万元。完成科研结题审签共 126 项，审计金额达 3 829.35 万元。开展财务报表审计 4 项。

开展本科教学经费专项审计，保障学校专项资金专款专用。2011 年度对学校 2010 年本科教学专项经费预算执行情况进行审计，共抽取 8 个学院和 1 个教学单位。通过审计，肯定成绩，指出不足，提出进一步改进措施。如对教学经费拨款层次多、经费项目多（415 个）、各学院教学类经费结余多（1 323 多万元）和个别单位存在教学经费中列支与教学无关的名目，在审计报告中予以披露，进一步促进学校管好、用好本科教学经费。

继续推进基建工程全过程跟踪审计。通过邀请招标方式精选了具有甲级资质且有丰富跟踪审计经验的事务所进行跟踪审计，跟踪审计人员每日进驻现场负责具体工作，着重对隐蔽工程、项目变更进行重点跟踪。内审人员负责总体控制，与校内相关部门进行协调，对跟踪审计的结果进行审查、复核和确认等。一年来，完成工程项目结算审计126项，审计资金总额3 685.67万元，审减金额360.21万元。

开展校办产业清算评估审计，保障学校资产安全与完整。2011年，对学校决定撤销的4个校办企业实体，撤销前进行了清理、审计。参与学校资产经营公司增资审计1项、资产经营公司资产评估审计2项。

开展专题调研，校审计处与计财处一起，对学校近年来的业务招待费进行统计分析，向学校做专题汇报。

【加强审计队伍建设，提高审计工作水平】校内审计人员认真学习中共十七届六中全会精神，定期参加党支部学习，围绕学校"创先争优"活动等进行勤政廉政承诺，积极参加党史知识考试和机关党委基本业务技能大赛。参加各类会议交流、业务培训和后续教育共计10人次，有效促进了专业技能的更新与提高。2011年，1名工程审计人员顺利通过中级造价员考试，1名财务审计人员成功参评高级审计师。

【加强理论联系实际，促进审计工作创新】2011年5月，学校对近年来的审计工作进行了总结，在中国教育审计网刊登了《南京农业大学进一步推进经济责任审计》，详细介绍学校经济责任审计的最新动向与成绩。2011年8月，《高校廉政建设的新特点与经济责任审计作用的发挥》成功申请中国教育审计学会2011—2012年度二类科研课题资助。2011年11月，中国内部审计协会在福建省厦门市召开了经济责任审计理论与实务研讨会，《当前高等院校经济责任审计难点与对策浅议》获得了2011年度优秀论文提名奖。

（撰稿：朱靖娟　审稿：顾义军　顾兴平　审核：张彩琴）

国 有 资 产 管 理

【概况】2011年，为进一步规范和加强学校国有资产管理，维护资产的安全与完整，合理配置和有效利用国有资产，提高资产使用效益，保障和促进学校教育事业发展，根据《事业单位国有资产管理暂行办法》（财政部令第36号）、《中央级事业单位国有资产管理暂行办法》（财教〔2008〕13号）和《关于印发〈中央级事业单位国有资产使用管理暂行办法〉通知》（财教〔2009〕192号、教财司函〔2009〕182号）等文件精神，结合学校实际情况，制订了《南京农业大学国有资产管理条例（试行）》。

按照"统一领导、归口管理、分级负责、责任到人"的要求，对资产管理工作体制与运行机制进行了系统优化与整合。学校以资产管理队伍建设为重点，建立健全资产管理组织体系。学校成立了国有资产管理委员会，统一领导全校国有资产管理工作，委员会下设国有资产管理办公室，办公室设在资产管理与后勤保障处，具体组织协调资产管理部门做好国有资产日常管理工作。同时，建立了一支覆盖全校各学院、各部门的二级资产管理员队伍，贯彻执行学校资产管理的各项规章制度，明确了各级资产管理人员的责任分工，进一步完善并加强对学校国有资产的管理，确保国有资产管理工作的顺利和高效开展。通过不断完善资产管理体制与运行机制，学校资产管理工作初步形成了学校资产管理与后勤保障处牵头、相关资产管理部门相互合作、全校上下齐抓共管的良好局面。

截至 2011 年 12 月 31 日，南京农业大学国有资产总额约 26.43 亿元。其中，固定资产 15.81 亿元，无形资产 49.93 万元。土地面积 559.43 公顷，校舍面积 57.10 万平方米。学校资产总额、固定资产总额分别比 2010 年 12 月 31 日增长 14.26% 和 10.70%。2011 年，学校固定资产（原值）本年增加 1.60 亿元，本年减少约 740.65 万元。

【启动公房信息调查】 为进一步规范和加强学校公房管理，全面掌握学校公房使用和分布情况，提高学校公房的合理配置和使用效益，学校成立公房信息调查工作领导小组，启动对全校公房信息调查工作。

【资产信息化建设】 根据财政部《事业单位国有资产管理暂行办法》（财政部第 36 号令）要求，积极推进资产管理信息化建设，高起点、高水准打造国有资产信息化管理系统，推进管理信息共建共享，实现国有资产实时、动态管理。学校成立资产管理信息化建设工作领导小组，下设办公室，挂靠资产管理与后勤保障处。资产管理与后勤保障处启动了新资产管理信息服务平台建设，在学校图书与信息中心的指导和协助下，着手依靠专业软件公司开发全新的国有资产管理信息系统，实现对国有资产的规范、高效、实时和动态管理。

[附录]

附录1　2011 年国有资产总额构成情况

项　　目	金额（元）	备注
一、流动资产	1 009 085 109.61	
（一）银行存款及库存现金	884 512 744.82	
（二）应收账款及其他应收款	121 656 523.50	
（三）财政应返还额度	0.00	
（四）材料	2 915 841.29	
二、固定资产	1 581 030 799.07	
（一）土地	—	
（二）房屋构筑物	800 120 864.01	
（三）交通运输工具	11 928 525.58	
（四）通用办公设备	123 207 327.26	
（五）办公家具	72 852 411.46	
（六）其他	572 921 670.76	
三、对外投资	52 072 890.00	
四、无形资产	499 300.00	
（一）商标	161 300.00	
（二）软件	338 000.00	
资产总额	2 642 688 098.68	

数据来源：2011 年度中央行政事业单位国有资产决算报表口径。

附录 2　2011 年土地资源情况

校区（基地）	卫岗校区	浦口校区（工学院）	珠江校区（江浦实验农场）	牌楼实验基地	合计
占地面积（公顷）	52.32	47.52	451.20	8.39	559.43

数据来源：2011 年度中央行政事业单位国有资产决算报表口径。

附录 3　2011 年校舍情况

项　目	建筑面积（平方米）
一、教学科研及辅助用房	283 537
（一）教室	61 404
（二）图书馆	30 532
（三）实验室、实习场所	123 768
（四）专用科研用房	65 402
（五）体育馆	2 431
（六）会堂	0
二、行政办公用房	29 963
三、生活用房	257 480
（一）学生宿舍（公寓）	169 755
（二）学生食堂	20 346
（三）教工宿舍（公寓）	27 907
（四）教工食堂	3 624
（五）生活福利及附属用房	35 848
四、教工住宅	0
五、其他用房	0
总计	570 980

数据来源：2010—2011 学年初高等教育基层统计报表口径。

附录 4　2011 年国有资产增减变动情况

项目	年初价值数（元）	本年价值增加（元）	本年价值减少（元）	年末价值数（元）	增长率（％）
资产总额	2 312 925 407.75	—	—	2 642 688 098.68	14.26
一、流动资产	832 126 333.11	—	—	1 009 085 109.61	21.27
二、固定资产	1 428 226 884.64	160 210 364.47	7 406 450.04	1 581 030 799.07	10.70
（一）土地	0.00	0.00	0.00	0.00	—
（二）房屋构筑物	747 458 467.90	52 666 261.87	3 865.76	800 120 864.01	7.05
（三）交通运输工具	9 783 417.36	2 217 081.52	71 973.30	11 928 525.58	21.93

（续）

项目	年初价值数（元）	本年价值增加（元）	本年价值减少（元）	年末价值数（元）	增长率（%）
（四）通用办公设备	112 733 651.67	14 981 766.59	4 508 091.00	123 207 327.26	9.29
（五）办公家具	56 713 925.07	16 216 010.68	77 524.29	72 852 411.46	28.46
（六）其他	501 537 422.64	74 129 243.81	2 744 995.69	572 921 670.76	14.23
三、对外投资	52 072 890.00	0.00	0.00	52 072 890.00	0
四、无形资产	499 300.00	—	—	499 300.00	0
五、其他资产	0.00			0.00	—

数据来源：2011年度中央行政事业单位国有资产决算报表口径。

（撰稿：陈　畅　史秋峰　审稿：孙　健　审核：张彩琴）

教育发展基金会

【概况】南京农业大学教育发展基金会致力于广泛联系、吸纳海内外的资源和力量，构建社会各界参与学校建设、支持学校发展的平台，对学校的基础设施建设、教学科研、队伍建设、对外交流、学生培养和校园文化建设等提供切实有力的资金支持，有力推动了南京农业大学建设世界一流农业大学的进程。

根据江苏省民政厅、财政厅、国税局和地税局的要求，完成2010年基金会财务审计、年检、江苏省非营利公益性社会团体和基金会捐赠税前扣除认定工作，完成基金会因法定代表人职务变动引起的变更及理事会换届工作。依托校友会，定期开展各类主题筹资活动，接受境内外各界人士和团体各类捐赠款项1 956万元。完成对基金会捐赠收入申请财政配比资金工作，国家财政配比资金批复1 655万元。按照基金会章程，积极开展"奖励优秀学生""奖励优秀教师"和支持学校建设事业发展等自助活动，对南京农业大学教育事业的发展起到了积极作用。

2011年，基金会年度收入总额1 974.59万元。其中，捐赠收入1 956万元，其他收入18.59万元。年度支出总额1 202.43万元。年末净资产总额3 225.61万元。其中，限定性净资产346.33万元，非限定性净资产2 879.28万元。

（撰稿：蔡　薇　审稿：杨恒雷　审核：张彩琴）

十一、办学支撑体系

图书情报工作

【概况】全年图书借还总量 70 万册，通借通还 7 000 册。新生入馆教育近 3 000 人，电子阅览室接待读者 42 万人次。对总书库进行全面调整，对各借阅室的近 5 万册图书进行调拨移库。整合建设了彩色网络自助打印复印系统，读者可在校园网上请求打印，到图书馆刷卡完成，还可将资料免费扫描到自己的邮箱中。建成了成熟的自助借书平台，读者可自助完成借书业务。调整开放时间，11 月中旬试行了早上 7:00 休闲区开放、7:30 借阅区开放的措施，并将期刊、报纸阅览室整合开放。

试行每月一次的现采制度，并邀请相关专业的老师参与，新增了纸型文献推荐单。采购与编目各种图书期刊共 8 万册，为科研处调研 H 指数的适用性；购买了 SCI 数据库；为做好数字资源的调研引进工作，对 11 个数据库进行了调研论证，提交了 4 个数据库的调研报告。经过多年国内外调研论证，今后文献资源建设中纸本与数字资源经费，将目前的 6:4，调整为 4:6，以更好地适应读者需求。

成功组织第十届数字资源培训宣传月，全年共培训 48 场 3 300 人次。本年度接待参考咨询 1 000 余人次，完成查新 417 个，为用户传递文献 2 384 篇，线下传递 1 100 多页，完成工程文献中心账户 304 个。启动 CADAL 项目，完成了学校古籍和民国资料的目录整理和申报工作，约 4 000 册已开始扫描加工。

启动全校学科评价工作，完成了"2011 年世界高校农业学科科研竞争力评价报告"和"食品科技学院、农学院科研能力评估报告"。

完成学校重大活动视频录制 500 多小时；制作专题片 200 分钟；完成学校 8 部课题项目申报汇报片；录制国家级、省级精品课程 6 门；为江苏省科学技术协会提供农业实用技术科普节目 8 部，完成江苏省委组织部农村党员干部远程教育中心 6 部科普视频教材前期工作。

举办了第七、第八两期新教师教育技术培训，协助学校举办两期非洲、中喀双边棉纺贸易官员研修班。

开展"学术领航、服务创新"学术年和"优质文明服务提升年"活动，邀请江苏省内 3 名图书馆专家做专题讲座，开办 3 期馆员讲坛活动，召开 9 项科研课题论证会与汇报会，组织开展了 10 多项专题调研活动。本年度全馆有 6 篇论文获得江苏省图书情报工作委员会表彰奖励。

开展每月至少一次工作交流或岗位技能培训活动。主持召开江苏省首届高校图书馆学术领航服务创新论坛、华东高校图书馆馆长年会、全国农林高校教育技术研究会常务理事会、江苏省图书情报工作委员会学术委员会年会、江苏省工程文献中心年会以及城东高校图书馆联合体个性化平台研讨会大型学术性会议。组织选派人员参加国内外学术会议和访问学习。

10月14日，全国高等农业院校教育技术研究会六届二次常务理事会在学校召开。副校长沈其荣参加了开幕式并致欢迎辞。来自中国农业大学、华中农业大学、华南农业大学、东北农业大学和内蒙古农业大学等14所全国农业院校的常务理事代表共23人出席了本次会议。会议传达了中国教育技术协会第五届理事会精神，探讨了教育技术在高校的现状、问题与前途。讨论并通过了第七届全国高等农业院校教育技术研究会换届以及理事会改选等事宜。

10月20～22日，华东地区教育部直属高校图书馆馆长年会在学校举行。共23所教育部直属"985"和"211"高校图书馆的馆领导共30人参加了本次研讨会。会议主题是"变化与应对——高校图书馆发展前瞻"。

2011年，图书馆在"Web of Knowledge^{SM}在线大讲堂"竞赛活动中，获得优秀奖；获得中国教育技术协会"先进组织奖"；获人民邮电出版社"优秀馆藏图书馆"奖；获科学出版社"与科学同行"优秀图书馆称号；现代教育技术培训基地获得本年度江苏省高等学校现代教育技术培训"优秀基地"荣誉称号。

【南京农业大学 SCI 数据库（Web of Science）开通】4月29日下午，南京农业大学 SCI 数据库（Web of Science）开通。Web of Science 是世界上公认的、功能强大的学术平台，收录了10 000多种世界权威的、高影响力的学术期刊，内容涵盖自然科学、工程技术、生物医学、社会科学、艺术与人文等领域，最早回溯至1900年，代表着世界学术研究领域的最高水平。

【校第三届读书月活动】4月22日，举办了主题为"阅读·文化·红色"第三届读书月活动。本次读书月活动共分7个部分："阅读是美丽的"摄影大赛、系列人文讲座、"读红书"优秀读者评选、读者培训活动、文献传递活动、"假如我是馆员"征文和赏析红色经典。

【承办江苏省高校图书馆首届新入馆员培训班】7月20日，由江苏省图书情报工作委员会主办，学校图书馆承办的江苏省高校图书馆首届新入馆员培训班开学典礼在图书馆举行。

本次培训为期5天，邀请了13位江苏省知名的图书馆馆长和专家、教授授课。培训内容覆盖了传统图书馆、数字图书馆等几乎图书馆所有的管理与服务等方面的内容，来自江苏省高校图书馆近140名工作人员参加了此次培训。

【美国康奈尔大学东亚图书馆馆长来访】10月8日，应学校图书馆邀请，美国康奈尔大学东亚图书馆馆长郑力人教授来访学校，并为师生做了题为《从康奈尔大学图书馆看美国高校图书馆的管理与资源建设》的演讲，详细介绍了康奈尔大学的学校和图书馆情况、美国高校图书馆在学校中的地位与分类、康奈尔大学图书馆的经费来源与使用情况、图书馆馆员的分类与人事管理、图书馆的教学科研情况、图书馆的资源建设与管理模式及变革、图书馆资源建设中面临的问题与挑战等内容。

学校副校长沈其荣接见了郑力人教授。双方就两校图书馆文献信息资源共建共享等方面，进行了深入探讨，达成了共识，形成了初步意向。

[附录]

附录1 图书馆利用情况

入馆人次	1 990 144	图书借还总量	70万册
通借通还总量	7 000册	电子阅览室接待读者	42万人次
高校通用证办理	40个	接待外校通用证读者	300人次

附录2 资源购置情况

纸本图书总量	218.01万册	纸本图书增量	50 353册
纸本期刊总量	878 544册	纸本期刊增量	14 030册
纸本学位论文总量	8 608册	纸本学位论文增量	3 742册
电子数据库总量	57个	中文数据库总量	24个
外文数据库总量	33个	中文电子期刊总量	420 525册
外文电子期刊总量	238 000册	中文电子图书总量	110 988册
外文电子图书总量	38 402册		
新增数据库或平台	1	SCI 1985—2011	
	2	CPCI－S&CPCI－SSH 全部数据	
	3	PNAS	
	4	NoteExpress 文献管理软件	
	5	BP 升级 BCI	

（撰稿：辛　闻　审稿：查贵庭　审核：韩　梅）

实验室建设与设备管理

【概况】 2011年，新获批建设11个部级重点实验室，召开了"农作物生物灾害综合治理教育部重点实验室"建设论证会、农业部重点实验室建设工作启动会和学校省部级以上工程中心建设工作研讨会，配合上级部门开展"作物遗传与种质创新国家重点实验室"评估、整改工作。提前做好"国家肉品质量安全控制工程技术研究中心"和"杂交棉创制教育部工程研究中心"2012年上半年验收的准备工作。召开了实验教学示范中心建设工作研讨会，完成学校省级实验教学示范中心"十一五"工作总结工作报告。江苏省教育厅对学校重点实验室投入150万元建设经费。

与南京汇丰废弃物处理有限公司签订相关合同，定期开展实验室有毒有害废弃物的处理工作，全年处理有毒有害废弃物 4 次。不定期对学校实验室进行安全检查，特别是对金陵研究院、实验大楼有关重点实验室搬家后遗存的大量实验室废弃物进行收集处理，保证学校环境安全。获得江苏省南京市玄武区环保达标先进单位。

加强对转基因生物实验室、基地的安全管理，包括对规章制度、材料登记、使用、保管和安全处理等相关情况的检查。制订了南京农业大学农业转基因实验室、基地安全管理规定和转基因生物实验室应急处置预案，印制了农业转基因生物实验室材料使用登记簿。积极配合江苏省农业委员会、南京市农业委员会转基因安全检查组来学校检查、指导，促进学校转基因实验规范管理。

2011 年 3 月，招投标办公室成立，与计财处合署办公，形成"一处一室一中心"的格局。自成立至今，完成货物的公开招标 54 项，谈判 38 次，询价跟标采购 47 次，实现金额 674 多万元人民币，423 多万美元；完成基建工程、维修工程和甲供材料的公开招投标、竞争性谈判和询价谈判 40 项，共计金额 2 140 多万元；完成工学院运动场大修项目的招投标，金额 294 万元左右；完成了新生公寓标准化行李、校服、军训服装、耳机以及校医院药品的招投标；委托招标代理项目 2 项，金额约 500 万元。

招投标办公室成立后，新制订了《南京农业大学货物采购招投标管理办法（讨论稿）》及《南京农业大学基建工程招投标管理办法（讨论稿）》。

【大型仪器设备共享平台建设】制订了《南京农业大学大型仪器设备共享平台管理办法》，完成了大型仪器设备共享平台一期建设任务。"大型仪器设备开放共享平台建设项目"是联合国家重点实验室、国家教学示范中心、理化分析中心、生命科学实验中心和动物科技学院实验教学中心共建大型仪器设备网络共享平台建设项目。此项目实现了各平台在全校范围内对大型仪器设备的网络预约和实时监控，实现网上预约。

（撰稿：华　欣　李海峰　贾雯晴　李　佳　蔡　薇
审稿：俞建飞　周国栋　杨恒雷　审核：韩　梅）

校园信息化建设

【概况】每月对校园网出口路由器路由地址表进行更新维护，及时升级各个网络交换机系统软件，对各种网络设备进行定期检查和监测。确定专人对不同的业务系统进行定期的检查维护与更新，包括 DNS 系统的更新维护、DHCP 服务器、网站镜像服务器、电子邮件、反垃圾网关系统和 IPV6 门户的维护管理；更新了图书馆部分办公计算机和前台业务用计算机；对图书馆汇文系统、数字资源进行日常维护管理，并对图书馆服务器、存储设备、网络设备、虚拟化平台以及所有的办公、业务用计算机、门禁系统、一卡通系统进行管理；日常业务方面，一年以来共帮助读者现场解决问题 60 人次，接待电话咨询 1 000 多次，共审核博硕士学位论文 1 483 篇，编目论文 1 301 篇，转换论文 1 727 篇，发布论文 2 595 篇；整理加工发布解密学位论文 101 篇；导入汇文系统学位论文 MARC 数据 4 623 条；提交给 CALIS 农学文献中心学位论文题录数据 2 425 条。

完成了多项理科实验楼新数据中心设备调研和采购任务，包括新数据中心交换机和服务器接入交换机、服务器机柜等。同时，完成了生科楼、逸夫楼、文科楼、图书馆和研究生宿舍等多个主要楼宇主干升级，从原来的千兆接入升级至万兆接入；年初，在充分调研后采购了理科实验楼汇聚交换机和接入交换机；暑假期间，完成了图书馆电子阅览室网络升级改造。下半年，网络运营部规划并开通了理科实验楼高性能网络以及研究生宿舍十六、十七舍网络、升级了图书馆无线网络，并对行政楼网络进行升级改造，为行政楼建立了万兆上联、千兆接入的高性能网络环境以及开通室内无线网络；完成了保卫处门禁系统光纤网络、监控系统光纤网络与校园网的整合。年底，完成了室外无线和校园网组播系统的调研和采购，新增了 40 套室外无线系统，为学校用户提供更多的上网接入点。

新增 100 Mbps 电信带宽、开通 100 Mbps 移动专线出口，使学校总出口带宽达到了 2 Gbps（含 IPV6 出口），年底购买了卫星接收器和组播服务器，新开通了 20 路组播视频；同时，在电子阅览室开通了东南大学提供的大电视在线平台，提供 35 套正版电视直播视频以及高清影视资源，降低了学校出口带宽压力。完成 IPV6 管理软件部署，各级交换机版本升级及规划部署工作。

协助学工、教务、研究生、科研和外事等业务部门新建或集成相关的业务系统，并逐步建设公共信息服务应用系统。新应用系统建设：完成了 3 个应用系统（研究生信息管理平台、外事管理系统和车辆通行证申请系统）的建设，车辆通行证申请系统于 12 月 24 日正式使用。应用系统集成：完成了与教务系统、校园一卡通系统、保卫处的门禁系统的集成开发；完成了统一通信平台的集成开发；完成了网站群与信息门户的身份认证集成工作。

完成 2010 年度校园信息化建设项目的验收工作，包括公共数据平台、统一身份认证平台、邮件与汇文系统的集成、人事管理信息系统和 OA 系统（一期）。完成了 OA 系统的进一步升级工作，完成了人事网上考核各子系统的系统开发与测试。依据学校校园信息化建设特点，规范了项目交付过程的流程控制并制订了校园信息化项目建设过程管理办法。搭建了校园信息化项目管理平台，方便了信息化项目建设过程中业务方、企业方、图书与信息中心三方的沟通与协调，并利于及时把控项目进程。制订了南京农业大学信息化建设子项目验收办法（试行）、信息化各系统密码规范管理条例和系统安全策略配置方案等。此外，筹办校信息化会议 3 次，筹备并参与与业务部门的交流会 4 次，业务系统培训 2 次。

全年上门服务 500 多次，电话咨询 4 000 多次，处理无线 AP 故障 60 余次；开通信息点 80 个，为用户提供室内布线建议 10 次，信息点模块更换维修 45 个，办理固定 IP 申请 65 个，处理光纤、光纤模块类故障 8 起；处理路由器类故障、环路类故障 26 次，督促物业部门及时恢复楼宇弱电供电 7 次；为用户处理笔记本计算机故障 100 多起。9 月，配合运营部做好新生和新教师的邮箱自助注册功能测试，开通了本科新生 4 000 多个、研究生 3 000 多个以及新教师的邮箱。平时为用户解决各类电子邮箱问题 100 多例。

【公共信息服务系统新建的统一通信平台】新建的统一通信平台，已实现与业务系统的平滑接，各业务系统相关信息可自动发到相关人员的邮箱，目前新建的短信网关已经调试完成，并已在测试环境实现了 OA 系统信息与手机短信的联动。网站群系统：Web Plus 网站群系统，能实现快速建设新网站，同时可按信息类别轻松实现信息共享与校内外分开发布，实现实名制管理。该系统目前已经开始试运行，2012 年春节后正式投入使用。

[附录]

各楼宇光纤接入升级布置

楼宇	内容
研究生 16 舍	完成网络接入
研究生 17 舍	完成网络接入
综合楼	设备升级，千兆升为万兆
生科楼	设备升级，千兆升为万兆
图书馆电子阅览室	线路改造，网络升级
行政楼	设备升级，千兆升为万兆
逸夫楼	设备升级，千兆升为万兆
保卫处监控	协助光纤布线，接入校园网

（撰稿：韩丽琴　审稿：查贵庭　审核：韩　梅）

档 案 工 作

【概况】2011 年，正式将学院管理类文件材料归档工作纳入学校年度归档工作范畴，档案室接收、整理 43 个归档单位的档案材料计 1 503 卷（册）。其中，党群、行政、财会管理等类 200 卷；教学管理类 77 卷，学籍类 1 012 卷；教材 95 册；学院管理类 19 卷；科研、基建等类 100 卷。另有奖状、证书 70 件，机要文件 14 卷，照片 9 册 980 张，光盘 6 张。截至 12 月 31 日，全馆库藏总数 41 648 卷（件）。

全年共接待查档 850 人次，查阅案卷 2 688 卷，其中《南京农业大学发展史》利用研究 30 人次，1 087 卷。

年内配合全国学位与研究生教育发展中心、江苏省高校毕业生就业指导中心等 9 家单位，对 89 位毕业生进行了成绩单、毕业证书和学位证书的书面认证工作，查证 15 起假证书。

【档案工作队伍建设】针对新上任的专兼职档案员进行了两次专门业务培训，组织教务处、研究生院及档案室新进人员共 4 人参加江苏省档案局档案基础业务培训，安排 1 人参加国家档案局档案干部教育中心举办的"教育系统电子档案归档整理程序标准化与档案登记备份管理培训班"学习。同时，档案室还到工学院指导档案工作，并在科技处的支持下落实"十一五"期间科研结题项目归档范围、保管期限等具体业务事项。

参加了在贵州师范大学召开的全国高校档案实体分类法修订工作会议，江苏省高校档案研究会、教育部直属高校档案研究会和在宁高校档案协作组等组织的业务交流活动。

【推进档案的信息化建设】继续进行 1952—1972 年学校库藏重要历史档案文件翻拍工作，完成 1 524 页的翻拍工作，并加工处理挂接至档案数据库。

档案管理数据库添加了 1988—2001 年 430 卷在校本科生学籍档案的数据、2004—2010 照片档案目录和 1986—1994 年科研项目档案目录。截至 2011 年 12 月，学校档案数据库条目达 132 765 条，校发文件等电子文件上传总数达 4 575 件。

5 月，学校 OA 系统正式使用，档案室积极配合校园网络中心，启动 OA 系统与档案管理系统接口项目，进行方案调整、试运行，并就电子签章等问题咨询江苏省档案局业务处，对学校党政发文归档进行相应的调整等，力求电子政务实施后文件材料归档工作的有序进行。

【档案编研】续编 2010 年学校大事记，并利用校史资料编写了江苏省档案局馆主持的史料利用成果《档案里的故事》之"农林曾经是兄弟"。

（撰稿：高　俊　审稿：景桂英　审核：韩　梅）

十二、后勤服务与管理

基 本 建 设

【概况】2011年，完成基建投资0.9亿元，推进续建工程4项。其中，卫岗校区2项、浦口工学院2项，总建筑面积6.9万平方米。卫岗校区19号学生宿舍、工学院15号学生宿舍6月相继竣工，9月新生开学投入使用；理科实验楼北楼9月交付，11月投入使用，理科实验楼南楼和地下室改造工程快速推进；工学院科技综合楼于12月竣工交付使用。

推进拟建项目2项，分别是多功能风雨操场和青年教师公寓。多功能风雨操场面积约1.6万平方米，先后完成了扩初设计和施工图设计，本年度推进办理图审和报建等手续，预计2012年上半年开工；青年教师公寓项目先后完成了项目建议书和规划要点审批、设计单位招投标、方案设计，正在编制可行性研究报告，力争2012年开工。

实施30万元以上的大额维修工程33项，完工22项，总投资3850万元，项目分布在卫岗校区及牌楼片区、江浦实验农场和江宁土桥水稻基地。

溧水县人民政府全面开展学校白马园区项目区的土地征用拆迁工作。一期涉及10个村庄约3000亩土地征用拆迁工作已进入扫尾阶段，即将向学校交付。向教育部、江苏省申报有关园区建设项目，获批建设经费1500万元。其中，教育部修购项目1项，经费1200万元；江苏省农业资源开发局丘陵山区综合开发类项目1项，经费300万元。

【江苏省教育基建学会第三次会员代表大会暨2010年会】2011年3月17~18日，江苏省教育基建学会第三次会员代表大会暨2010年年会在学校学术交流中心召开。江苏省教育厅副厅长、名誉会长倪道潜，江苏省住房和城乡建设厅副厅长刘大威，上海市、浙江省、安徽省等省市教育基建学会特邀嘉宾和江苏省教育基建学会会长等领导出席了会议。江苏省高教、普教和教育行政单位基建工作负责人近280余人参加了大会，副校长胡锋出席开幕式并致辞。

【学校新一届领导班子现场调研指导白马园区建设工作】2011年7月20日，学校新一届领导班子现场调研指导白马园区建设工作，考察了白马园区地形地貌、四至边界等情况，并针对功能布局、建设规划提出指导性意见。

【学校白马园区建设校地合作推进会】2011年9月6日，学校白马园区建设工作推进会议在溧水县召开。校党委书记管恒禄，校长周光宏，副校长陈利根、戴建君，溧水县县委书记项雪龙率四套班子成员及各局负责人出席会议。校地双方就学校白马园区和江苏南京白马国家农业科技园区建设进行了磋商。

［附录］

附录 1　2011 年主要在建工程项目基本情况

项目名称	建设内容	进展状态
理科实验楼	42 750 平方米教学科研用房	北楼于 9 月交付，11 月投入使用，南楼和地下室改造工程即将完工交付
19 号学生宿舍	11 087 平方米学生宿舍	6 月完工交付
工学院科技综合楼	8 800 平方米教学科研用房	12 月完工并交付使用
工学院 15 号学生宿舍	6 453 平方米学生宿舍	6 月完工交付

附录 2　拟建工程报批及前期工作进展情况

项目名称	建设内容	进展状态
多功能风雨操场	16 000 平方米	完成了扩初设计和施工图设计，正在办理图审和报建等手续，预计 2012 年上半年开工
卫岗校区青年教师公寓	11 000 平方米	完成了项目建议书和规划要点审批、设计单位招投标、完善设计方案，目前正抓紧编制可行性研究报告，争取 2012 年开工
白马园区中心大道	新建沥青混凝土道路，宽 58 米、长 600 米	已完成施工图设计

（撰稿：张洪源　郭继涛　审稿：钱德洲　桑玉昆　审核：韩　梅）

社 区 学 生 管 理

【概况】2011 年，本科生社区共有宿舍楼 14 幢（男生 7 幢、女生 7 幢），床位数 12 257 个，实际可用床位数为 11 908 个，剩余空床位数 349 个，合计住宿人数 11 107 人（男 4 109 人、女 6 998 人）。研究生社区共有宿舍楼 11 幢，可用床位数 5 650 个，合计住宿人数 5 589 人。本科生宿舍共配备 15 名管理员（女 10 人、男 5 人），全部由退休返聘人员组成，平均年龄 59 岁。研究生宿舍聘请了 11 名宿舍管理员，1 名在职人员，10 名为退休返聘人员，平均年龄 55.7 岁。

　　进一步完善了《学生宿舍实行通宵供电须知》和《关于加强学生宿舍通宵供电秩序管理的说明》。根据《南京农业大学学生住宿管理规定》及《南京农业大学学生宿舍供电暂行办法》有关规定，学校于 5 月 1 日至 10 月 7 日在学生宿舍实行通宵供电制度。组建和完善学院-班级-宿舍三级消防体系，组织开展学生宿舍消防安全教育宣传和消防安全检查活动，重点检查宿舍内使用明火、大功率或劣质电器、乱拉乱接电线、随意放置易燃易爆危险品等行为。强化学院研究生辅导员职责，要求辅导员积极进入社区，实地走访研究生宿舍，了解学生思想动态，发挥研究生会在研究生社区中自我管理、自我教育和自我服务的作用。同时，开展研究生事务管理专题培训。

不断巩固完善管理员每周例会制度、安全巡查制度和安全每周通报等制度，每周报送《学生宿舍检查结果统计报表》。加强管理员队伍的考核和检查，实行了楼长和层长夜间巡查制度，建立健全"社委会"会长-楼长-层长-室长的学生宿舍自管体制，充分发挥自我管理、自我教育、自我服务功能。

本科生社区开展了春季和秋季两次"社区文化节"活动，为同学们展示各自宿舍的特色和个人才华提供了良好的平台。社区文化节参与率超过 15％。研究生社区共开展心理咨询、学术活动 108 场次，解决研究生在情感、经济和学习等方面存在的困难，让研究生工作延伸到社区，更加贴近学生生活，方便研究生的咨询和辅导。研究生会主动协调各学院研究生分会举办"研究生社区文化节"系列活动，形式有文艺演出、体育竞赛、辩论赛和学术报告会等。全年共开展各类文体活动 60 多场次，参与研究生多达 3 000 余人。

评选出 2010—2011 学年度校级文明宿舍 238 个，卫生"免检宿舍"788 个；对违反管理规定的学生以宿舍楼内批评教育为主，对于影响面广、性质恶劣的果断查处，一年来共计查处迟归学生 388 人次，宿舍违纪事件 8 起，处理违反通宵供电宿舍 202 间。通过宣传板、宣传栏、学生工作简报、生活服务网、《社缘》和社委会宣传栏等方式加大宣传，开创学生思想政治工作新领地；对公告栏进行了规范整治，建立了"一周一事"和"本月最佳宿舍"的栏目，对宿舍内的好人好事及时进行公布，对表现优秀的宿舍提出表扬。为了适应学校中大规模研究生培养需要，研究生工作部积极协调资产管理与后勤保障处和后勤集团，加大硬件建设力度；同时，利用社区内的电子显示屏宣传专栏、专题橱窗等宣传阵地对学生行为规范、思想道德和心理健康等方面进行宣传教育。另外，还加强研究生之间、研究生与管理员老师之间的交流、研究生与医院、后勤集团、图书馆等部门沟通。

（撰稿：闫相伟 张桂荣 审稿：李献斌 姚志友 审核：韩 梅）

后 勤 管 理

【概况】后勤集团公司始终把安全工作放在各项工作的首位，逐级签订《安全工作责任书》，全年无安全责任事故。

修订和完善了职工考勤考核、奖惩、招聘、录用、辞退等人事管理规章制度。制订培训计划，组织劳动合同法、计算机操作、服务礼仪、特种行业岗位操作技能、食品安全、消防以及新进员工岗前业务技能等培训。

应对物价上涨，饮食服务中心扩大集中招标采购范围，米、面、油等八大类 86 个品种纳入在宁高校集中招标采购，集中采购额占伙食原材料采购总额的 90％以上。加强主副食品定量成分核算和质量控制，降低原料成本，确保伙食价格稳定和食品卫生安全，学生第一食堂被江苏省南京市玄武区卫生局评为食品卫生等级 A 级单位。

对安全员、保洁员及零星维修人员进行检查考核，投入洗地机等设备，保洁效果明显提高。完成理科实验楼初期突击清理、整治工作。对学校纯水设备、锅炉和电梯等设备定期检查维修，南苑宿舍门禁投入使用，配合完成学生宿舍大维修、智能供电改造、节能灯管更换和楼顶消防水箱维修保养等。学生宿舍实行标准化服务，值班室统一配备办公家具、管理制度上墙和服务人员挂牌上岗。《高校图书馆物业精细化管理探索》论文被全国高等农业院校后勤管理研究会评为 2011 年度二等奖。

教育超市坚持设立新生特困助学金和勤工助学岗位，为特困新生解困助学。并将义卖活动的 5 000 元义卖款用于资助学生。2011 年被评为"江苏省教育超市先进集体"，在全国高校教育超市培训及样板店经验交流会获得"优秀团队奖"。

承担学校 10 万元以下维修任务 110 项，总维修经费 520 万元。

物资供应中心被江苏省教育科技工会评为"工人先锋号"。化学试剂仓库被授予"南京市易制毒化学品行业等级化评定 5 星级单位"及"南京易制毒化学品管理协会理事单位"。

通讯接待服务中心认真做好学生公寓用品洗涤以及各类培训班接待服务，承担外国语学院、农学院和继续教育学院等单位 22 批次培训班接待任务。

加强幼儿保教工作，组织教师参加教学观摩、技能比赛，开展教学科研活动。"依托农大资源，构建幼儿园昆虫课程的实践研究"获得江苏省教育科学"十二五"规划课题立项。

开展"创先争优"活动，加强党风廉政建设，层层签订《党风廉政建设责任书》。在 2011 年"校园廉洁文化周"活动中，1 人获得漫画作品二等奖，1 人获得廉政书籍读后感三等奖。

【荣获"全国高校后勤社会化改革先进院校"】积极探索后勤社会化改革，建立新型的"公益性投入和市场化运营相结合"的高校后勤运行保障机制。在全国高校后勤十年社会化改革总结表彰大会上，被评为"全国高校后勤十年社会化改革先进院校"。

【开展"走进食堂"活动】组织学生代表参加"走进食堂"主题活动，深入了解食品安全管理、伙食原材料的采购、卫生检验、检疫、索证验收、加工、制作、销售流程以及餐具炊具的消毒保洁等工作；组织少数民族师生代表参观清真牛肉屠宰现场，深入了解屠宰加工、配送和索证等流程。

【完善后勤服务热线】在后勤集团公司网页设立后勤服务热线专栏，在家属区、学生区和教学区张贴后勤服务热线牌，建立服务热线跟踪回访制度，加强后勤服务热线检查考核，受理完成家属区、教学区等零星维修 1 033 项。

（撰稿：钟玲玲　审稿：姜　岩　审核：韩　梅）

医　疗　保　健

【概况】医院现有房屋建筑面积 3 780 平方米，配置 500 mAX 光机、全自动生化仪、全自动血流变仪、彩色 B 超、心电图、口腔综合治疗椅以及多种理疗康复治疗仪等医疗设备，病房床位 20 张。医院设有内科、外科、妇科、五官科、口腔科、药剂科、理疗科、医技科、检验科、影像科、护理部和预防保健科 12 个科室，新增了儿科；内科、儿科和外科各新进 1 名医生，共有医务人员 44 人，其中高级职称 5 人、中级职称 18 人。

【基本医疗与业务学习】全年日门诊工作量达 51 348 人次；70 岁以上离退休教职工体检 424 人次；本科生体检 2 800 人次、研究生体检 2 184 人次，保送研究生体检 1 600 人次。邀请外院专家开展全校范围的健康知识讲座 2 场；院内业务学习 3 次；选派 2 名医生分别到南京军区总医院放射科、B 超室进修学习一年；组织完成医务人员继续教育培训，全体顺利通过考核。

【公共卫生与计划生育】指导疫点消毒 90 处，发放宣传手册 13 000 份，宣传单 500 张，展出结核病宣传展板 6 块，宣传橱窗 7 期；大学生接种甲肝疫苗 1 500 人次、乙肝疫苗 4 400 人次，为社区婴幼儿计划免疫接种 1 000 人次。私托费、保育费审核报销 93 人次，发放独生子女费 562 人次、六一儿童礼品 702 人次、计生药具 106 人次、办理公费医疗卡 420 人次，出具独生子女、未婚、已婚证明 163 人次；妇科检查 350 人次、产前建卡系统管理 30 人次、系统管理率 100％、产后访视 78 人、访视率 100％，系管覆盖率超过 95％。

【公费医疗管理及大学生医保】全年共报销 6 384 人次，报销经费达 985 万多元；2011 级本科新生 2 884 人全体参加大学生医保，学校统一缴纳首次参保所有学生保费共计 288 400 元，2011 级新生参保率达 100％。

（撰稿：贺亚玲　审稿：石晓蓉　审核：韩　梅）

十三、学院（部）基本情况

农　学　院

【概况】农学院设有农学系、作物遗传育种系和江浦农学试验站，建有作物遗传与种质创新国家重点实验室、国家大豆改良中心和国家信息农业工程技术中心 3 个国家级科研平台以及 7 个省级重点实验室、4 个省部级工程技术中心。学院拥有作物学国家重点一级学科、2 个国家级重点二级学科（作物遗传育种、作物栽培学与耕作学）、2 个江苏省高校优势学科（作物学、农业信息学）、2 个江苏省重点交叉学科（农业信息学、生物信息学）。设有作物学一级学科博士后流动站、6 个博士学位专业授予点（包括 3 个自主设置专业）、3 个学术型硕士学位授予点、2 个全日制专业硕士学位授予点、2 个在职农业推广硕士专业学位授予点、3 个本科专业和金善宝实验班（植物生产类）。

学院有教职工 133 人，其中专任教师 98 人（新进教师 7 人）。专任教师中教授 44 人、副教授 27 人。学院拥有中国工程院院士 2 人、"长江学者"特聘教授 2 人、国家杰出青年科学基金获得者 3 人。2011 年，新增"千人计划"专家 1 人、海外高层次人才 1 人。入选江苏省第四期"333 工程"第一层次培养对象 2 人，第二层次 1 人，第三层次 5 人；朱艳教授荣获"中国青年科技奖"，李艳教授荣获农业部"科研杰出人才"，曹爱忠副教授入选教育部新世纪优秀人才支持计划。麻浩教授荣获"对口支援西部高校工作十周年突出贡献个人"，黄骥副教授荣获"江苏省青年岗位能手"。

学院全日制在校学生共 1 535 人，其中本科生 799 人、硕士生 502 人（留学生 4 人）、博士生 234 人（留学生 4 人）。2011 年招生 475 人，其中本科生 208 人（留学生 2 人）、硕士生 191 人（留学生 1 人）、博士生 76 人。毕业生总计 424 人，其中本科生 188 人、硕士生 167 人（留学生 2 人）、博士生 69 人（留学生 2 人）。本科生就业率 98.4%，升学率 44.7%；研究生就业率 96.1%。

2011 年获科研立项 77 项，其中国家自然科学基金项目 18 项。立项经费 7 991.2 万元，实际到账经费 8 767.2 万元。朱艳教授牵头主持的国家"863"计划"作物数字化技术研究"获得立项，总经费 8 000 万元；丁艳锋教授主持的国家科技支撑计划项目"长江下游地区稻麦大面积高产技术示范"获得立项，总经费 913 万元。发表学术论文 241 篇，其中 SCI 论文 87 篇，影响因子 3.0 以上的论文 20 篇。曹爱忠副教授为第一作者的有关簇毛麦抗白粉病基因方面的学术论文发表在 *PNAS*（影响因子：9.771），万建民教授课题组有关水稻花粉育性调控机理方面的文章发表在著名学术刊物 *The Plant Cell*（影响因子：9.396）。通过国家品种审定 1 个，省级品种审定 5 个。获国家发明专利 15 项、实用新型专利 2 项，登记国家计算机软件著作权 2 项。

盖钧镒院士的山东圣丰种业"院士工作站"取得实效；国家信息农业工程技术中心与江苏省南通市如皋试验示范基地签订了共建协议；"作物遗传与种质创新国家重点实验室"在安徽省当涂县签约建立皖江科研基地。陈佩度教授培育的小麦品种"南农 0686 小麦品种"成功转让。在江苏省苏州市举行"水稻精确栽培技术"现场观摩会，主持召开"作物学学科建设与现代农作物种业发展"研讨会，张天真教授为首席科学家的国家"973"项目"油料作物优异亲本形成的遗传基础和优良基因资源合理组配与利用"召开启动会。

《种子学》获江苏省高等学校精品教材立项，作物育种学获 2011 年江苏省高等学校优秀多媒体教学课件奖二等奖。作物栽培学实验和设施农业工程获校级精品课程建设立项。获江苏省高等教育教改研究课题立项 1 项、校级教研与教改项目 4 项、创新性实验实践教学项目 5 项。获校级教学成果奖一等奖 2 项，累计发表教育教学研究论文 5 篇。成功申报国家大学生创新性实验计划 6 项、江苏省大学生实践创新训练计划 3 项、校级 SRT 计划 41 项。

获江苏省优秀博士论文 1 篇、优秀硕士论文 2 篇。1 人入选校研究生优秀博士论文培育计划，16 名博士研究生获江苏省普通高校研究生创新计划立项资助。举办 2011 年"作物生理生态与生产"全国研究生暑期学校和第四届"长三角作物学博士生论坛"。4 名博士研究生到国外高水平大学进行联合培养和学习交流，5 名硕士研究生出国攻读博士学位。2 名博士生荣获中国作物学学术年会青年优秀学术报告奖，10 名直博生到国外进行短期学术访问。

本年度邀请美国、荷兰、瑞典、日本和韩国等国外高校专家学术报告 35 场，接待合作研究与交流人员达 150 人次以上，选派 20 多人次赴美国、德国和荷兰等国家考察、合作研究或访问交流。

农学院工会被江苏省总工会评为"模范教工小家"，实现了校运动会教职工团体"八连冠"的优异成绩。本科生共获得省级以上奖励 18 项，农学 81 班荣获江苏省先进班集体。

【获批江苏省优势学科建设工程项目】"作物学"一级学科和"农业信息学"二级学科成功立项为"江苏省优势学科建设工程"项目，2 个项目总经费 3 500 万元。

【获国家科技成果奖励】陈佩度教授主持完成的"小麦-簇毛麦远缘新种质创制及应用"获教育部"高等学校科学研究优秀成果奖"技术进步奖一等奖。张天真教授主持完成的"优质棉新品种的创制、栽培及其产业化"获得"中华农业科技奖科研类成果奖二等奖"。

【举办作物学学科建设与现代农作物种业发展研讨会】6 月 11 日，召开了"作物学学科建设与现代农作物种业发展"研讨会。此次会议是在盖钧镒院士等倡导下，由南京农业大学牵头，中国农业大学、浙江大学和西北农林科技大学等 11 所大学的农学院共同发起的。会议的召开对学习和贯彻《国务院关于加快推进现代农作物种业发展的意见》文件精神，应对新形势下我国种业发展的政策变化，探讨作物学学科在科学研究、人才培养和社会服务等方面面临的机遇与挑战具有重要意义。

（撰稿：解学芬　审稿：戴廷波　审核：张丽霞）

植 物 保 护 学 院

【概况】植物保护学院下辖植物病理学系、昆虫学系、农药学系和农业气象教研室4个教学单位。建有教育部农作物生物灾害综合治理重点实验室、农业部华东作物有害生物综合治理重点实验室、农业部全国农作物病虫测报培训中心和农业部全国农作物病虫抗药性检测中心。植物保护学为国家重点一级学科，涵盖植物病理学、农业昆虫与害虫防治、农药学3个国家重点二级学科。学院设有植物保护学一级学科博士后流动站、3个博士学位专业授予点、3个硕士学位专业授予点和2个本科专业。

学院现有教职工83人（2011年新增11人），在站博士后工作人员7人；专任教师56人，其中教授31人，副教授18人；博士生导师26人，硕士生导师15人。2011年，引进海外高层次人才1人、留学回国人员3人，选留国内外优秀博士7人；王源超教授入选教育部"长江学者"特聘教授，金海翎教授入选江苏省特聘教授。

2011年，学院招收博士研究生51人（留学生4人），硕士研究生172人，本科生143人（植物保护专业113人，生态学专业30人）；毕业博士研究生34人，硕士研究生129人，本科生136人。2011年末，共有在校生1181人，其中博士研究生148人，硕士研究生453人，本科生580人。2011届研究生年终就业率为95.59%，本科生年终就业率为100%。

获准立项国家级或省部级科研项目16项，其中"863"项目1项、国家自然科学基金项目15项，立项课题经费8800万元。发表学术论文160篇，其中SCI（EI）收录论文89篇，影响因子5以上的论文7篇、9以上的论文3篇，获得授权专利11项。

组织召开2011年农业部重点开放实验室学术研讨会，与中国农业科学院植物保护研究所联合召开"现代植物病理学研究进展"主题学术研讨会，同中国农业大学、浙江大学举办"植物病理学三方论坛"；学院40余位教授、研究生在国内外重要学术会议上进行学术报告70余次，其中国际会议特邀报告9人次，有力提升了本学科在国内外的学术影响。

获批2项校级精品课程；本科生教材《普通植物病理学》（第四版）获选教育部国家精品教材，《农业昆虫学》（第二版）获选江苏省高等学校精品教材，《农业昆虫学实验与实习指导》被列为全国高等农林院校"十二五"规划教材。完成大学生创新性实验计划项目19项，新立校级大学生创新性实验计划项目30项、国家大学生创新性实验计划项目3项、江苏省高等学校大学生实践创新训练计划3项。完成校级教育教学改革研究项目2项，新立项2项。"创新建设植物保护专业核心课程群，提高本科人才培养质量"成果获得南京农业大学教学成果奖特等奖；洪晓月教授获得江苏省教学名师荣誉称号。

继续开展班团主题文化建设，丰富学生第二课堂内容，学生创新意识和实践能力不断提高。学院团委连续第六年获得校"五四红旗团委"称号，并被授予2011年"江苏省五四红旗团委创建单位"。获得第五届大学生科技节团体总分第一名；校园文化艺术节团体银奖；第三十九届运动会女子篮球比赛冠军，体育大会六连冠；暑期社会实践"先进单位"；"纪念建党90周年师生大合唱"一等奖等集体荣誉20余项。学生获得省级以上竞赛奖励18项。

【学科研究获得突破性进展】卵菌与真菌分子遗传课题组关于大豆疫霉致病机理的研究，在国际上首次解释了大豆疫霉毒性蛋白协作机制，研究结果以封面文章发表在国际植物学顶级刊物 *Plant Cell*（5 年影响因子：10.65）；该课题组还发现了一种病原菌抑制植物先天免疫的新机制，研究结果发表在病原菌研究顶级期刊 *PLoS Pathogens*（5 年影响因子：9.7）。此外，该团队进一步解析稻瘟病菌产孢和致病信号网络调控分子机制以及开发防治稻瘟病的新型药剂，研究结果发表在 *PLoS Pathogens*。生防和农药残留检测研究团队首次发现了新型生防细菌——产酶溶杆菌的全基因组信息，研究结果为利用基因工程和发酵工程实现该抗菌物质的产业化及生产应用奠定了基础，该研究论文发表在 *Journal of the American Chemistry Society*（影响因子：9.0）。

【基础设施获得显著改善】 2011 年，学院整体搬入新落成的理科实验楼，完成了对各学科、团队教学、科研用房的测算、规划与分配；通过建立有偿使用制度，缓解事业发展与实验用房之间的供求矛盾，进一步增强科研用房的流动性与使用效率；通过广泛调研论证，完成了总投资约 200 万元的高标准植物培养室和养虫室的建设，为学科发展提供了良好的硬件支撑。

【学科平台进一步充实】 按照植物保护一级学科国家重点学科发展规划的要求，整合学科资源，完成了教育部"农作物生物灾害综合治理"重点实验室建设项目建设的论证，并正式启动建设；获得农业部"华东有害生物综合治理"重点实验室的立项建设；落实教育部"211"工程重点学科建设、江苏省优势学科建设、教育部修购计划等项目 1000 万元仪器设备购置计划，添置激光共聚焦显微镜、蛋白组学分析质谱仪等重大设备 5 套，有效充实了学科发展平台。

（撰稿：张 岩 审稿：黄绍华 审核：张丽霞）

园 艺 学 院

【概况】 2011 年是"十二五"开局之年，获批建立"农业部华东地区园艺作物生物学与种质创新重点实验室"；"现代园艺科学"入选江苏省高校优势学科建设工程项目，首批获得 800 万元经费资助；园艺学一级学科下设的 5 个二级学科，被国务院学位委员会全部确认为二级指导学科，引领了全国园艺学科的建设与发展，为实现"十二五"规划发展目标"把园艺学一级学科建设成为国家重点学科"奠定了良好基础。蔬菜学科组荣获江苏省教科系统"工人先锋号"称号。

园艺学院现设有园艺学博士后流动站 1 个、博士学位授权点 6 个（果树学、蔬菜学、茶学、观赏园艺学、药用植物学、设施园艺学）、硕士学位授权点 6 个（果树学、蔬菜学、园林植物与观赏园艺学、风景园林学、茶学、中药学）和专业学位硕士授权点 2 个（农业推广硕士、风景园林硕士）、本科专业 5 个（园艺学、园林学、景观学、中药学、设施农业科学与工程学）；设有农业部园艺作物种质创新与利用工程研究中心、农业部华东地区园艺作物生物学与种质创新重点实验室、国家果梅杨梅种质资源圃、国家梨产业技术研发中心和江苏省果树品种改良与种苗繁育中心部省级科研平台 5 个；1 个二级学科为国家重点学科，1 个一级学科被认定为江苏省一级学科国家重点学科培育建设点，1 个二级学科为江苏省重点学科，1 个二级学科被评为江苏省优势学科。

2011 年学院党委在"七一"表彰中被评为学校先进基层党组织；现有本科生党支部 10 个，研究生党支部 21 个，教职工党支部 4 个；发展学生党员 158 人，转正 185 人；1 名教师被评为学校优秀党务工作者；2 名教师、4 名学生被评为学校优秀党员；在学校"创先争优""三星三最"评选活动中，2 名大学生分别被评为"大学生服务之星"和"大学生学习之星"，3 名教职工分别被评为"最受大学生欢迎的教师""最受大学生欢迎的辅导员"和"最受大学生欢迎的管理人员"；顺利通过学校基层党组织建设考核、中层干部领导班子和领导成员届中考核，考核结果均为优秀。

2011 年学院有在职教职工 96 人，其中专任教师 83 人、管理人员 8 人，教辅、科辅 5 人；专任教师中有教授 28 人（含博士生导师 23 人），副教授 34 人，讲师 21 人；从国内外引进高端人才 3 人，新进应届博士毕业生 4 人和硕士毕业生 1 人；1 人入选江苏省"双创"人才计划，2 人获教育部新世纪优秀人才支持计划资助，1 人入选江苏省"333 人才工程"第二层次培养对象，1 人入选江苏省"333 人才工程"第三层次培养对象；3 人晋升教授，4 人晋升副教授。

学院有全日制在校学生 1 655 人，其中本科生 1 042 人、硕士研究生 514 人、博士研究生 99 人；有在职专业学位研究生 123 人；毕业学生 404 人，其中，研究生 182 人（博士研究生 41 人，硕士研究生 141 人），本科生 222 人；招生 497 人，其中，研究生 214 人（博士研究生 31 人，硕士研究生 183 人），本科生 283 人；本科生就业率为 100.0%，研究生就业率 90.2%；本科生学位授予率 96.3%；有 6 篇本科生毕业论文获得校级本科优秀毕业论文；拥有国家级精品课程 1 门、省级精品课程 2 门、国家双语教学示范课程 1 门；1 本教材获批教育部国家普通高等教育精品教材，1 本教材获批江苏省高等学校精品教材，1 本教材获中华农业科教基金优秀教材奖；组织教师积极参与教研教改，获得校级教改项目立项 5 项，获校级教学成果 4 项，其中特等奖 1 项、二等奖 3 项；发表教育教学改革论文 5 篇；立项 SRT 43 项，资助经费达 44 800 元；结题 SRT 项目 23 项，发表 9 篇与 SRT 相关的论文；完成了植物生产类创新创业人才培养基地的规划与建设；圆满完成园艺、园林、设施农业科学与工程、中药学和景观学 5 个本科专业 2011 版人才培养方案的修订工作，完善了创新型人才分类培养体系；园艺专业顺利通过江苏省品牌专业的验收工作，成为国家级特色专业建设点；完成植物生产类创新创业人才培养基地的规划与建设；完成研究生课程体系改革方案（讨论稿）的修订；完善学院研究生奖学金政策，59 人获一等奖学金，236 人获二等奖学金；1 篇硕士论文、1 篇博士论文入选江苏省优秀论文；3 篇硕士论文获校优秀论文；博士生发表影响因子 6.0 以上的 SCI 论文 1 篇；被学校评为本科教学管理先进单位。

2011 年，学院新增科研项目 56 项，其中国家自然科学基金 12 项，经费 600.0 万元，获国家自然科学基金项目无论是数量还是总经费，均创历史新高；发表 SCI 论文 50 篇，其中影响因子 6.0 以上的 1 篇。授权国家发明专利 11 件，申请国家发明专利 44 件；获 2 项国家科技进步奖二等奖，其中"梨自花结实性种质创新与应用"成果为第一完成单位，"主要商品盆花新品种选育与产业化关键技术与应用"成果为第三完成单位。"主要设施花卉品种和技术集成与推广应用"成果荣获江苏省农业技术推广奖一等奖。积极开展科技兴农工作，先后参与了"百名教授兴百村""南京市百名专家进百村"等活动，受到省、地多方面好评；学院教师科技下乡达 378 人次；1 人被评为"江苏省农业科技创新与推广先进个人"，2 人被评为"'三农'科技服务金桥奖先进个人"；与江苏省宿迁市政府合作成立南京农业大学（宿迁）设施园艺研究院，开创了校地合作的新模式；制定科研工作年会制度，连续两年召开学院科研工作汇报交流大会，促进了学院各课题组间科研交流和协作；完成 2010 年科技后补助统计工作，发放 385 000 元科技奖励，科技奖励数额位居学校第三位，取得历史性跨越；被学校评为"十一五"科技工作先进单位。

2011 年，学院学生获得 14 项省市级以上奖励；共组织 18 支社会实践团队，262 名师生参加了暑期实践并获得校社会实践先进团队称号；被评为学校就业工作先进集体。

2011 年，学院与国内外多所院校和科研机构建立了良好的合作与交流关系。与美国康奈尔大学积极探讨产学研结合的国际合作机制，与澳大利亚墨尔本大学探讨本硕连读办法；有 20 余位教师到美国、日本等参加国际学术会议，进行学术交流访问；有 10 余位研究生得到国家留学基金管理委员会或国外资助到国外进修学习；接待来自美国、日本、加拿大和澳大利亚等国学者来访进行学术交流 30 余人次；继续执行与日本民间土屋育英基金会建立的长期的园艺学人才培养合作计划，每年选派一名年轻教师赴日本千叶大学进修。

【"主要设施花卉品种和技术集成与示范推广"成果喜获江苏省农业技术推广奖一等奖】4 月 26 日下午，江苏省农业科技创新与推广工作会议在江苏省南京市召开。省委常委、副省长黄莉新，盖钧镒院士、朱兆良院士、张齐生院士，涉农高校、科研单位领导及各市县分管农业农村工作的领导出席了会议，学校副校长胡锋出席会议。学院陈发棣教授课题组完成的"主要设施花卉品种和技术集成与示范推广"成果荣获一等奖。该项目重点开展了江苏省规模化设施生产的切花菊、郁金香、百合等主要切花及一品红、凤梨和蝴蝶兰等主要盆花的新品种引选、配套标准化生产技术的研发和产业化开发。有力推进了江苏省设施花卉品种自主创新步伐，有效解决了花卉高效栽培的外来技术依赖性，取得了显著的经济效益、社会效益和生态效益。该科技推广一等奖是陈发棣教授科研团队继 2003 年、2007 年、2008 年荣获江苏省、农业部和教育部 3 项省部级二等奖后的又一殊荣，充分肯定了学校在花卉新品种、新技术等研发和科技成果推广中所取得的突出成绩。

【首届菊花展圆满落幕】2011 年 11 月 10～14 日，由园艺学院主办、园艺协会承办的南京农业大学首届菊花展圆满落幕。期间，展览吸引了万余名参观者，江苏电视台、《金陵晚报》、凤凰网、龙虎网和中国江苏网等多家媒体报道了本次活动。此次菊花展览共展出了 100 多种菊花，其中绝大多数是由学校陈发棣、房伟民两位教授精心培育的新品种。此次展览的菊花中，不仅有绿安娜、玛丽和希望之光等稀有花种，还有南京农业大学园艺师们研究出的南农红扣、南农一点辉、南农丽月和南农蒙白等新品种菊花。

【参加插花比赛获佳绩】12 月 24 日，园艺学院代表学校出席由江苏省花木协会插花艺术专业委员会和金陵科技学院园艺学院联合举办的"'展花艺风采，建人文校园'2011 驻宁院校插花比赛"，取得优异成绩。

（撰稿：张金平　审稿：陈劲枫　审核：张丽霞）

动 物 医 学 院

【概况】动物医学院设有：基础兽医学系、预防兽医学系、临床兽医学系、国家级动物科学类实验教学中心、农业部生理生化重点实验室、农业部细菌学重点实验室、临床动物医院、实验动物中心、《畜牧与兽医》编辑部、畜牧兽医分馆、动物药厂和 36 个校外教学实习基地。

现有教职工 88 人，其中教授 29 人，副教授、副研究员、高级兽医师和副编审 24 人，讲师、实验师 20 人；博士后研究人员 10 人。具有博士学位者 54 人、硕士学位者 8 人。其中博士生导师 26 人、硕士生导师 50 人。2011 年，新增教授 3 人，副教授 4 人；2 人入选江苏省"333 工程"人才培养计划；1 人入选教育部新世纪人才培养计划。新入院工作的青年教师中，有 3 人获得了国家自然科学基金青年基金资助。

各类在校学生 1 568 人，其中，全日制本科生 886 人、硕士研究生 426 人、博士研究生 116 人，专业学位博士和硕士研究生 140 人。毕业学生 370 人，其中，研究生 211 人（博士研究生 45 人、硕士研究生 113 人、兽医博士研究生 20 人、兽医硕士研究生 33 人），本科生 159 人。招生 410 人，其中，研究生 244 人（博士研究生 40 人、硕士研究生 156 人、兽医博士研究生 16 人、兽医硕士研究生 32 人），本科生 166 人。本科生年终就业率达 100%，研究生年终就业率为 97.9%。全年发展学生党员 99 人（其中研究生 40 人，本科生 59 人），转正 67 人（其中研究生 23 人，本科生 44 人）。

2011 年，学院"十一五"期间承担的重大课题如转基因专项、公益性行业专项均顺利通过结题验收，猪圆环病毒感染与防控技术成果 2011 年通过了农业部组织的专家鉴定。2011 年，学院新增科研项目 50 多项，立项经费超过 6 000 万元，其中主持公益性行业专项 2 项，国家自然科学基金 11 项，获部省级二等奖 2 项。发表 SCI 论文 62 篇，申报专利 10 项，授权专利 5 项。学院立项国家大学生创新实验计划项目 6 项，省级大学生实践创新项目 2 项，校级 SRT 项目 30 项，江苏省高等学校大学生创新训练 4 项。本科生发表论文 25 篇。

【学科建设成绩斐然】2010 年 12 月，兽医学一级学科被评为江苏高校优势学科建设工程一期建设项目，获得 1 800 万元学科建设经费；2011 年 11 月，实验动物中心通过江苏省科技厅的验收，开始正常运转；2011 年，农业部动物生理生化区域性重点实验室和动物细菌学区域性重点实验室获农业部批准建设。作为国务院兽医学科评议组召集人所在单位，学院承担了负责兽医学科评议组的相关工作，编制了《授予博士、硕士学位和培养研究生的二级学科目录》《兽医学一级学科简介》和《兽医学博士、硕士学位基本要求》等材料。

【教育教学成果丰硕】从 2011 年开始，实行青年教师到兽医院临床锻炼制度，时间为半年；设立青年教师科研基金，给每位 36 岁以下的青年教师、申请到国家自然科学基金青年基金资助教师以及出国进修 1 年以上回国的青年教师分别配套 10 万元科研经费。出版"十一五"国家级规划教材 2 本（《动物生理学》《动物病理生理学》）。已获批农业部"十二五"教材 8 本；申请到科学出版社"十二五"规划教材 2 本。新增江苏省高等学校精品教材 1 本（《动物组织学与胚胎学》）。与动物科技学院联合申请的"三结合"培养动物科学类"双创型"人才实践创新能力的研究与实践项目获江苏省教学成果奖一等奖。

【合作交流成效显著】2011 年，分别接待了丹麦奥胡斯大学、艾奥瓦州立大学等 10 余所大学兽医学院的来访，并与艾奥瓦州立大学、我国台湾大学兽医学院达成了合作培养人才的协议。成功举办了首届动物福利国际会议和第 16 届国际针灸培训班。先后有 20 余人次出国进修、合作科研或参加学术会议。先后邀请来自美国、德国、加拿大、荷兰、日本等国家和中国香港等地区的专家学者 40 人次来学院做学术报告。

【党建思政成绩突出】积极开展建党 90 周年纪念活动和"为民服务创先争优"活动。学院党委获评全校"唱红歌、跟党走"建党 90 周年歌咏会二等奖、"建党 90 周年征文比赛优秀组织奖";学院获"五四红旗团委""科技节优胜杯""就业工作先进单位""校今秋征文大赛优秀组织奖"等表彰;本科生一支部获校"先进党支部"称号;动强 81 班被评为"江苏省先进班集体";1 人被评为校级优秀党务工作者、2 人被学校评为优秀共产党员,1 名辅导员被评为"大学生最喜爱的辅导员";孙雅薇同学获得亚洲大奖赛冠军、亚洲锦标赛冠军;熊富强老师的论文获得全国高校学生工作优秀成果奖二等奖等。学院工作受到新闻媒体报道 7 次,其中社会实践活动受到中国教育电视台报道。

（撰稿：熊富强　曹　猛　审稿：范红结　审核：张丽霞）

动 物 科 技 学 院

【概况】现有在职教职工 79 人,专任教师 49 人,其中新增青年教师 7 人,引进高层次人才 1 人,新增教授 3 人。拥有教授 21 人,副教授 20 人,博士生导师 21 人,硕士生导师 41 人,享受国务院特殊津贴者 2 人,国家杰出青年科学基金获得者 1 人,国家"973"首席科学家 1 人,国家现代农业产业技术体系岗位科学家 2 人,教育部新世纪人才支持计划获得者 1 人,教育部青年骨干教师资助计划获得者 3 人,江苏省"333 工程"人才培养对象 3 人,江苏省高校"青蓝工程"中青年学术带头人 1 人与骨干教师培养计划 2 人,江苏省"六大高峰人才"1 人,江苏省教学名师 1 人,江苏省优秀教育工作者 1 人,南京农业大学"钟山学术"新秀 1 人,全国优秀奶业工作者 1 人。

设有动物遗传育种与繁殖系、动物营养与饲料科学系、草业工程系、特种经济动物与水产系、实验教学中心和农业部牛冷冻精液质量监督检验测试中心。下设消化道微生物研究室、动物遗传育种研究室、动物营养与饲料研究所、动物繁育研究所、南方草业研究所、乳牛科学研究所、羊业科学研究所、动物胚胎工程技术中心、《畜牧兽医》编辑部、畜牧兽医图书分馆、珠江校区畜牧试验站。

招收本科生 181 人、硕士生 101 人、博士生 27 人。在校本科生 617 人,研究生 375 人,授予硕士学位 79 人、博士学位 14 人。本科生动物繁殖新技术（双语）、猪生产学和畜牧学通论课程立为校级精品课程建设项目,《畜牧学通论》（主编）教材评为教育部 2011 年普通高等教育精品教材;获得教改项目省级 1 项、校级 6 项;实验实践教改项目省级 1 项、校级 1 项;大学生创新型实验计划立项国家级 3 项、省级 3 项、校级 34 项;发表教改论文 6 篇,获得江苏省教育教学成果奖一等奖 1 项,获得南京农业大学教学管理先进单位称号。

修订研究生培养方案,编制新教学大纲,制订新课程体系。举办研究生教育牧者论坛、博士面对面学术活动。获得江苏省创新项目 11 项,南京农业大学优秀硕士学位论文 1 篇。

成功申报草学一级学科博士学位授权点、畜牧学江苏省一级重点学科。目前,共有畜牧学、草学、水产一级学科博士授权点 3 个,二级学科博士点 5 个、硕士点 5 个,皆为江苏省重点学科。

建有博士后流动站 1 个，动物源食品生产与安全保障、水产动物营养省级实验室 2 个、校企共建省级工程中心 2 个、农业部动物生理生化重点实验室（共建）1 个。

新增各类科研项目 32 项，其中纵向科研立项 27 项，主持国家自然科学基金项目 7 项，国家科技支撑计划 1 项，教育部博士点基金 3 项，教育部留学回国人员科研启动基金 1 项，江苏省自然科学基金项目 1 项，江苏省农业科技自主创新资金项目 1 项，江苏省农业三项工程项目 1 项，江苏省水产三项工程 1 项，江苏省农业地方标准制定项目 6 项，校青年科技创新基金 2 项，中央高校"自主创新重点研究项目"5 项。另新增挂县强农富民项目 2 个。

到账纵向科研经费 1 450 万元，发表 SCI 论文 32 篇。新设专家工作站 3 个。养羊课题组主导的南京农业大学海门山羊研发中心成立。

与淮阴种猪场合作，历经 12 年选育猪品种"苏淮猪"通过国家猪品种委员会新品种鉴定，并获得新品种证书。农业部牛冷冻精液质量监督检验测试中心（南京）通过农业部"双认证"及农产品质量安全认证。"仔猪健康养殖营养饲料调控技术及应用"（第二单位）获得国家科技进步奖，"水产品药物残留监控技术研究与应用"获得江苏省科学技术奖三等奖。

承办全国农业推广硕士专业学位教育指导委员会养殖专业第十次会议、两次畜牧兽医学术年会（猪与禽）、首届江苏省畜牧学科学术交流会；承担"动物体细胞核移植技术全国研究生暑期学校"培训任务。23 人次参加国际学术会议，邀请国内外知名学者来学院学术报告 71 场次。4 名青年教师完成国外进修学习回国，选派青年教师出国进修 3 人。

学院党委贯彻党政共同负责制，坚持两周一次，召开"两会"46 次，讨论重大事项与问题 52 个。加强学习型党组织建设，开展"争先创优"活动，开展大学生思想教育活动，组织专题讲座 18 场，开设党课 23 堂。加强反腐倡廉建设，制订《动物科技学院勤政廉洁制度》《动物科技学院民主生活会制度》《动物科技学院党支部"三会一课"制度》。顺利完成基层工会组织换届工作。

发展新党员 106 人，转正党员 103 人。获得优秀教职工党员 1 人，优秀党务工作者 1 人，优秀本科生党员 1 人、研究生党员 2 人，第五党支部到南京市沧波门小学开展的"做环保小卫士，与青奥共成长"系列主题活动，受到《南京日报》《直播南京》的报道。第五党支部获得"先进基层党支部"荣誉称号，学院获得 2011 年度学生工作先进单位。

【选育猪品种"苏淮猪"获得国家猪品种委员会新品种证书】2011 年 5 月，由学院与淮阴种猪场合作，选育猪品种"苏淮猪"通过国家猪品种委员会新品种鉴定，并获新品种证书。学院于 1954 年开始，与淮阴种猪场合作，基于地方猪种淮猪，历经 23 年选育成肉脂兼用型新品种新淮猪；又于 1998 年开始基于新淮猪，历经 12 年持续选育，成功育成瘦肉型新猪种苏淮猪。

【承办全国农业推广硕士专业学位教育指导委员会养殖分委员会会议】2011 年 11 月 26 日，全国农业推广硕士专业学位教育指导委员会养殖分委员会第十次会议在南京农业大学举行。全国兄弟院校 23 位委员和专家学者参加会议。会议由养殖分委员会主办，动物科技学院承办。大会听取了国务院学位委员会办公室处长欧百钢《学科建设和专业学位研究生培养》特邀专题报告、南京农业大学教务处处长王恬教授、湖南农业大学研究生处处长贺建华教授分别做的《加强课程建设，提高专业学位人才培养质量》和《动物科学类硕士研究生课程体系构建》报告，验收了养殖领域农业推广硕士教材建设项目，研讨了养殖领域农业推广硕士课程建设和案例库建设问题。

【获得国家科技进步奖二等奖（第二单位）】 第二单位参加完成的"仔猪健康养殖营养饲料调控技术及应用"成果，获得 2011 年度国家科技进步奖二等奖。该成果历经 18 年集成攻关，系统研究了仔猪能量、蛋白质和氨基酸需要等重要参数，创建了仔猪营养调控新方法，研制出具有自主知识产权、保障乳仔猪健康养殖和高效生产的新饲料添加剂 32 个，预混合饲料产品 3 个（系列），浓缩饲料产品 2 个（系列），配合饲料产品 2 个（系列）。这些产品具有原料国产化、适口性好、应激反应小、仔猪腹泻少和适应不同用户需求的特点，可使猪场仔猪育成数提高 1.2～1.5 头/窝，在全国累计推广生产仔猪配合饲料 931.2 万吨，预混料 68 万吨，添加剂 3.5 万吨，销售收入达 435 亿元，利税达 61 亿元，养猪户产生间接经济效益 205.1 亿元。

（撰稿：孟繁星　审稿：高　峰　审核：张丽霞）

无锡渔业学院

【概况】 南京农业大学无锡渔业学院（以下简称渔业学院）有水产学一级学科博士学位授权点和水生生物学二级学科博士学位授权点各 1 个，有全日制水产养殖、水生生物学共 2 个硕士学位授权点，有专业学位渔业领域硕士学位授权点 1 个，有水产养殖博士后科研流动站 1 个。设有全日制水产养殖学本科专业 1 个，另设有包括水产养殖学专升本在内的各类成人高等教育专业。

渔业学院依托中国水产科学研究院淡水渔业研究中心（以下简称淡水中心），建有"农业部淡水渔业与种质资源利用重点实验室""中国水产科学研究院内陆渔业生态环境和资源重点开放实验室"以及农业部长江下游渔业资源环境科学观测实验站等 10 多个省部级公益性科技创新平台；是农业部淡水渔业与种质资源利用学科群、国家大宗淡水鱼产业技术体系和国家罗非鱼产业技术体系建设技术依托单位。

有在职教职工 188 人，其中教授 22 人、副教授 29 人（含博士生导师 4 人、硕士生导师 20 人）；有国家、省有突出贡献中青年专家及享受国务院特殊津贴专家 4 人，农业部农业科研杰出人才及其创新团队 1 个，国家现代产业技术体系首席科学家 2 人、岗位科学家 6 人，中国水产科学研究院（以下简称水科院）首席科学家 1 人。

有全日制在校学生 194 人，其中本科生 125 人、硕士研究生 64 人（留学生 2 名）、博士研究生 5 人（留学生 1 名）。毕业学生 66 人，其中研究生 28 人（博士研究生 2 人、硕士研究生 26 人），本科生 38 人。本科生一次性就业率达 97%。博士后流动站正式挂牌。1 名博士研究生被评为"2011 年校优秀博士毕业生"，1 名博士研究生申请"江苏省研究生培养创新工程"项目获批，推荐南京农业大学优秀硕士毕业论文 1 篇。

发表学术论文 121 篇，其中 SCI 收录论文 10 篇；出版专著 2 部。授权国家发明专利 18 项、实用新型专利 2 项；获得软件著作权 2 项。承担科研项目 200 项，到位经费 2 668.36 万元（其中年度新上科研项目 88 项，到位经费 1 485.32 万元）；完成科研项目 91 项，通过验收 5 项，成果鉴定 1 项，结题 39 项；获科技成果奖励 10 项，其中青虾相关科技成果获中华农业科技奖一等奖、江苏省科技进步奖一等奖和无锡市政府最高奖——腾飞奖 3 项奖励。

邀请来渔业学院交流讲学和访问的国外、境外专家共 18 批 56 人次；派出 15 批、21 人次访问了 14 个国家，与美国奥本大学、北卡罗来纳州大学、俄罗斯国家水产研究院签订了合作协议，同时与东南亚渔业开发中心达成了科研合作和人员培训交流机制。完成了与联合国粮农组织渔业局的合作备忘录的签订工作。承担佩罗基金等国际合作项目 8 项。承办 2011 年中韩水产科技合作年会；承担了"水科院系统第三期青年业务骨干英语培训班"和"新疆鱼类人工繁殖技术培训班"共培训学员 39 人；举办 9 期援外培训班，培训来自 42 个国家和地区的学员 204 人。

召开学院全体党员大会，选举产生学院第五届党委、纪委，其中戈贤平同志任党委书记，万一兵同志任党委副书记、纪委书记，徐跑、邴旭文和袁新华 3 名同志为党委委员；组织开展学习型党组织和"创先争优"活动，发展党员 28 人，其中学生 26 人（研究生 2 人，本科生 24 人），转正党员 31 人。缪为民、闵宽洪 2 名教师被商务部授予"中国援外奉献奖"银奖，19 名先进个人受到了上级及有关单位的表彰。

【农业部淡水渔业与种质资源利用学科群建设正式启动】12 月 12 日，农业部淡水渔业与种质资源利用学科群首次学术委员会会议在无锡召开，学科群建设正式启动。中山大学林浩然院士受聘为学科群综合性重点实验室学术委员会主任。学科群由 1 个综合性重点实验室、9 个专业性重点实验室和 10 个科学观测实验站组成，主要任务是开展淡水渔业种质资源创新利用与遗传育种、淡水养殖生态调控与环境修复、淡水健康养殖、资源增殖、生物多样性保护与利用的理论和技术研究等。

【"福瑞鲤"获得水产新品种证书】"福瑞鲤"通过全国水产原种和良种审定委员会的审定，获得了水产新品种证书（GS01－003－2010），这是渔业学院继建鲤之后培育的又一鲤新品种。"福瑞鲤"是以建鲤和野生黄河鲤为基础选育群体，运用数量遗传学 BLUP 分析和家系选育等综合育种新技术培育的鲤新品种，具有生长速度快、体型好和饵料系数低等特点，适宜在全国淡水水域中养殖。

【新添中国水产科学研究院先进工作者 1 人】董在杰教授被评为水科院先进工作者。董在杰，研究员，南京农业大学硕士生导师、上海海洋大学硕士生导师。现任水科院淡水中心水产遗传育种研究室副主任，"中国水产科学研究院百名科技英才"。主要研究方向：鱼类遗传育种、繁殖及分子生物学。获奖成果：国家科技进步奖二等奖 1 项、部一等奖 1 项、部省级二等奖 7 项、院一等奖 4 项、二等奖 1 项，培育水产新品种 1 个，获国家发明专利授权 10 余项，新型实用专利授权 1 项，计算机软件著作权 2 项，在国内外学术刊物上发表论文 100 多篇。兼任联合国粮农组织项目顾问，国家大宗淡水鱼类产业技术体系岗位科学家，第五届全国水产原种和良种审定委员会委员，科技部国际科技合作计划项目评价专家，江苏省遗传学会常务理事。

（撰稿：狄　瑜　审稿：胡海彦　审核：张丽霞）

资源与环境科学学院

【概况】学院现有教职工 91 人，其中教授 32 人，副教授 39 人。拥有国家"千人计划"专家、国家教学名师、全国师德标兵、全国农业科研杰出人才和国务院学位委员会学科评议组（农业资源与环境）召集人等。有教育部新世纪优秀人才计划 7 人、江苏省"333 工程"学术领军人才和中青年学术带头人 5 人、江苏省"青蓝工程"人才 8 人及国际学术期刊编委 7 人。

全日制在校学生 1 299 人，其中，本科生 612 人、硕士研究生 526 人、博士研究生 161 人。招生 403 人，其中，研究生 221 人（博士研究生 44 人、硕士研究生 177 人），本科生 182 人。

学院设有农业资源与环境、生态学 2 个一级学科博士后流动站，拥有农业资源与环境国家一级重点学科，江苏高校优势学科（涵盖土壤学和植物营养学 2 个国家二级重点学科）和 1 个"985 优势学科创新平台"，2 个江苏省重点学科（植物营养学和生态学），2 个校级重点学科（环境科学与工程和海洋生物学）；3 个博士学科点、2 个博士学位授予点、6 个硕士学科点、2 个专业硕士学位点、3 个本科专业。

农业资源与环境专业为教育部特色专业，环境工程专业为江苏省品牌专业，环境科学专业为校品牌特色专业。拥有植物营养学和生态学 2 个"国家级优秀教学团队"，农业部和江苏省"高等学校优秀科技创新团队"各 1 个、"江苏省高校优秀学科梯队" 1 个。学院独立设有黄瑞采教授奖学金和多个企业奖助学金，2011 年资助在校生 27.55 万元。

学院举办了第四届科学发展论坛，召开了由学科点长、院学术委员会成员和主要学术骨干组成的有关第三期"211"重点学科建设进展态势的自我评估会，组织学术团队和人才项目申报江苏省优势学科建设工程一期项目获得立项建设。徐国华教授获农业部农业科研杰出人才；范晓荣副教授、朱毅勇副教授获教育部新世纪人才；徐国华教授、邹建文教授获江苏省"333 人才工程"第三层次培养对象。学院成功引进"千人计划"赵方杰教授；从美国引进学校高层次人才 2 人；引进、选留优秀青年博士 7 人。

以学院教师和研究生作为第一作者和通讯作者发表 SCI 论文 72 篇，其中影响因子大于 5 的论文有 4 篇，国内核心期刊 160 多篇。徐国华教授在 *Annu Rev Plant Biol* 上以第一作者和通讯作者发表标志性论文，影响因子 28.4。博士生贾宏昉、陈爱群和顾冕分别作为第一作者在植物学领域国际著名期刊 *Plant Physiology* 发表了研究论文。

学院获得新批准国家自然科学基金项目 19 项，资助金额 1 140 多万元，科研实际到账经费近 5 000 万元。另外申请获得教育部修购计划项目 324 万元。新增了农业行业科研专项、"973"课题、"948"项目等一批国家级科研项目和课题，申请获准高等学校学科创新引智计划（"111 项目"）。

学院共邀请 20 多名国际知名的同行教授到学院访问、讲学，派遣 4 名青年教师出国访问交流、12 人次参加国际会议、举办国内、国际会议多次。6 名研究生赴国外留学，举办国际会议 3 次。以植物营养系为试点，每周组织一次以教师和外请著名专家为主体的 seminar，每年的 12 月 18 日定为资源与环境科学学院研究生日，举办研究生学术论坛。

学院新立项获得校级教改项目重点项目 1 项、一般项目 4 项。"适应本科生差异性发展的社会实践与科研训练综合管理体系研究与实践"获江苏省教改项目一般项目。2 门课程入选学校精品课程建设；1 门教材获 2011 年中华农业科教基金优秀教材奖；1 门教材入选 2011 年江苏省高等学校精品教材，完成了 2011 版本科人才培养方案和教学大纲修订工作。

学院获江苏省教学成果奖二等奖 1 项、江苏省高等教育学会第十届高等教育科学研究优秀成果奖三等奖 1 项、江苏省高校教学管理研究会优秀论文奖一等奖 1 项、校教学成果奖特等奖 1 项、一等奖 1 项、二等奖 1 项。1 篇论文获得江苏省优秀本科论文奖三等奖，6 篇论文被评为校级优秀论文，获得国家级 SRT 3 项、国家创业项目 1 项、省级 SRT 2 项、校级 SRT 30 项和院级 SRT 18 项。启动了 2009 级导师制，共征集了 97 个导师制课题。本科生考研录取率达 53.9%，CET 通过达 95.04%。

学院有 2 支省级重点立项团队，"千乡万村"环保科普行动获中国环境科学学会授予的"优秀组织奖"荣誉，并获 3 篇"优秀活动文章"、2 个"优秀活动案例"、2 支"优秀小分队"、2 名"优秀指导老师"、5 名优秀志愿者。翟瑞婷获首届南京高校职场精英挑战赛（南京农业大学赛区）二等奖；张旭获首届苏宁高校精英营销大赛季军；王雪晴获南京农业大学"创新之星"；王雪君等获校第六届大学生科技节环保创意大赛特等奖等。学生团队或个人获 9 项国家级、13 项省级和 10 项校级一等表彰。

【召开了学院第一次教职工代表大会】 在学院党委的领导下，组织召开了学院第一次教职工代表大会。教职工代表大会上，学院党政领导和全体教职工代表就学院"十一五"期间学院建设发展的成果、经验和不足进行了认真总结，对学院在未来 5 年的发展主线和任务进行了重点讨论，并最终确定了学院"十二五"发展规划。

【新增全国优秀博士论文】 陈爱群的博士论文（指导教师：徐国华教授）《三种茄科作物 pht1 家族磷转运蛋白基因的克隆及表达调控分析》获 2011 年全国优秀博士学位论文，这是学校植物营养学科的全国第一篇优秀博士论文。

【2 个课题组获科研教学奖】 沈其荣课题组的"克服土壤连作生物障碍的微生物有机肥及其新工艺"获得国家技术发明奖二等奖，周立祥课题组的"强化实践教学提升农科院校环境工程专业创新人才培养质量的新模式"获江苏省高等教育教学成果奖二等奖。

（撰稿：巢　玲　审稿人：李辉信　审核：张　丽）

生 命 科 学 学 院

【概况】 学院下设生物化学与分子生物学系、微生物学系、植物学系、植物生物学系、动物生物学系、生命科学实验中心。植物学和微生物学为农业部重点学科，生物化学与分子生物学是校级重点学科，生物学成为江苏省优势学科平台组成学科。现拥有江苏省农业环境微生物修复与利用工程技术研究中心、江苏省杂草防治工程技术研究中心。农业环境微生物工程重点开放实验室成为农业部重点开放实验室。现有生物学一级学科博士、硕士学位授予点，植物学、微生物学、生物化学与分子生物学、动物学、细胞生物学、发育生物学和生物技术 7 个二级博士授权点。拥有国家理科基础科学研究与教学人才培养基地（生物学专业点）和国家生命科学与技术人才培养基地、生物科学（国家特色专业）和生物技术（江苏省品牌专业）2 个本科专业。

现有教职工 98 人（2011 年新增 3 人），其中，专任教师 67 人，89% 具有博士学位。其中教授 21 人（2011 年新增 5 人），副教授及副高职称者 33 人（2011 年新增 4 人），讲师 16 人（2011 年新增 4 人），博士生导师 24 人（2011 年新增 2 人），硕士生导师 47 人（2011 年新增 3 人）。1 人获得国家自然科学基金委员会优秀青年科学基金资助，1 人入选教育部新世纪优秀人才支持计划，1 人获得"国家高层次人才特殊支持计划"教学名师奖，1 人获得江苏省杰出青年基金资助，3 人入选江苏省"333 工程"人才培养计划，1 人入选江苏省"青蓝工程"学术带头人培养对象，3 人入选校首期"钟山学术新秀"。强胜教授荣获教育部第六届高等学校教学名师奖。

学院招收本科生 176 人，招收研究生 196 人，其中博士生 39 人，硕士生 157 人。在职生物工程硕士 5 人，留学生 2 人。毕业本科生 208 人、研究生 191 人。2011 届本科毕业生年终就业率为 100%。

学院新立项国家自然科学基金 13 项、省部级项目 11 项、校级项目 6 项。总经费 1 023 万元，到账科研经费 1 180.33 万元。发表 SCI 论文 75 篇，累计影响因子 170.71，其中影响因子 5 以上的论文 3 篇。沈文飚课题组"关于拟南芥中盐诱导 HY1 上调以及 RbohD 介导的活性氧合成机制的研究成果"发表在 *PLANT JOURNAL*。章文华教授课题组的"植物耐逆信号转导及其机理"获教育部高等学校自然科学奖二等奖。强胜教授课题组的"长江中下游地区农田杂草发生规律及其控制技术"获江苏省科技成果奖二等奖。

强胜教授主编的《植物学》和《植物学数字课程》、杨志敏教授主编《生物化学》获批教育部"十二五"规划教材。沈振国教授主编普通高等教育"十一五"国家级规划教材《细胞生物学》完成第二版修订。

组织生命基地学生到江苏省植物生长调节剂工程技术研究中心、江苏丰源生物化工有限公司、福润德公司、无锡（惠山）生命科技产业园区等企业和研究所进行实训。以百余名优秀基地班毕业学生座谈调研为基础，完成了 2008 级两个基地免试推荐研究生工作以及保研条例和奖励学分条例的修订工作。

学院获批国家创新训练计划 14 项、省创新训练计划 2 项、校级 SRT 项目 32 项。研究生共开设 65 门研究生课程，3 门课程为江苏省研究生核心课程建设课程，3 门课程专业学位建设课程，7 门课程列为学院重点建设课程，6 门研究生课程被评为校级优秀课程。学院教师发表教育教学论文 2 篇。学院在充分调研的基础上产生新的研究生课程培养体系，完成研究生课程体系改革学院试点工作。获江苏省优秀硕士生论文 1 篇，获江苏省研究生科研创新计划项目 5 项。本年度学院获学校教学管理先进单位。

举办第一届生命科学节。在第五届大学生科技节中，学院荣获"优胜杯"及课外学术作品竞赛特等奖。在第十二届"挑战杯"全国大学生课外学术科技作品竞赛中，获江苏省三等奖。开展科教兴农和就业见习等实践活动，得到《新华日报》《南京日报》等 10 余家媒体的报道。学院获得校"唱红歌、跟党走"大合唱比赛二等奖；刘婷等 3 名同学获江苏省第三届大学生艺术展演活动舞蹈比赛一等奖。院团委获得校"五四红旗团委"，成为"江苏省五四红旗团委创建单位"。学院连续 4 年获太极拳比赛一等奖，校运动会（学生部）群体先进单位。

【加强人才培养，强化专业建设】 加强人才培养模式改革，修订和完善了专业人才培养方案。按照"分类培养"的思路，构建适应学生差异性发展的学术型和应用型人才分类培养模式。强化专业建设，生物科学专业以优秀成绩通过江苏省教育厅组织的省品牌专业验收。在国家级人才培养基地、国家级特色专业和省级品牌专业的基础上，整合生物科学与生物技术的教学资源，生物科学类被立项为江苏省重点专业。

【成立农业与生命科学博士生创新中心】与研究生院合作，成功召开首届农业与生命科学直博生创新论坛，成立农业与生命科学博士生创新中心。在 11 月 24 日至 12 月 10 日，针对全校的自然科学 100 位博士生进行 5 个模块的实验技能培训和讲座。

【举办多项重要学术会议】成功召开了农业部农业环境微生物重点开放实验室学术委员会会议暨纪念樊庆笙教授 100 周年诞辰学术研讨会，中国科学院上海生命科学院赵国屏院士等 20 余位海内外专家领导出席了会议。圆满召开"全球环境变化下的杂草科学问题"国际学术研讨会暨第十三届江苏省杂草研究会学术年会（纪念江苏省杂草研究会成立 30 周年），共有来自韩国、美国等 6 个国家的 166 位代表参加此次会议，会议论文集共收录论文及摘要 49 篇。

（撰稿：赵　静　审稿：李阿特　审核：张　丽）

理　学　院

【概况】理学院现下设数学系、物理系和化学系 3 个系，设有学术委员会、教学指导委员会等，建有江苏省农药学重点实验室，设有化学教学实验中心、物理教学实验中心，2 个江苏省基础课实验教学示范中心及 1 个同位素科学研究实验平台。学院拥有 1 个博士学科点：生物物理学；4 个硕士学科点：数学、应用化学、生物物理学、化学工程；2 个本科专业：信息与计算科学和应用化学。

现有教职工 73 人，其中，教授 5 人、副教授 23 人，博士生导师 5 人、硕士生导师 14 人。

招收本科生 120 人，硕士研究生 26 人；毕业本科生 116 人、硕士研究生 26 人。2011 届本科生一次就业率 100%，研究生一次就业率 100%。毕业班升学率 30%，其中应用化学专业达 40.9%。34 名同学获南京农业大学优秀毕业生，5 名同学获南京农业大学优秀硕士毕业生。

学院科研经费到账 206.5 万元，发表 SCI 收录论文 33 篇，影响因子之和达到 58.4。新增国家自然科学基金 3 项，含面上项目 2 项、数学天元基金 1 项；新增国家支撑项目 1 项、中央高校基本科研业务费 3 项。另有 1 项国家公益专项子课题立项。学院共举办学术报告和论坛 9 次。

本年度获得学校立项的教研教改课题 6 项，SRT 计划项目 24 项，其中国家创新训练计划 2 项，省级创新训练计划 1 项。全年发表教学研究论文 5 篇，其中在学校规定的教学类核心杂志《中国成人教育》和《实验技术与管理》上发表论文 3 篇。国家"十一五"规划教材《线性代数》和《无机及分析化学》获得江苏省精品教材奖，《物理学》和《无机及分析化学》获得中华农业基金会优秀教材奖。

在大学生科技竞赛中，4 名同学获得高教杯全国大学生数学建模竞赛江苏赛区二等奖，

3 名同学获得南京农业大学第五届大学生科技节课外学术科技作品竞赛特等奖。

（撰稿：杨丽绞　审稿：程正芳　审核：张　丽）

食 品 科 技 学 院

【概况】学院目前拥有博士学位食品科学与工程一级学科授予权，1 个博士后流动站，1 个国家重点（培育）学科，1 个江苏省一级学科重点学科，1 个江苏省优势学科，1 个江苏省二级学科重点学科，2 个校级重点学科，4 个博士点，5 个硕士点。拥有 1 个国家工程技术研究中心，1 个中美联合研究中心，1 个农业部重点实验室，1 个教育部重点开放实验室，1 个江苏省工程技术中心，8 个校级研究室。拥有 1 个省级实验教学示范中心，2 个院级教学实验中心（包括 8 个基础实验室和 3 个食品加工中试工厂）。学院下设食品科学与工程、生物工程、食品质量与安全 3 个系，下设的食品科学与工程、生物工程、食品质量与安全 3 个本科专业，分别是国家级、省级特色专业。

现有教职工 62 人，其中教授 16 人、副教授 19 人，博士生导师 14 人，硕士生导师 17 人。从海外高水平大学引进优秀留学人员 1 人，招聘奥地利生物化学博士全职教授 1 人，新增教授 2 人，博士生导师 3 人，硕士生导师 3 人，选留国内优秀博士 2 人。

学院招收博士生 37 人、硕士生 101 人、专业学位研究生 17 人（含工程硕士和推广硕士）、本科生 192 人。有 37 人被授予博士学位，65 人被授予硕士学位，17 人被授予专业硕士学位（其中工程硕士 12 人，推广硕士 5 人）、182 人被授予学士学位。有 2 篇研究生论文获得江苏省优秀学位论文（其中优秀博士论文 1 篇，优秀硕士论文 1 篇）。获江苏省普通高校研究生科研创新计划 2 项。

学院完成 2011 版人才培养方案修订工作，结题 3 项校级教改项目，新申报 6 项校级教改项目，批准立项 4 项，其中 1 项重点项目。新增校级精品课程 1 门。教师发表教学研究论文 2 篇，获得江苏省教学成果奖二等奖 1 项、校教学成果奖一等奖 1 项。2011 年共出版国家"十一五"规划教材 2 本，《畜产品加工学》（第二版）被评为国家普通高等教育精品教材；《食品包装学》（第三版）获得中华农业科教基金优秀教材奖。2011 届毕业生 CET - 4 累计通过率为 94.5%，CET - 6 累计通过率为 61%；学位授予率为 98.9%；平均 GPA 为 3.24。

学院新增科研项目 20 项，其中国家自然科学基金项目 9 项，国家科技支撑计划 1 项，江苏省自然科学基金 2 项，江苏省科技支撑项目 3 项，纵向到位科研经费 2 225 万元。在国内外学术期刊上发表论文 170 余篇，其中 SCI 收录 59 篇。申请专利 21 项，授权专利 8 项。新增专家工作站 1 个，教学科研基地 4 个。获中国食品工业协会科学技术奖一等奖 1 项，制定国际标准 1 项。学院获中国食品产业产学研创新发展突出贡献高校奖，章建浩教授、李春保副教授获中国食品产业产学研创新发展杰出科研人才奖，由学校承建的"中美食品质量安全联合研究中心"获科技部正式授牌；第六轮农业部重点实验室体系建设中，学院"畜产品加工"获批专业性/区域性农业部重点实验室。学院先后召开第九届中国肉类科技大会、第九届国际食品科学与技术交流大会、国家农产品加工技术研发体系畜产品加工专业委员会第三次会议等全国学术会议 6 次，召开 20 余次学术报告会，接受国内外访问学者、合作研究人员 50 余人，有 10 余位专家赴德国、韩国、肯尼亚等国家参加国际学术会议和学术访问，3 位青年教师赴国外进修，参加国内外学术会议人数 30 余人次。

【入选江苏省高校优势学科】 2011 年 3 月，学院申报的"食品科学与工程"入选江苏省高校优势学科建设工程。"江苏高校优势学科建设工程"管理协调小组办公室每年资助 400 万元，共 4 年，计 1 600 万元。

【举办首场食品生物类专业招聘会】 2011 年 4 月 27 日，学院邀请顶益集团、苏食集团、山东六和集团、镇江东方生工和安徽培林食品等 16 家单位举办了首场食品生物类专业专场对接招聘会，食品科技学院、经济管理学院、动物科学学院、动物医学院等学院的百余名毕业生参加此次招聘会，现场数十人达成签约意向。

（撰稿：童　菲　审稿：夏镇波　审核：张　丽）

工　学　院

【概况】 工学院位于南京农业大学浦口校区，北邻老山风景区，南靠长江，占地面积 47.52 公顷，校舍总面积 13.45 万平方米（其中教学科研用房 4.22 万平方米、学生生活用房 5.32 万平方米、教职工宿舍 2.31 万平方米、行政办公用房 1.60 万平方米）。仪器设备共 7 583 台件，5 303.10 万元。图书馆建筑面积 1.13 万平方米，馆藏 31.26 万册。

工学院设有党委办公室、院长办公室、人事处、纪委办公室（监察室）、计划财务处、教务处、科技与研究生处、学生工作处（团委）、图书馆、总务处、农业机械化系·交通与车辆工程系、机械工程系、电气工程系、管理工程系、基础课部和培训部。

工学院具有博士后、博士、硕士和本科等多层次、多规格人才培养体系。设有农业工程一级学科博士学位授予权点；拥有农业工程、机械工程、管理科学与工程 3 个一级学科硕士学位授予权和检测技术与自动化装置等 9 个硕士学位授权点；拥有农业工程、机械工程、物流工程、农业推广 4 个专业学位授予权；设有农业机械化及其自动化、交通运输、车辆工程、机械设计制造及其自动化、材料成型与控制工程、工业设计、自动化、电子信息科学与技术、农业电气化与自动化、工程管理、工业工程、物流工程 12 个本科专业。

在编教职工 410 人，其中专任教师 219 人（教授 17 人、副教授 53 人，具有博士学位的 51 人）。有在职读博教师 8 人，出国进修教师 2 人。有离退休人员 292 人，其中离休干部 9 人、退休 272 人、家属工 7 人、内退 4 人。2011 年，申报国家级项目 10 人次、省部级项目 11 人次，其中李建获国家留学基金管理委员会全额资助，周俊获江苏省首批高校优秀中青年教师境外研修资助，李骅、马开平获国家留学基金管理委员会及学校共同资助。

全日制在校本科学生 5 125 人（其中管理学 442 人），硕士研究生 209 人、博士研究生 76 人，专业学位研究生 61 人，外国留学生 6 人，成教、网教等学生 1 213 人。2011 年，招生 1 417 人（其中本科生 1 312 人、硕士研究生 88 人、博士研究生 17 人），毕业学生 1 308

人（其中本科生 1 289 人、硕士研究生 17 人、博士研究生 2 人），本科生就业率 98.53％（其中保研 64 人、考研录取 104 人、就业 1 092 人）。

学院获得科研经费为 959.85 万元，其中纵向 726.85 万元（含国家自然科学基金项目 83.78 万元，"863" 项目 119 万元，江苏省农机三项工程项目 40 万元和江苏省产学研合作项目 50 万元，中央高校基本科研业务费 85 万元以及校级青年科技创新、人文社会科学基金项目 24 万元），横向项目 165 万元。

学院获得专利授权 35 项。其中，发明专利 2 项，实用新型专利 22 项，外观设计 10 项，软件著作权 1 项。出版科普教材 20 部；发表学术论文 273 篇，其中南京农业大学核心及以上 200 篇，SCI/EI/ISTP/SSCI 等收录 63 篇。

2011 年，进行江苏省高校重点实验室"智能化农业装备重点实验室"的建设工作，全年共投入建设经费 80 万元。南京农业大学（灌云）现代农业装备研究院申报成功并开始筹建。

学院共立项了 17 项学生课外科技竞赛，投入经费 30 万元，积极组织选手参加相关学科国家级、省部级比赛。共有 149 人在省级以上科技竞赛中获奖。

学院获第六届中国（江苏）国际农业机械展览会农作物秸秆综合利用创意大赛优胜奖。

【获江苏省高校哲学社会科学研究优秀成果奖三等奖】 1 月，周应堂副教授的著作《20 世纪苏中农业与农村变迁研究》获江苏省高校哲学社会科学研究优秀成果奖三等奖。

【访问和学术交流】 5 月 9 日，越南农业部副司长黎文量、越南农机院副院长阮能让组成的代表团来工学院访问和学术交流。

【举行 2011 中国大学生方程式汽车大赛校园行（南京农业大学站）暨新车发布会】 9 月 15日，由中国大学生方程式汽车大赛组委会主办，南京农业大学工学院团委、宁远车队承办的中国大学生方程式汽车大赛校园行（南京农业大学站）暨新车发布会在润泽园广场隆重举行。该活动由各高等院校汽车工程或与汽车相关专业的在校学生组队参加，要求各参赛队按照赛事规则和赛车制造标准，自行设计和制造方程式类型的小型单人座休闲赛车，并携带该车参加全部或部分赛事环节。南京农业大学 FSAE 项目组于 2010 年 9 月在南京农业大学本田节能大赛项目组的基础上成立，隶属于南京农业大学工学院交通与车辆工程系。车队由徐浩、杨朱永和黄高博等同学发起成立，由鲁植雄教授等指导。

【"新型高效秸秆还田机械化技术开发与集成示范"和"秸秆捡拾打捆机的研究与开发"两项目通过验收】 10 月 30 日，江苏省农机局组织有关专家对学院承担的 2 个江苏省农机三项工程项目进行验收。丁为民教授主持的"新型高效秸秆还田机械化技术开发与集成示范"项目对 4 种水田秸秆机械化还田机具进行了选型试验、优化设计和改进，提高了机具性能和作业质量；通过技术集成，研制出稻麦联合收割开沟埋草多功能一体机样机；建立了江阴、泰兴、赣榆及邗江 4 个试验示范点，累计试验示范面积 3 960 亩，并对麦秸秆全量还田集成水稻机插秧的肥料运筹进行了试验研究；通过项目实施，总结形成了秸秆机械化还田工艺规程，获得实用新型专利 1 项，2 种机型通过省级推广鉴定。姬长英教授主持的"秸秆捡拾打捆机的研究与开发"项目研制开发了 MJSD140 型秸秆捡拾打捆机，经江苏省农业机械试验鉴定站检测，其性能和可靠性指标达到了有关行业和企业标准，产品通过了省级科技成果鉴定和推广鉴定。项目实施期内生产推广 MJSD140 型捡拾打捆机 70 台，形成了年产 500 台的生产能力；发表论文 1 篇，申请专利 2 项。2 个项目完成情况良好，部分解决了秸秆利用的难题，并通过验收。

【国家"863"计划课题"基于嵌入式 3S 技术的农业移动智能服务系统关键技术研究"（编号：2008AA10Z226）**通过科技部结题验收】** 12 月，沈明霞教授主持的国家"863"计划课题"基于嵌入式 3S 技术的农业移动智能服务系统关键技术研究"（编号：2008AA10Z226）通过科技部结题验收。该课题在农业物联网领域的研究取得了已授权国家发明专利 5 项、软件著作权 4 项等系列成果，开发了农业物联网应用的整套软硬件解决方案。项目研究成果已经在江苏、内蒙古等多个地区进行了工程示范应用。2011 年 10 月 20 日，全国人大常委会副委员长、民革中央主席周铁农同志在江苏省农业委员会副主任张坚勇等陪同下参观了该项目应用并建在江苏农博园现代农业馆内的南京农业大学农业物联网示范基地。

【举行科技综合楼启用仪式】 12 月 28 日，学院举行科技综合楼启用仪式。党委书记蹇兴东、党委副书记张维强、副院长缪培仁、副院长孙小伍等院领导出席启用仪式，并为科技综合楼揭牌。学院各单位负责人、教师和建设单位代表等 60 余人参加仪式。副院长孙小伍主持启用仪式。

（撰稿：陈海林　审稿：李　骅　审核：张　丽）

信 息 科 技 学 院

【概况】 学院设有 2 个系、3 个研究机构和 1 个省级教学实验中心。拥有 2 个一级学科硕士学位授权点（计算机科学与技术、图书情报与档案管理），1 个农业推广硕士专业学位授权点（农业信息化），3 个本科专业（计算机科学与技术、网络工程、信息管理与信息系统）。信息管理与信息系统本科专业为省级特色专业，二级学科情报学硕士点为校级重点学科，计算机科学与技术本科专业为校级特色专业。

现有在职教职工 45 人，其中，专任教师 35 人、管理人员 5 人、教辅人员 5 人。在专任教师中，有教授 3 人、副教授 16 人、讲师 16 人；江苏省"青蓝工程"培养对象 2 人。外聘教授 4 人，院外兼职硕士生导师 6 人。

全日制在校学生 847 人，其中，本科生 765 人、硕士研究生 82 人。研究生学位教育学生 23 人。毕业学生 258 人，其中，硕士研究生 29 人、学位教育硕士生 2 人、本科学生 227 人。招生 206 人，其中，研究生 38 人（硕士研究生 30 人、研究生学位教育学生 8 人）、本科生 168 人。本科生总就业率 98.6%，研究生总就业率 100%。

学院成功申报课题 12 个，其中，国家社会科学基金项目 1 个、教育部人文社会科学项目 1 个、江苏省社会科学基金 1 个。到账科研经费 100 万元。教师发表核心期刊论文 39 篇，其中 SSCI 1 篇、EI 4 篇，一类核心刊论文 6 篇；专著 1 部；软件著作权 3 项。

本科专业网络工程通过了学士学位授予权的评审，首届网络工程本科毕业生如期毕业。与上海泛亚生命科技有限公司联合成立了"南京农业大学-泛亚生命科技数字生命联合研究中心"。完成了"十一五"规划的终期检查和"十二五"规划的编制工作。

学院构建"1＋x＋y"信息技术教育模式。"1"——必修的大学信息技术基础，"X"——VB 程序语言设计或 C 程序语言设计或网页设计与制作，"Y"——面向各专业的选（辅）修的课程群。有2项教学成果分获校级教学成果奖一等奖和二等奖，其中信息计量学课程推进双语教学实践，成果获校级教学成果奖二等奖。共发表5篇教学研究论文。《大学计算机基础（配套实验教材）》《Visual Basic 程序设计（配套实验指导）》获批农业部"十二五"规划教材。

邀请来学院学术交流、讲学的国内外专家15人次，11月在学校召开了江苏省计算机教育与软件学术年会，首届研究生学术论坛——申农学术论坛在12月顺利召开。

【新增两个一级学科硕士点】成功申报了2个一级学科硕士点：计算机科学与技术一级学科硕士点和图书情报与档案管理一级学科硕士点。确定了2012年计算机科学与技术以一级学科点招生；图书情报与档案一级学科依旧以2个二级学科点图书馆学、情报学招生。

【召开江苏省计算机教育与软件学术年会】2011年11月12~13日，江苏省计算机教育与软件学术年会在学校逸夫楼6047会议室召开。会议由江苏省计算机学会计算机教育专业委员会、计算机软件专业委员会联合主办，南京农业大学信息科技学院承办。江苏省40家有计算机专业的学校50位代表参加了年会。南京航空航天大学秦小麟、东南大学汪芸和南京农业大学徐焕良做主题报告。

（撰稿：汤亚芬 审稿：梁敬东 审核：张 丽）

经济管理学院

【概况】学院有农业经济学系、贸易经济系、管理学系3个学系；有1个博士后流动站、2个一级学科博士学位授权点、3个一级学科硕士学位授权点、4个专业学位硕士点和5个本科专业。其中，农业经济管理是国家重点学科，农林经济管理是江苏省一级重点学科、江苏省优势学科，农村发展是江苏省重点学科。

学院拥有一支较高学术水平和学术影响的教学科研队伍，现有教职员工68人，其中教授17人，副教授19人，讲师18人。2011年，学院新增教授2人、副教授3人、招聘博士、博士后6人，聘请讲座教授3人，2名青年教师赴海外进修。1人正在申报"千人计划"。

2011年，科研新增立项数50余项，科研到账经费近1 029万元。国家社会科学基金重大招标项目4项，国家自然科学基金10项。省部级项目继续得到发展，新增教育部博士点基金1项，教育部人文社会科学研究一般项目4项；农业部项目2项；江苏省教育厅高校哲学社会科学研究重大项目2项、重点项目2项；江苏省软科学项目4项。在研课题近100项，其中国家社会科学基金重大招标项目6项，农业部现代农业产业技术体系建设岗位专家2位，国家自然科学基金21项，国家社会科学基金重点项目1项，国家社会科学基金2项等。

2011年，发表各类学术论文180余篇，其中SCI论文2篇，学校核心期刊论文100余篇。学院共获全国优秀全国农业推广优秀硕士学位论文1篇；江苏省优秀博士学位论文1篇，江苏省优秀硕士学位论文1篇；校级精品课程4门，校级教改项目立项4项，校级创新实验实践教改项目立项1项，江苏省研究生创新计划项目7项，获得江苏省教学成果奖一等奖 1 项；教育部普通高等教育精品教材 1 本，公开发表教学改革与教学研究论文 3 篇。

获得江苏省第十一届哲社科优秀成果奖二等奖 1 项、三等奖 1 项。依托农林经济管理国家级特色专业，加强精品特色教材的立项建设管理，共立项了 6 本特色教材。

2011 年 8 月，学院率团先后访问德国哥廷根大学、巴西圣保罗大学等合作单位，并与哥廷根大学联合主办"中国粮食安全和国际农产品贸易"国际学术研讨会，来自中国科学院、中国农业科学院、中国农业大学、中国人民大学、西北农林科技大学、华中农业大学等 9 所中国大学科研院所的 15 位中国学者，以及德国 9 所大学及科研机构的 15 位专家进行报告交流。以校内卜凯论坛为抓手，继续主办长三角研究生"三农问题"论坛等，搭建多层次学术交流平台，全年共举办学术论坛 40 余场次；2011 年参加国际、国内学术会议的教师 60 余人次、研究生 30 余人次。

2011 年，学院开展了"一名党员一面旗，学生党员进社区""大学生'村官'现状及发展"调查以及中国社会经济调查等一系列社会实践活动。学院还成立了农村经济协会调查小分队，以江苏省淮安市为调研基地，结合淮安市大学生"村官"工作实际和生存实际，专门组织开展了为期 20 天的"大学生'村官'生存及发展现状"调查研究。

【应用经济学科 2010 年获得一级学科博士学位授权】实现了学校经济学门类博士学位授权的突破，2011 年修订博士培养方案，开展师资队伍建设，顺利实现应用经济学博士点招生。

【建设"卜凯•农经实验田网站"】依托农业经济管理的学科优势，建设完成有"卜凯•农经实验田网站"，网站设有"三农"十人谈、中国"三农"十人、实验田以及"三农"经典等大量学习研究栏目。

【建立江苏农业现代化研究基地】这是学校建立的第一个省级决策咨询研究基地，该基地的 3 位首席专家分别是学校经济管理学院院长周应恒教授、江苏省农业委员会主任吴沛良博士、国务院发展研究中心副主任韩俊教授。

【精品课程立项建设】学院新增校级精品课程 4 门。以精品课程为重点，进一步加快网络课程建设，学院第二批立项资助了 28 门网络课程，课程通过验收后已全部运用于教学过程中。目前，学院已建设完成的各级各类网络课程达到 79 门。

【国务院学位委员会农林经济管理学科评议组工作会议】2011 年 5 月 28 日，在学校举行国务院学位委员会农林经济管理学科评议组工作会议。

（撰稿：韦雯沁 审稿：卢忠菊 审核：黄 洋）

公 共 管 理 学 院

【概况】学院有公共管理一级学科博士学位授权，设有土地资源管理、行政管理、教育经济与管理、劳动与社会保障 4 个博士点，土地资源管理、行政管理、教育经济与管理、劳动与社会保障、地图学与地理信息系统、人口•资源与环境经济学 6 个硕士点和公共管理专业学位点，土地资源管理、行政管理、人文地理与城乡规划管理、人力资源管理、劳动与社会保障 5 个本科专业。土地资源管理为国家重点学科和国家特色专业。

设有土地管理、资源环境与城乡规划、行政管理、人力资源与社会保障 4 个系。设有江苏省国土资源利用与管理工程中心、中荷土地规划与地籍发展中心、中国土地问题研究中心、公共政策研究所、统筹城乡发展与土地管理创新研究基地等研究机构和基地，并与经济管理学院共建江苏省农村发展与土地政策重点研究基地。

在职教职工 68 人，其中专任教师 57 人、管理人员 11 人。专任教师中有教授 13 人、副教授 22 人、讲师 17 人、其他 5 人，博士生导师 12 人、硕士生导师 29 人，另有国内外荣誉和兼职教授 20 多人。学院有 1 人获得国家杰出青年科学基金，1 人获教育部青年教师奖，2 人入选教育部新世纪优秀人才支持计划，2 人入选江苏省普通高校"青蓝工程"项目，2 人入选江苏省"333 工程"人才培养对象。

全日制在校学生 1 157 人，其中本科生 809 人、研究生 348 人，含专业学位 MPA 研究生 195 人。毕业学生 300 人，其中研究生 109 人（博士研究生 33 人、硕士研究生 76 人），本科生 191 人，全年毕业专业学位 MPA 26 人。招生 308 人，本科生 197 人，研究生 111 人（硕士研究生 74 人、博士研究生 37 人），全年招收专业学位 MPA 研究生 75 人。本科生年终就业率 96.38%，研究生就业率达到 90%。

2011 年学院新增项目 43 项，立项经费 772.8 万元，到账经费 1 026.9 万元，其中纵向项目 37 项，立项经费 719.3 万元，国家自然科学基金项目 3 项，国家社会科学基金面上项目 2 项，立项经费 131 万元；学校核心期刊发表论文 123 篇，其中 SSCI 论文 3 篇，在人文社会科学一类期刊发表论文 37 篇；出版专著 4 本；获省部级奖 2 项；国家社会科学基金重大研究项目中期成果——《从日本经验看我国耕地保护的压力及应对建议》重要观点和对策建议受到了中央领导同志的重视。

2011 年共有 3 门校级精品课程获得立项，13 项"十二五"规划教材获得立项，土地资源管理研究法获江苏省研究生双语授课教学试点项目，6 门研究生课程获学校优秀研究生课程。学院本科生共有 37 项 SRT 项目获得立项，其中国家级项目 4 项、省级项目 3 项、校级项目 30 项；发表文章 120 多篇，连续 3 年位于全校第一；吴群教授的"土地资源管理特色专业不动产类人才科研创新与实践应用能力培养研究"与郭忠兴教授的"公共政策案例库建设与案例教学研究"获校级教学成果奖一等奖。7 名博士研究生获得江苏省研究生科研创新计划，其中省立省助 4 项、省立校助 3 项；谭荣的博士论文《农地非农化的效率：资源配置、治理结构与制度环境》获得 2011 年全国优秀博士论文。本年度共举办了公务员培训讲座 5 场、10 场专家讲座、心理健康类讲座 3 场、提升素质类讲座 6 场和 24 场研究生专题报告，并成功举办"城乡统筹发展与制度创新"大型研讨会和"公共管理与公共政策创新"公共管理博士大型论坛。制订了《公共管理学院本科毕业生论文质量的管理规定》《南京农业大学公共管理学院接收优秀本科生免试推荐攻读硕士学位申请方案》《公共管理学院优秀本科生免试推荐攻读硕士学位方案》等管理规定。完成汤山综合性教学实习与实践基地建设，新增汤山、盐城和东台 3 个教学实验基地。

2011 年学院晋升教授 3 人、副教授 4 人，引进高水平博士后人员 2 人、国外合作培养博士 1 人，1 人入选教育部新世纪优秀人才支持计划，1 人入选江苏省"333 工程"第三层次人选。2011 年已选派 5 名教师出国进修或合作研究，下半年 4 名教师完成出国前英语培训。

【郑小波校长和盛邦跃副书记来学院调研】2 月 22 日下午，校长郑小波、校党委副书记盛邦跃来到公共管理学院调研学院规范化管理工作以及学院"十二五"发展规划的思考与编制工作，全体学院领导参加了座谈。郑小波、盛邦跃充分肯定了学院在规范化管理方面所做的有益探索与实践，希望学院继续努力，如期完成试点工作，对于学院"十二五"规划的思考表示认同。

【俄联邦国立土地管理大学代表团来访学院】2 月 28 日下午，俄联邦国立土地管理大学副校长尼利波夫斯基教授率土地资源管理专家和青年学者代表团一行 17 人访问南京农业大学公共管理学院。学院知名土地管理专家王万茂教授、院长欧名豪教授、书记吴群教授和相关教师与代表团一行举行了会谈。期间，周光宏副校长、国际合作与交流处张红生处长在欧名豪院长陪同下接待了代表团，并就校际双方合作协议和具体操作方式交换了意见。

【举办"经济发展方式转变与国土资源管理创新"学术研讨会】3 月 26 日，南京农业大学中国土地问题研究中心、中国土地学会学术工作委员会和《管理世界》杂志社共同举办的"经济发展方式转变与国土资源管理创新"学术研讨会在学校召开，学校党委副书记花亚纯教授到会致辞。

【举办第二届行知学术研讨会】5 月 9 日，由南京农业大学公共管理学院主办，南京农业大学公共管理学院研究生会承办，南京大学、河海大学和南京师范大学系研究生会协办的"第二届公共管理学院研究生讲坛——城乡统筹发展与制度创新研讨会"隆重举行。南京大学地理与海洋科学学院副院长黄贤金教授、荷兰瓦赫宁根大学 Nico Heerink 教授分别做《城乡统筹与用地政策创新》、*Rural‐Urban Migration impact on rural households and villages* 主题报告。

【举行《校际院研究生会共建协议书》签字仪式】11 月 8 日下午，《校际院研究生会共建协议书》签字仪式在南京农业大学公共管理学院举行，河海大学公共管理学院、法学院、马克思主义学院，南京大学地理与海洋学院，南京师范大学公共管理学院与南京农业大学公共管理学院的领导与研究生会代表参与此次签字仪式。

【召开教育部哲学社会科学研究重大课题攻关项目开题论证会】12 月 14 日上午，公共管理学院欧名豪教授主持的教育部哲学社会科学研究重大课题攻关项目"我国建设用地总量控制与差别化管理政策研究"开题论证会在学校召开。教育部社会科学司副司长张东刚，教育部高校社会科学研究评价中心主任李建平，江苏省发展和改革委员会常务副主任曲福田，江苏省教育厅社政处处长汪国培，南京农业大学副校长陈利根、丁艳锋等出席论证会。

（撰稿：张　璐　审稿：张树峰　审核：黄　洋）

人文社会科学学院

【概况】学院设有 5 个系，即旅游管理系、法律系、文化管理系、艺术系和社会学系；有社会学、旅游管理、公共事业管理、法学和表演 5 个本科专业；1 个一级学科博士后流动站（科学技术史）、1 个一级学科博士学科点（科学技术史）、4 个硕士学科点（科学技术史、专门史、经济法学和社会学），2 个专业硕士培养领域（农业推广、社工硕士）。

2011 年，有全日制在校学生 983 人，其中本科生 872 人、硕士研究生 73 人、博士研究生 38 人。毕业生 278 人，其中研究生 62 人（硕士研究生 54 人、博士研究生 8 人），本科生 216 人。招生 255 人，其中研究生 35 人（硕士研究生 22 人、博士研究生 13 人）、本科生 220 人。本科生总就业落实率 98.61%、研究生总就业落实率 90%（不含推迟就业）。

【科研项目及获奖情况】2011 年，学院继续实施万国鼎科研基金项目和万国鼎学术创新奖，有 2 名教师因年度科研表现突出获得万国鼎学术创新奖，4 名教师获得学院人文基金科研项目支持，重点课题、横向课题都增加显著。新增科研项目 58 项，其中国家级、省部级项目 27 项，获得省部级奖励 1 项。新增科研项目 67 项，其中国家级项目 3 项，省部级项目 21 项。出版专著或教材 4 部（本）、发表学术论文 78 篇，其中核心期刊 23 篇。

【学术交流】2011 年，承办第二届"中国农业文化遗产保护论坛"，来自中国农业博物馆、中国农业大学、西北农林科技大学、华南农业大学、中国农业科学院、江苏省纪委、各农业文化遗产保护地以及全国各地和邻国日本的近 200 位领导、专家、学者出席了此次盛会。学院举办各类学术讲座 17 场次，其中国外专家讲座 4 场次；61 人次参加国内举办的农业科技史、科哲、社会学、法学和旅游管理等学科的专题学术研讨会。

日本北海道大学经济学部名誉教授、北海道大学农业研究会会长牛山敬二先生，日本九州大学人间环境学研究院吉本圭一教授，日本法政大学牧野文夫教授与日本东京经济大学罗欢镇教授，佐治亚大学法学院著名教授 RANDY BECK 等来学院讲学。

【科研平台建设】农村老年保障研究中心成立。校党委副书记花亚纯与江苏省民政厅党组成员、省老龄工作委员会办公室主任张建平为农村老年保障研究中心揭牌，人文社会科学学院院长王思明与省老龄工作委员会办公室副主任杨立美代表双方签订了共建协议。江苏省老龄工作委员会办公室调研员应启龙、江苏省老年学学会专家委员会秘书长王世清、中国老年学会老年心理专业委员会委员刘颂和江苏省老年学学会办公室主任黄萍等出席了仪式活动。仪式由人文社会科学学院副院长付坚强主持。

【中华农业文明博物馆建设】2011 年 5 月 5 日，江苏教育电视台对全国科普教育基地中华农业文明博物馆进行了采访报道。

【期刊建设】《中国农史》一直位列《全国中文核心期刊》《中国人文社会科学核心期刊》和《中文社会科学引文索引（CSSCI）来源期刊》三大人文社会科学核心期刊方阵。

【实践教学获奖情况】国家级表彰：第五届中华情艺术风采国际交流展演大提琴专业组金奖、第十届南京都市圈全国体育舞蹈公开赛三等奖。省级表彰：2011 年南京高校健美操啦啦操一等奖、江苏省"挑战杯"一等奖、江苏省第三届大学生艺术展演普通组小合唱一等奖、江苏省舞蹈比赛团体一等奖等。

（撰稿：朱志成　审稿：杨旺生　审核：黄　洋）

外 国 语 学 院

【概况】学院设英语系、日语系和公共外语教学部，有英语和日语 2 个本科专业；拥有外国语言文学一级硕士学位授权点；MTI 翻译专业学位硕士点开始招生；有 3 个研究机构，包括英语语言文化研究所、日本语言文化研究所和中外语言比较中心。

学院共有教职工 86 人，其中教授 5 人，副教授 19 人；本年度引进教授 1 人，晋升教授 1 人，晋升副教授 6 人。

2011 年毕业 195 人，其中硕士研究生 30 人、本科生 165 人。总计招生 196 人，其中本科生 158 人、硕士研究生 38 人（含学术型硕士研究生 11 人）。本科生和研究生年终就业率都达到了 100%。本科生升学率 16.36%、出国率 3.63%。

本科生共获得 26 项大学生 SRT 项目立项，其中国家级 2 项、省级 2 项、校级 22 项。完成并验收合格国家级 SRT 项目 1 项、省级 1 项及校级 15 项。4 名学生分别在"外研社杯"大学英语演讲比赛和"21 世纪报杯"演讲比赛中获得优异成绩。

全年新增科研项目 14 项，项目立项总经费共计 53.7 万元，其中江苏省社会科学基金项目 1 项，江苏省教育厅指导项目 3 项，江苏省教育厅其他项目 2 项，江苏省社科联项目 1 项。学院教师全年共发表论文 48 篇，其中 CSSCI 期刊论文 4 篇，参编教材 1 部，翻译教材 1 部。

学院教师共获得教改项目 5 项，其中省级 1 项、校级 4 项；校级教学成果奖 3 项，其中一等奖 1 项、二等奖 2 项；校级精品课程 3 项；2011 年校级创新性实验实践项目 2 项；"十一五"国家级规划教材 1 项。2 名教师获得"外教社杯"大学英语教师授课比赛江苏赛区二等奖，1 名教师获得三等奖，1 名教师获得省级日语授课比赛优秀奖。

学院外语语言中心申报省级教学实验中心建设项目获立项。

本年度，学院邀请国内外知名专家来学院讲学 7 次，其中有美国和日本专家讲座 3 次、国内专家 4 次。派出 61 人次参加国内外各类学术会议 34 次，其中国外 4 次。

学生活动丰富多彩，在校级体育比赛中荣获校太极拳比赛二等奖、校第三十九届运动会体育道德风尚奖、女子团体第七名、陈浩哲获全国大学生武术比赛第六名、张珂获南京市高校网球比赛第二名等优异成绩。学院英语协会、日语协会和英语辩论协会 3 个社团组织"英语角"40 余场，出版《英语之声》英文报纸 4 期，戏剧作品《女人花》荣获国际大学生易卜生戏剧节一等奖和最佳女主角称号，潘娜等 6 名同学获江苏省第三届大学生艺术展演活动舞蹈比赛一等奖、韩硕获"我的大学"新生演讲比赛冠军。

学院承担了两期英语培训项目，分别为中国热带农业科学院和中国农业科学院委托的英语培训班、全国饲料检测行业委托的英语培训班，完成了南京农业大学青年教师培训计划中的英语培训任务。

（撰稿：钱正霖　审稿：韩纪琴　审核：黄　洋）

思想政治理论课教研部

【概况】思想政治理论课教研部（以下简称思政部）于 2011 年 5 月恢复独立建制，成为校党委、行政直接领导的二级教学科研机构。思政部下设道德与法教研室、马克思主义原理教研室、近现代史教研室、中国特色社会主义理论教研室、科技哲学（研究生思想政治理论课）教研室 5 个基本教学科研单位，承担全校本科生、研究生的思想政治理论课（以下简称思政课）教学与研究工作。同时，拥有哲学一级学科硕士学位授权点 1 个，马克思主义理论二级学科硕士学位授权点 2 个。

思政部有教职员工 25 人，其中从事本科思政课教学的教师共 16 人，研究生思政课教师 5 人。教师中具有博士学位者 11 人，博士在读者 2 人，具有硕士学位者 3 人；教授 1 人，副教授 12 人，讲师 12 人。教师专业背景涵盖哲学、政治学、历史学、法学、管理学和经济学等学科。

根据思政课本科生"05 方案"和研究生"10 方案"的规定，重新规划了相关课程和学分建设。教师全年参加较高层级的教学研讨会共 4 次；在"全国高等农林院校思想政治理论课教学研讨会"中，有 3 位教师的论文获奖；《当代社会思潮对思政课的影响及应对之策的改革与研究工作》被评为 2011 年校级教学成果奖二等奖；成功申报 2 项校级教改课题。1 名教师成功申请赴美访学，1 名教师参加江苏省委党校高校哲学社会科学教学科研骨干研修班学习培训。

【教学相长　创新思政课实践教学模式】在本科生思政课教学中，以校级精品课程建设为依托，以提高课程实效性为目标，在毛泽东思想和中国特色社会主义理论体系概论课程中设计 2 学分实践教学，并纳入本科人才培养方案。

在多年研究性专题课教学基础之上，研究生的"自然辩证法概论"和"科学社会主义理论与实践课程"的专题性教学已经取得了一定成绩。目前，研究生思政课的实践教学改革也在积极探索之中。

【教研相长　科研成果取得新突破】2011 年，思政部教师发表论文 33 篇，出版专著 2 部，参加学术交流 12 人次；获得各级学术奖 9 项。主持或参研各级各类课题 17 项，其中，在研国家社会科学基金项目 1 项、江苏省哲学社会科学基金项目 4 项、江苏省教育厅哲学社会科学基金项目 3 项、校党建与思政教育专项课题 3 项、校人文社会科学基金项目 4 项、校教改项目 2 项。同时，根据南京农业大学总体发展目标和教师的学科背景以及已有研究成果，初步确定马克思主义理论学科研究方向，即"中国农村政治文明建设理论与实践研究"，其成果拟以丛书形式出版，争取在"十二五"时期完成。

（撰稿：杜何琪　审稿：葛笑如　审核：黄　洋）

十四、新闻媒体看南农

南京农业大学 2011 年重要专题宣传报道统计表

序号	时间 （月/日）	标　题	媒体	版面	作者	级别
1	1/1	百里菊香传真情——记南京农业大学挂县强农富民工程项目专家刘德辉	江苏农村经济	期刊	刘先才　汤国辉	省级
2	1/6	第三届省青年科学家年会开幕	江苏科技报	第A8版		省级
3	1/6	体育类　19所高校招高水平运动员	扬子晚报	第A14版	沈考宣　张琳	省级
4	1/7	第三届省青年科学家年会开幕	新华日报	7版	秦继东　吴红梅 杨频萍　顾雷鸣	省级
5	1/9	南京市场出现假羊肉卷　原料是猪肉加羊肉香精	现代快报	第A16版		省级
6	1/10	第三届省青年科学家年会开幕	扬子晚报	第A2版	周景山　朱姝	省级
7	1/10	青奥会旗登上紫金山最高峰	金陵晚报	第A8版	尹海啸	市级
8	1/11	豆腐、豆浆中都可能有转基因成分	南京晨报	第A12版	仲永	市级
9	1/11	江苏尚未发现销售转基因大米	江南时报	4版	许小溯	省级
10	1/12	南农大专家：转基因食品安全　七成大豆是转基因	扬子晚报	第A55版	周景山　朱姝	省级
11	1/13	关于方便面的"恐怖"，拉出来辟谣先	东方卫报	第A4版	朱姝	市级
12	1/15	这些新科技，植入我们的生活	南京日报	第A6版	邵　刚　张璐　谈洁	市级
13	1/15	抗水稻条纹叶枯病技术：创造效益190亿	科技日报	7版	张　晔　邵　刚　赵烨烨	国家
14	1/15	江苏46个项目获国家科技大奖	江苏经济报	4版	王　芳	省级
15	1/15	国家科技进步一等奖1/3是江苏的	新华日报	第A1版	吴红梅　仲崇山 陈晓春　蒋廷玉	省级
16	1/15	粳稻解决南方水稻生产难题	金陵晚报	第A7版	竺隽吉	市级
17	1/15	肠子有瘘口，用胶水粘行不行？院士为实验，自己身上动刀子！	现代快报	第A4版	高铭华　罗　静 张文江　邵　刚	省级
18	1/15	国家科技奖我省部分获奖项目	扬子晚报	第A3版	朱姝	省级
19	1/15	国家三大奖高校获奖比例超七成	中国教育报	头版	杨晨光	国家
20	1/15	师昌绪、王振义获国家最高科技奖	南京晨报	第A3版	戚在兵	市级
21	1/19	怪事，红皮花生煮出一锅黑水	现代快报	第B3版	李　彦	省级

（续）

序号	时间 (月/日)	标　题	媒体	版面	作者	级别
22	1/19	中欧青年在合作的时代潮流中勇于担当	中国青年报	4 版	陈小茹	国家
23	1/19	南农大项目荣获国家科技进步一等奖	农民日报	1 版	沈建华　万　健　邵　刚	国家
24	1/19	《慰问武警官兵》（图片新闻）	扬子晚报	第 A44 版	宋　峤	省级
25	1/21	切水果蔬菜　刀越锋利受伤越轻	金陵晚报	第 D14 版	姜晶晶　邵　刚	市级
26	1/29	金针菇住的"豪间"是小瓶子	金陵晚报	第 C5 版	姜晶晶　邵　刚	市级
27	1/31	江苏省十一届哲学社会科学优秀成果获奖项目公告	新华日报	第 A4 版		省级
28	1/31	重奖科技功臣　加速成果转化	南京日报	第 A11 版		市级
29	2/13	南京"农业硅谷"5 年后产值将达百亿	南京日报	第 A1 版	韦　铭	市级
30	2/15	别逼我们跑到港澳去买米	金陵晚报	第 A12 版	龙敏飞	市级
31	2/15	大米抽样调查 10% 市售大米镉超标	金陵晚报	第 A8 版	王　君　邵　刚	市级
32	2/16	草莓新品鉴评得优	金陵晚报	第 C14 版	曲　直　滕庆海　吴　颖	市级
33	2/26	干面条燃烧不稀奇　湿面条能点燃有问题	金陵晚报	第 C4 版	肖　雪　王　聪　夏群群	市级
34	2/27	2010 江苏省科学技术奖一等奖项目	金陵晚报	第 A2 版		市级
35	2/27	2010 省科技奖一等奖项目	扬子晚报	第 A3 版		省级
36	3/3	江苏省第四届十大杰出专利简介	新华日报	第 A4 版		省级
37	3/5	南农大教授要收"小达尔文"为徒	扬子晚报	第 A11 版	王宛璐　王　璟	省级
38	3/9	考研走到了三岔路口	扬子晚报	第 B13 版	石谦慧　姚　倩 李浩文　沈双逸	省级
39	3/10	10 年不变的保险预定利率该动了	新华日报	第 A7 版	沈国仪	省级
40	3/11	南京农业大学国家科技进步一等奖获奖团队风采	中国教育报	头版	万　健　赵烨烨　李　凌	国家
41	3/12	溧水的跨越崛起之路	南京日报	第 A10 版	张　望　祝瑞波 刘　敏　杨青松　刘　远	市级
42	3/15	环保不应成为中国发展的"短板"	中国青年报	9 版	汤嘉琛	国家
43	3/15	植物激素新发现	扬子晚报	第 B32 版	亚　男	省级
44	3/15	酸奶老点儿，营养更高？	现代快报	封 20	笪　颖	省级
45	3/16	欧堡嘉爱心援助苏北重病学童	新华日报	第 B2 版	徐屹东　浦荣曹　红　芳	省级
46	3/16	牛奶重要营养品质形成与调控机理研究项目启动	农民日报	7 版	徐　闻	国家
47	3/16	迎宾菜场瘦肉精猪肉撤柜　兴旺屠宰场河南生猪停宰	南京日报	第 B3 版	陈忠胜	市级

（续）

序号	时间 （月/日）	标　题	媒体	版面	作者	级别
48	3/16	22 年培育低咖啡碱新茶品种　让你喝茶也能睡着觉	金陵晚报	第 C8 版	邵　刚　王　君	市级
49	3/17	南农大赴日师生确认平安	扬子晚报	第 A17 版	邵　刚　王宛璐　蔡蕴琦	省级
50	3/17	省第四届十大杰出专利发明人评选揭晓	江苏科技报	第 A6 版	黄红建　孙礼勇	省级
51	3/20	考研线公布后首场招聘会召开	扬子晚报	第 A11 版	代　成　张凌飞	省级
52	3/21	中国人民温暖的心让我们感动	中国青年报	3 版	周　凯　张　翠	国家
53	3/21	22 年培育低咖啡碱新茶品种　让你喝茶也能睡着觉	江苏科技报	第 A7 版	王　君	省级
54	3/22	联大果品合作社特色农业惠民众	农民日报	5 版	唐文学　魏平贵	国家
55	3/22	"樱花展览"成诗会	南京日报	第 B4 版	张智峰	市级
56	3/22	五年投入一千万　为鱼儿定制营养餐单	金陵晚报	第 C7 版	赵烨烨　邵　刚　王　君	市级
57	3/22	食品专家：氨气未完全挥发	现代快报	第 B3 版		省级
58	3/22	南农一舍管理员的诗画生活	金陵晚报	第 F3 版		市级
59	3/23	这两棵梧桐有点"特立独行"	现代快报	第 B4 版		省级
60	3/24	外秦淮河边的桂花树半年开花四次以上	金陵晚报	第 A5 版	王　君	市级
61	3/25	鱼米之乡今犹在	人民日报	头版	贺广华　赵京安 申　琳　王伟健	国家
62	3/25	注册入学试点扩至本科院校　南师大、江苏大学等入选	新华日报	第 A6 版	蒋廷玉	省级
63	3/25	百名农业局长在宁共话农业生产	南京日报	第 A2 版	韦　铭　梁　晓	市级
64	3/26	熄灯一小时，点亮心中的环保灯（照片）	新华日报	第 A1 版	余　萍	省级
65	3/26	水西门桥边河堤再现"开心农场"	扬子晚报	第 A36 版		省级
66	3/27	晨报带你寻找高校里的春日美景	南京晨报	第 A5 版	王晶卉　李立立	市级
67	3/28	肯德基"三早"活动进入大学校园	南京晨报	第 A8 版	周　莺	市级
68	3/28	大学校园里的美景	东方卫报	第 A12 版		市级
69	3/28	大学生发明节能三轮汽车	南京日报	第 A3 版	杜文双	市级
70	3/28	土地集中≠规模农业　"三农"专家建言让人警醒	新华日报	第 A5 版	颜　芳	省级
71	3/28	"早读、早餐、早锻炼"活动	江苏工人报	民生　社会	李　烨　鲍　晶	省级
72	3/28	肯德基进大学校园倡导"三早"	东方卫报	第 A22 版	张　莺	市级
73	3/29	南农专家"捕捉"到一个神奇信号	金陵晚报	第 C5 版	姜晶晶　邵　刚	市级

（续）

序号	时间(月/日)	标 题	媒体	版面	作者	级别
74	3/29	南农三成大学生竟"省略"早餐	江南时报	6 版	徐 昇	省级
75	3/29	六十分的黑暗 一百分的光明	金陵晚报	第 F2 版	孙静茹	市级
76	3/29	肯德基"三早"进大学	金陵晚报			市级
77	3/30	大学生起早锻炼的还不到三成	扬子晚报	第 A44 版	薛 琳	省级
78	3/31	你不懂，我教你	南京日报	第 A4 版	童孝雯	市级
79	3/31	肯德基"三早"活动进入大学校园	南方周末	生活		省级
80	4/2	两名"80"后大学生"村官"被选进镇党委班子	南京日报	第 A2 版	毛 庆	市级
81	4/2	研究发现饮茶可防辐射	科技日报	4 版	沈考宣 张 琳	国家
82	4/4	玄武检方与高校联手共防职务犯罪重点监控招生基建等环节腐败	南京日报	第 A4 版	侯锦阳	市级
83	4/4	农业补贴，如何避免"杨柳水大家洒"	新华日报	第 A1 版	邹建丰	省级
84	4/4	护好千垛油菜花	新华日报	第 A2 版	吴剑飞	省级
85	4/6	周日创富见面会有点"辣"	现代快报	第 A16 版	袁卓华 蔡正虹	省级
86	4/6	现代农业大发展，农科生就业有奔头	中国教育报	7 版	万 健 赵烨烨 邵 刚	国家
87	4/6	天气偏冷碰上"小年"，捕捞期分割失良机	江南时报	5 版		省级
88	4/7	又见油菜花	江苏科技报	第 A16 版	章 彤	省级
89	4/7	五年投入一千万 为鱼儿定制营养餐单	江苏科技报	第 A7 版	赵烨烨 邵 刚 王 君	省级
90	4/8	海门和南农大共建山羊研发中心	新华日报	第 A7 版	邹国童 丁亚鹏	省级
91	4/8	防治小麦赤霉病注意事项	农民日报	8 版	肖悦岩	国家
92	4/8	催芽剂? 南京地产茶被"催"了没有	现代快报	封11	仲 茜 孙玉春	省级
93	4/8	别因找不到工作才创业	南京日报	第 A2 版	肖 姗 郭 锐	市级
94	4/9	虫桃烂李 歪瓜裂枣藏着美味秘密?	金陵晚报	6 版	邵 刚 王 君	市级
95	4/10	前沿科技领跑现代农业	人民日报	6 版	申 琳	国家
96	4/11	"环保换客"走进20所高校	扬子晚报	第 A44 版	王 娟	省级
97	4/11	南京创业导师团走进大学校园	江南时报	7 版	王 琦	省级
98	4/11	合理使用农药 提高防治效果	农民日报	6 版	周明国	国家
99	4/12	部属高校选测科目等级确定	南京晨报	第 A30 版	王晶卉	市级
100	4/12	4月，我们共同关注"税收 发展 民生"	南京日报	第 A9 版	江晓彤 金 天 李洪进 李 勇 杨丽华	市级

（续）

序号	时间 （月/日）	标　题	媒体	版面	作者	级别
101	4/13	标准比瑞典标准"宽"几百倍?	扬子晚报	第 A7 版	柳　扬	省级
102	4/13	南京工商关注上海"染色馒头"	金陵晚报	第 A7 版	高　洋	市级
103	4/14	锁石"助农合作社"助一方农民致富	南京日报	第 A3 版	谢兴祥　王　杰　蒋　丽	市级
104	4/14	南农"魔鬼辣椒"舔一下像碰到烙铁	金陵晚报	第 A11 版	王　君	市级
105	4/14	南农专家表示饮茶可防辐射	江苏科技报	第 A7 版	邵　刚	省级
106	4/14	《南农主楼》（图片新闻）	东方卫报			市级
107	4/15	来参加江苏高校十佳歌手大赛吧	金陵晚报	第 A7 版	曾亚莉	市级
108	4/15	河边踩一脚　满河鱼儿惊	金陵晚报	第 A7 版	钱奕羽	市级
109	4/15	营养价值不高卖的就是感觉!	东方卫报	第 A6 版	朱　珠	市级
110	4/15	第十五届"中国青年五四奖章"初评入围人选公示	中国青年报	6 版		国家
111	4/15	对"明知故犯"者不能仅靠自律	南京日报	第 A2 版	毛　庆　邹　伟	市级
112	4/16	何为"口唇茶"	金陵晚报	第 A7 版		市级
113	4/17	来参加江苏高校十佳歌手大赛吧	金陵晚报	第 A3 版		市级
114	4/19	想做南航空姐　先看透《穿普拉达的女魔头》	东方卫报	第 A6 版	刘伟娟　程　晓	市级
115	4/19	重返"侏罗纪"和恐龙约会	金陵晚报	第 B8 版	孙凯燕	市级
116	4/19	南农学子巧手妙笔绘盛装	金陵晚报	第 B9 版	陈　莹	市级
117	4/19	秦淮河现大面积死鱼	金陵晚报	第 C3 版	孙丹印	市级
118	4/19	12315 投诉站首次进驻高校	金陵晚报	第 C3 版	玄　工	市级
119	4/19	母鸡吓得"不敢"下蛋了	金陵晚报	第 A8 版	王　聪	市级
120	4/20	我市新获批组建 4 家国家重点实验室	南京日报	第 A1 版	张　璐	市级
121	4/20	南京首个高校 12315 投诉站成立	南京日报	第 A3 版	王小飞　邹　伟	市级
122	4/20	平山镇建成绿头野鸭深加工流水线	农民日报	5 版	钱续坤　丁乐平	国家
123	4/21	和 7 位医生共进午餐后　她还想请刘德华吃饭	现代快报	第 B2 版	崔　娉　安　莹	省级
124	4/21	南京地区暂无感染"超级细菌"肉禽制品	金陵晚报	第 C3 版	钱奕羽	市级
125	4/21	南京首个 12315 投诉站进驻高校	江南时报	18 版	纪树霞　王小飞	省级
126	4/21	有机产品认证管理亟须完善	南京日报	第 A2 版	韦　铭	市级
127	4/24	13 所行业特色大学结盟求发展	中国教育报	头版	陈宝泉	国家
128	4/25	夏至未到蝉先叫	现代快报	第 B9 版	孙羽霖	省级

（续）

序号	时间 （月/日）	标　题	媒体	版面	作者	级别
129	4/25	记者买来便宜紫菜，一泡就掉色	现代快报	第 B24 版	马薇薇	省级
130	4/26	南农上演大学生版《非诚勿扰》	金陵晚报	第 G3 版	陈佳鸽　赵烨烨	市级
131	4/27	尽快建立蔬菜生产供应信息发布指导体系	南京日报	第 A6 版	韦　铭	市级
132	4/28	南京 7 所部属高校公布高招计划	南京日报	封 2	谈　洁	市级
133	4/28	七所部属高校在苏招生计划确定	扬子晚报	第 A15 版	张　琳	省级
134	4/28	让市民吃到直销平价菜　江苏新办法有望下月出台	现代快报	封 7	沈晓伟	省级
135	4/28	22 所名校披露江苏招生新政	现代快报	封 19	谢静娴	省级
136	4/28	我省部属院校招生计划确定	南京晨报	第 A32 版	王晶卉	市级
137	4/29	地缝里钻出成千上万只"飞蚁"	现代快报	第 B24 版	常　毅	省级
138	4/29	部属七高校今年江苏招生数不减	新华日报	第 A6 版	王　拓	省级
139	4/29	实施农业现代化工程　提高城乡统筹发展水平	新华日报	第 B5 版	周应恒	省级
140	4/29	《黑猫警长》"误导"观众 20 多年	南京晨报	第 A10 版	陈　洁	市级
141	4/30	火锅底料要表明添加剂？南京极少商家做到	现代快报	第 B1 版	季　铖	省级
142	5/1	"耕读"，数字时代的文化浪漫	中国教育报	4 版	王建光	国家
143	5/2	C 型视力表卡住近半考生	南京日报	第 A2 版	王宇宁　谈　洁	市级
144	5/2	南航首招女飞行员　初检 20 人过关	扬子晚报	第 A10 版	李昕彧　王宇宁　张　琳	省级
145	5/3	种菜，不能总让菜农"赌明天"	新华日报	第 A1 版	林　培	省级
146	5/3	农民经纪人合作社里挑大梁	农民日报	5 版	刘智永	国家
147	5/3	老板，你家鸭血粉丝汤涩嘴　是不是熬鸭汤时"料"放多了	现代快报	第 B1 版	马薇薇　刘　烨	省级
148	5/3	南农大调研报告或成政府制定"垃圾分类"政策参考	江南时报	热评	晓　慧	省级
149	5/3	漫画女孩要把求职囧事画出来	现代快报	第 B6 版	胡玉梅	省级
150	5/4	"金鸡、百花"获奖影片将走进江苏高校	扬子晚报	第 B21 版	王婉璐	省级
151	5/4	第十五届"中国青年五四奖章"提名奖名单	中国青年报	7 版		国家
152	5/4	气候干燥，今年蚜虫尤其多	南京日报	第 B3 版	武家敏　江　瑜	市级
153	5/5	90 后大学生唱响红歌	金陵晚报	第 A8 版	曾亚莉　邵　刚　赵烨烨	市级
154	5/5	瘦肉精危害之辩仍在继续	中国青年报	5 版	李润文	国家
155	5/6	提升"五化"，率先基本实现农业现代化	新华日报	第 A1 版	邹建丰　陈炳山　陆　剑	省级

（续）

序号	时间 （月/日）	标　题	媒体	版面	作者	级别
156	5/7	植物"胚胎芽"将成为餐桌上的主菜	金陵晚报	第 C7 版	钱　金　邵　刚　王　君	市级
157	5/8	江苏高校"校长杯"网球赛在宁举行	扬子晚报	第 A18 版	杨　文	省级
158	5/8	短波	南京日报	第 A6 版	冯　兴	市级
159	5/10	如皋：多元统筹加速城乡融合	新华日报	第 A1 版	许建军　陈　明 成　如　亚丽　钰璐	省级
160	5/10	图片新闻	南京晨报	第 A10 版	刘　莉	市级
161	5/10	南京 7 所部属高校招生计划敲定	江南时报	17 版		省级
162	5/12	高中生为什么兴起传媒高考热	现代快报	第 B26 版		省级
163	5/12	下水就变色　黑米是染出来的?	金陵晚报	第 A22 版	辛　颖	市级
164	5/12	亚非国家农业官员来宁研修	新华日报	第 A2 版	邵　刚　王　拓	省级
165	5/12	对接大市场，能趟出几条可行之路	新华日报	第 A5 版	夏　丹　周静文 陆　峰　杭春燕	省级
166	5/12	热烈祝贺江苏省第 23 届科普宣传周隆重开幕	江苏科技报	第 A11 版		省级
167	5/13	真的是"爆炸西瓜"：5 天炸了 6 000 多斤	扬子晚报	第 A6 版	李国平　张凌发	省级
168	5/13	水稻新品种及栽培技术：为粮食安全"保驾护航"	新华日报	第 A7 版		省级
169	5/14	古人相亲会也玩"非诚勿扰"　南农大举办戏曲票友会	扬子晚报	第 A36 版	张　轩　毛煜琪　郑幼明	省级
170	5/14	为啥有些水果会掉色?	金陵晚报	第 A12 版		市级
171	5/16	旺鸡蛋中病菌真的很多吗	现代快报	第 B9 版	安　莹	省级
172	5/16	我市推动校企对接发展都市型农业	南京日报	第 A2 版	谈　洁	市级
173	5/16	圣丰种业：建院士工作站抢占科技制高点	农民日报	7 版	梅　隆	国家
174	5/16	草莓个头翻倍　颜色红润　背后"功臣"是膨大上色剂	金陵晚报	第 A12 版	杨珊珊	市级
175	5/17	颜色的真相	金陵晚报	第 A6 版	辛　颖	市级
176	5/17	到南农看民族服饰模特秀	金陵晚报	第 G3 版	司　彤　赵烨烨	市级
177	5/17	南农大举行"我为党旗添光彩"主题演讲比赛	金陵晚报	第 G3 版	赵烨烨	市级
178	5/17	高校戏曲票友齐聚南农	金陵晚报	第 G3 版	赵烨烨	市级
179	5/18	滥用膨大剂＋暴雨＝西瓜频频"爆炸"	现代快报	第 B2 版	胡玉梅　李　彦	省级

（续）

序号	时间 （月/日）	标 题	媒体	版面	作者	级别
180	5/18	澳大利亚小伙"南京话"征服评委	金陵晚报	第 C9 版	石 松 曾亚莉	市级
181	5/18	喀麦隆"包公"唱《铡美案》	扬子晚报	第 A42 版	石 松 王婉璐 蔡蕴琦	省级
182	5/18	图片新闻	新华日报	第 B4 版	张安福	省级
183	5/18	想包销？我们还不干呢	新华日报	第 B4 版	程干峰 朱新法	省级
184	5/18	旱后强降雨是西瓜"爆炸"主因	扬子晚报	第 A11 版	罗兵前 朱 姝	省级
185	5/19	南京天气干旱天敌减少白粉蝶大量出现	扬子晚报	第 A5 版	王 娟	省级
186	5/19	东海桃林镇大课堂给干部充电	江苏科技报	第 A14 版	李 冬 张道举	省级
187	5/21	同样都是糖，为啥不同色	扬子晚报	第 A48 版	郑幼明	省级
188	5/23	玉桥校园音乐乐队选拔赛精彩落幕	金陵晚报	第 C7 版	刘飞菲	市级
189	5/25	各大学在江苏招生计划公布	江南时报	16 版	综 合	省级
190	5/25	南农学子给肯德基"三早"活动提建议	南京晨报	第 A14 版	周 莺	市级
191	5/25	长期食用转基因食品	现代快报	第 B12 版	笪 颖	省级
192	5/25	高校热捧"2011高考名校推荐榜"	扬子晚报	第 A17 版	焦 文	省级
193	5/25	两院院士增选有效候选人名单公布 江苏科学家 40 人榜上有名	现代快报	第 A2 版	金 凤 胡玉梅	省级
194	5/27	为研究小肠移植，他养了五年猪	扬子晚报	第 A9 版	朱 姝	省级
195	5/29	"0 添加"山药蛋糕、银杏饮料 大学生创新"烹制"高科技食品	扬子晚报	第 A11 版	唐 萍 杨甜子 张 琳	省级
196	5/30	大学生研制"零添加"食品	南京日报	第 A6 版	唐 萍 谈 洁	市级
197	6/2	南农大成功克隆 4 只转基因奶山羊	南京日报	第 A1 版	张 璐 邵 刚	市级
198	6/2	南农大"产"出 4 只转基因克隆羊	现代快报	封 10	胡玉梅	省级
199	6/2	5 高校招生负责人视频答疑解惑	扬子晚报	第 A14 版	蔡蕴琦 张 琳	省级
200	6/3	校园歌手半决赛 6 月 7 日上演	金陵晚报	第 B16 版	曾亚莉	市级
201	6/3	680 万元创业 6 年能成什么样？	金陵晚报	第 C10 版	李荣国 毛 蕾	市级
202	6/3	这里，另类葡萄长得似"微型西瓜"	金陵晚报	第 C3 版	邵 刚 王 君	市级
203	6/5	我省三项大学生志愿服务计划昨举行面试	南京日报	第 A1 版	张 璐 薛保刚	市级
204	6/7	一路走来，歌声与笑声相伴	金陵晚报	T 叠	姜晶晶 曾亚莉	市级
205	6/7	让农业科教人才优势成为现代农业发展强大推力	南京日报	第 A1 版	韦 铭	市级
206	6/9	我省 5 所高校学生研制出纯天然食品	江苏科技报	第 A7 版	唐 萍 杨甜子 张 琳	省级
207	6/10	"完全变态"的昆虫 蝶角蛉	金陵晚报	第 A12 版	刘 玥	市级

（续）

序号	时间 （月/日）	标　题	媒体	版面	作者	级别
208	6/10	丹阳西瓜使用的"膨大剂"系假冒伪劣产品	金陵晚报	第A7版	吴颖	市级
209	6/11	中国赴圭亚那青年志愿者在宁出征	南京日报	第A2版	马金　薛保刚	市级
210	6/11	丹阳瓜农用的膨大增甜剂是假药	扬子晚报	第A10版	李国平　张凌发	省级
211	6/12	今起，考生可网上模拟报志愿	扬子晚报	第A7版	杨甜子　蔡蕴琦　张琳	省级
212	6/14	通胀很复杂，驱虎回笼大不易	新华日报	第B2版	陈志龙	省级
213	6/15	"2011高考名校推荐榜"预选名单公布	扬子晚报	第B18版		省级
214	6/16	暑期即将来临　实习双选会在高校大热	江南时报	7版	刘浩浩	省级
215	6/18	首届江苏高校十佳歌手大赛昨晚落幕	金陵晚报	第A6版	蒋慧　曾亚莉 姜晶晶　陈艳萍	市级
216	6/18	他们　是最后的"王者"	金陵晚报	第A7版	蒋慧　陈艳萍 曾亚莉　姜晶晶	市级
217	6/20	图片新闻	江南时报	6版	秦怀珠　赵烨烨	省级
218	6/20	"三早"健康理念走进大学	江南时报	8版	徐昇	省级
219	6/21	特殊的大众评委　"南京发布"给力	金陵晚报	第B9版	姜晶晶	市级
220	6/21	"华蕾"绽放，艳压群芳	金陵晚报	第B9版	曾亚莉	市级
221	6/21	扬大最"牛"女生宿舍　宿舍6人全部考上研究生	金陵晚报	第C15版	杨兰海　苏洋洋　赵兰	市级
222	6/21	本报今发布"2011高考名校推荐榜"	扬子晚报	第A16版	焦仁	省级
223	6/22	本报高招咨询会周日在国展举行	扬子晚报	第A9版	张琳	省级
224	6/22	阳台上出现的"螺丝钉"是啥？	金陵晚报	第A23版		市级
225	6/22	快报送检菊花茶检验报告出炉　未检出农药，但均检出二氧化硫	现代快报	封20	鹿伟	省级
226	6/22	南京农业大学答考生问	扬子晚报	第B19版		省级
227	6/24	300大学生练太极拳	扬子晚报	第A54版	薛玲	省级
228	6/24	26所高校明起本报视频预估分数线	扬子晚报	第A7版	蔡蕴琦　张琳	省级
229	6/27	南京农业大学　本一线都可冲一冲	扬子晚报	第A6版		省级
230	6/28	江苏高校科技创新要补"短板"	南京日报	第A6版	谈洁　王宇	市级
231	6/29	全省高校聚金坛　政产学研忙对接	科技日报	11版	吴金雨　王超	国家
232	7/1	银行11类34项收费今起取消	扬子晚报	第A40版	沈春宁	省级
233	7/1	泗阳：农业大县盛开"强农富民"之花	新华日报	第A7版	徐明泽　王爱民　张耀西	省级

（续）

序号	时间（月/日）	标　题	媒体	版面	作者	级别
234	7/2	加一点"强筋剂"会让面条更劲道?	金陵晚报	第 C3 版	邵　刚　钱奕羽	市级
235	7/2	各界群众争看《今日江苏》摄影展	新华日报	第 A6 版	陈月飞	省级
236	7/5	如何遏制高校招生乱象?	南京日报	第 A4 版	谈　洁	市级
237	7/6	南农大开办农业信息技术研修班	扬子晚报	第 B21 版	邵　刚	省级
238	7/6	带着理想和吃苦的准备启程	中国教育报	7 版	万玉凤	国家
239	7/7	南农教授当选国际棉花基因组计划联合主席	新华日报	第 A7 版	胡　艳　邵　刚　王　拓	省级
240	7/8	银行取消 11 类收费项目　我们咋看不到实惠?	江南时报	第 B1 版	殷文静　蔡玥俊	省级
241	7/8	百名博士为重庆送来及时雨	科技日报	11 版	吴晋娜	国家
242	7/8	周光宏任南京农业大学校长	中国教育报	头版	焦　新	国家
243	7/8	你见过能拉出一米多长丝的老酸奶吗	金陵晚报	第 C3 版	邵　刚　姚　聪	市级
244	7/9	酸奶放在冷冻室保存后……	金陵晚报	第 A11 版	王小茜　费云霞	市级
245	7/11	打造绿色安全的农副产品生产品牌	南京日报	第 A1 版	毛　庆　韦　铭	市级
246	7/12	村民联保贷款 25 万元支持大学生"村官"创业	南京日报	第 A2 版	韦　铭　赵敬翔　毛　亮	市级
247	7/13	市民：真稀奇　金秋菊花盛夏开专家：不奇怪　这株应该是夏菊	现代快报	第 B10 版	付瑞利	省级
248	7/13	"十一五"国家粮食丰产科技工程实施先进个人名单	科技日报	6 版		国家
249	7/13	种不种蓝莓，还是问市场	新华日报	第 A2 版	林　培	省级
250	7/14	不锈钢上开出"优昙婆罗花"?	现代快报	第 B8 版	郝　多	省级
251	7/15	非油非炸非烧烤非烟熏　这样的烧鸡你吃过吗	金陵晚报	第 C3 版	钱　金　邵　刚　姚　聪	市级
252	7/18	《画出绿色》（图片新闻）	现代快报	第 B4 版	施向辉	省级
253	7/19	超声波驱蚊，效果好吗?	金陵晚报	第 A10 版		市级
254	7/20	江苏再次入围粮食丰产科技工程	新华日报	第 A5 版	吴红梅	省级
255	7/20	南农大"向日葵"关爱留守儿童	扬子晚报	第 B14 版	王　红　李　畅　李玲玲	省级
256	7/20	中山陵博爱广场举行长卷涂鸦展示	新华日报	第 A2 版		省级
257	7/21	强化理论武装，发掘跨越式发展的"智慧源泉"	南京日报	第 A5 版		市级
258	7/21	"有机蔬菜"贴标有点乱	江南时报	第 A6 版	何　峰　龚　勋	省级
259	7/21	专家为武进花木出谋划策	科技日报	12 版	葛增祥　范　建	国家
260	7/21	灌南獭兔科技入户促农民增收	江苏科技报	第 A10 版	张立嘉	省级

（续）

序号	时间（月/日）	标　题	媒体	版面	作者	级别
261	7/22	《暑期实践为青奥加油》（图片新闻）	南京日报	第 A11 版	吴　彬	市级
262	7/27	台湾师生到南农大交流农村建设经验	扬子晚报	第 B11 版	张　可	省级
263	7/28	铁路意外保险竟是"肥水不外流"	新华日报	第 A6 版	沈国仪	省级
264	7/28	南农大学生走上南京街头宣传倡导文明行为	江苏教育报	2 版	邵　刚	省级
265	7/29	动物身上的颜色是皮的颜色还是毛的颜色？	金陵晚报	第 A21 版	王　华	市级
266	7/30	银企合作天地宽	江苏经济报	第 A2 版	吴耀祥　黄忆寒　陈　阁	省级
267	7/30	怎样挑选好葡萄？	现代快报	第 B12 版	林厚彬　汪永华　杨　娟　钟晓敏	省级
268	7/31	两岸大学生新农村建设研习营开营	中国青年报	2 版	戎　青　戴袁支	国家
269	8/1	南京获批承担多项省级农业标准制定工作	江南时报	第 A6 版	黄　蕾　曹　禺	省级
270	8/2	给鸡打针累"坏"南农学生	南京日报	第 A6 版	王成兵	市级
271	8/3	规划江苏，引领全面小康之路	新华日报	第 A6 版		省级
272	8/4	南方奶业提前 10 年完成产业升级	现代快报	第 B23 版	缪　钦　朱亚诗	省级
273	8/4	携手招行　圆梦理想	南京日报	第 A10 版	陈　毅　秦宵喊　张　雯	市级
274	8/5	培养一支"永远不走的干部队伍"	新华日报	第 A5 版		省级
275	8/7	南农大皖江科研基地开建	新华日报	第 A3 版	王　拓	省级
276	8/8	立秋喜逢降雨频　专家支招巧耕耘	新华日报	第 A7 版	夏　丹　孙　蕾　新　法	省级
277	8/8	买来的"福临门"霉了？	现代快报	第 B1 版	王颖菲	省级
278	8/10	路边的野蘑菇如何分辨有没有毒？	现代快报	第 B6 版	顾元森	省级
279	8/10	选择南京，是看中这里的人才优势	南京日报	第 A3 版		市级
280	8/15	"厨房"里的实验室——探访南农大国家肉品质量安全控制工程技术研究中心	南京日报	第 A2 版	张　璐　邵　刚	市级
281	8/15	句容市发力现代农业园区	农民日报	6 版	金　陵	国家
282	8/16	侵扰小区的小黑虫是"吊死鬼"吗？	现代快报	第 B8 版	陈志佳	省级
283	8/17	大豆产业技术体系召开病虫防控技术培训会	农民日报	6 版	韩　文	国家
284	8/18	女大学生成了新街口"小灵通"	扬子晚报	第 A44 版	薛　玲	省级
285	8/19	江苏筹建生物农药产业技术创新战略联盟	农民日报	6 版	乔正富	国家
286	8/20	这棵银杏树为什么这时叶子发黄？	现代快报	第 B24 版	季　铖	省级

（续）

序号	时间 （月/日）	标　题	媒体	版面	作者	级别
287	8/22	第九届南京市"十大科技之星"及提名奖候选人公示	南京日报	第 A3 版		市级
288	8/24	高校网上"迎新晚会"开得欢	金陵晚报	第 A6 版	曾亚莉　倪轻舟	市级
289	8/26	蜗牛过马路　雨后成百上千出现	扬子晚报	第 A16 版		省级
290	8/26	陆凤娇：用青春传递激情	连云港电视报	城中人 09 版		市级
291	8/30	《南京农业的卫岗校区"中央大道"》（图片新闻）	金陵晚报	第 G2 版		市级
292	9/3	最近"手绘 map"很流行	金陵晚报	第 C10 版		市级
293	9/5	南农大百岁教授殷恭毅透露长寿秘诀：勤学多思	扬子晚报	第 A3 版	张　可　蔡蕴琦	省级
294	9/5	南农大来了个新生叫"奥巴马"	扬子晚报	第 A7 版	邵　刚　蔡蕴琦	省级
295	9/5	教授过百岁生日，晒长寿秘诀	现代快报	第 B7 版	朱俊俊	省级
296	9/5	南农来了位"奥巴马"同学	现代快报	第 B7 版	朱俊俊	省级
297	9/5	南农奥巴马　外籍新生名字很霸气	金陵晚报	第 A7 版	曾亚莉　邵　刚 赵烨烨　陈　莹	市级
298	9/5	周星驰、戴高乐、奥巴马今年都在南京上大一	南京晨报	第 A6 版	王宇宁　邵　刚　王晶卉	市级
299	9/6	百岁教授谈长寿秘诀：凡事要亲力亲为	金陵晚报	第 F3 版	陈　莹	市级
300	9/6	高校迎新众生相	金陵晚报	第 F2 版	曾亚莉	市级
301	9/6	"沈水粘鱼"的南农"漫"年华	金陵晚报	F叠	陈　莹　赵烨烨	市级
302	9/7	机器人摘棉花可以识别好与坏	农民日报	5 版	吴　佩	国家
303	9/9	开拓惠农新天地——南京农业大学创新科研成果转化机制纪闻	农民日报	头版	沈建华　陈　兵	国家
304	9/13	月亮，你还在吗？	金陵晚报	第 F4 版	李晓芳	市级
305	9/14	平抑肉价政策应更多鼓励消费	南京日报	第 A2 版	刘　晓　韦　铭　谭人众	市级
306	9/14	社区服务有了"街道微博"	新华日报	第 A6 版	王　拓	省级
307	9/16	"80 后"大学生种地变身"番茄大王"	江苏经济报	第 A2 版	陈　宁	省级
308	9/20	"老油回用"成潜规则　一直是监管盲区	南京日报	第 A8 版	周爱明	市级
309	9/20	退休教授卖起八珍香鸡	扬子晚报	第 A47 版	薛　玲	省级
310	9/20	火热九月　激情军训	金陵晚报	第 F2 版	吴行远　陈　莹	市级
311	9/21	赛场"女刘翔"课堂操手术刀	扬子晚报	第 B20 版	邵　刚　宋璐怡	省级
312	9/21	冬瓜籽种出"西瓜"来，这算什么事	南京晨报	第 A9 版	卢　斌	市级

（续）

序号	时间（月/日）	标　题	媒体	版面	作者	级别
313	9/21	动物养殖专业毕业生很抢手	南京晨报	第A30版	杨　静	市级
314	9/22	南京桂花鸭已有128个品种	南京日报	封2	王　淼　黄伟清	市级
315	9/24	"江苏友谊奖"颁奖仪式在宁举行	新华日报	第A2版	吕　妍	省级
316	9/25	在宁高校举行大学生军训成果汇报会	新华日报	第A1版	王　拓	省级
317	9/26	东钱湖幸福印象	中国青年报	8版	李章琳	国家
318	9/27	幕府山蚂蚱出没，量多个大	扬子晚报	第A6版	王　娟　梅建明	省级
319	9/27	图片新闻	金陵晚报	第F4版	曾亚莉	市级
320	9/29	高校博物馆，藏在深闺有人识	新华日报	第B2版		省级
321	9/30	南农校长与学子"微博"谈心	江南时报	第A5版	刘浩浩　陈　莹 赵烨烨　邵　刚	省级
322	10/3	国庆人欢，校园里一道特别风景	新华日报	第A4版	秦继东　杨频萍 王　拓　沈峥嵘	省级
323	10/5	南农大棉花品级视觉识别技术获得突破	江苏农业科技报	头版	邵　刚　赵烨烨　顾　磊	省级
324	10/10	32张铅笔画留住大学四年时光	现代快报	第B7版	谢静娴	省级
325	10/10	江苏11所高校研究生招生计划出炉	扬子晚报	第A13版		省级
326	10/11	南京中华门内发现"一枝黄花"	扬子晚报	第A11版		省级
327	10/11	南农学子入围环境友好使者	金陵晚报	第B30版	钱佳林	市级
328	10/11	图片新闻	江南时报	第A5版	秦怀珠　邵　刚　赵烨烨	省级
329	10/13	南农"防癌烧鸡"获得国家专利	南京晨报	第A30版	王晶卉	市级
330	10/13	南农教授发明健康烹饪"烧鸡"技术	扬子晚报	第A16版	邵　刚　蔡蕴琦	省级
331	10/13	让"四非"苏鸡飞入寻常百姓家	金陵晚报	第B6版	姚　聪　钱　金　邵　刚	市级
332	10/13	15亿给力大学生"村官"创业	江南时报	第A4版	黄　蕾	省级
333	10/13	南农"苏鸡"获国家专利	江南时报	第A12版	邵　刚　王　琦	省级
334	10/13	"探索号"起航	中国青年报	8版	张　轩	国家
335	10/13	南农大两项新技术食品批量生产	南京日报	第A4版	马　金　邵　刚	市级
336	10/15	为什么吃过菠菜后，牙齿会很涩？	金陵晚报	第A15版		市级
337	10/15	南农造机器人　能摘棉花还能识品级	南京晨报	第A9版	邵　刚　赵烨烨　王晶卉	市级
338	10/15	昆虫死后化为"白眉大侠"	扬子晚报	第A40版	李　冲	省级
339	10/15	摘棉花机器人眼力好　能按质采收分仓归类	现代快报	第B9版	邵　刚　谢　静	省级
340	10/15	机器人"巧手"会摘棉花	扬子晚报	第A40版	赵烨烨　邵　刚　蔡蕴琦	省级

（续）

序号	时间（月/日）	标　题	媒体	版面	作者	级别
341	10/16	充分发挥农业科教资源优势　努力促进农业现代化取得突破	南京日报	第A1版	马　金	市级
342	10/16	肩负职责使命　谱写发展新篇	南京日报	第A1版	刘　晓　毛　庆　张　璐　肖　姗　许震宁　吕宁丰　张　希　储笑抒	市级
343	10/18	加大法律监督力度　促进现代农业建设	新华日报	第A10版	沈纯中	省级
344	10/18	南京优化科技创新制度让人欣喜	南京日报	第A3版	谈　洁　金秋	市级
345	10/18	就业新选择　考研热参军热兴起	金陵晚报	第B26版	陈　莹　程果	市级
346	10/18	南农大批量生产新型复合蔬果汁	江南时报	第B8版	邵　刚	省级
347	10/18	紫金山的动物们	金陵晚报	第B24版	铃木征四郎	市级
348	10/18	南农举行过国际研讨会	金陵晚报	第B28版	范　迪	市级
349	10/19	南农大造出摘棉花机器人	扬子晚报	第B23版	赵烨烨　邵　刚	省级
350	10/20	油条10个月不坏有可能！　南农专家认为解冻加热后营养会流失	扬子晚报	第A14版	邵　刚　蔡蕴琦	省级
351	10/22	南农大健康烧鸡加工技术成功转化	江苏农业科技报	头版	顾磊	省级
352	10/23	我省高校获国家科学技术奖39项	新华日报	第A2版	王　拓	省级
353	10/24	公示：熊爱生（南京农业大学教授）	新华日报	第A12版		省级
354	10/24	南农大棉花品级视觉识别技术获得突破	科技日报	6版	邵　刚　赵烨烨	国家
355	10/24	我省高校将建6个引智基地	新华日报	第A6版	王　拓	省级
356	10/25	《男生版甩葱舞》（图片新闻）	金陵晚报	第B22版	陈　莹	市级
357	10/25	南农开展"校园植物挂牌"	金陵晚报	第B22版	陈　莹	市级
358	10/25	南农学子参加关爱女性健康活动	金陵晚报	第B22版	陈　莹	市级
359	10/25	"宅"人时代"校园外卖"悄然兴起	金陵晚报	第B21版	吴行远　李冬阳　岳　炀	市级
360	10/25	南京农业大学面向海内外公开招聘农学院和生命科学学院院长及教学科研岗位人才	人民日报	2版		国家
361	10/25	青春的书，你记得的还有多少？	金陵晚报	第B20版	吴行远　曾　仪　陈　莹	市级
362	10/27	省领导带头下基层开展"三解三促"活动	新华日报	第A3版		省级
363	10/28	年轻教授越来越多且大多是"海归"	扬子晚报	第A3版	张　可　蔡蕴琦　张琳	省级
364	10/29	南农专家做实验仔细对比后发现鸡鸭鱼肉别长时间煮　煮久了有害	金陵晚报	第A6版	姚　聪　邵　刚　钱　金	市级
365	11/1	中国象棋特级大师走进高校开讲座	新华日报	第B5版	邵　刚　王　拓	省级

（续）

序号	时间 （月/日）	标　题	媒体	版面	作者	级别
366	11/2	象棋特级大师对阵30名大学生	扬子晚报	第A48版	邵　刚　蔡蕴琦	省级
367	11/3	洋猪肉便宜三成　本地猪肉优势是新鲜	江南时报	第A4版	刘　咏	省级
368	11/4	从传统向现代化大步迈进——江苏省大力发展畜牧业纪闻	农民日报	头版	沈建华　陈　兵	国家
369	11/5	"超级稻"单产840公斤创"扬州纪录"	江苏经济报	第A2版	周　晗　夏超群	省级
370	11/7	3 000个品种齐放，汤山有个菊花大观园	现代快报	第B24版	胡云梅	省级
371	11/8	三千菊花新品翘盼走出深闺	新华日报	第A6版	宋晓华	省级
372	11/8	晚睡晚起，大学生亚健康生活状态令人担忧	金陵晚报	第B28版	吴行远　陈　莹 姚　望　曾亚莉	市级
373	11/10	遏制暴涨暴跌，能否试试他山之石	新华日报	第A5版	夏丹　朱新法　杭春燕	省级
374	11/10	中国名高校公开课，网上受追捧	南京晨报	第A6版	王晶卉	市级
375	11/10	佛窟再访　20多米外，又有一个新惊喜	现代快报	封12、13		省级
376	11/11	新品珍品菊花亮相南农菊花展	金陵晚报	第B14版	曾亚莉　赵烨烨	市级
377	11/11	告白仪式必备：蜡烛　玫瑰　扩音器	金陵晚报	第A8版	曾亚莉　毛　蕾	市级
378	11/13	在宁台湾大学生参加金秋游活动	南京日报	第A2版	吕宁丰	市级
379	11/14	新米不能立即食用缺乏科学依据	南京日报	封2	顾小萍	市级
380	11/15	浮生若梦　冷暖自知	金陵晚报	第A32版	贺肖芸	市级
381	11/15	图片新闻	金陵晚报	第A30版	龚　婧	市级
382	11/15	2011年南京高校"表白门"盘点	现代快报	封13	曾　偲	省级
383	11/15	南农制定鹅肉标准被联合国采用	江南时报	第A5版	赵烨烨	省级
384	11/15	南农牵头制定"鹅肉国际标准"	南京日报	第A7版	赵烨烨　谈　洁	市级
385	11/16	国际鹅肉标准南农大出品	金陵晚报	第B30版	赵烨烨　毛　蕾	市级
386	11/16	南农大牵头制定"鹅肉国际标准"	农民日报	3版	赵烨烨　谈　洁	国家
387	11/16	南农大给86种鹅产品定下国际标准	现代快报	封13	赵烨烨　金　凤	省级
388	11/16	"你撞死了我家'宝宝'你帮我把它安葬了吧"	扬子晚报	第A46版	肖雷	省级
389	11/18	科技集成让吴江水稻单产连创新高	农民日报	2版	陈兵　王倩	国家
390	11/20	14名喀麦隆高官赴我省研修棉纺贸易	新华日报	第A2版	王　拓　倪方方	省级
391	11/21	16省专家联合倡议设立"中国耕地质量日"	农民日报	头版	王　瑜	国家

（续）

序号	时间 （月/日）	标　题	媒体	版面	作者	级别
392	11/22	大学生话剧展演月演出时间安排表	金陵晚报	第 B21 版	杨　刚	市级
393	11/25	科技镇长团让"废物"变财富	江苏经济报	第 A2 版	侯力明　陈春裕	省级
394	11/27	部属高校密集换帅　多名官员返校任职	扬子晚报	第 A12 版	中　新	省级
395	11/29	本周剧目	金陵晚报	第 B28 版	杨　刚	市级
396	11/29	江苏省教育学研究生学术联盟成立	金陵晚报	第 B30 版	徐　锐　魏善春	市级
397	12/5	曹卫星会见日本京都大学校长	新华日报	第 A2 版	张会清	省级
398	12/6	今天起，南京各大高校连续 3 天都有"就业盛宴"	南京晨报	第 A30 版	成　岗	市级
399	12/6	短新闻：南农武术队获佳绩	金陵晚报	第 B30 版	范　迪	市级
400	12/6	百箱浓缩鸡汁被曝退货后又回炉	现代快报	封 16		省级
401	12/7	亮出明年用人"清单"　江苏8市优惠政策多多	现代快报	封 9	邓婷尹　项凤华	省级
402	12/7	南农"小植物专家"能识得 300 余种植物	金陵晚报	第 B17 版	曾亚莉　陈　莹	市级
403	12/7	南农教师支援西部获表彰	金陵晚报	第 B17 版	赵烨烨	市级
404	12/12	40 所农林院校代表在宁议"三农"	新华日报	第 A6 版	倪方方　王　拓	省级
405	12/12	在宁举行的中国湖泊论坛呼吁：给湖泊"吃药"不如为其"健体"	新华日报	第 A6 版	杨频萍　吴红梅	省级
406	12/13	大学生 10 万元打造方程式赛车	金陵晚报	第 B19 版	吴行远　姚　望　曾亚莉	市级
407	12/13	校园"世博会"　学生展风采	南京日报	封2	邵　刚　徐　琦	市级
408	12/13	南农大举行第四届"国际日"活动	金陵晚报	第 B22 版	姜晶晶　邵　刚	市级
409	12/14	奥运冠军肖钦回宁宣传青奥	新华日报	第 B3 版	邵　刚　王　拓	省级
410	12/14	南农大学生编制"昆虫食谱"	金陵晚报	第 B13 版	谷岱霏　赵烨烨　曾亚莉	市级
411	12/14	南京农业大学：偶们滴主楼是《国家机密》（图片新闻）	扬子晚报	第 B14 版		省级
412	12/14	青奥形象大使肖钦与南农学子面对面	扬子晚报	第 B16 版	谢媛媛	省级
413	12/19	与爱同行，帮贫困学子回家过年	现代快报	第 A6 版		省级
414	12/19	本报"送年货"活动今启动	扬子晚报	第 A3 版	吴　俊	省级
415	12/19	46 位南京大学生守护 17 岁白血病女孩	现代快报	第 B10 版	曾　偲	省级
416	12/19	玄武首届高层人才创业大赛评出前10 强	南京日报	第 A3 版	毛　庆　陈　夏	市级
417	12/20	她照顾患帕金森症丈夫 27 年	扬子晚报	第 A45 版	县文琴　吴　俊	省级

（续）

序号	时间 (月/日)	标　　题	媒体	版面	作者	级别
418	12/20	"南农山猫"演绎大学生活	金陵晚报	第 B34 版	吴　扬	市级
419	12/20	世界冠军肖钦做客南农	金陵晚报	第 B34 版	邵　刚　赵烨烨	市级
420	12/21	大学校园里的"世博会"	扬子晚报	第 B20 版	邵　刚	省级
421	12/22	一家六口挤"蜗居"，两人患重病	扬子晚报	第 A46 版	马一杏　吴　俊	省级
422	12/23	南京农业大学：协同创新助推世界一流农业大学建设	科技日报	10 版	万　健　赵烨烨　邵　刚	国家
423	12/23	本报"爱心大篷车"为童卫路一户单亲家庭送去年货和问候	扬子晚报	第 A3 版	郝大伟　马一杏　吴　俊	省级
424	12/24	南京 6 名校明年同庆 110 岁生日	现代快报	第 A6 版	谢静娴	省级
425	12/28	多病爸爸与多动症女儿相依为命	扬子晚报	第 A45 版	马一杏　吴　俊	省级
426	12/28	肝病科医生从不吃花生酱和煮花生？	金陵晚报	第 A8 版	曾亚莉　赵烨烨	市级
427	12/29	夫妻俩连小龙虾的边都没沾　一觉醒来竟然得了肌肉溶解症	现代快报	封 16	张子青　章　琛　安　莹	省级
428	12/29	一觉醒来神志不清并发肌溶解症 南京夫妻俩梦中被小虫下"迷魂针"	扬子晚报	第 A6 版	杨　彦	省级
429	12/29	"幽灵蛛"之谜	金陵晚报	第 A5 版	姚　聪　张子青　章　琛	市级
430	12/29	父亲刚得胃癌，7 岁儿子隔月患骨癌	扬子晚报	第 A50 版	马一杏　吴　俊	省级
431	12/30	到哪都有人说"快来看"　南农奥巴马"习惯了"	南京晨报	第 A12 版	王晶卉	市级
432	12/30	南农奥巴马，粤语歌唱得贼溜	现代快报	第 B10 版	石　松　谢静娴	省级
433	12/31	南京农业大学教学楼前的那棵香樟树（图片新闻）	东方卫报	第 T18 版		市级
434	10 月	中国高等教育：专题报道南京农业大学	中国高等教育	467 期		国家
435	12 月	食品：用理性抗恐慌	人民日报 （民生周刊）	60 期		国家

（撰稿：许天颖　审稿：全思懋　审核：顾　珍）

十五、2011 年大事记

1 月

1 月　南京农业大学主持的"抗条纹叶枯病高产优质粳稻新品种选育及应用"项目获得2010 年度国家科技进步奖一等奖。

1 月 18 日　学校国家重点实验室主任张天真教授为首席科学家承担的国家"973"计划"油料作物优异亲本形成的遗传基础和优良基因资源合理组配与利用"项目召开启动会。

1 月 21 日　英国雷丁大学（University of Reading）副校长 Steven Mithen 教授率团来校访问，双方正式签署了校际合作备忘录。

1 月 25 日　江苏省连云港市委副书记、组织部长魏国强率市科学技术协会主席程晓红等一行来校慰问"双百工程"的专家教授，并与学校签订"百名教授兴百村"工程 2011 年合作协议书。

2 月

2 月 16 日　学校作物学、植物保护、农业资源利用、兽医学、农林经济管理（含土地资源管理）、食品科学与工程和现代园艺科学（含植物学）7 个学科入选江苏高校优势学科建设工程一期项目。

2 月 17~19 日　中共南京农业大学十届十一次全委（扩大）会议召开。会议主题是：贯彻全国教育工作会议及第十九次全国党建工作会议的精神，落实《教育规划纲要》和《高校基层组织条例》的内容，研究部署进一步加强和改进学校党建工作，全面推进学校"十二五"发展规划的落实和实施工作，为学校"十二五"的科学发展和加快实现学校的发展战略目标开好局、起好步。大会审议通过了《中共南京农业大学委员会常委会 2010 年工作报告》。

3 月

3 月 22 日　由南京农业大学细胞遗传研究所选育的小麦新品种——南农 0686，通过2010 年度国家品种委员会审定（审定编号：国审麦 2010003）。

3 月 24 日　学校新增应用经济学、水产 2 个博士学位授权一级学科，新增哲学、理论经济学、社会学、外国语言文学、数学、化学、海洋科学、计算机科学与技术、轻工技术与工程、林学、水产、管理科学与工程、图书馆、情报与档案管理 13 个硕士学位授权一级学科。

4　月

4月2日　学校朱伟云、周应恒和章文华3名教授入选2010年享受政府特殊津贴人员名单。

4月8～10日　农业部公益性（农业）行业科研专项"利用有机（类）肥料调控我国土壤微生物区系关键技术研究"启动会在河北曲周召开。资源与环境科学学院沈其荣教授为该项目首席科学家。

4月23日　在中国矿业大学举行的产学研合作教育高层论坛上，学校签约加入"高水平行业特色大学优质资源共享联盟"。

4月25日　原中共中央政治局常委、国务院副总理李岚清同志在南京向南京农业大学等高校赠送了他最新出版的《秋水文章——李岚清篆刻艺术展作品集》，并亲自题写"赠南京农业大学　李岚清　辛卯春日"。

5　月

5月11日　学校受商务部委托举办的发展中国家农业管理研修班举行开班仪式。

5月12日　江苏省南京市副市长陈维健一行来校开展校企对接活动。

5月25日　学校举行"唱红歌、跟党走"庆祝建党90周年歌咏大会。

5月26日　经中共中央组织部人才工作局批准，作为学校引进的首位"千人计划"专家，美国得克萨斯大学教授陈增建到校履职。学校举行了专门的欢迎仪式。

5月27日　2010年度寻访"中国大学生自强之星"活动结果揭晓，食品科技学院研究生张引成同学当选"中国大学生自强之星"。

5月27日　学校在新疆农业大学举行"十二五"对口支援签字仪式。

6　月

6月10日　国家节能政策宣讲会暨全国高校节能联盟年会在北京召开，学校被评选为"全国高校节能管理先进院校"。

6月11日　民盟南京农业大学委员会被民盟中央授予"先进集体"称号。

6月17日　乌克兰赫尔松州州长科斯佳克·尼古拉·米哈伊洛维奇等一行4人来校访问，旨在探讨赫尔松州的农业高校与南京农业大学开展合作的可能性。

6月21日　学校2011届毕业生毕业典礼在图书馆报告厅、大学生活动中心报告厅、教四楼报告厅以及工学院和渔业学院分时段、分场次举行。

6月22日　植物保护学院洪晓月教授被授予"第六届江苏省高等学校教学名师"称号。

6月30日　学校隆重召开庆祝建党90周年暨"七一"表彰大会。

7　月

7月1日　印度尼西亚国立玛琅大学（State University of Malang，Indonesia）校长 Suparno 教授率团来校访问，双方签署了硕士生联合培养协议。

7 月 2 日　学校与江苏省金坛市签订"南京农业大学-金坛市人民政府校地全面合作协议"。

7 月 5 日　"2011 年海外留学人员江苏行南京农业大学考察联谊活动"在学校举行，45 名来自美国的哈佛大学、耶鲁大学等国家世界名校的留学博士、博士后来校参观考察。

7 月 6 日　南京农业大学干部教师大会举行。会上，宣布了教育部决定：任命周光宏为南京农业大学校长，徐翔、沈其荣、胡锋、陈利根、戴建君、丁艳锋为南京农业大学副校长；免去郑小波南京农业大学校长，孙健、曲福田等南京农业大学副校长的职务。宣布了教育部党组任免决定：任命胡锋、陈利根、戴建君同志为中共南京农业大学委员会常委，丁艳锋同志为中共南京农业大学委员会委员、常委；免去郑小波、孙健同志的中共南京农业大学委员会常委，曲福田同志中共南京农业大学委员会委员、常委职务。

7 月 10 日　在日本神户举行的第 19 届亚洲田径锦标赛女子 100 米栏决赛中，动物医学院的孙雅薇同学以 13 秒 04 的成绩夺得金牌，并达到世锦赛 B 标。

7 月 11 日　学校召开全校领导干部大会，会议确立了南京农业大学建设世界一流的、具有明显行业特色大学的发展目标，即：建设世界一流农业大学。

8　月

8 月 11 日　为进一步实施人才强校战略，加强人才工作，学校成立"南京农业大学人才工作领导小组"。

8 月 19～21 日　学校与哥廷根大学联合主办的"中国粮食安全和国际农产品贸易"国际学术研讨会在德国哥廷根召开。

8 月 25～26 日　中共南京农业大学十届十三次全委（扩大）会议召开。会议的主题是：认真贯彻落实胡锦涛总书记在庆祝清华大学建校 100 周年大会上的重要讲话精神，紧紧围绕《教育规划纲要》，以建设世界一流农业大学为目标，全面动员和充分发挥全校师生员工的积极性、主动性和创造性，立足新起点，开拓新思路，共谋新篇章，加快建设世界一流农业大学步伐，推动学校各项事业新一轮跨越式发展。

8 月 29 日　国务院学位委员会批准学校新增生态学（学科代码 0713）、草学（学科代码 0909）2 个博士学位授权一级学科，新增生态学、草学、风景园林学（学科代码 0834）硕士学位授权一级学科。

8 月 29 日　沈其荣教授领衔的资源与环境科学学院有机肥团队与宜兴新天地公司合作的"南京农业大学与江苏新天地共建生物肥料工程中心"产学研合作案例，被列为 2008—2010 年度中国高校产学研合作十大优秀经典案例（教技发中心函〔2011〕110 号）。

8 月 31 日　2011 年度学校共获国家自然科学基金资助项目 119 项，资助经费 6 114 万元，资助数首次突破 100 项。

8 月 31 日　江苏省委常委、副省长黄莉新听取了校长周光宏关于学校近期工作的汇报。黄莉新高度评价了学校为江苏省经济社会发展和农业现代化所做出的重要贡献，并表示省委、省政府全力支持南京农业大学建设世界一流农业大学。

9　　月

9月4日　学校为植物病理系退休教授殷恭毅举办百岁华诞祝寿会。

9月6日　白马教学科研基地建设工作推进会议在溧水县召开，学校与溧水县政府共商白马教学科研基地建设工作。

9月8日　第六届高等学校教学名师奖表彰大会在北京举行。学校杂草研究室主任、生命科学学院强胜教授荣获"第六届高等学校教学名师奖"。

9月11日　国家信息农业工程技术中心如皋试验示范基地在如皋举行签字仪式。中心由国家工业和信息化部批准组建，是专门从事信息农业与精确农业技术创新、系统集成和转化应用的国家级研发机构。

9月14日　农业部副部长张桃林在北京接见了校长周光宏和副校长丁艳锋，指出高水平教师队伍是建设世界一流农业大学的关键。

9月21日　学校首期青年博士学术能力培训班在人文社会科学学院学术报告厅举行开班仪式。首期学员为学校于2009年和2010年招聘的具有博士学位的青年教师，共55人。

9月28日　学校启动"钟山学者"建设计划，着力加强学校在高端学者、杰出中青年学者和杰出青年学者等方面的培养和引进工作，主要包括4个层次："钟山荣誉教授""钟山特聘教授""钟山学术骨干"和"钟山学术新秀"。

10　　月

10月7日　全国高等学校新农村发展研究院建设研讨会在江苏省昆山市召开。此次研讨会由教育部科技司主办，南京农业大学承办。

10月24日　学校先后成立了科学研究院、校区发展与基本建设处、发展规划与学科建设处，组建了人才工作领导小组、本科生教学与管理改革工作领导小组等，并对作物遗传与种质创新国家重点实验室、国家大豆改良中心、国家信息农业工程技术中心和国家肉品质量安全控制工程技术研究中心4个国家级平台的相关岗位进行调整设置。撤销了原科技处、人文社会科学处、产学研合作处、实验室与基地管理处等处室。

10月25日　以学校朱晶教授为首席专家的投标课题"粮食安全框架下全球资本、自然资源和技术利用的战略选择研究"、张兵教授为首席专家的投标课题"现代农业导向的农业结构战略性调整研究"被确立为2011年度国家社会科学基金重大招标项目（第一批）中标课题。

10月26日　奥地利籍生物化学博士 Josef Voglmeir 应聘学校全职教授，校学术委员会教师招聘分会对其进行了面试并认定其符合要求。

11　　月

11月1日　南京农业大学110周年校庆工作启动仪式举行。会上确立了以"传承、开拓、凝心、聚力"为主题，本着"隆重、热烈、简朴、欢庆"的原则，组织和筹备好校庆活动。

11月13日　由学校国家肉品质量安全控制工程技术研究中心牵头制定的《UNECE 鹅肉标准》(《UNECE Standards for Goose Meat － carcasses and parts》) 在联合国 (UNECE) 第67届农产品质量标准工作会议上正式被采用，成为了一项新的国际标准。

11月13日　教育部高等教育司司长张大良一行到学校视察指导工作。

11月14日　我国著名的微生物学家、农业微生物学科创始人之一、前南京农学院院长樊庆笙先生100周年诞辰纪念仪式在学校举行。

11月17日　英国詹姆斯·赫顿研究所 (James Hutton Institute，JHI) 所长 Iain Gordon 教授来校访问，并与学校签署合作备忘录。

11月20日　南京农业大学校友会山东分会成立大会在山东省济南市举行。

11月29日　学校两篇博士学位论文入选"全国优秀博士学位论文"，分别是陈爱群撰写的《三种茄科作物 Pht1 家族磷转运蛋白基因的克隆及表达调控分析》(指导教师徐国华教授)、谭荣撰写的《农地非农化的效率：资源配置、治理结构与制度环境》(指导教师曲福田教授)。

12　月

12月2日　日本京都大学校长松本纮教授一行8人来校访问。

12月8日　江苏省政协副主席张九汉来校调研指导科研成果转化工作。

12月10日　"第二届全国农林高校哲学社会科学发展论坛"在学校学术交流中心举行。

12月16日　南京农业大学海门山羊研发中心在江苏省海门市举行落成仪式。

12月18日　广东省委常委、深圳市委书记王荣回母校指导工作，并与学校党政班子进行座谈。王荣对学校工作和建设"世界一流农业大学"的目标给予了充分肯定，并对学校今后发展提出了指导建议。

12月22日　在中国科学技术协会会员日暨第十二届中国青年科技奖颁奖大会上，朱艳教授荣获第十二届中国青年科技奖。

12月23日　以中国管理科学研究院武书连为组长的《中国大学评价》课题组公布了2012中国大学100强，学校综合实力列全国高校第38位，位列农林院校第二位。

12月24～25日　学校召开第五届教职工代表大会暨第十届工会会员代表大会。

（撰稿：吴　玥　审稿：刘　勇　审核：顾　珍）

十六、规章制度

【校党委发布的管理文件】

序号	文件标题	文号	发文时间
1	关于印发《南京农业大学先进基层党组织、优秀共产党员和优秀党务工作者评选表彰办法》的通知	党发〔2011〕38号	2011-5-20
2	关于印发《南京农业大学处级领导干部经济责任审计实施办法》的通知	党发〔2011〕43号	2011-6-9
3	关于印发《南京农业大学关于进一步加强和改进研究生思想政治教育工作的实施意见》的通知	党发〔2011〕44号	2011-6-22
4	关于印发《南京农业大学贯彻执行"三重一大"决策制度的暂行规定》和《南京农业大学党风廉政建设责任制实施办法》的通知	党发〔2011〕69号	2011-9-6
5	关于印发《南京农业大学中层干部管理规定》的通知	党发〔2011〕116号	2011-12-15
6	关于印发《南京农业大学关于加强处级后备干部队伍建设的意见》的通知	党发〔2011〕117号	2011-12-15
7	关于印发《南京农业大学院级基层党组织工作细则》的通知	党发〔2011〕118号	2011-12-15
8	关于印发《南京农业大学党支部工作细则》的通知	党发〔2011〕119号	2011-12-15

（撰稿：朱　珠　审稿：庄　森　审核：顾　珍）

【校行政发布的管理文件】

序号	文件标题	文号	发文时间
1	关于印发《南京农业大学国有资产管理条例（试行）》的通知	校资发〔2011〕131号	2011-5-10
2	关于印发《南京农业大学实行教育专项经费执行绩效奖励暂行办法》的通知	校计财发〔2011〕150号	2011-6-5
3	关于印发《南京农业大学金善宝实验班（经济管理方向）管理办法（试行）》的通知	校教发〔2011〕167号	2011-6-19
4	关于印发《南京农业大学节约型校园建设行动方案（2011—2015年）》的通知	校资发〔2011〕249号	2011-8-31
5	关于印发《南京农业大学做好控烟工作的实施方案》的通知	校资发〔2011〕250号	2011-9-1

（续）

序号	文件标题	文号	发文时间
6	关于印发《南京农业大学青年教师学术能力培训暂行办法》的通知	校人发〔2011〕293 号	2011 - 9 - 24
7	关于印发《南京农业大学 SRT 计划项目管理办法（修订）》的通知	校教发〔2011〕324 号	2011 - 10 - 20
8	关于印发《南京农业大学对外科技服务管理实施细则》的通知	校科发〔2011〕362 号	2011 - 11 - 16
9	关于印发《南京农业大学货物采购招投标管理办法》和《南京农业大学基建工程招投标管理办法》的通知	校发〔2011〕380 号	2011 - 11 - 27
10	关于印发《南京农业大学辅修专业管理实施细则》的通知	校教发〔2011〕387 号	2011 - 12 - 1
11	关于印发《南京农业大学加强计算机类课程教学管理暂行办法》的通知	校教发〔2011〕397 号	2011 - 12 - 8
12	关于印发《南京农业大学实验动物管理条例》的通知	校科发〔2011〕426 号	2011 - 12 - 21
13	关于印发《南京农业大学"十二五"期间学术人员招聘办法》的通知	校人发〔2011〕427 号	2011 - 12 - 21
14	关于印发《南京农业大学大型仪器设备共用平台暂行管理办法》的通知	校科发〔2011〕435 号	2011 - 12 - 23
15	关于印发《南京农业大学江苏高校优势学科建设工程专项资金管理暂行规定》的通知	校发〔2011〕446 号	2011 - 12 - 30
16	关于印发《南京农业大学江苏高校优势学科建设工程一期项目管理暂行办法》的通知	校发〔2011〕447 号	2011 - 12 - 30

（撰稿：吴 玥 审稿：刘 勇 审核：顾 珍）